基于深度学习的自然语言处理

［美］邓 力
［中］刘 洋 　等编著

李轩涯　卢苗苗
赵　玺　计湘婷 　译

清华大学出版社

北 京

北京市版权局著作权合同登记号　图字:01-2019-2480

Translation from English language edition: Deep Learning in Natural Language Processing by Li Deng and Yang Liu Copyright © 2018, Springer-Verlag Berlin Heidelberg. Springer Berlin Heidelberg is a part of Springer Science+Business Media.
All Rights Reserved.

图书在版编目(CIP)数据

基于深度学习的自然语言处理 / (美)邓力 等编著;李轩涟 等译. —北京:清华大学出版社,2020.5
书名原文:Deep Learning in Natural Language Processing
ISBN 978-7-302-55194-2

Ⅰ. ①基…　Ⅱ. ①邓…　②李…　Ⅲ. ①自然语言处理　Ⅳ. ①TP391

中国版本图书馆 CIP 数据核字(2020)第 055434 号

责任编辑:王　军
封面设计:孔祥峰
版式设计:思创景点
责任校对:牛艳敏
责任印制:杨　艳

出版发行:清华大学出版社
　　　　网　　　址:http://www.tup.com.cn,http://www.wqbook.com
　　　　地　　　址:北京清华大学学研大厦 A 座　　　邮　　编:100084
　　　　社 总 机:010-62770175　　　　　　　　　邮　　购:010-62786544
　　　　投稿与读者服务:010-62776969,c-service@tup.tsinghua.edu.cn
　　　　质 量 反 馈:010-62772015,zhiliang@tup.tsinghua.edu.cn
印 刷 者:三河市铭诚印务有限公司
装 订 者:三河市启晨纸制品加工有限公司
经　　销:全国新华书店
开　　本:148mm×210mm　　　印　　张:12　　字　　数:369 千字
版　　次:2020 年 6 月第 1 版　　印　　次:2020 年 6 月第 1 次印刷
定　　价:198.00 元

产品编号:081802-01

译　者　序

　　语言被视为人类区别于其他生物的本质特征，自然语言处理则融合了计算机科学、人工智能、语言学、数学等学科，最终希望达到"让机器理解自然语言"的目的。随着人工智能的深入发展，自然语言处理集中体现了人工智能的认知智能环节，由此推动整个人工智能体系的发展。因此，自然语言处理被誉为人工智能皇冠上的明珠。

　　从理性主义、经验主义再到如今的深度学习，自然语言处理所经历的三大发展浪潮也映射了人工智能的不同发展阶段。经过六十多年的发展，人工智能也从一个个概念落地为现实，为我们的生活带来了前所未有的便利。当今人工智能的发展速度远远超过我们的想象，技术的不断进化与变革也在不断刷新人类的认知，将我们引向更加光明的未来。

　　本书是对目前自然语言处理领域最新研究的全面综述，并对其未来发展方向进行了探讨。深度学习是处理端到端学习和信息提炼所需的大量计算和数据的有力工具，因具有更复杂的分布式表示、更精细的功能块和模块化设计以及基于梯度的高效学习方法，深度学习已经成为解决越来越多自然语言处理问题的主要范式和先进方法。基于深度学习与自然语言处理之间的微妙关联，本书分别介绍了深度学习应用下的对话系统、词法分析、语法分析、知识图谱、机器翻译、问题回答、情绪分析、社会计算以及（来自图像的）自然语言生成。随着自然语言处理的应用愈加频繁，本书期望通过详实全面的介绍，能为该领域的研究人员和行业从业者提供一些有效的指导。

　　本书的翻译由李轩涯、卢苗苗、赵玺和计湘婷全面负责。李家钋、毛敏加和赵久霞共同完成了本书的校对。本书成文之际，原编著者之一的刘洋博士对内容方面提供了恳切的建议，在此表示由衷感谢。由于译者水平有限，难免有不当之处，望读者指正。

序　言

"本书由在自然语言处理和深度学习领域享誉世界的知名专家邓力博士领衔，带领一群该领域最活跃的研究人员撰写，全面介绍了深度学习在解决自然语言处理基本问题方面的最新应用，是目前该领域最新、最全面的研究综述之一。此外，随着对高质量的前沿教科书和研究参考文献的需求急剧上升，本书的出版是对基于深度学习的自然语言处理所取得的巨大进展的迅速反应。本书为各行各业的从业人员提供了独特的参考指南，特别是对于互联网和人工智能新兴企业，自然语言处理技术正在成为关键的推动因素和核心竞争因素。"

——张宏江(源码资本创始人，前金山软件首席执行官)

"本书全面介绍了基于深度学习的自然语言处理领域的最新进展。本书由深度学习和自然语言处理领域经验丰富且有志向的研究人员撰写，涵盖了自然语言处理领域的诸多广泛应用，包括口语理解、对话系统、词汇分析、句法分析、知识图谱、机器翻译、问答、情感分析和社交计算。

这本书结构清晰，从主要的研究趋势开始，然后介绍了最新的深度学习方法，最后介绍了其局限性和未来富有前景的研究方向。鉴于其独立的内容、复杂的算法和详细的用例，本书为所有从事深度学习和自然语言处理研究或学习的人员提供了具有丰富价值的指南。"

——王海峰(百度高级副总裁兼百度研究院院长，前 ACL 主席)

"2011 年，随着深度学习在工业界的应用，我估计在大多数语音识别应用中，计算机的错误率仍然是人类的 5～10 倍，这让我意识到知识工程在未来研究中的重要性。在短短的几年之内，深度学习几乎抹平了人类与计算机之间会话语音识别准确性的差距。本书由最近基于深度学习的语音识别革命中的先驱邓力博士及其同事撰写，充分介绍了自然语言处理的一大重要子领域——语音识别技术的光辉发展历史。本书将这一历史视角从语音识别扩展到更广泛的自然语言处理领域，为自然语言处理领域未来的发展提供了真正有价值的指引。

　　本书提出了一个重要的论点，虽然从表面看，深度学习似乎只是在利用更多的数据、更多的计算能力和更复杂的模型，当前的深度学习趋势实则是对以往数据驱动（浅层）的机器学习时代的一次变革。实际上，正如本书所指出的，尽管基于深度学习的 NLP 在解决个人自然语言处理任务方面大获成功，但是当前为自然语言处理应用开发的深度学习技术尚未充分利用丰富的世界知识和人类认知能力。因此，我完全接受本书作者所表达的观点：无缝集成知识工程的、更先进的深度学习将为自然语言处理发展中的下一次浪潮铺平道路。

　　强烈推荐语音和自然语言处理领域的研究人员、工程师和学生阅读这本出色而及时的书籍，你们不仅可以了解自然语言处理和深度学习领域的最新技术，还可以洞察把握自然语言处理领域未来的发展方向。"

——古井真熙（Sadaoki Furui，芝加哥丰田技术研究院院长）

前　　言

　　自然语言处理(Natural Language Processing,NLP)旨在使计算机能够智能地处理人类语言,这是一门涵盖人工智能、计算科学、认知科学、信息处理和语言学的重要跨学科领域。由于长期关注计算机和人类语言之间的交互,NLP 应用(例如,语音识别、对话系统、信息检索、问答和机器翻译)已经开始重塑人们识别、获取和利用信息的方式。

　　NLP 的发展历经三大浪潮:理性主义、经验主义和深度学习。在第一大浪潮中,理性主义主张设计人工规则,以便将知识纳入 NLP 系统,其基础假设是人类思维中的语言知识通过一般继承预先固定。在第二大浪潮中,经验主义假设表面形式中的丰富感官输入和可观察语言数据是必需的,并且足以使大脑学习自然语言的详细结构。因此,人们开发了概率模型来验证大型语料库中语言的规则性。在第三大浪潮中,受生物神经系统的启发,深度学习利用非线性处理的层次模型,通过旨在模拟人类认知能力的方式学习语言数据的内在表征。

　　深度学习和自然语言处理的交叉在实际任务中取得了惊人的成功。语音识别是深度学习深刻影响的第一个工业化 NLP 应用程序。随着大规模训练数据的使用,与传统的经验主义方法相比,深度神经网络所造成的识别错误已经显著降低。机器翻译是另一个基于深度学习的成功的 NLP 应用。端到端神经机器翻译已经可以大大提高翻译质量,此种机器翻译使用神经网络对人类语言进行映射。因此,神经机器翻译已迅速成为大型科技公司(如谷歌、微软、Facebook、百度等)提供的主要商业在线翻译服务中的新型实用技术。包括语言理解和对话、词汇分析和句法分析、知识图谱、信息检索、文本问答、社交计算、语言生成和文本情感分析在内的其他 NLP 领域也在应用深度学习方面取得重大进展,并引领了 NLP 发展中的第三大浪潮。如今,在所有 NLP 任务的实际应用中,深度学习成为最主要的方法。

　　本书旨在对基于深度学习的自然语言处理领域所取得的最新进展

进行全面回顾。本书介绍了以 NLP 为中心的深度学习所研究的最新技术,并重点介绍了深度学习在主要 NLP 应用中的作用,包括口语理解、对话系统、词法分析、句法分析、知识图谱、机器翻译、问答、情感分析、社交计算和自然语言生成(来自图像)。本书适合具有计算机背景的读者阅读,包括研究生、博士后研究人员、教育工作者和工业研究人员以及任何对基于深度学习的自然语言处理最新技术感兴趣的人。

本书共 11 章,内容如下所示。

- 第 1 章　自然语言处理与深度学习概述(邓力、刘洋)
- 第 2 章　基于深度学习的对话语言理解(Gokhan Tur、Asli Celikyilmaz、何晓东、Dilek Hakkani-Tür、邓力)
- 第 3 章　基于深度学习的语音与文本对话系统(Asli Celikyilmaz、邓力、Dilek Hakkani-Tür)
- 第 4 章　基于深度学习的词法分析和句法分析(车万翔、张岳)
- 第 5 章　基于深度学习的知识图谱(刘知远、韩先培)
- 第 6 章　基于深度学习的机器翻译(刘洋、张家俊)
- 第 7 章　基于深度学习的问答系统(刘康、冯岩松)
- 第 8 章　基于深度学习的情感分析(唐都钰、张梅山)
- 第 9 章　基于深度学习的社会计算(赵鑫、李晨亮)
- 第 10 章　基于深度学习的图像描述(何晓冬、邓力)
- 第 11 章　后记:深度学习时代下自然语言处理的前沿研究(邓力、刘洋)

第 1 章首先回顾了 NLP 的基础知识以及本书后续章节所涵盖的 NLP 主要范围,然后深入探讨了 NLP 发展过程中的三大浪潮及其未来方向。第 2~10 章对深度学习在自然语言处理领域的应用所取得的最新进展进行深入分析,每一章分别介绍 NLP 中的一个应用领域,每章的内容由各自领域主要的研究人员和专家撰写。本书缘于 2016 年 10 月在中国山东烟台举行的第 15 届中国计算语言学会议(CCL 2016)讲习班,我们作为主导者并积极参与其中。感谢施普林格出版社高级编辑常兰兰(Celine Lanlan Chang)博士,她慷慨地邀请我们创作本书,并为本书的成稿提供大量及时的帮助。感谢施普林格出版社副编辑李坚(Jane Li)在内容准备的各个阶段提供宝贵的帮助。

感谢本书第 2~10 章的所有作者,他们花费宝贵的时间仔细准备相应的章节：Gokhan Tur、Asli Celikyilmaz、Dilek Hakkani-Tür、车万翔、张岳、韩先培、刘知远、张家俊、刘康、冯岩松、唐都钰、张梅山、赵鑫、李晨亮、何晓东。第4～9章的作者是CCL 2016讲习班的讲师，他们花了很多时间将2016年10月以来该领域的最新进展更新到各自的教程材料中。

此外，感谢众多评论家和读者：古井真熙（Sadaoki Furui）、吴恩达（Andrew Ng）、弗雷德·居昂（Fred Juang）、肯·切奇（Ken Church）、王海峰和张宏江，他们不仅慷慨地进行鼓励，还提出了许多建设性评论，大大改善了本书的早期草稿。

最后，感谢微软研究院和Citadel（邓力所在的单位）以及清华大学（刘洋所在的单位）为本书的完成提供优越的环境、支持和鼓励，这些都促使我们更好地完成本书。刘洋还获得了国家自然科学基金（No. 61522204、No. 61432013和No. 61331013）的支持。

邓力 美国西雅图
刘洋 中国北京
2017年10月

本书贡献者

Asli Celikyilmaz，微软研究院，美国雷德蒙

车万翔，哈尔滨工业大学，中国哈尔滨

邓力，Citadel，美国西雅图 & 芝加哥

冯岩松，北京大学，中国北京

Dilek Hakkani-Tür，谷歌，美国加州山景城

韩先培，中国科学院软件研究所，中国北京

何晓冬，微软研究院，美国雷德蒙

李晨亮，武汉大学，中国武汉

刘康，中国科学院自动化研究所，中国北京

刘洋，清华大学，中国北京

刘知远，清华大学，中国北京

唐都钰，微软亚太研究院，中国北京

Gokhan Tur，谷歌，美国加州山景城

张家俊，中国科学院自动化研究所，中国北京

张梅山，黑龙江大学，中国哈尔滨

张岳，新加坡科学设计大学，新加坡

赵鑫，中国人民大学，中国北京

首字母缩略词

AI(Artificial Intelligence) 人工智能

AP(Averaged Perceptron) 平均感知机算法

ASR(Automatic Speech Recognition) 自动语音识别

ATN(Augmented Transition Network) 扩充转移网络

BiLSTM(Bidirectional Long Short-Term Memory) 双向长短期记忆

BiRNN(Bidirectional Recurrent Neural Network) 双向循环神经网络

BLEU(BiLingual Evaluation Understudy) 双语评价研究

BOW(Bag-Of-Word) 词袋

CBOW(Continuous Bag-Of-Word) 向量化词袋

CCA(Canonical Correlation Analysis) 典型相关分析

CCG(Combinatory Categorial Grammar) 组合范畴语法

CDL(Collaborative Deep Learning) 协作式深度学习

CFG(Context Free Grammar) 上下文无关文法

CYK(Cocke-Younger-Kasami)

CLU(Conversational Language Understanding) 会话语言理解

CNN(Convolutional Neural Network) 卷积神经网络

CNNSM(Convolutional Neural Network-based Semantic Model)
基于卷积神经网络的语义模型

cQA(community Question Answering) 社区问答

CRF(Conditional Random Field) 条件随机场

CTR(Collaborative Topic Regression) 协同主题回归

CVT(Compound Value Typed) 复合值类型

DA(Denoising Autoencoder) 降噪自动编码器

DBN(Deep Belief Network) 深度信念网络

DCN(Deep Convex Net) 深凸网

DNN(Deep Neural Network)　深度神经网络

DSSM(Deep Structured Semantic Model)　深层结构语义模型

DST(Dialog State Tracking)　对话状态跟踪

EL(Entity Linking)　实体链接

EM(Expectation Maximization)　最大期望算法

FSM(Finite State Machine)　有限状态机

GAN(Generative Adversarial Network)　生成式对抗网络

GRU(Gated Recurrent Unit)　门控循环单元

HMM(Hidden Markov Model)　隐马尔可夫模型

IE(Information Extraction)　信息抽取

IRQA(Information Retrieval-based Question Answering)　基于
信息检索的问答

IVR(Interactive Voice Response)　互动式语音应答

KBQA(Knowledge-Based Question Answering)　基于知识的问答

KG(Knowledge Graph)　知识图谱

L-BFGS(Limited-memory Broyden-Fletcher-Goldfarb-Shanno)
有限记忆 BFGS

LSI(Latent Semantic Indexing)　潜在语义分析

LSTM(Long Short-Term Memory)　长短期记忆

MC(Machine Comprehension)　机器阅读理解

MCCNN(Multicolumn Convolutional Neural Network)　多列卷
积神经网络

MDP(Markov Decision Process)　马尔可夫决策过程

MERT(Minimum Error Rate Training)　最小错误率训练

METEOR(Metric for Evaluation of Translation with Explicit
Ordering)　具有显式排序的翻译评价指标

MIRA(Margin Infused Relaxed Algorithm)　最大边际松弛训练算法

ML(Machine Learning)　机器学习

MLE(Maximum Likelihood Estimation)　最大似然估计

MLP(Multiple Layer Perceptron)　多层感知机

MMI(Maximum Mutual Information)　最大互信息

M-NMF(Modularized Nonnegative Matrix Factorization)　模块化非

负矩阵分解

 MRT(Minimum Risk Training) 最小风险训练

 MST(Maximum Spanning Tree) 最大生成树

 MT(Machine Translation) 机器翻译

 MV-RNN(Matrix-Vector Recursive Neural Network) 矩阵向量
递归神经网络

 NER(Named Entity Recognition) 命名实体识别

 NFM(Neural Factorization Machine) 神经分解机

 NLG(Natural Language Generation) 自然语言生成

 NMT(Neural Machine Translation) 神经机器翻译

 NRE(Neural Relation Extraction) 神经关系抽取

 OOV(Out-Of-Vocabulary) 未登录词

 PA(Passive Aggressive) 主动被动训练算法

 PCA(Principal Component Analysis) 主成分分析

 PMI(Point-wise Mutual Information) 点互信息

 POS(Part Of Speech) 词性

 PV(Paragraph Vector) 段落向量

 QA(Question Answering) 问答

 RAE(Recursive Autoencoder) 递归自动编码模型

 RBM(Restricted Boltzmann Machine) 受限玻尔兹曼机

 RDF(Resource Description Framework) 资源描述框架

 RE(Relation Extraction) 关系抽取

 RecNN(Recursive Neural Network) 递归神经网络

 RL(Reinforcement Learning) 强化学习

 RNN(Recurrent Neural Network) 循环神经网络

 ROUGE(Recall-Oriented Understudy for Gisting Evaluation)
用于列表评价的基于召回率替补

 RUBER(Referenced Metric and Unreferenced Metric Blended
Evaluation Routine) 参考度量和未引用度量混合评价程序

 SDS(Spoken Dialog System) 口语对话系统

 SLU(Spoken Language Understanding) 口语理解

 SMT(Statistical Machine Translation) 统计机器翻译

SP(Semantic Parsing)　语义分析

SRL(Semantic Role Labeling)　语义角色标注

SRNN(Segmental Recurrent Neural Network)　分段循环神经网络

STAGG(Staged Query Graph Generation)　阶段查询图生成

SVM(Support Vector Machine)　支持向量机

UAS(Unlabeled Attachment Score)　无标签依存准确率

UGC(User-Generated Content)　用户生成内容

VIME(Variational Information Maximizing Exploration)　变分信息最大化探索机制

VPA(Virtual Personal Assistant)　虚拟个人助理

目　　录

第1章

自然语言处理与深度学习概述

邓力   刘洋

摘要   本章建立了本书的基本框架,首先介绍了自然语言处理(NLP)作为人工智能重要的组成部分及其相关的基础知识,然后概述了 NLP 横跨五十多年的三个历史发展阶段。前两个阶段起源于理性主义和经验主义,为当前深度学习的浪潮铺平了道路。支撑基于深度学习的 NLP 的关键支柱包括:①嵌入语言实体的分布式表征;②嵌入语义泛化;③自然语言的长跨深度序列模型;④有效表征语言从低到高水平的分层网络;以及⑤基于端到端深度学习方法来联合解决许多 NLP 任务。随后,本章还分析了当前用于 NLP 领域的深度学习技术面临的几大关键障碍,为 NLP 未来的发展提供了五大研究方向。

1.1   自然语言处理的概况

自然语言处理(NLP)研究运用计算机来处理或理解人类语言(例如自然语言)以执行有用的任务。NLP 是一个跨学科领域,涵盖了计算语言学、计算科学、认知科学和人工智能等领域。从科学的角度看,NLP 旨在模拟人类语言理解和产生的认知机制。从工程的角度看,NLP 关注如何开发新颖的实际应用程序以促进计算机与人类语言的交互。NLP 中的典型应用场景包括语音识别、口语理解、对话系统、词汇分析、语法分析、机器翻译、知识图谱、信息检索、问答、情感分析、社会计算、自然语言生成和自然语言摘要。这些 NLP 应用领域构成了本书的核心内容。

　　自然语言是专门为传达含义或语义而构建的系统,其本质是一种象征性或离散性系统。自然语言的表面或可观察的"物理"信号总是以符号的形式出现,被称为文本,文本"信号"对应语音信号;后者可以视为符号文本的连续对应,两者都具有自然语言相同的潜在语言层次。从 NLP 和信号处理的角度看,语音可以视为文本的"噪声"版本,在执行理解相同底层语义任务时,在需要"去噪"方面存在额外的困难。第 1~3 章将详细介绍 NLP 的语音方面,其余章节直接从文本开始讨论各种面向文本的任务,这些任务体现了机器学习技术,特别是深度学习带来的大量 NLP 应用。

　　自然语言的象征性本质与人类大脑中语言神经基质的连续性本质形成鲜明对比。1.6 节在讨论基于深度学习的 NLP 未来面临的挑战时,将对此内容进行详细介绍。相关的差异是自然语言的符号如何在若干连续值模态中进行编码,例如手势(如手语)、书写(如图像),当然还有语音。一方面,作为符号的单词被用作"能指",将现实世界中的概念或事物称为"指示"对象,必要时是一类实体。另一方面,编码单词符号的连续模态构成了由人类感知系统检测并传输到大脑的外部信号,然后又以连续的方式进行操作。虽然该话题在理论上引起人们很大的兴趣,但是语言的象征性与其连续渲染和编码形成对比这一主题超出了本书的范围。

　　本章接下来从历史的角度概述和讨论用于研究 NLP(一个丰富的跨学科领域)的通用方法的发展历程。与一些密切相关的子领域和超领域(例如会话系统、语音识别和人工智能等)非常相似,NLP 的发展主要有三大浪潮(Deng 2017;Pereira 2017),接下来分别介绍每一大浪潮。

1.2　第一大浪潮:理性主义

　　NLP 研究的第一大浪潮可追溯到 20 世纪 50 年代,持续了很长时间。1950 年,艾伦·图灵(Alan Turing)提出了图灵测试来评估计算机展示与人类无法区分的智能行为的能力(Turing 1950)。该测试以一个人和一台用于生成类人响应的计算机之间的自然语言对话为基础。1954 年,Georgetown-IBM(Georgetown University 与 IBM 联合研制的机译系统)实验展示了首个能够将六十多个俄语句子翻译成英语的机器翻译系统。

这些方法主导了 20 世纪 60 年代前后至 20 世纪 80 年代后期的大部分 NLP 研究,它们认为人类思维中的语言知识由一般性遗传提前确定。这些方法被称为理性主义方法(Church 2007),其能在 NLP 中占据主导地位的主要原因是人们广泛接受诺姆·乔姆斯基(Noam Chomsky)对于一种天生的语言结构的论证及其对 n-gram 的批评(Chomsky 1957)。通过假设语言的关键部分在人类出生时作为基因遗传的一部分在大脑中就已存在,理性主义方法致力于设计人工规则,将知识和推理机制纳入智能 NLP 系统。20 世纪 80 年代许多大获成功的 NLP 系统都基于复杂的手写规则集,例如,用于模拟罗杰斯心理治疗师的 ELIZA 和用于将现实世界信息构建为概念本体的 MARGIE。

这一时期大致与人工智能的早期发展相吻合,以专家知识工程为特征,各领域专家根据他们所拥有的(非常有限的)应用领域的知识设计了计算机程序(Nilsson 1982;Winston 1993)。专家们使用基于此类知识的仔细表征和工程的符号逻辑规则设计了这些程序。这些基于知识的人工智能系统在解决窄域问题方面往往非常有效,主要是通过检查“头部”或大多数重要的参数并达成关于在某种特定情况下采取适当行动的解决方案。人类专家预先识别这些“头部(head)”参数,并未触及“尾部(tail)”参数和情况。由于系统缺乏学习能力,很难将解决方案推广到新的情况和领域。在此期间的典型方法是专家系统,这是一种模拟人类专家决策能力的计算机系统。此类系统旨在通过推理知识(Nilsson 1982)来解决复杂问题。第一个专家系统创建于 20 世纪 70 年代,然后在 20 世纪 80 年代得到发展。使用的主要“算法”是“if-then-else”形式的推理规则(Jackson 1998)。第一代人工智能系统的主要优势在于其逻辑推理(有限的)执行能力上的透明性和可解释性。像 ELIZA 和 MARGIE 这样的 NLP 系统,早期的专家系统一般使用人工设计的专业知识,尽管这种推理无法处理在实际应用中无处不在的不确定性,但是通常在狭义问题中非常有效。

在对话系统和口语理解这样特定的 NLP 应用领域中,这种理性主义方法通过普遍使用符号规则和模板来表征(Seneff et al. 1991),第 2 章和第 3 章将会对此内容进行具体介绍。设计以语法和本体构造为中心,虽然可解释且易于调试和更新,但在实际部署中仍然遇到了很大的困难。当此类系统工作时,它们经常运行得很好;但很遗憾,这种情况并非经常发生,而且可应用域必然有限。

同样,正如由 Churc 和 Mercer 进行的细致分析一样,在理性主义时代,另一个长期存在的 NLP 和人工智能挑战——语音识别研究和系统设计,在很大程度上依赖于专家知识工程的范式。20 世纪 70 年代和 80 年代初期,用于语音识别的专家系统广受欢迎(Reddy 1976;Zue 1985)。然而,研究人员敏锐地认识到,该系统缺乏从数据中学习和处理推理中不确定性的能力,由此引发了接下来要介绍的语音识别、NLP 和人工智能领域的第二大浪潮。

1.3　第二大浪潮:经验主义

NLP 领域的第二大浪潮的特点是利用数据语料库和(浅层)机器学习、统计或其他方式使用这些数据(Manning and Schtze 1999)。随着数据驱动方法的发展,关于自然语言的大部分结构和理论都大打折扣/被贬损或废弃,这个时期开发的主要方法被称为经验主义或实用主义(Church and Mercer 1993;Church 2014)。20 世纪 90 年代以来,随着机器可读数据可用性的增加和计算能力的不断提高,经验主义方法一直主导着 NLP 领域。其中一个主要的 NLP 会议甚至被命名为"自然语言处理中的经验方法(Empirical Methods in Natural Language Processing, EMNLP)",最直观地反映出当时的 NLP 研究人员对经验主义方法特别推崇。

与理性主义相反,经验主义假设人类思维仅始用于连接、模式识别和概括的一般性操作,需要丰富的感官输入才能使大脑学习自然语言的具体结构。20 世纪 20 年代至 60 年代,经验主义在语言学中盛行,20 世纪 90 年代起,经验主义再一次复兴。早期的 NLP 经验方法关注开发生成模型以从大型语料库中发现语言的规律,例如,隐马尔可夫模型(HMM)(Baum and Petrie 1966)、IBM 翻译模型(Brown et al. 1993)和头部词驱动解析模型(Collins 1997)。自 20 世纪 90 年代后期以来,判别模型已经开始应用于各种 NLP 任务中。NLP 中的代表性判别模型和方法包括最大熵模型(Ratnaparkhi 1997)、支持向量机(Vapnik

1998)、条件随机场(Lafferty et al. 2001)、最大互信息和最小分类误差(Lafferty et al. 2001)以及感知机(Collins 2002)。

同样,这一时期NLP领域的经验主义与人工智能以及语音识别和计算机视觉中的相应方法并行。有明确的证据表明学习和感知能力对于复杂的人工智能系统来讲至关重要,但是在第一大浪潮中,专家系统却缺乏此项能力。例如,当美国国防高级研究计划局(DARPA)开启其自动驾驶的第一个大挑战时,大多数车辆依赖于基于知识的人工智能范式。与语音识别和NLP非常相似,自动驾驶和计算机视觉研究人员立即意识到基于知识的范式的局限性,因为机器学习必须具有处理不确定性和泛化问题的能力。

在第二大浪潮中,NLP和语音识别领域中的经验主义基于数据密集型机器学习,由于通常缺少由多层或"深层"数据表征构成的抽象概念,现在称其为"浅层"机器学习,1.4节将会在针对第三大浪潮的介绍中对此进行详细阐述。在机器学习领域,研究人员无须关注构建第一大浪潮中基于知识的NLP和语音系统所需的精确规则。相反,他们关注统计模型(Bishop 2006;Murphy 2012)或简单的神经网络(Bishop 1995)作为底层引擎。然后,他们使用充足的训练数据自动学习或"调整"引擎参数,以使它们处理不确定性,并尝试从一个条件推广到另一个条件,从一个域推广到另一个域。用于机器学习的关键算法和方法包括EM(期望最大化)、贝叶斯网络、支持向量机、决策树以及用于神经网络的反向传播算法。

通常来讲,基于机器学习的NLP、语音和其他人工智能系统比早期的基于知识的系统性能更好,成功的示例包括机器感知中的几乎所有人工智能任务:语音识别(Jelinek 1998)、人脸识别(Viola and Jones 2004)、视觉对象识别(Fei-Fei and Perona 2005)、手写识别(Plamondon and Srihari 2000)以及机器翻译(Och 2003)。

具体来讲,正如第6章以及Church和Mercer(1993)的研究中提到的,作为NLP领域的核心应用,机器翻译领域自20世纪90年代左右从1.2节中概述的理性主义突然转向以统计方法为主的经验主义。双语训练数据中语句级对齐的可用性使得直接从数据中而不是从规则中获取表面级翻译知识成为可能,其代价是在自然语言中丢弃或折扣结构化信息。这次浪潮中最具代表性的工作由各种版本的IBM翻译模型(Brown et al. 1993)赋能。在经验主义时期,机器翻译的后续发展进一步提高了翻译系统的质量(Och and Ney 2002;Och 2003;Chiang 2007;He and Deng 2012),但仍未达到现实世界中大规模部署的水平(该水平会在下一次浪潮中出现,也就是由深度学习引发的浪潮)。

在 NLP 对话和口语理解领域,经验主义时期的另一个显著特征是数据驱动的机器学习方法。这些方法非常适合满足定量评估和具体可交付成果的要求。它们专注于文本和域的更广泛但浅层的表面层覆盖,而不是对高度受限的文本和域的详细分析。训练数据不是用来设计语言理解规则和对话系统的响应行动,而是从数据中自动学习(浅层)统计或神经模型的参数。此类学习有助于降低人工设计的复杂对话管理器的成本,并有助于提高整体口语理解和对话系统中语音识别错误的鲁棒性;此处请参阅 He 和 Deng(2013)的评论。具体而言,对话系统的对话策略组件,基于马尔可夫决策过程的强大的强化学习在这个时期被引入;此处请参阅 Young 等人(2013)的评论。对于口语理解的主导方法从第一大浪潮中基于规则或模板的方法转变为隐马尔可夫模型(HMM)等生成模型(Wang et al. 2011),然后又变为条件随机场等判别模型(Tur and Deng 2011)。

类似地,在语音识别中,从 20 世纪 80 年代早期到 2010 年左右近三十年的时间里,该领域都使用了统计生产模型的(浅层)机器学习范式主导,后者基于集成高斯混合模型及其归纳的各个版本的 HMM (Baker et al. 2009a, b;Deng and O'Shaughnessy 2003;Rabiner and Juang 1993)。在归纳的 HMM 中,许多版本都基于统计和神经网络的隐藏动态模型(Deng 1998;Bridle et al. 1998;Deng and Yu 2007)。前者采用 EM 和切换扩展卡尔曼滤波算法学习模型参数(Ma and Deng 2004;Lee et al. 2004),后者使用反向传播(Picone et al. 1999)。两者都广泛使用了用于语音波形生成过程的多个潜在的表征层,遵循着人类语音感知的长期合成分析框架。更重要的是,将这种"深层"生成过程反转到其端到端判别过程的对应过程,促成了深度学习在工业应用上的首次成功(Deng et al. 2010,2013;Hinton et al. 2012),由此推动了第三次语音识别和 NLP 发展浪潮,下面将进行详细阐述。

1.4　第三大浪潮：深度学习

　　虽然第二大浪潮期间开发的 NLP 系统(包括语音识别、语言理解和机器翻译)比第一大浪潮期间的性能要强很多,并且具有更高的鲁棒性,但它们与人类的表现还相差甚远,仍有很多问题亟待解决。除了少数示例外,NLP 领域中的(浅层)机器学习模型通常没有足够大的容量来吸收大量的训练数据。此外,学习算法、方法和基础结构不够强大。随着第三大 NLP 浪潮的兴起,在深度结构化机器学习或深度学习(Bengio 2009；Deng and Yu 2014；LeCun et al. 2015；Goodfellow et al. 2016)新范式的推动下,所有这一切都在几年前发生了变化。

　　在传统机器学习中,功能是由人设计的,而特征工程是一个瓶颈,需要大量的专业知识。同时,相关的浅层模型缺乏表征能力,因此缺乏形成可解构的抽象思想的能力,这些抽象(思想)将在形成观察到的语言数据时自动解开复杂的因素。深度学习通过使用深层分层模型结构(通常以神经网络的形式)和相关的端到端学习算法来解决上述困难。深度学习的发展是当前 NLP 和更通用的人工智能拐点背后的主要驱动力,并且担负着实现神经网络在包括商业应用在内的广泛现实应用中复苏的重任(Parloff 2016)。

　　具体而言,尽管在第二大浪潮期间开发的许多重要 NLP 任务中,(浅层)判别模型取得了成功,但是它们难以通过手动设计专业领域的特征涵盖语言中的所有规则。除了不完整性问题,此类浅层模型还面临稀疏性问题,因为特征通常仅在训练数据中出现一次,特别是对于高度稀疏的高阶特征。因此,在深度学习出现之前,特征设计已经成为统计 NLP 的主要障碍之一。深度学习为解决人类特征工程问题带来了希望,其中有一个观点称为"从零开始的 NLP"(Collobert et al. 2011),这在深度学习的早期被认为是非常规的。此类深度学习方法利用包含多个隐藏层的强大神经网络来解决一般性机器学习任务,从而省去了特征工程。与浅层神经网络和相关的机器学习模型不同,深度神经网络能够使用多层非线性处理单元的级联从数据中学习表征以用于特征提取。由于较高级别的特征源自较低级别的特征,因此这些级别构成了概念的层次结构。

深度学习起源于人工神经网络，可以将其视为受生物神经系统启发的细胞类型的级联模型。随着反向传播算法的出现（Rumelhart et al. 1986），20世纪90年代，从零开始训练深度神经网络受到了广泛的关注。早期阶段没有大量的训练数据，也没有适当的设计和学习方法，在神经网络训练期间，学习信号在层与层之间传播时会随着层数（或是更严格的信用分配深度）呈指数级消失，难以调整深度神经网络的连接权重，尤其是循环版本。Hinton等人（2006）最初通过使用无监督预训练克服了这个问题，对于首次学习特征检测器通常有用。然后，通过监督学习进一步训练网络以对标记数据进行分类。因此，可以使用低阶表征来学习高阶表征的分布。这项开创性的工作标志着神经网络的复兴。从那时起，人们提出并开发了众多网络架构，包括深度信念网络（Hinton et al. 2006）、堆叠式自动编码器（Vincent et al. 2010）、深度玻尔兹曼机（Hinton and Salakhutdinov 2012）、深度卷积神经工作（Krizhevsky et al. 2012）、深度堆叠网络（Deng et al. 2012）以及深度Q-网络（Mnih et al. 2015）。自2010年以来，深度学习能够发现高维数据中错综复杂的结构，并已成功应用于人工智能的现实任务中，尤其是语音识别（Yu et al. 2010；Hinton et al. 2012）、图像分类（Krizhevsky et al. 2012；He et al. 2016）和NLP（涵盖本书所有章节）等领域。一系列教材及研究文章中提供了关于深度学习的详细分析和评论（Deng 2014；LeCun et al. 2015；Juang 2016）。

由于语音识别是NLP的核心任务之一，是现实世界中第一个受到深度学习强烈影响的工业化NLP应用，其重要性不言而喻，我们在此进行简要概述。2010年左右，深度学习在大规模语音识别的工业化应用中开始起步。学术界和工业界联合开展了这项工作，最初的研究成果在2009年NIPS深度学习用于语音识别和相关应用研讨会议上发表。该研讨会起因于深度生成语言模型的局限性，以及对大计算、大数据时代的深度神经网络的认真探索。当时人们认为，使用深度信念网络生成模型（基于对比差异学习算法）的预训练DNN将克服20世纪90年代遇到的神经网络的主要困难（Dahl et al. 2011；Mohamed et al. 2009）。然而，在微软早期的研究中，人们发现不使用对比分歧预训练，而是将大量训练数据与深度神经网络（该神经网络由对应的大型上下文依存输出层设计）和精心的工程一起使用，与当时最先进的（浅层）机器学习系统相比,可以获得较低的识别误差(Yu et al. 2010,2011; Dahl et al. 2012)。北美的其他几个主要语音识别研究小组(Hinton et al. 2012; Deng et al. 2013)以及随后的海外研究小组很快证实了这一发现。人们发现这两种系统产生的识别错误的性质在特征上有所不同,这为如何将深度学习整合到现有的高效运行状态下的语音解码系统提供了技术见解,而这些系统是由语音识别行业主要参与者部署的(Yu and Deng 2015; Abdel-Hamid et al. 2014; Xiong et al. 2016; Saon et al. 2017)。如今,应用于各种形式的深度神经网络的反向传播算法被统一用于当前所有最先进的语音识别系统(Yu and Deng 2015; Amodei et al. 2016; Saon et al. 2017),以及所有主要的商业语音识别系统,例如,微软 Cortana、Xbox、Skype 翻译、亚马逊 Alexa、Google Assistant、Apple Siri、百度和 iFlyTek 语音搜索,它们都基于深度学习方法。

2010—2011 年,语音识别的惊人成功预示着 NLP 和人工智能发展的第三大浪潮的到来。深度学习在语音识别系统大获成功后不久,计算机视觉(Krizhevsky et al. 2012)和机器翻译(Bahdanau et al. 2015)中也使用了类似的深度学习范式。具体而言,虽然早在 2011 年就开发了强大的词汇神经嵌入技术(Bengio et al. 2001),但直到十多年后,由于大数据和更快算力的可用性,它才被证明具有广泛适用性和实用规模(Mikolov et al. 2013)。此外,还有大量其他现实世界的 NLP 应用,例如图像描述(Karpathy and Fei-Fei 2015; Fang et al. 2015; Gan et al. 2017)、视觉问答(Fei-Fei and Perona 2016)、语言理解(Mesnil et al. 2013)、网络搜索(Huang et al. 2013b)、推荐系统,已经成功应用深度学习。许多非 NLP 任务也开始使用深度学习,包括药物发现和毒理学、客户关系管理、推荐系统、手势识别、医药信息学、广告、医学图像分析、机器人学、自动驾驶、登机或上船、电子竞技游戏(例如,Atari、围棋、扑克以及最新的 DOTA2),等等。想要了解更多详细信息,请参阅 https://en.wikipedia.org/wiki/deep_learning。

在更具体的基于文本的 NLP 应用领域,机器翻译可能是受到深度学习影响最大的领域。在 NLP 发展的第二大浪潮中,从早期开发的浅层统计机器翻译出发,发现当前实际应用中最好的机器翻译系统是基于深度神经网络的。例如,2016 年 9 月,谷歌宣布了其面向神经机器翻译的第一阶段,微软在两个月后发布了类似的声明。Facebook花费一年左右的时间致力于神经机器翻译转换的研究,截至 2017 年 8 月,Facebook 已经全面部署了该研究。第 6 章将详细介绍这些最先进的大型机器翻译系统中的深度学习技术。

在口语理解和对话系统领域,深度学习也产生了巨大影响。在第二大浪潮中,目前流行的技术以多种方式对统计方法进行维护和扩展。与经验主义中的(浅层)机器学习方法一样,深度学习也基于数据密集型方法,来降低人工设计的复杂理解和对话管理成本,减少噪声环境下的语音识别错误和语言理解错误,并且利用马尔可夫决策过程和强化学习的力量来设计对话政策,例如 Gasic 等人(2017)以及 Dhingra等人(2017)的研究。与早期的方法相比,深度神经网络模型和表征更加强大,使得端到端学习成为可能。然而,深度学习尚未解决与早期经验主义技术相关的可解释性和域扩展性问题。第 2 章和第 3 章将详细介绍当前口语理解和对话系统中流行的深度学习技术及其面临的挑战。

将深度学习应用于 NLP 问题的两项重要技术突破是 Seq2Seq 学习模型(Sequence-to-Sequence learning)(Sutskevar et al. 2014)和注意力模型(Bahdanau et al. 2015)。Seq2Seq 学习模型提出使用循环网络以端到端方式执行编码和解码的有力思想。尽管最初开发注意力模型是为了解决编码长序列的问题,但随后的发展显著扩展了其功能,以提供可以与神经网络参数一起学习的两个任意序列的高度灵活对齐。Seq2Seq 学习模型和注意力机制的关键概念提高了基于分布式词嵌入的神经机器翻译的性能,此类词嵌入是在最佳系统上基于统计学习和单词与短语的局部表征。此项技术成功后不久,这些概念也成功应用于其他一些 NLP 相关任务,例如图像描述(Karpathy and Fei-Fei 2015;Devlin et al. 2015)、语音识别(Chorowski et al. 2015)、用于程序执行的元学习、一眼学习(one-shot learning)、句法分析、唇读、文本理解、总结和问答,等等。

除了大量的经验获得成功,基于神经网络的深度学习模型通常比早期浪潮中开发的传统机器学习模型更简单,更容易设计。在许多应用中,对模型的所有部分同时执行深度学习,以端到端的方式从特征提取直到预测。提高神经网络模型简单性的另一个因素是相同的模型构建块(例如,不同类型的层),通常用于许多不同的应用中。对各种各样的任务使用相同的构建块,使得应用于一个任务或数据的模型能够轻松适应于另一个任务或数据。此外,还开发了软件工具包,以便更快和更有效地实施这些模型。基于这些原因,如今的深度神经网络成为大型数据集(包括突出的 NLP 任务)上各种机器学习和人工智能任务的首选方法。

虽然深度学习已被证明能够以变革性的方式重塑语音、图像和视频处理过程,并且其经验主义方法已经在众多 NLP 的实践任务中取得成功,但是在深度学习与基于文本的 NLP 的交互效果方面并不那么明显。在语音、图像和视频处理中,深度学习通过直接从原始感知数据中学习高阶概念,有效解决语义鸿沟问题。但是,NLP 领域已经提出了更强的理论和关于形态学、语法和语义的结构化模型来提炼理解和自然语言生成的基本机制,这些机制并不像神经网络那样容易兼容。与语音、图像和视频信号相比,从文本数据中学习的神经表征对自然语言的洞察力似乎不是那么直接。因此,将神经网络(尤其是具有复杂层次结构的神经网络)应用于 NLP 已经受到越来越多的关注,已成为 NLP 和深度学习最活跃的领域,并且近年来取得了显著进展(Deng 2016; Manning and Socher 2017)。研究这些进展并且分析 NLP 深度学习领域未来的发展方向,是我们撰写本章及本书的主要动机,希望 NLP 领域的研究人员能够从当前的飞速发展中加快进一步研究。

1.5 从现在到未来的转变

在分析基于更高阶深度学习的 NLP 领域的未来发展之前,首先对前两大浪潮转变到如今的浪潮这一过程的重要性进行总结。然后讨论当前用于 NLP 的深度学习所面临的明显局限和挑战,为进一步开发能够在下一次创新浪潮中克服这些局限的研究铺平道路。

1.5.1 从经验主义到深度学习的变革

从表象上看,1.4 节中介绍的深度学习发展浪潮似乎是将以经验主义为代表的第二大 NLP 发展浪潮(见 1.3 节)简单地推向具有更大数据、更大模型和更强计算能力的一端。毕竟,两大浪潮期间开发的基本方法都是数据驱动、机器学习和计算,并且已经省去以人为中心的"理性主义"规则,这些规则在实际的 NLP 应用中通常很脆弱且成本较高。但是,如果从整体上和更深层次分析这些方法,就可以确定从经验主义机器学习到深度学习这场概念革命的各个方面,并且可以分析该领域的未来方向(见 1.6 节)。我们认为,与开头分析的从早期理性主义浪潮到经验主义浪潮(Church and Mercer 1993)和经验主义时代末期(Charniak 2011)相比,这次变革同样重要。

第二大 NLP 发展浪潮中的经验主义机器学习和语言数据分析始于20 世纪 90 年代早期,由加密分析师和计算机科学家从事自然语言资源的研究,这些资源局限于词汇和应用领域。正如在 1.3 节中讨论的,像单词及序列这样的表面级文本观察使用离散概率模型进行计算,而非依赖于自然语言中的深层结构。基本表征是"独热(one-hot)"或局部主义,其中并没有利用单词之间的语义相似性。由于域和相关文本内容的限制,此类无结构表征和经验模型通常足以涵盖需要覆盖的大部分内容。也就是说,基于计数的浅层统计模型在有限和特定的 NLP 任务中自然可以很好地完成。但是,在现实世界中,为更现实的 NLP 应用程序取消域和内容限制时,基于计数的模型必然会变得无效,而无论发明了多少平滑技巧来试图减轻组合计数稀疏性的问题。这就是基于深度学习的 NLP 真正的闪光之处——通过嵌入得到的单词分布式表征,由于嵌入得到的语义泛化,更长跨度的深度序列模型以及端到端学习方法,这些都有助于打破 1.4 节中介绍的经验主义,以及在大量 NLP任务中使用的基于计数的方法。

1.5.2　当前深度学习技术的限制

尽管基于深度学习的 NLP 取得了惊人的成功,尤其是在语音识别/理解、语言建模和机器翻译领域,但是其发展仍然面临巨大的挑战。当前的基于神经网络的深度学习作为黑匣子通常缺乏可解释性,甚至与具备可解释性还相差甚远,这与第一大 NLP 发展浪潮中建立的"理性主义"形成鲜明对比,当时专家设立的规则可以进行合理的解释。然而在实践中,人们非常希望从看似"黑匣子"的模型中对预测进行解释,不仅是为了改进模型,而且是为了给预测系统的用户提供可以采取建设性行动的解释(Koh and Liang 2017)。

在许多应用中,已经证明深度学习方法可以提供接近或超过人类的识别精度,但是它们需要比人类更多的训练数据、能耗和计算资源。此外,结果的准确性在统计上令人印象深刻,但在个人基础上往往并不可靠。大多数当前的深度学习模型没有推理和解释能力,因此没有能力预见灾难性的失败或攻击,从而也无法对其进行阻止。当前的 NLP 模型没有考虑通过最终的 NLP 系统制定和执行决策目标和计划的必要性。当前基于深度学习的 NLP 方法存在明显的限制,即理解和推理句间关系的能力较差,尽管该方法在语句中的单词间与短语的应用上取得了巨大进步。

正如之前所介绍的,基于深度学习的 NLP 迄今为止取得的成功,很大程度上源自如下简单的策略:给定一个 NLP 任务,应用基于(双向)LSTM 的标准序列模型,如果任务中所需的信息需要源自另一项资源,则添加注意力机制,然后以端到端的方式训练整个模型。然而,虽然序列模型从本质上适用于语音,但是人类对自然语言(以文本形式)的理解需要比序列更复杂的结构。也就是说,通过利用模块化、结构化存储器以及语句和较大文本的递归树状表征,可以进一步推进当前基于序列的 NLP 深度学习系统(Manning 2016)的发展。

为了克服上述挑战并实现 NLP 作为人工智能核心领域的最终成功,需要进行基础研究和应用研究。在研究人员创造出新的范式、算法和计算(包括硬件)突破之前,下一波 NLP 和人工智能浪潮将不会出现。下面概述几大可能取得突破的高阶方向。

1.6 自然语言处理未来的发展方向

1.6.1 神经符号集成(Neural-Symbolic Integration)

潜在的突破在于先进的深度学习模型和方法的开发,这些模型和方法在构建、访问、利用记忆和知识(尤其是常识)方面,比现有方法更加有效。目前尚不清楚如何将当前(所有事物的)分布式表征为核心的深度学习方法,与关于自然语言和世界中明确、易于解释和局部主义表征的知识以及相关推理机制进行完美整合。

实现此目标的一条途径是神经网络和符号语言系统进行无缝组合。这些 NLP 和人工智能系统旨在自发形成其预测和决策过程的根本原因或逻辑规则,这些过程能够以符号性自然语言的形式被人类用户理解。最近,此方向的研究初步应用了名为张量积神经记忆细胞(tensor-product neural memory cells)的集成神经符号表征,该表征能够解码到符号形式。在神经张量域内进行广泛学习之后,能证实这种结构化神经表征在编码信息中是无损的(Palangi et al. 2017;Smolensky et al. 2016;Lee et al. 2016)。在应用到机器阅读和问答等NLP任务时,这种张量积表征的扩展旨在学习处理和理解大量自然语言文档。学习之后,系统不仅能够理智地回答问题,而且能够真实地理解读取的内容,以至于能够向人类用户传达这样的理解,并且提供已获取的找到答案的相关步骤的线索。这些步骤能够以逻辑推理的形式表达在自然语言中,因此这种类型的机器阅读和理解系统的人类用户自然地能够理解这些步骤。我们认为,在看到许多相关问题-段落-答案的例子之后,自然语言理解不仅能够以有监督的方式根据相关段落或数据图表作为上下文知识,准确地预测问题的答案,而且具有真正理解能力的NLP系统应该与人类认知能力类似。Nguyen等人(2017)针对此种类型的能力进行了研究——在理解系统被训练好之后,例如在问答任务中(使用监督学习或其他方式),此类系统应该掌握所提供的观察文本材料的所有基本方面以解决问答任务。掌握此类能力需要的学习后的系统可以在后续其他NLP任务上表现良好,例如翻译、摘要、推荐等,无须查看其他配对数据,包含带有摘要的原始文本数据、并行的英文和中文文本,等等。

检验这种强大的神经符号系统本质的一种方法是,将它们视为融合了"经验主义"方法力量的系统,经验主义方法的特点是专家推理和结构丰富性,在NLP的第一大发展浪潮中深受欢迎,1.2节对此已有介绍。有趣的是,在以深度学习为基础的NLP第三大浪潮兴起之前,Church(2007)认为,从理性主义到经验主义的钟摆在即将到达第二大NLP浪潮顶峰时摆得太远,并且预测到新的理性主义浪潮即将到来。然而,在Church(2007)提出该论断后不久,NLP并没有回到新的理性主义时期,深度学习时代取而代之并完全发挥作用。深度学习没有增添理性主义色彩,但它通过大数据和大计算将NLP的经验主义推向了顶峰,并且通过概念变革的方式和大规模并行性和分布性来表征广泛的语言实体,从而大大提高了新一代NLP模型的泛化能力。只有在当

前基于深度学习的 NLP(见 1.4 节)及其后续的一系列局限性分析取得
成功之后,研究人员才可以研究下一次 NLP 发展浪潮,这不是回归理
性主义,放弃经验主义,而是开发更先进的深度学习范式,该范式将理
性主义的缺失本质有机地整合到旨在接近人类对语言的认知功能的结
构化神经方法中。

1.6.2　结构、记忆和知识

正如本章之前以及当前 NLP 文献(Manning and Socher 2017)中
所讨论的,NLP 研究人员目前仍然使用非常原始的深度学习方法来开
发结构,建立和获取记忆或知识。虽然将(具有注意力的)LSTM 普遍
应用于 NLP 任务可打破许多 NLP 基准,但是 LSTM 距离达到人类认
知的良好记忆模型还差很远。具体而言,LSTM 缺乏能够模拟情景记
忆的完整结构,人类认知能力的一个关键组件是检索和重新体验过去
事件或思想中的各个方面。这种能力产生了一眼学习(one-shot
learning)技能,这种技能对于阅读理解自然语言文本或语言理解以及
通过自然语言描述对事件进行推理也至关重要。最近的许多研究致力
于实现更好的记忆模型,包括具有监督学习的外部记忆体系结构
(Vinyals et al. 2016；Kaiser et al. 2017)和基于强化学习的增强记忆
架构(Graves et al. 2016；Oh et al. 2016)。但是,这些研究没有显
示出通用的有效性,反而面临许多限制,包括显著的可扩展性(因为
注意力的使用,其在使用时必须访问记忆中的每个存储元件)。许
多研究的发展方向仍然是建立更好的记忆模型与开发用于文本理
解和推理的知识。

1.6.3　无监督和生成式深度学习

基于深度学习的 NLP 中另一个潜在突破是用于无监督深度学习
的新算法,该算法使用理想情况下与输入进行配对的无直接教学信号
(标记对标记)来指导学习。正如 1.4 节中所介绍的,词嵌入可以视为
无监督学习的弱形式,利用相邻词作为"免费"代理教学信号,但是对于
真实世界中的 NLP 预测任务,例如翻译、理解、总结等,这类以"无监督
方式"获得的嵌入被嵌入另一个需要昂贵教学信号的监督架构。在真
正的不需要昂贵教学信号的无监督学习中,需要新型目标函数和新型

优化算法，例如，无监督学习的目标函数不要求明确的目标标注数据与输入数据对齐，而在交叉熵中，这种形式最受监督学习的欢迎。无监督深度学习算法的发展明显落后于监督和强化深度学习，其中反向传播和 Q-学习算法已经相当成熟。

无监督学习的最新初步发展采用了开发序列输出结构和高级优化的方法，以减少训练预测系统中使用标签的需求（Russell and Stefano 2017；Liu et al. 2017）。通过利用新的学习信号源（包括输入数据的结构以及从输入到输出的映射关系，反之亦然），可以促进无监督学习的未来发展。利用从输出到输入的关系与构建条件生成模型密切相关。为此，深度学习最近的热门话题——对抗式生成网络（Goodfellow et al. 2014）是一个非常有前景的方向，其中模式识别和机器学习中合成分析的长期概念可能会在不久的将来成为焦点，它们将用新的方式解决 NLP 任务。

一方面，对抗式生成网络以神经网络的形式呈现，节点之间具有密集连接，并且没有概率设置。另一方面，概率和贝叶斯推理通常将"节点"之间稀疏连接的计算优势作为随机变量，这已经成为机器学习的主要理论支柱之一，并且已经成为 1.3 节中介绍的 NLP 经验主义浪潮中解决 NLP 任务的方法。深度学习和概率建模之间的正确接口是什么？概率思维能否帮助更好地理解深度学习技术并且激发新的基于深度学习的 NLP 任务？换个方向又会怎样？这些问题将留给未来的研究解答。

1.6.4　多模式和多任务深度学习

多模式和多任务深度学习是相关的学习范式，两者都涉及不同模态（例如，音频、语音、视频、图像、文本、源代码等）或多个跨域任务（例如，点和结构化预测、等级、推荐、时间序列预测、聚类等）中汇集的深层网络中潜在表征的利用。在深度学习浪潮之前，多模式和多任务学习很难奏效，因为缺乏跨模式或任务共享的中间表征。请看一个关于多任务的突出比较示例——在经验主义浪潮（Lin et al. 2008）和深度学习浪潮（Huang et al. 2013a）期间的多语语音识别。

多模态信息可以被用作低成本监督。例如，标准语音识别、图像识别别和文本分类方法分别在每一个语音、图像和文本模态中使用监督标签。然而,这与儿童学习识别语音、图像和分类文本的方式相去甚远。例如,儿童经常通过成人指向的与语音关联的图像场景、文本或手写内容来获得语音"监督"信号。类似地,对于学习图像类别的儿童,他们可以利用语音或文本作为监督信号。这种发生在儿童身上的学习类型可以激发一种学习方案,该方案利用多模态数据来改进多模式深度学习的工程系统。需要在同一语义空间中定义相似性度量,其中,语音、图像和文本都被映射,通过使用跨越不同模态的最大互信息训练得到深度神经网络。NLP 文献中尚未探索和发现该方案的巨大潜力。

类似于多模式深度学习,多任务深度学习也可以从影响跨任务或域的多个潜在表征级别中受益。近期关于联合多任务学习的研究解决了一系列 NLP 任务——在单一的大型深度神经网络模型(Hashimoto et al. 2017)中,从形态学到句法,再到语义层面。该模型预测了连续深层中语言的不同输出水平,并完成了标记、分块、句法分析,以及语义相关性和蕴涵预测等标准 NLP 任务。使用这种单一的端到端学习模型得到的强大结果,指明了解决现实世界中更具挑战性的 NLP 任务以及 NLP 任务之外的其他任务的方向。

1.6.5　元学习

富有成效的 NLP 和人工智能研究的未来发展方向是学会学习(learning-to-learn)或元学习(meta-learning)范式。元学习的目标是通过重复使用以前的经验来学习如何更快地学习新任务,而不是孤立地处理每个新任务或从头开始学习解决每个任务。也就是说,随着元学习的成功,我们可以在各种学习任务上训练模型,这样就可以仅使用少量的训练样本来解决新的学习任务。在 NLP 上下文中,成功的元学习将能够设计出智能 NLP 系统,其可以改进或自动发现新的学习算法(例如,用于无监督学习的复杂优化算法),使用少量训练数据来解决NLP 任务。

作为机器学习子领域的元学习研究始于三十多年前(Schmidhuber 1987; Hochreiter et al. 2001),直到最近几年,随着深度学习方法日趋成熟,元学习潜在的巨大影响力才凸显出来。元学习的初步进展可以表现在深度学习的各种技术的成功应用中,包括超参数优化(Maclaurin et al. 2015)、神经网络架构优化(Wichrowska et al. 2017)和快速强化学习(Finn et al. 2017)。在现实世界中,元学习的最终成功是能够开发算法来解决大多数 NLP 和计算机科学问题,以将这些问题重新定义为深度学习问题,并通过当今为深度学习设计的统一基础设施来解决。元学习是一种强大的新兴人工智能和深度学习范式,是一个富有前景的研究领域,有望影响现实世界中的 NLP 应用。

1.7   结论

本章构建了本书的基本框架,首先介绍了自然语言处理的基础知识。虽然自然语言处理和计算语言学同属人工智能和计算机科学领域,但是前者比后者更面向应用。本章追溯了 NLP 横跨几十年的发展进程,涉及三大发展浪潮,从理性主义和经验主义浪潮,到当前的深度学习浪潮。本研究的目的是从历史发展中提炼出有助于指导未来方向的洞察。

从对三大发展浪潮的分析中可以得出,当前用于 NLP 的深度学习技术是对前两大浪潮中的 NLP 技术进行的一场概念式和范式变革。这场变革背后的关键支柱包括嵌入对语言实体(子词、单词、短语、语句、段落、文档等)的分布式表征,由于嵌入而进行的语义泛化,语言的长跨深度序列建模,有效地表征从低到高的语言水平的分层网络,以及能够联合解决许多 NLP 任务的端到端深度学习方法。在深度学习浪潮之前,这些都不可能实现,这不仅仅是因为在前两大浪潮中缺乏大数据和强大的计算,同等重要的,而且还因为缺乏正确的框架,直到近年来深度学习范式的出现才使得这一情况有所改观。

研究完所选的基于深度学习而获得显著成功的 NLP 应用领域之后(本书其余章节将会对此进行更为全面的介绍),从总体讲,我们指出并分析了当前深度学习技术所面临的几大关键局限性,以及一些具体的局限。本章提供了 NLP 未来发展的五大研究方向:用于神经-符号整合的框架、探索更好的记忆模型、更好地利用知识(包括无监督和生成式深度学习在内的更好的深度学习范式)、多模式和多任务深度学习以及元学习。

总之,深度学习将 NLP 引向前所未有的光明未来。深度学习不仅为计算机系统中表征人类自然语言的认知能力提供强大的模型框架,而且更重要的是，它已经在 NLP 的许多关键应用领域创造了卓越的实际效果。本书其余章节会对基于深度学习框架开发的 NLP 技术进行详细介绍，并且在可能的情况下，还将展示基准结果，以此对深度学习与几年前深度学习浪潮之前的更传统技术进行对比。我们希望本书中介绍的一系列综合内容能够成为 NLP 研发道路上的一个标志。在这个过程中，NLP 研究人员将开发更好、更先进的深度学习方法，来克服本章讨论的当前部分或全部限制，这些限制可能会受到我们在此分析的研究方向的启发。

第2章

基于深度学习的对话语言理解

Gokhan Tur　Asli Celikyilmaz　何晓东　Dilek Hakkani-Tür　邓力

摘要　人工智能领域的最新进展中增加了对话助理的使用,这种对话助理可以帮助完成许多任务,例如寻找时间来安排活动并在当时创建日历条目,找到餐馆并在特定时间预订餐桌等任务。然而,创建具有人类智力水平的自动代理仍然是人工智能所面临的最具挑战性的问题之一。此类系统的关键组件是对话语言理解,这是几十年来研究领域的圣杯,因为它不是一个明确定义的任务,而是在很大程度上依赖于它所使用的人工智能应用程序。尽管如此,本章从历史的角度出发,介绍深度学习的前期研究,并一直跟进到该领域最新的进展,旨在对近期基于深度学习的研究文献进行汇编,这些文献专注于研究目标导向的对话语言理解。

2.1　引言

在过去十年中,各种实用的目标导向的对话语言理解(CLU)系统得以构建,尤其是作为虚拟个人助理的一部分,例如 Google Assistant、Amazon Alexa、Microsoft Cortana 或 Apple Siri。

与语音识别旨在自动转录口语单词序列(Deng and O'Shaughnessy 2003; Huang and Deng 2010)有所不同的是,CLU 并不是一个明确定义的任务。在最高级别,CLU 的目标是从上下文的对话、口语或文本的自然语言中提取"意义"。在实践中,这可能意味着许多实际应用允许用户使用自然(随意的口语)语言执行某些任务。在研究文献中,CLU 通常用于表示理解在对话或其他方面以口头形式呈现的自然语言。因此,本章及本书所讨论的 CLU 与研究文献(Tur and Mori 2011;Wang et al. 2011)中的口语理解(SLU)密切相关,有时也是同义词。

这里,我们进一步阐述语音识别、CLU / SLU 和文本形式的自然语言理解之间的联系。语音识别与理解无关,仅负责将语言从口语形式转换为文本形式(Deng and Li 2013)。语音识别中的错误可以视为下游语言处理系统中的"噪声"(He and Deng 2011)。处理这种类型的噪声 NLP 问题可能与噪声识别问题相关,其中"噪声"来自声学环境(而不是识别错误)(Li et al. 2014)。

语音输入的 SLU 和 CLU 会比输入文本时更难理解,因为语音识别不能避免错误,但文本输入则没有类似错误(He and Deng 2013)。在 SLU / CLU 漫长的研究历史中,由语音识别错误造成的问题迫使 SLU / CLU 的应用领域比文本形式的语言理解要窄得多(Tur and Deng 2011)。然而,近期深度学习在语音识别领域取得了巨大成功(Hinton et al. 2012),使得识别错误大大减少,极大地丰富了当前 CLU 系统的应用领域。

一类对话理解任务根植于旧的人工智能研究,例如 20 世纪 60 年代建立的 MIT Eliza 系统(Weizenbaum 1966),主要用于聊天系统、模仿理解。例如,如果用户说"*I am depressed*(我很沮丧)",Eliza 会说"*Are you depressed often?*(你经常沮丧吗?)"。另一个极端是使用更深层次的语义构建一般性功能,经证实这在非常有限的域中是成功的。这些是典型的基于知识且依赖形式语义解释(将句子映射到逻辑形式)的系统。在其最简单的形式中,逻辑形式是涵盖了谓语参数的句子的上下文无关表征。例如,如果句子是 *John loves Mary*,那么逻辑形式就是 love(John,Mary)。根据这些理念,一些研究人员假设所有语言都有一组共享的语义特征(Chomsky 1965),从而构建通用语义语法(或者中间语言)。在 20 世纪 90 年代末,统计方法开始占主导地位之前,这种基于中间语言的方法对机器翻译研究产生了重大影响。Allen(1995)提供了更多基于人工智能的语言理解技术的信息。

拥有覆盖广泛且足够简单,并能够适用于若干不同任务和领域的 CLU 的语义表征是非常有挑战性的,因此大多数 CLU 任务和方法依赖于专门为它们设计的应用和环境(例如手机与电视)。在这种"有针对性的理解"设置中,三个关键任务分别是域分类(用户在谈论什么,例

如"旅行")、意图识别(用户想要做什么,例如"预订酒店房间")和填槽
(这项任务的参数是什么,例如"迪士尼乐园附近的两间卧室套房")
(Tur and Mori 2011),这些任务旨在形成捕获用户话语/查询语义的语
义框架。图 2-1 中的示例展示了与航班相关的查询语义框架:*find
flights to New York tomorrow*(查找明天飞往纽约的航班)。

```
W find flights to  New    York   tomorrow
    ↓     ↓    ↓    ↓       ↓       ↓
S   O     O    O  B-Dest I-Dest  B-Date
D flight
I find_flight
```

图 2-1　具有槽(S)、域(D)、意图(I)注释的话语(W)的示例语义解析,遵循槽值的
　　　　IOB(in-out-begin)表征

本章将详细回顾最新的基于深度学习的 CLU 方法,主要关注三大
任务。2.2 节将正式介绍任务定义,然后介绍前深度学习时代的研究文
献。2.4 节将介绍此项任务的最新研究。

2.2　历史性视角

在美国,基于框架的 CLU 研究始于 20 世纪 70 年代的 DARPA 语
音理解研究(SUR)和随后的资源管理(RM)任务。在这个早期阶段,像
有限状态机(FSM)和增强转换网络(ATN)这样的自然语言理解
(NLU)技术被应用于 SLU(Woods 1983)。

20 世纪 90 年代,随着 DARPA 航空旅行信息系统(ATIS)项目评
估(Price 1990;Hemphill et al. 1990;Dahl et al. 1994)的出现,针对基
于目标框架的 SLU 研究激增。来自学术界和工业界的多个研究实验
室,包括 AT&T、BBN Technologies(最初为 Bolt、Beranek 和
Newman)、卡内基·梅隆大学、麻省理工学院和 SRI,开发了试图理解
用户自发利用语音查询航空旅行信息(包括航班信息、地面交通信息、
机场服务信息等)的系统,然后从标准数据库中获取答案。ATIS 对于
基于框架的 SLU 来说是一个里程碑式的研究,主要得益于多个机构的
参与,以及在通用测试集上进行严格的组件分析和端到端评估。后来,
ATIS 通过 DARPA Communicator 计划(Walker et al. 2001)扩展到多
转对话。与此同时,AI 社区在构建会话规划代理方面做了独特的努

力,例如 TRAINS 系统(Allen et al. 1996),同样的努力在大西洋彼岸也
在进行。法国 EVALDA / MEDIA 项目旨在设计和测试评估方法,以
便在口语对话中比较和诊断依赖于上下文和与上下文无关的 SLU 功
能(Bonneau-Maynard et al. 2005)。参与者包括学术组织(IRIT、LIA、
LIMSI、LORIA、VALORIA 和 CLIPS)和工业机构(FRANCE TELE-
COM R&D、TELIP)。与 ATIS 一样,本研究的范围仅限于旅游和酒店
信息的数据库查询。最近由欧盟赞助的 LUNA 项目关注先进的电信
服务中实时理解自发语音的问题(Hahn et al. 2011)。

　　前深度学习时代的研究人员通过提供的训练数据集使用已知的序
列分类方法填充应用领域的框架槽,进行比较实验。这些方法使用了
隐马尔可夫模型(HMM)(Pieraccini et al. 1992)这样的生成模型、判别
分类方法(Kuhn and Mori 1995)、基于知识的方法和概率上下文无关
语法(CFG)(Seneff 1992;Ward and Issar 1994),最后是条件随机场
(CRF)(Raymond and Riccardi 2007;Tur et al. 2010)。

　　几乎与填槽方法同时出现的是主要用于呼叫中心 IVR(交互式语音
响应)系统中机器控制对话的相关 CLU 任务。在 IVR 系统中,交互完全
由机器控制。机器系统主动询问用户特定的问题并期望用户输入预定的
关键词或短语。例如,邮件传递系统可以提示用户说安排提货、跟踪包
裹、获得价格或订单供应,披萨饼传递系统可以询问可能的配料。这种
IVR 系统通常可以扩展到在呼叫中心形成机器主动定向对话,并且现在
使用 VoiceXML(VXML)这种已建立的标准化平台得以广泛实现。

　　这些 IVR 系统的成功引发了更为复杂的版本,也就是将用户的话语
划分为预先定义的类别(称为呼叫类型或意图)。几乎所有主要的参与
者,例如 AT&T)(Gorin et al. 1997,2002;Gupta et al. 2006)、贝尔实验
室(Chu-Carroll and Carpenter 1999)、BBN(Natarajan et al. 2002)和法国电
信(Damnati et al. 2007)都实践了这个想法。

　　虽然对于 CLU 任务来说,这是完全不同的视角,但它实际上是对
框架的补充。例如,在 ATIS 语料库中有关于地面运输或特定航班的
飞机容量的话语,因此除了基本的查找航班信息的意图,用户可能还有
其他基本意图。

　　在 Tur 和 Mori(2011)的研究中有更多关于域检测、意图识别和填
槽的前深度学习时代方法的详细介绍。

2.3　主要的语言理解任务

本节主要介绍人/机对话系统中使用的目标会话语言理解的关键任务,包括用于域检测或意图识别和填槽的话语分类任务。

2.3.1　域检测和意图识别

域检测和意图识别的语义话语分类任务旨在将给定的语音话语 X_r 划分为 M 个语义类,$\hat{C}_r \in C = \{C_1, \cdots, C_M\}$(其中,$r$ 是话语索引)。在观察 X_r 时,选择 $\hat{C}_r$ 使得在给定 X_r 的情况下,$P(C_r|X_r)$ 的类后验概率最大化。公式如下所示:

$$\hat{C}_r = \underset{C_r}{\operatorname{argmax}} P(C_r|X_r) \tag{2.1}$$

语义分类器需要在话语变化中具有显著的操作自由度。用户可能会说"*I want to fly from Boston to New York next week*(下周,我想从波士顿飞往纽约)",另一位用户可能会说"*I am looking for flights from JFK to Boston in the coming week*(我想看接下来一周内从肯尼迪飞往波士顿的航班)"来表达相同的信息。尽管表达上存在自由,但是这些应用中的话语都具有清晰的结构,能够将特定的信息片段绑定在一起。不仅没有对用户所说的内容有先验约束,而且系统还能够从可控的少量训练数据中很好地进行归纳。例如,短语"*Show all flights*(展示所有航班信息)"和"*Give me flights*(给我航班信息)"应该被解释为单个语义类"Flight(航班)"的变体。另外,命令"*Show me fares*"应该被解释为另一个语义类"Fare"的实例。可使用传统的文本分类技术设计出学习方法,以将特定文本 W_r 中 C_r 的概率最大化,例如类后验概率 $P(C_r|W_r)$。其他语义驱动的特征,例如域名地名录(实体列表)、命名实体(例如,组织名称或时间/日期表达式)和上下文特征(例如,前一个对话框轮流),都可以被用于丰富特征集。

2.3.2　填槽

应用程序域的语义结构是根据语义框架定义的。每个语义框架包含几个称为"槽"的类型组件。例如,在图 2-1 中,*Flights* 域可以包含诸

如 *Departure_City*（离开城市）、*Arrival_City*（目的地城市）、*Departure_Date*（离开日期）、*Airline_Name*（航空公司）这样的槽。然后，填槽的任务是在语义帧中将槽实例化。

一些 SLU 系统采用分层表示，因为这样更具表现力并且允许子结构共享。这主要是由句法选区树驱动的。

在基于统计框架的对话语言理解中，任务通常被形式化为模式识别问题。给定单词序列 W，填槽旨在找到具有最大后验概率 $P(S|W)$ 的语义标签序列 S：

$$\hat{S} = \underset{S}{\mathrm{argmax}}\, P(S|W) \tag{2.2}$$

2.4　提升技术水平：从统计建模到深度学习

本节将回顾最近的基于深度学习的对话语言理解研究，包括一个任务接着一个任务的方法，以及联合多任务方法。

2.4.1　域检测和意图识别

深度学习作为深度信念网络（DBN）（Hinton et al. 2006）在话语分类中的首次应用，在信息处理应用的各个领域大受欢迎。DBN 是受限玻尔兹曼机（RBM）的堆栈，然后进行微调。RBM 是一种双层网络，可以无人监督的方式合理有效地进行训练。在引入 RBM 学习和深度结构的逐层构建之后，DBN 已经被成功地应用于大量语音和语言处理任务，并最终用于呼叫路由设置中的意图识别（Sarikaya et al. 2011）。这项工作已经在 Sarikaya 等人（2014）的研究中得到了扩展，他们运用额外的未标记数据进行更好的预训练。

随着 DBN 的成功，Den 和 Yu 提出使用深凸网（DCN），直接攻击类似 DBN 的深度学习技术（Deng and Yu 2011）的可扩展性问题。结果表明，DCN 不仅在准确性方面，而且在训练可扩展性和效率方面都优于 DBN。DCN 是正规前馈神经网络，但在每个隐藏层也考虑输入向量。

图 2-2 展示了 DCN 的概念结构，其中 w 表示输入，u 表示权重。在该研究中，给定目标向量 T，均方误差被用作损失函数。随后，DCN

使用如上所述的 DBN 对网络进行预训练。

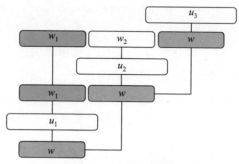

图 2-2　典型的 DCN 架构

　　在研究的早期,由于词汇量对于输入向量而言太大,在这种情况下没有使用特征转换的方法,而是使用基于增强(Freund and Schapire 1997)的特征选择方法来为分类任务找到显著的短语,并对结果与提高的基线进行比较。

　　在这些早期研究之后,DBN 则很少用于预训练,取而代之的是使用卷积神经网络(CNN)及其变体(Collobert and Weston 2008;Kim 2014;Kalchbrenner et al. 2014 among others)。

　　图 2-3 展示了用于句子或话语分类的典型 CNN 架构。卷积运算涉及过滤器 U,将其应用于输入句子中的包含 h 个单词的窗口以产生新的特征 c_i。例如:

$$c_i = \tanh(U \cdot W_{i, i+h-1} + b)$$

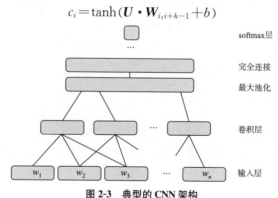

图 2-3　典型的 CNN 架构

　　其中,b 是偏差,W 是单词的输入向量,c_i 是新特征。然后,在 $c = [c_1, c_2, \cdots, c_{n-h+1}]$ 上应用 max-over-time 池化操作以获取最大值特征

$\hat{C} = \max \boldsymbol{c}$。将这些特征传递给完全连接的 softmax 层,输出是标签上的概率分布:

$$P(y=j\,|\,\boldsymbol{x}) = \frac{e^{\boldsymbol{x}^{\mathrm{T}}\boldsymbol{w}_j}}{\sum\limits_{k=1}^{k} e^{\boldsymbol{x}^{\mathrm{T}}\boldsymbol{w}_k}}$$

很少有研究尝试使用来自循环神经网络(RNN)的域检测方法,并与 CNN 结合,试图从两个世界中获得最佳效果。Lee 和 Dernoncourt (2016) 尝试构建 RNN 编码器,然后对前馈网络与正规 CNN 进行比较。图 2-4 展示了基于 RNN 的编码器的概念模型。

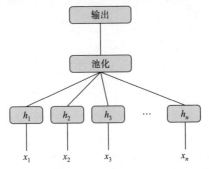

图 2-4　用于语句分类的基于 RNN-CNN 的编码器

Ravuri 和 Stolcke(2015)进行的研究非常有意义,他们没有使用前馈或卷积神经网络进行话语分类。如图 2-5 所示,他们只是简单地使用 RNN 编码器来模拟语句结尾标记解码类的话语。虽然他们没有将结果与 CNN 或简单的 DNN 进行比较,但这项研究仍然很重要,因为人们可以简单地将这种架构扩展为双向 RNN,并将语句开头的标记加载为类,正如 Hakkani-Tür 等人(2016)所进行的研究,不仅支持话语意图分类,还支持面向联合语义解析模型的填槽,这将在 2.4.2 节进行介绍。

除了这些代表性建模研究,另一种值得一提的方法是 Dauphin 等人(2014)进行的无监督话语分类研究。该方法依赖于与单击的 URL 关联的搜索查询。该方法假设如果查询行为与单击的类似 URL 相关,那么这些查询将具有相似的含义或意图。在图 2-6 中,数据用于训练具有多个隐藏层的简单深层网络,其中最后一层应该捕获给定查询的潜在意图。请注意,这与其他单词嵌入训练方法不同,可以直接为给定查询提供嵌入。

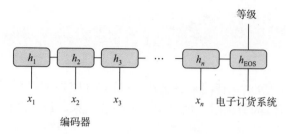

图 2-5　用于语句分类的仅基于 RNN 的编码器

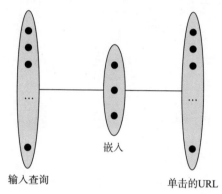

图 2-6　展示从查询到单击的 URL 二分图

　　零镜头分类器(zero-shot classifier)简单地找到嵌入语义中的最接近查询的类别,假设在此之前分类名称(例如,餐馆或体育)已经通过某种方式给出。然后,基于查询的嵌入和类名的嵌入之间的欧氏距离,将其输入到 softmax 层,得到属于每一类的概率。

2.4.2　填槽

　　目前的填槽技术依赖于基于 RNN 的方法及其变体。预 RNN 方法包括神经网络马尔可夫模型(NN-MM)或具有条件随机场(CRF)的 DNN。在预 RNN 时代,好几种方法已经被提出,Deoras 和 Sarikaya (2013)提出的用于填槽的深度信念网络便是其中之一。他们利用判别式嵌入技术,将大而稀疏的输入层投影到小而密集且具有实值的特征向量,然后将它们用于预训练网络,随后使用局部分类进行判别分类。他们将这种方法应用于 ATIS 中精心研究的口语理解任务,并获得最新且最先进的性能,从而超越了当时最好的基于 CRF 的系统。

CNN 被用于特征提取,并且在学习句子语义方面被证明性能良好 (Kim 2014)。CNN 也被用于学习用作填槽标记的隐藏特征。Xu 和 Sarikaya(2013)的研究将 CNN 作为底层,用它提取与每个单词的相邻单词相关的特征,捕获话语本地语义。CRF 层位于 CNN 层的顶层,CNN 层产生 CRF 的隐藏特征。整个网络通过反向传播进行端到端训练,并应用于个人助理领域。结果表明,这种方法对标准 CRF 模型有显著改进效果,同时为领域专家提供了特征工程的灵活性。

随着循环神经网络(RNN)模型的进步,Yao 等人(2013)和 Mesnil 等人(2013)首先同时将其用于填槽。例如,Mesnil 等人实施并比较了 RNN 的几大重要架构,包括 Elman 型(Elman 1990)和 Jordan 型 (Jordan 1997)循环网络及其变体。实验结果表明,Elman 型和 Jordan 型网络具有相似的性能,并且大大优于广泛使用的 CRF 方法。结果还表明,考虑到插槽之间过去和未来依存的双向 RNN 性能表现最佳。两篇论文也研究了用于初始化填槽的 RNN 词嵌入的有效性。Mesnil 等人(2015)对该项研究进行了进一步扩展,对标准 RNN 架构以及混合、双向和 CRF 扩展进行了全面评估,并在该领域树立了新的技术水平。

更正式地讲,以 Raymond 和 Riccardi(2007)的研究为例,给定标记的输入序列 $X = x_1, \cdots, x_n$,以 IOB 标签的形式来估计标签 $Y = y_1, \cdots, y_n$ 的序列(三个输出对应于 B、I 和 O),如图 2-1 所示,Elman RNN 架构(Elman 1990)由输入层、多个隐藏层和输出层组成。输入层、隐藏层和输出层由一组神经元组成,这些神经元分别代表每个时间步 t、x_t、h_t 以及 y_t 的输入、隐藏和输出。输入通常由独热向量或词级嵌入表征。给定时间 t 处的输入层 x_t 和来自前一时间步骤 h_{t-1} 的隐藏状态,当前时间步的隐藏层和输出层计算如下:

$$h_t = \varphi \left[\boldsymbol{W}_{xh} \begin{bmatrix} h_{t-1} \\ x_t \end{bmatrix} \right]$$

$$p_t = \text{softmax}(\boldsymbol{W}_{hy} h_t)$$

$$\hat{y}_t = \text{argmax } p_t$$

其中,$\boldsymbol{W}_{xh}$ 和 $\boldsymbol{W}_{hy}$ 分别表示输入层和隐藏层以及隐藏层和输出层之间的权重矩阵。φ 表示激活函数,也就是 tanh 或 $sigm$。

相比之下，Jordan RNN 计算用于当前时间步的循环隐藏层，当前时间步则来自前一时间步的输出层加上当前时间步的输入层：

$$h_t = \varphi \left(\boldsymbol{W}_{xp} \begin{bmatrix} p_{t-1} \\ x_t \end{bmatrix} \right)$$

图 2-7 展示了前馈 NN、Elman RNN 和 Jordan RNN 的架构。

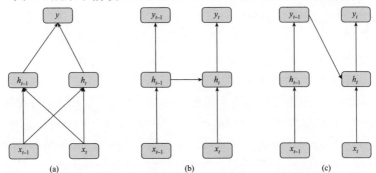

图 2-7　前馈 NN(a)、Elman RNN(b)和 Jordan RNN(c)的架构

另一种重要的方法是通过显式的序列级优化来增强这些。这非常重要，例如，模型可以对 I 标签不能跟随 O 标签这种情况进行建模。Liu 和 Lane(2015)提出了这样一种架构，其中隐藏状态也使用先前的预测，如图 2-8 所示。

$$h_t = f(\boldsymbol{U}x_t + \boldsymbol{W}h_{t-1} + \boldsymbol{Q}y\_out_{t-1})$$

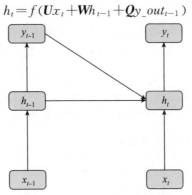

图 2-8　使用 RNN 的序列级优化

其中，y_out_{t-1} 是时间 $t-1$ 的向量表征输出标签，$\boldsymbol{Q}$ 是连接输出标签向量和隐藏层的权重矩阵。

Dupont 等人(2017)近期发表的一篇论文提出了一种新型变体

RNN 体系结构,其中输出标签也连接到下一个输入。

特别是随着用于 RNN 的 LSTM 单元(Hochreiter and Schmidhuber 1997)的重新发现,这种结构才开始出现(Yao et al. 2014)。LSTM 单元显示出优异的性质,例如通过自正则化(self-regularization)更快地融合和消除梯度消失或爆炸问题。因此,在捕获长跨度依存信息时,LSTM 比 RNN 更具有鲁棒性。

我们撰写了一份基于 RNN 的填槽方法(Mesnil et al. 2015)的文献综述。虽然之前关于 LSTM / GRU 的 RNN 研究侧重于前瞻和回顾特征(Mesnil et al. 2013;Vu et al. 2016),但现在,最先进的填槽方法通常依赖于双向 LSTM / GRU 模型(Hakkani-Tür et al. 2016;Mesnil et al. 2015;Kurata et al. 2016a;Vu et al. 2016;Vukotic et al. 2016)。

研究方法的扩展包括编码器-解码器模型(Liu and Lane 2016;Zhu and Yu 2016a among others)或记忆力模型(Chen et al. 2016)。在这方面,常用的句子编码器包括:具有 LSTM 或 GRU 单元的基于序列的循环神经网络,它以序列的方式积累句子的信息;卷积神经网络,它针对单词或字符的简短局部序列使用过滤器积累信息;树状结构的递归神经网络(RecNN),它将信息传播到二元解析树(Socher et al. 2011;Bowman et al. 2016)。

有两篇与递归神经网络(RecNNs)相关的论文非常值得一提。在第一篇中,Guo 等人(2014)对输入句子而不是输入单词的句法分析结果进行标注,概念图如图 2-9 所示。每个单词都与一个单词向量相关联,这些向量作为输入提供给网络的底部。然后,网络通过在每个节点处重复应用神经网络来向上传播信息,直到根节点输出单个向量。随后将向量用作语义分类器的输入,并且通过反向传播训练使网络实现分类器的性能最大化。非终结符对应于要填充的时隙,并且在顶部,整个句子可以被分类为意图或域。

虽然这种架构非常优越且昂贵,但各种原因导致其性能不佳:①底层解析树可能会产生噪声,而且模型不能联合训练句法和语义解析器;②短语与间隙不一定一一对应;以及③高阶标签序列没有被考虑,因此最后还需要加上维特比层(Viterbi layer)。因此,理想的架构应该是混合 RNN / RecNN 模型。

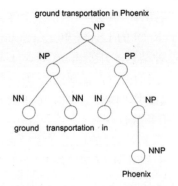

图 2-9　构建在特定句法分析树之上的递归神经网络

Andreas 等人(2016)针对问答系统提出了一种更有前景的方法。如图 2-10 所示,该方法使用对应于任务中六个关键逻辑函数的神经模块组件——*lookup*、*find*、*relate*、*and*、*exists* 和 *describe*,自下而上构建语义解析。与 RecNN 相比,该方法的一个优点是,在训练期间,从现有的句法分析器开始,使用这些原语联合学习解析的结构或布局。

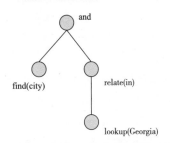

图 2-10　用于语义分析的神经模块组件

Vu 等人(2016)提出使用排名损失函数来优化模型,而不是传统的交叉熵损失。这样做的一个好处是不会强制模型学习人工类别 O(可能不存在)的模式,从而学会了在给定数据点 x 的情况下,将真实标签 y 和最佳竞争标签 c 之间的距离最大化。目标函数是:

$$L=\log(1+\exp(\gamma(m_{cor}s_\theta(x)y)))+\log(1+\exp(\gamma(m_{inc}+s_\theta(x)c)))$$

其中,$s_\theta(x)y$ 和 $s_\theta(x)c$ 分别是类别 y 和 c 的分值。参数 θ 控制预测错误的惩罚,m_{cor} 和 m_{inc} 是正确和不正确类别的边缘。θ、m_{cor} 和 m_{inc} 是超参数,可以在开发集上进行调整。对于类别 O,仅计算方程中的第二个加数。这样,该模型没有学习 O 类别的模式,而是增加了与最佳竞争标签的差异。在测试期间,如果所有其他类别的分值低于 0,模型将预测类别为 O。

在类似的研究(Sutskever et al. 2014;Vinyals and Le 2015)取得进展后,很少有研究关注除标记器 LSTM 模型以外的其他编码器/解码器 RNN 架构。Kurata 等人(2016b)提出使用如图 2-11 所示的体系架构,其中输入语句由编码器 LSTM 编码成固定长度的向量。然后,由编码器 LSTM 预测插槽标签序列,编码向量由编码器 LSTM 对隐藏状态进行初始化。通过编码器-标签机 LSTM,可以明确使用全局语句嵌入来预测标签序列。

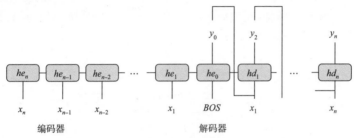

图 2-11　使用单词和标签的编码器/解码器 RNN

值得注意的是,在此模型中,输出是通常的标记序列。因此,除了先前的预测,还将单词输入标记器中(与通常由其他编码器/解码器进行的研究相反)。

此种方法的另一个好处在于注意力机制(Simonnet et al. 2015),也就是说,解码器可以在标记时考虑到更长距离的依存信息。注意力是另一个向量 c,它是编码器一侧的所有隐藏状态嵌入的加权之和。其中的权重可以通过多种方式确定:

$$c_t = \sum_{i=1}^{T} \alpha_{t_i} h_i$$

思考以下语句:$flights\ departing\ from\ london\ no\ later\ than\ next\ Saturday\ afternoon$,单词 $afternoon$ 的标签是 $departure\_time$,并且只有通过八个单词之外的中心动词才能明显推断出来。在这种情况下,注意力机制是有用的。

Zhu 和 Yu(2016b)使用"焦点"(或直接注意力)机制进一步扩展了

这种编码器/解码器架构,该机制强调联合编码器的隐藏状态。也就是说,不再学习注意力,而只是给其分配相应的隐藏状态:

$$c_t = h_t$$

Zhai 等人(2017)后来使用指针网络(Vinyals et al. 2015)将输入语句的分块输出扩展为编码器/解码器架构。主要动机是 RNN 模型仍然需要使用 IOB 方案而不是完整单元来独立处理每个标记。如果可以消除这个缺点,就可以带来更准确的标签,尤其是对于多字块而言。序列分块(sequence chunking)是克服此类问题的自然解决方案。在序列分块中,原始序列标注任务被分为两个子任务:①分割,明确地识别块的范围;②标注,根据分割结果将每个块标记为单个单元。因此,作者们提出了一种联合模型,在编码阶段对输入语句进行分块,解码器只是标注这些组块,如图 2-12 所示。

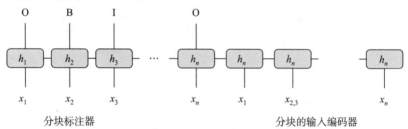

图 2-12   使用分块输入的指针编码器/解码器

关于填槽模型的无监督训练,值得一提的是 Bapna 等人(2017)所著的论文,该论文提出了一种方法,只需要利用上下文中的槽描述,无需任何标记或未标记的域内示例,以此快速引导新域。这项研究的主要理念是,假设存在已经训练好的背景模型,利用多任务深度学习的填槽模型中的插槽名称编码和描述编码,隐性地跨越域对齐插槽。

如果其中一个已覆盖的域包含类似的槽,则可以在域不可知模型中利用从共享预训练嵌入获得的槽的连续表征。一个典型的例子是,当多任务模型已经可以解析美国航空公司和土耳其航空公司的查询时,可以添加美国联合航空公司。虽然插槽名称可能不同,但出发城市或抵达城市的概念应该保持不变,并且可以使用自然语言描述转移到美国联合航空公司的新任务。这种方法有望用于解决域不断扩展的问题并消除对任何手动标注数据或显式模式对齐的需要。

2.4.3 联合多任务多域模型

从历史角度看,意图识别被视为示例分类问题,填槽被视为序列分类问题。在前深度学习时代,这两个任务的解决方案并不相同,通常各自进行建模。例如,SVM 用于意图识别,CRF 用于填槽。随着深度学习的发展,现在能够以多任务方式使用单一模式获得整个语义解析。这使得填槽结果有助于意图识别,反之亦然。

作为后续处理的顶级分类,域分类通常最先完成。然后为每个域运行意图识别和填槽以填充特定域的语义模板。这种模块化设计方法(将语义分析建模为三个独立的任务)具有很大的灵活性,可以在不需要改变其他域的情况下实现对域的特定修改(例如,插入、删除)。此种方法的另一个优点是可以使用特定任务/域的特征,这通常能够显著提高这些特定任务/域模型的准确性。这种方法通常在每个域中产生更加集中的理解,因为意图识别仅需要考虑相对较小的意图,填槽仅需要在单个(或有限集)域上进行考虑,因此可以针对意图和插槽的特定集对模型参数进行优化。

但是,这种方法也有缺点:首先,需要为每个域训练这些模型。这个过程很容易出现错误,需要仔细设计以确保跨域处理的一致性。此外,在运行时,这种任务的流水线操作会导致错误从一个任务转移到下一个任务。各个域模型之间没有数据或特征共享,最终产生数据碎片,而一些语义意图(例如,查找或购买特定域的实体)和插槽(例如,日期、时间和位置)实际上可能在许多域中都很常见(Kim et al. 2015;Chen et al. 2015a)。最后,用户可能不知道系统覆盖了哪些域,也不知道覆盖到了什么程度,因此该问题会导致用户不知道期望什么,致使用户不满意(Chen et al. 2013,2015b)。

为此,Hakkani-Tür 等人(2016)提出了单一 RNN 架构,将多个域的域检测、意图检测和填槽三大任务整合到单一 RNN 模型,该模型使用来自所有域的所有可用话语及配对的语义帧进行训练。RNN 输入指的是单词的输入序列(例如,用户查询),输出是完整的语义帧,包括域、意图和槽,如图 2-13 所示。这类似于 Tafforeau 等人(2016)的多任务解析和实体提取研究。对于域、意图和插槽进行联合建模,在每个输入话语 k、<BOS>和<EOS>的开头和结尾插入一个附加标记,并将

域和目标标记 d_k 和 i_k 的组合关联到这个语句,通过连接这些标签来初始化和最终结束。因此,新的输入和输出序列是:

$$X=<BOS>,x_1,\cdots,x_n,<EOS>$$
$$Y=d_{k-}i_k,s_1,\cdots,s_n,d_{k-}i_k$$

其中,X 是输入,Y 是输出(如图 2-13 所示)。

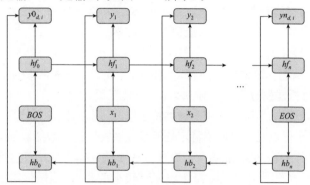

图 2-13   用于联合域检测、意图识别和填槽的双向 RNN

这个想法的主要原理类似于机器翻译(Sutskever et al. 2014)或聊天(Vinyals and Le 2015)系统中的 Seq2Seq 建模方法:查询的最后隐藏层(在每个方向上)应该包含整个输入话语的潜在语义表示,以便用于域和意图预测(d_k,i_k)。

Zhang 和 Wang(2016)对这种架构进行了扩展,以便添加最大池化层来捕获语句的全局特征以进行意图分类(如图 2-14 所示)。在训练时使用联合损失函数,该函数是填槽和意图识别两者交叉熵的加权和。

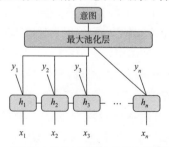

图 2-14   具有最大池化层的联合填槽和意图识别模型

Liu 和 Lane(2016)提出了一种基于编码器/解码器架构的联合填槽和意图识别模型,如图 2-15 所示。它基本上是一个多头模型,共享语句编码器的同时,针对不同的任务具有特定的注意力 c_i。

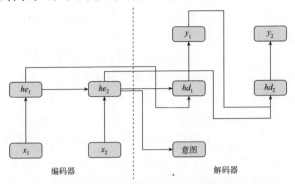

图 2-15　使用编码器/解码器模型的联合填槽和意图识别模型

值得注意的是,这种联合建模方法对于扩展到新域非常有用
(Bellegarda 2004)。Jaech 等人(2016)提出了一项研究,通过迁移学习,运
用多任务方法进行可扩展的 CLU 模型训练。可扩展性的关键是减少学
习新任务模型所需的训练数据量。提出的多任务模型通过利用从其他任
务中学习的模式,以更少的数据提供更好的性能。该方法支持开放词汇
表,允许模型适用于看不见的单词,这在可供使用的训练数据非常少时尤
为重要。

2.4.4　上下文理解

自然语言理解涉及理解使用语言的上下文。但是理解上下文涉及
多个挑战。首先,在许多语言中,某些单词含有多种意义。这使得消除
所有这些单词的模糊性变得很重要,以便准确地检测它们在特定文档
中的含义。词义消歧(word-sense disambiguation)是 NLP 领域正在进
行的研究主题,在构建自然语言理解系统时尤为重要。其次,理解任务
涉及来自不同域的文档,例如旅行预订、理解法律文件、新闻文章、arxiv
文章等。每个域都有一个特定的属性,因此每个域的上下文也是特定
的,自然语言理解模型应该学习捕获域的特定属性。另外,在口头和书
面文本中,许多单词被用于表示其他的意思(单词本身不含这个意思)。
例如,最常见的是,Xerox 用于“复制”,或 fedex 用于“隔夜快递”,等等。
最后,文档中包含指代知识的单词或短语,它们指代的内容或许并未明
确包含在文本中。只有通过智能的方法,我们才能学会使用“先验”知

识来理解文本中存在的此类信息。

最近,深度学习架构已经应用于各种 NLP 任务,并且已经在上下文中捕获单元的相关语义和句法方面表现出很多优势。单词分布被组合来形成短语或多词表达,从而表达含义,目标是将分布式短语级表征扩展到单句和多句(语篇)级,并产生整个文本的分层结构。

在自然语言文本中学习上下文这个目标的指引下,Hori 等人(2014)使用基于角色的 LSTM 层提出了一种有效的上下文敏感的口语理解方法。具体而言,要准确理解对话中说话者的意图,重要的是要考虑到对话轮次中对话周围的上下文句子。在他们的研究中,LSTM 循环神经网络被用于训练上下文敏感模型以从口语单词序列中预测对话概念序列。因此,为了捕获整个对话的长期特征,他们使用每个概念标签的后续单词序列实现了表征意图的 LSTM。为了训练此类模型,他们从人与人之间的对话语料库中构建 LSTM,这个对话语料库带有概念标签,这些概念标签代表了客户和代理商预订酒店的意图。该模型由代理商和客户的每个角色刻画。

如图 2-16 所示,有两个 LSTM 层根据说话者角色具有不同的参数。因此,输入向量根据角色的不同将会进行不同的处理,左层对客户的发言进行处理,右层对代理的发言进行处理。因此,循环 LSTM 输入接收来自前一帧中激活的角色相关层的输出,这使得角色之间能够进行转换。这种方法可以通过表征不同角色的不同话语表达,从智能语言理解系统中学习上下文模型。

在 Chen 等人(2016)的研究中,提出了首类基于端到端神经网络的对话理解模型,该模型使用内存网络提取先验信息作为编码器的上下文知识,以理解对话中的自然语言表达。如图 2-17 所示,他们的方法与基于 RNN 的编码器相结合,该编码器在解析来自对话的话语之前,学习编码来自大型的外部存储器的先验信息。给定输入话语及对应的语义标签,他们的模型则可以直接从输入-输出对中端对端地进行训练,因为该模型采用端到端神经网络模型来模拟多轮口语理解的长期知识遗留。

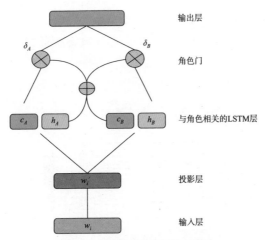

图 2-16　具有角色依存层的 LSTM

A 层对应客户话语状态，B 层对应代理话语状态。角色门控制哪个角色是激活的

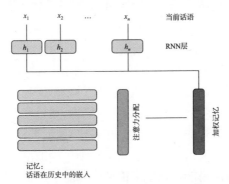

图 2-17　用于多轮口语理解的端到端存储器网络图解

citeankur:arxiv17 使用分层对话编码器对此方法进行扩展，这是 Sordoni 等人（2015）提出的针对分层递归编码器-解码器（HRED）的扩展。在 HERD 中，查询级别编码与当前话语的表征结合，然后将其馈送到会话级编码器中。在提出的架构中，编码器采用前馈网络而不是简单的基于余弦的存储器网络，前馈网络的输入是上下文中当前和先前的话语，然后将输出馈入 RNN，如图 2-18 所示。更正式地说，当前话语编码 c 与每个记忆向量 $\boldsymbol{m}_k$ 结合，对于 $1,\cdots,n_k$，通过连接并通过前馈（FF）层对它们进行传递以产生上下文编码，由 $g_1,g_2,\cdots,g_{t-1}$ 表示：

$$g_k = sigmoid(FF(\boldsymbol{m}_k, c))$$

对于 $k = 0, \cdots, t-1$，这些上下文编码作为标记级输入馈送到双向 GRU RNN 会话编码器中。会话编码器的最终状态表示对话框上下文编码 h_t。

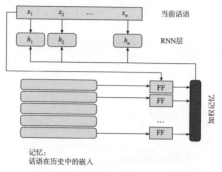

图 2-18　分层对话编码器网络的结构

正如本章前面所介绍的，CNN 主要用于自然语言理解任务，以学习其他方法无法学习的潜在特征。Celikyilmaz 等人（2016）提出了一种用于深度神经网络模型的预训练方法，尤其是利用 CNN 从大量未标记的数据中学习上下文信息作为网络结构，同时从标记序列中预测特定任务的上下文信息。他们利用 Xu 和 Sarikaya（2013）提出的 CRF 架构来扩展监督型 CNN，将 CNN 作为底层结构，通过半监督学习的方式学习标注和未标注序列的特征表征。在顶层，他们使用两个 CRF 结构将输出序列解码为语义插槽标签以及将每个单词的潜在类别标签作为输出序列。这使得网络能够在单个模型中同时学习话语中单词插槽标记和类别标记的过渡和权重。

2.5　结论

基于深度学习技术的发展引领了 CLU 领域的两大方面。第一个方面是端到端学习。对话语言理解是完整对话系统中的众多子系统之一。例如，它通常将语音识别结果作为输入，并将其输出馈送到对话管理器中以进行状态跟踪和响应生成。因此，整个对话系统的端到端优化设计通常会带来更好的用户体验。He 和 Deng（2013）讨论了整体系统设计中优化导向的统计框架，该框架利用了每个子系统输出的不确定性以及子系统之间的交互。在框架中,所有子系统的参数都被视为相互关联,经过端到端的训练,这些参数用来优化整个对话系统的最终性能指标。除此之外,在近期的研究中,开始基于强化学习的方法与用户模拟器相结合来解决 CLU 任务,其优势在于可以提供无缝端到端自然语言对话(见第 3 章)。

深度学习引领的 CLU 的第二个方面是利用 RNN 实现的高效编码器。RNN 模型功能强大,能够处理自然语言、语音、视频等序列数据。使用 RNN 可以理解序列数据并做出决策。这是传统的神经网络无法实现的功能,因为它们将一个固定大小的向量作为输入并生成另一个向量作为输出,所以不存在中间状态。因为具有中间状态这种特性,RNN 已经成为当今语言理解系统中最常用的工具。

没有隐藏层的网络在它们可以建模的输入输出映射中非常有限。添加一层手动编码的特征(比如在感知器中)能使它们更加强大,但困难在于如何设计这些特征。我们希望无须深入了解任务或者对不同的特征进行反复实验和试错,就能找到好的特征。我们需要实现自动化循环试错特征。强化学习可以通过不断调整权重来实现这种功能。强化学习如何给深度学习提供帮助实际上并不复杂。它们随机扰动一个权重并看它是否能提高性能——如果是这样,则保存更改。但是这种做法的效率可能很低,因此在机器学习领域,特别是深度强化学习领域,近年来一直关注这一点。

众所周知,自然语言语句的含义是根据树结构递归构造的,因此更有效的编码器会研究树状结构的神经网络编码器,更确切地说是 TreeLSTM(Socher et al. 2011; Bowman et al. 2016)。这种想法能够在保持现有效率的同时更快、更有效地进行编码。另外,可以与模块参数自身一起学习网络结构预测器的模型已经能够提高自然语言理解,同时减少了较长文本序列带来的问题,因此促进了 RNN 的反向传播。Andreas 等人(2016)提出了这样一个模型,该模型使用自然语言字符串从一组可组合模块中自动收集神经网络。这些模块的参数通过强化学习与网络集成参数一起学习,仅仅利用(世界,问题,答案)三元组作为监督。

总之,我们认为深度学习的发展已经将人机对话系统,尤其是 CLU 系统,带到令人兴奋的研究前沿。十年以后再回头看,在这里提到的研究可能只是一些皮毛,仅仅利用人工标注的数据解决了某些很简单的问题。为了获得更高质量、可扩展的 CLU 解决方案,未来的研究方向将包括迁移学习、无监督学习和强化学习等。

第 3 章

基于深度学习的语音与文本对话系统

Asli Celikyilmaz　邓力　Dilek Hakkani-Tür

摘要　在过去的几十年里,语音和语言理解研究的几个领域,特别是在构建人机对话系统方面取得了重大突破。对话系统,也称交互式对话代理、虚拟代理或聊天机器人,从技术支持服务到语言学习工具、娱乐,对话系统在众多应用程序中都非常有用。最近,其在深度神经网络方面的成功推动了以构建数据为驱动的对话模型研究。本章将介绍神经网络架构最新的技术水平以及基于深度学习构建成功的对话系统中每个组件的详细信息。任务导向型对话系统将是本章重点,之后将介绍不同网络以构建开放式非任务导向型对话系统。为促进该领域的研究,我们针对适用于对话系统的数据驱动学习可公开、可使用的数据集和软件工具进行了调研总结。最后,本章将针对学习目标讨论并选择适当的评估指标。

3.1　引言

过去十年里,虚拟个人助理(VPA)或对话聊天机器人一直是最令人兴奋的技术。口语对话系统(SDS)被认为是这些 VPA 的中枢,例如微软的 Cortana[①]、Apple 的 Siri[②]、Amazon Alexa[③]、Google Home[④] 和 Facebook 的 M[⑤] 都在各种设备上集成了 SDS 模块，这样用户就可以自然地对话，从而更高效地完成任务。传统的对话系统具有相当复杂和/或模块化的流水线。深度学习技术近期的发展使得神经模型的应用上升到对话建模。

口语对话系统已有近三十年的历史，主要经历了三个阶段：基于符号规则或模板（20 世纪 90 年代后期以前）、基于统计学习和基于深度学习（自 2014 年起）。本章将简要介绍对话系统的历史，并分析基础技术从一个阶段演变到下一个阶段的原因和方式。本章还将研究三种类型截然不同的机器人技术的优缺点，并讨论未来的方向。

当前的对话系统正试着帮助用户进行日常活动、玩互动游戏，甚至成为伴侣（参见表 3-1 中的示例）。因此，构建对话系统的原因有许多。但是，在目标导向型对话（例如，对于个人助理系统以及诸如购买或技术支持服务等其他任务完成对话）和非目标导向型对话（例如，闲聊、计算机游戏角色（化身）等）之间可以做出有意义的区分。

表 3-1　目前正在使用对话系统的任务类型

任务类型	示例
信息消费	*"what is the conference schedule?"* *"which room is the talk in?"*
任务完成	*"set my alarm for 3pm tomorrow"* *"find me kid-friendly vegetarian restaurant in downtown Seattle"* *"schedule a meeting with Sandy after lunch"*
决策支持	*"why are sales in south region far behind?"*
社交互动（聊天人）	*"how is your day going?"* *"i am as smart as human?"* *"i love you too"*

由于用途不同，因此从结构上讲，它们的对话系统设计和完成操作的组件不同。本章将详细介绍目标导向和非目标导向（聊天）对话任务

---

①https：//www. microsoft. com/en-us/mobile/experiences/cortana/

②http：//www. apple. com/ios/siri/

③https：//developer. amazon. com/alexa

④https：//madeby. google. com/home

⑤https：//developers. facebook. com/blog/post/2016/04/12/bots-for-messenger/

中相关的对话系统组件。

如图 3-1 所示，经典的口语对话系统包含多个组件，如自动语音识别（ASR）、语言理解模块、形成对话管理器的状态跟踪器和对话策略、自然语言生成器（NLG）（也被称作反应生成器）。本章将重点介绍以数据驱动的对话系统及交互式对话系统，在其中，由人类或模拟的人类在真实世界的对话中使用深度学习并参与学习对话系统组件。

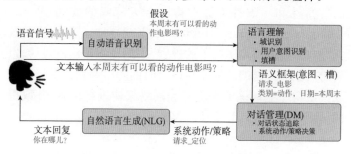

图 3-1　口语对话系统的传递框架

口语或语音识别对整个口语对话系统的成功有巨大影响。前端组件涉及一些因素，使机器难以识别语音。分析连续语音是一项艰巨的任务，因为语音信号的可变性很大，且单词之间没有明确的界限。针对构建口语系统所涉及的此类技术细节和许多其他问题，我们将通过 Huang 和 Deng（2010）、Deng 和 Li（2013）、Li 等人（2014）、Deng 和 Yu（2015）、Hinton 等人（2012）、He 和 Deng（2011）的研究向大家详细介绍。

口语对话系统中的语音识别组件通常与说话者无关，同时在整个对话期间组件不会分辨说话者是否为同一用户。在端到端的口语对话系统中，语音识别过程里无法避免的错误会使语言理解组件困难重重，比在输入无语音识别错误的文本（He and Deng 2013）时更困难。在口语理解悠久的研究历史中，语言识别错误带来的困难使得口语理解领域比文本形式的语言理解在本质上要窄得多（Tur and Deng 2011）。然而，近年来基于深度学习的语音识别技术大获成功（Yu and Deng 2015；Deng 2016），识别错误已大大减少，当前对话理解系统中的应用领域也愈加广泛。

早期大多数目标驱动对话系统主要基于人工规则（Aust et al.

1995；Simpson and Eraser 1993），其后便紧随用于对话系统所有组件的机器学习技术（Tur and De Mori 2011；Gorin et al. 1997）。这些研究大都将对话定义为基于马尔可夫决策过程中的序列决策问题。使用深度神经网络，特别是在语音识别中使用深度神经网络、口语理解（例如，前馈神经网络）（Hastie et al. 2009）、包括 LSTM 的 RNN（Goller and Kchler 1996）以及对话模型（例如，深度强化学习方法），已经在对话系统的鲁棒性和一致性方面取得了令人惊叹的成功（Wen et al. 2016b；Dhingra et al. 2016a；Lipton et al. 2016）。另外，大多数早期的非目标导向型系统使用了简单的规则、主题模型和建模对话，以此作为使用高阶马尔可夫链的离散符号（单词）的随机序列。最近已有研究针对大规模语料库上训练的深度神经网络架构进行探索，并取得了前景极佳的结果（Ritter et al. 2011；Vinyals and Le 2015；Lowe et al. 2015a；Sordoni et al. 2015a；Serban et al. 2016b，2017）。基于深度神经网络的非目标导向型系统面临的最大挑战是需求量极大的语料库，只有这样才能获得良好的结果。

本章的结构如下：3.2 节全面概述构建当前对话系统的子组件所需的深度学习工具。3.3 节介绍目标导向型神经对话系统的各个系统组件，以及最近的几项研究。3.4 节介绍使用深度学习技术的用户模拟器类型。3.5 节介绍将深度学习应用于自然语言生成的方法。3.6 节深入介绍与构建端到端对话系统相关的深度学习方法。3.7 节介绍开放式非目标导向的对话系统以及当前用于构建深度对话模型的数据集，此外还依次提供每个语料库的链接，强调生成和收集对话的方式。3.9 节简要介绍开源神经对话系统模型软件。3.10 节介绍对话系统的评估及评估措施。最后，3.11 节总结并展望对话建模的未来。

3.2 系统组件的学习方法

本节总结一些构建对话智能体所需的深度学习技术。深度学习技术已用于构建对话系统几乎全部的组件。我们将此类方法分为三种：判别性方法、生成性方法和决策性方法，强化学习尤为突出。

3.2.1　判别性方法

直接用大量监督数据模拟后验 $p(y|x)$ 的深度学习方法是对话建模研究中使用最多的方法之一。目前已出现很多先进且重要的针对口语理解(SLU)任务的方法,例如目标估计和用户命令的意图识别,这些是口语对话系统中的重要组件,并且被建模为多输出分类任务。该领域的大多数研究使用深度神经网络进行分类,特别是多层前馈神经网络或多层感知器(Hastie et al. 2009)。这些模型之所以被称为前馈,是因为信息经过从 x 评估的函数流动,通过用于定义 f 的中间计算,最后流向并输出 y。

深度结构化语义模型(DSSM),或更通俗一点儿——深度语义相似度模型,是深度学习研究中的一种方法,通常用于多/单类文本分类,其本质是在学习两个文本之间相似性的同时,发现潜在特征。在对话系统建模中,DSSM 方法主要用于 SLU 的分类任务(Huang et al. 2013)。DSSM 是一种深度神经网络(DNN)建模技术,用于表征连续语义空间中的文本字符串(语句、查询、谓语、实体提及等),并对两个文本字符串(例如,Sent2Vec)之间的语义相似性进行建模。同样常用的技术是卷积神经网络(CNN),它利用了应用于局部特征的卷积滤波器的层(LeCun et al. 1998)。CNN 模型起初用于计算机视觉,随后证明对 SLU 模型也有效。它主要被用于学习潜在特征,而这些特征无法用标准(非)线性机器学习方法提取。

语义填槽是 SLU 中最具挑战性的问题之一,它被视为序列学习问题。类似地,信念追踪或对话状态追踪也被视为序列学习问题,因为它们主要通过对话中的每次会话来维持对话的状态。虽然 CNN 是汇集局部信息的好方法,但它们既不能真正地捕获数据的顺序性,也不是序列建模的首选。因此,为了处理对话系统中建模用户话语中的序列信息,大多数研究都集中使用利于处理序列信息的循环神经网络(RNN)。

记忆网络(Weston et al. 2015;Sukhbaatar et al. 2015;Bordes et al. 2017)是最近提出的一类模型,已被应用于一系列 NLP 任务,包括问答(Weston et al. 2015)和语言建模等(Sukhbaatar et al. 2015)。一般来说,记忆网络首先通过写,然后从记忆组件中(使用跳跃的方式)迭代读取。这些记忆组件可以存储历史对话和短期上下文以进行推理所需的响应。它们在这些任务上表现良好，并且优于其他基于循环神经网络的端到端框架。此外，像 LSTM 这样基于注意力的 RNN 网络会采用不同的方法保持记忆组件、学习参与对话环境（Liu and Lane 2016a）。

为每个新应用程序获取大型语料库可能无法灵活地构建深度监督学习模型。因此，使用其他相关数据集能有效地引导学习过程，深度学习尤为如此。在预训练模型的过程中使用相关数据集是扩展到复杂环境的有效方法（Kumar et al. 2015），这在开放域对话系统及多任务对话系统（例如，旅行领域包含不同领域的若干任务，如旅馆、航班、餐馆等）中至关重要。对话模型研究人员也已提出了各种深度学习方法，将转移学习应用于构建数据驱动的对话系统，例如，学习对话系统的子组件（例如，意图和对话行为分类）或使用迁移学习来学习端到端对话系统。

3.2.2 生成性方法

深度生成模型最近很流行，因为它们能对输入数据分布建模并从分布中生成实际示例，该模型最近进入对话系统模型的研究领域。这些方法主要用于聚类数据中的对象和实例，从非结构化文本中提取潜在特征或对其降维。深度生成模型中对话模型系统分类被使用的很大一部分是研究开放域对话系统，该系统尤其关注用于生成响应的神经生成模型。这些研究的共同点是基于编码器-解码器的神经对话模型（如图 3-5 所示）（Vinyals and Le 2015；Lowe et al. 2015b；Serban et al. 2017；Shang et al. 2015），其中编码器网络使用整个历史来对对话语义进行编码，解码器生成自然语言话语（例如，单词表征系统的序列以响应用户请求）。此外还会使用基于 RNN 的系统，将抽象对话行为映射到适当的表面文本（Wen et al. 2015a）。

生成对抗网络（GAN）（Goodfellow et al. 2014）是生成建模中的主题，最近作为神经对话模型任务出现在对话框领域，尤其用于对话响应生成。Li 等人（2017）使用深度生成对抗网络进行响应生成，Kannan 和 Vinyals（2016）的研究将对抗评估方法用于对话模型。

3.2.3　决策性方法

对话系统的关键是决策模块,也就是对话管理器或对话策略。对话策略在对话的每个步骤中选择系统操作,成功指导完成对话任务。系统操作包括与用户交互以获得完成任务的特定要求,进行协商和提供替代方案。使用强化学习能优化统计对话管理器。

强化学习(RL)是一个活跃且富有前景的研究领域(Fatemi et al. 2016a, b; Su et al. 2016; Lipton et al. 2016; Shah et al. 2016; Williams and Zweig 2016a; Dhingra et al. 2016a)。强化学习设置非常适合对话设置,因为强化学习适用于反馈有延迟可能的情况。当对话代理与用户进行对话时,通常会知道对话是否成功,且只有对话结束才算任务完成。

除了以上分类,深度对话系统还引入了新的解决方案,涉及用于下一代对话系统的迁移学习和域适应,特别是关注口语理解中的域转移(Kim et al. 2016a, b, 2017a, b)和对话建模(Gai et al. 2015, 2016; Lipton et al. 2016)。

3.3　目标导向型神经对话系统

对话系统中最有用的应用程序大概是目标导向型和事务性的,其中系统需要理解用户请求并在有限数量的对话轮次中明确目标并完成相关任务。我们将详细说明与目标导向型对话系统中每个组件相关的最新研究。

3.3.1　神经语言理解

随着深度学习的发展,越来越多的研究工作侧重将深度学习应用于语言理解。在目标导向型对话系统的上下文中,语言理解的任务是根据语义含义表征解释用户话语,以便与后端操作或知识提供者共同使用。此类有针对性的理解应用有三个关键任务:域分类、意图识别和填槽(Tur and De Mori 2011),它们旨在形成语义框架、捕获用户话语/查询的语义。域分类作为后续处理的上层分类,通常先在口语理解(SLU)系统中完成,然后对每个域执行意图识别和填槽以填充特定域的语义模板。图 3-2 展示了电影相关话语的语义框架"*find recent action movies by Jackie Chan*（找到成龙最近的动作电影）"。

	find	recent	action	movies	by	Jackie	Chan
	↓	↓	↓	↓	↓	↓	↓
插槽	O	B-date	B-genre	B-type	O	B-director	I-director
意图	movies						
域	find_movie						

图 3-2　带有 IOB 格式、域和意图的语义槽注释的示例话语

　　随着深度学习的发展，具有深度神经网络（DNN）的深度信念网络（DBN）已应用于域和意图分类任务（Sarikaya et al. 2011；Tur et al. 2012；Sarikaya et al. 2014）。Ravuri 和 Stolcke（2015）于近期提出将 RNN 架构用于意图识别，其中编码器网络首先预测输入话语的表征，然后单步解码器使用单步解码器网络预测输入话语的域/意图分类。

　　在填槽任务中，深度学习主要用作特征生成器。例如，Xu 和 Sarikaya（2013）使用卷积神经网络提取特征、馈入 CRF 模型。Yao 等人（2013 年）和 Mesnil 等人（2015）后来使用 RNN 进行序列标记并执行填槽。近期的研究关注于 Seq2Seq 模型（Kurata et al. 2016）、具备注意力的 Seq2Seq 模型（Simonnet et al. 2015）、多域训练（Jaech et al. 2016）、多任务训练（Tafforeau et al. 2016）、多域联合语义框架解析（Hakkani Tür et al. 2016；Liu and Lane 2016b）以及使用端到端记忆网络的上下文模型（Chen et al. 2016；Bapna et al. 2017）。

3.3.2　对话状态追踪器

　　口语对话系统流水线的下一步是对话状态追踪（DST），旨在利用对话过程跟踪系统对用户目标的信念。对话状态用于查询后端知识或信息源，并由对话管理器确定下一个状态操作。在对话的每次交互中，DST 根据先前用户交互的估计对话状态 s_{t-1}、最近的系统以及用户话语作为输入，并估计当前轮次的对话状态 s_t。在过去几年中，对话状态跟踪已加快研究，这都要归功于对话状态追踪挑战所执行的数据集和评估（Williams et al. 2013；Henderson et al. 2014）。最先进的对话管理器通过神经对话状态追踪模型关注监控对话进度。最初的模型主要使用基于 RNN 的对话状态跟踪方法（Henderson et al. 2013），它们的性能已经优于贝叶斯网络（Thomson and Young 2010）。最近有关神经对话管理器的研究工作提供了话语、槽-值对以及知识图谱表征之间的联合表征(Wen et al. 2016b；Mrkšič et al. 2016)，这证明使用神经对话模型可以克服当前部署大型对话域中对话系统时的障碍。

3.3.3 深度对话管理器

对话管理器是对话系统的一个组件，它以自然的方式进行交互，帮助用户完成系统支持的任务。它负责对话的状态和流程，因此能够决定应使用何种策略。对话管理器的输入是人类话语，由自然语言理解组件转换为某种系统特定的语义表征。例如，在飞行计划对话系统中，输入可能看起来像"ORDER(来自＝SFO，去往＝SEA，日期＝2017-02-01)"。对话管理器通常维护状态变量，例如对话历史、近期未答复的问题、近期的用户意图和实体，等等，具体取决于对话的域。对话管理器的输出是对话系统用于其他部分的指令列表，通常是语义表示，例如，"Inform(航班号＝555，航班时间＝18∶20)"。这种语义表征由自然语言生成组件并转为自然语言。

通常，专家要手动设计对话管理策略、合并多个对话设计选择。手动对话策略设计难以处理且不能扩展，因为对话策略的性能取决于以下因素：特定域的功能、自动语音识别器(ASR)系统的鲁棒性、任务难度，等等。相比让人类专家编写一套复杂的决策规则，使用强化学习是更通用的做法。对话被表征为马尔可夫决策过程(MDP)——在这个过程的每个状态里，对话管理器必须基于状态和可能的奖励来选择动作。在此设置中，对话作者应仅定义奖励功能。例如：在餐厅预订对话中，奖励是用户成功保留表格；在信息搜寻对话中，如果人类接收到信息，则奖励是正向的，但是每个对话步骤同样有负面奖励。然后使用强化学习技术学习策略，如系统在每个州应使用何种类型的确认(Lemon and Rieserr 2009)。另一种学习对话策略的方法是通过"绿野仙踪"实验尝试模仿人类，其中一个人要待在隐藏的房间里，告诉计算机该说些什么(Passonneau et al. 2011)。

对于复杂的对话系统而言，提前指定好策略通常是不可能的，环境也可能随着时间发生动态改变。因此，通过强化学习的在线和交互式学习策略已开始流行(Singh et al. 2016；Gasic et al. 2010；Fatemi et al. 2016b)。例如，计算准确奖励函数的能力对通过强化学习优化对话策略而言至关重要。在实际应用中,使用显式的用户反馈作为奖励信号常常不可靠且收集成本高。Su 等人(2016)提出了一种在线学习框架,其中具备高斯过程模型的主动学习将对话策略与奖励模型放在一起训练。他们提出了三个主要的系统组件:对话策略、对话嵌入创建和基于用户反馈的奖励建模(如图 3-3 所示)。他们使用对话中提取的情节转向级特征,并为对话嵌入创建构建双向 LSTM(BLSTM)。

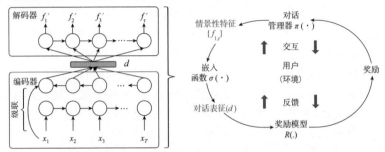

图 3-3 使用深度编码器-解码器网络进行对话策略学习的示意图

有三个主要的系统组件:对话策略、对话嵌入创建、基于用户反馈的奖励模型

鉴于深度强化学习在近期取得的巨大进展,对话研究人员也一直关注具备深度学习技术的高效对话策略学习。例如,Lipton 等人(2016)研究了对话策略模型的深度神经网络结构的理解边界,同时通过汤普森抽样(Thompson sampling)有效地探索不同的轨迹,并从贝叶斯神经网络中绘制蒙特卡罗抽样(Blundell et al. 2015)。他们使用深度 Q-网络来优化策略,并探索出一个版本,从而整合了取自变分信息最大化探索(VIME)的内在奖励(Blundell et al. 2015)。在给定当前策略的情况下,他们的贝叶斯方法解决了 Q 值的不确定性,而 VIME 解决了环境中未充分探索部分的动态不确定性。此外还存在组合这些方法的协同效应,在域扩展任务中,组合性的探索方法被证实富有前景且优于所有其他方法。

其他几个方面也会影响对话管理器的策略优化,其中包括多域系统下的学习策略(Gasic et al. 2015;Ge and Xu 2016)、基于委员会的多域系统学习(Gasic et al. 2015)、学习域-独立策略(Wang et al. 2015)、适应基础词义(Yu et al. 2016)、适应新用户行为(Shah et al. 2016),等等。在这些系统中,Peng 等人(2017)研究出用于任务导向系统的具有复合子任务的分层策略学习。这个领域特别有挑战性,但作者们解决了奖励稀疏性问题,满足了子任务中的槽限制。这一要求使得大多数现有的学习多域对话代理的方法(Cuayahuitl et al. 2016;Gasic et al. 2015)变得不适用:这些方法训练了一组策略,每个域一个策略,要成功完成对话,没有跨域限制。如图 3-4 所示,它们的复合任务在完成对话代理时,包括四个部分:①基于 LSTM 的语言理解模块,用于识别用户意图并提取相关槽;②对话状态追踪器;③基于当前状态选择下一个动作的对话策略;④基于模型的自然语言生成器将代理操作转换为自然语言响应。根据 MDP 的形式主义选项(Sutton and Singh 1999),他们构建了代理来学习复合任务,如旅行计划、预订机票和酒店的子任务都可以作为选项进行建模。

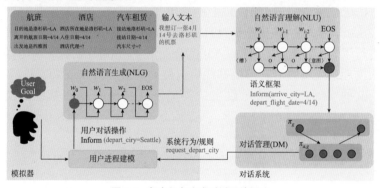

图 3-4　复合任务完成对话系统概述

3.4　基于模型的用户模拟器

用于口语对话系统的用户模拟器旨在产生人工交互,这些交互假定代表人类用户和给定对话系统之间的实际对话。用于构建对话模型的基于模型的模拟用户不像对话系统的其他组件那样常见,Schatzmann等人(2006)和 Georgila 等人(2005,2006)的研究对其中一些方法进行了详细介绍。本节仅研究基于深度学习的用户模拟,即纯粹基于数据和深度学习模型的方法。

由于强化学习算法效率低下,优化早期的口语对话系统需要大量数据来证明模拟使用的合理性。近年来,样本有效的强化学习方法被用于口语对话系统优化。这样可以在收集的大量数据上直接训练模型，学习最佳对话策略。这些数据甚至来自实际用户的次优系统(Li et al. 2009；Pietquin et al. 2011b)，也可以来自在线交互(Pietquin et al. 2011a)，因而具有用户反馈的模拟用户训练对话系统更具吸引力并且在此过程中能不断得到校正。

大多数系统特征是隐藏的(例如，用户目标、心理状态、对话历史等)，因而使得用户模拟模型的学习参数难以进行优化。Asri 等人(2016)的研究关注这个问题，他们在非目标导向域(例如，聊天)提出了考虑整个对话历史的 Seq2Seq 基本用户模拟器。该用户模拟器不依赖任何外部数据结构来保障一致的用户行为，并且不需要映射到汇总的动作空间，这使得它能以更精细的粒度对用户行为进行建模。

Crook 和 Marin(2017)探索了用于 NL-NL 模拟用户模型的 Seq2Seq 学习方法，该模型针对目标导向的对话系统。他们对模型的架构进行了若干扩展，以不同的方式整合上下文，并对比研究每种方法与个人助理系统域的语言建模基线模拟器的功效。研究结果表明，基于上下文的 Seq2Seq 方法可以生成类似于超越所有其他基线的类人话语。

3.5　自然语言生成

自然语言生成(NLG)指的是从意义表征生成文本的过程，这可以被视为逆自然语言理解。NLG 系统在文本摘要、机器翻译和对话系统中起到关键作用。虽然如今已有几种通用的基于规则的生成系统(Elhadad and Robin 1996)，但由于通用性差，它们通常很难适应小型任务导向的应用程序。为了解决这个问题，一些人提出了不同的解决方案。Bateman 和 Henschel(1999)基于自动定制的子语法提出了针对特定应用的生成系统，成本低但更高效。Busemann 和 Horacek(1998)提出了一种混合模板和基于规则生成的系统。这种方法利用特定语句或话语所需的模板和规则的生成。Stent(1999)也为口语对话系统提出了类似的方法。从概念上讲，这些方法简单且适用于域，但是它们缺乏通用性(例如，重复编码主语-谓语关系的语言规则)，在风格上几乎没有变化并且难以发展和维护(例如，通常手动添加每个新的话语)。这些方法强制要求编写语法规则并获取适当的词典,而这些过程需要专家活动的参与。

　　基于机器学习的(可训练)NLG 系统在当今的对话系统中更常见。此类 NLG 系统使用若干源作为输入,例如:内容计划、与用户沟通内容的表征(例如,描述特定餐馆)、知识库、返回特定域实体的结构化数据库(例如,餐厅数据库)、对输出话语施加约束的用户模型(例如,用户想要简短的话语)、查看先前信息的对话历史以避免重复、引用表达,等等。此类方法旨在运用上述指导该如何说的输入(例如,本体所描述的实体)的含义表征输出描述输入的自然语言字符串(例如,*Zucca's food is delicious*)。

　　可训练的 NLG 系统能产生各种候选话语(例如,随机或规则库)并通过统计模型对它们进行排序(Dale and Reiter 2000)。统计模型为每个话语评分,并能基于文本数据进行学习。大多数此类系统使用bigram和 trigram 语言模型来产生话语。可训练的生成器方法是当前最值得研究的方法之一,典型案例包括 HALOGEN(Langkilde and Knight 1998)和 SPaRKy 系统(Stent et al. 2004)。这些系统应用了框架内的各种可训练模块,使模型适应不同的域(Walker et al. 2007),或重现某些风格(Mairesse and Walker 2011)。然而,这些方法仍然需要手动生成器来定义决策空间。由此产生的话语便受到预定语法的限制,并且必须手动添加任何特定域的语言答案。除了这些方法,基于语料库的方法(Oh and Rudnicky 2000;Mairesse and Young 2014;Wen et al. 2015a)也被证明具有灵活的学习结构,采用过度生成和重新排序范式(Oh and Rudnicky 2000)直接从数据学习中生成目标,其中对随机生成器生成的候选者进行重新排序以获得最终结果。

　　深度神经网络系统的发展能为更复杂的 NLG 系统的开发助力,这些系统可以通过非整齐的数据进行训练或者产生更长的话语。最近的研究表明,使用 NRN 方法(例如,LSTM、GRU 等)能生成更连贯、更真实和更具提议性的答案。在这些研究中,Vinyals 和 Le(2015)将基于编码器-解码器的模型应用于生成领域,开辟了神经网络对话模型的新思路。他们的模型使用两个 LSTM 层,一个将输入句子编码为“思想向量”,另一个将该向量解码为响应。该模型被称为 Seq2Seq 模型,能针对问题提供简洁的答案。

Sordoni 等人(2015b)提出三种神经网络模型,为的是基于上下文和消息对(c,m)生成响应(r)。上下文被定义为单一消息。他们提出了三个模型,第一个是被馈入整个(c, m, r)三元组的基本循环语言模型。第二个将上下文和消息对编码为词袋表征,将其通过前馈神经网络编码器进行编码,然后使用 RNN 解码器生成响应。最后一个模型与第二个类似,但是保持了上下文和消息表征的分离,而非将它们编码为单个词袋向量。作者使用从 Twitter 中获取的 29M 三元组数据集训练模型,并使用BLEU、METEOR 和人工评分进行评估。因为(c,m)平均篇幅很长,所以作者预计第一个模型表现不佳。在八个标记之后,模型产生的响应随着长度而降低。

Li 等人(2016b)提出了一种方法,将一致性增加到由诸如神经对话模型(Vinyals and Le 2015)等 Seq2Seq 模型产生的响应中。他们将角色定义为代理在对话交互过程中执行的角色。该模型结合了身份、语言、行为和交互风格,并且可以在谈话期间进行调整。与传统的Seq2Seq 模型相比,该模型在兼容性和 BLEU 分值方面的性能均有提高。与基于角色的神经对话模型相比,传统神经对话模型在整个对话中未能保持一致的角色,由此造成不一致的响应。Li 等人(2016a)提出了一种类似的方法,即使用最大互信息(MMI)目标函数来生成对话响应。他们仍然使用极大似然的方式训练模型,但在解码过程中使用MMI 生成响应。MMI 背后的思想是发现多样性并惩罚琐碎的响应。作者们在使用 BLEU 评分、人工评估和定性分析评估后,发现该方法确实生成了更多样化的响应。

Serban 等人(2017)提出了用于生成对话的分层潜变量编码器-解码器模型,目标是生成自然语言对话响应。该模型假定每个输出序列可以在两级层次结构中进行建模:子序列的序列和标记的子序列。例如,对话可以被建模为一系列话语(子序列),每个话语被建模为一系列单词。鉴于此,他们的模型由三个 RNN 模块组成:编码器 RNN、上下文 RNN 和解码器 RNN。标记的每个子序列由编码器 RNN 编码为实值向量,作为上下文 RNN 的输入,上下文 RNN 更新内部隐藏状态以反映直到该时间点的所有信息。上下文 RNN 输出实值向量,解码器RNN 对其进行调节以生成标记的下一个子序列(如图 3-5 所示)。

近期有关自然语言生成的研究焦点是使用强化学习策略来探索不

同的学习信号(He et al. 2016；Williams and Zweig 2016b；Wen et al. 2016a；Cuayahuitl 2016)。教师强迫(teacher forcing)学习是重新研究强化学习的动机。将最好的序列作为监督信号,使用逐字交叉熵训练文本生成系统,该系统虽然可以实现局部连贯的生成,但通常无法捕获它们正在建模的域的动态上下文。例如,以成分和标题为条件的食谱生成系统,无法将起始配料和最终食物结合起来。类似地,对话生成系统通常无法在对话中对先前的话语做出反应。强化学习使得模型能够通过奖励进行训练,而非仅仅预测下一个正确的单词。最近,使用教师强迫学习并将其与其他更全面的奖励策略整合,让强化学习在与域相关的生成问题中广受欢迎。

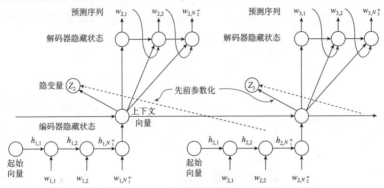

图 3-5　分层编码器-解码器模型计算图
菱形框表示确定变量,圆形框表示随机变量;实线代表生成模型,虚线代表近似后验模型

3.6　基于端到端深度学习构建对话系统

端到端对话系统被视为一种认知系统,它必须在同一网络中进行自然语言理解、推理、决策和任务的生成,以便在训练语料库中复制或模拟代理的行为。在深度学习技术未用于对话系统构建之前,这方面尚未有全面的研究。基于当今的深度学习技术,构建这样的系统要容易得多,原因是通过深度学习系统和反向传播,可以联合训练所有参数。下面将简要介绍近期面向目标和非目标导向系统的端到端对话模型。

构建端到端面向目标的对话系统的主要障碍之一,是系统为检索用户的请求信息需要进行数据库调用，而这是不可区分的。具体来说，系统生成并发送至知识库的查询是手动完成的，这意味着一部分系统不仅没经过训练，且没有学习的功能。这削弱了深度学习模型，意味着模型并没有将知识库相应的信息及收到的信息纳入其中。此外，神经响应生成部分与对话策略网络要分开训练和运行。正是由于将所有因素考虑在内，近期才出现了针对整个端到端周期的训练。

最近，越来越多的研究关注于构建端到端对话系统，这些系统使用深度神经网络，对特征提取和策略优化进行结合。Wen 等人（2015b）提出了模块化神经对话代理，使用硬知识库查询，打破了整个系统的可区分性。因此，对话系统中各种组件的训练是分开进行的。具体如下：使用专门收集的监督标签来训练意图网络和信念追踪器，而策略网络和生成网络则分别在系统对话上进行训练。

Dhingra 等人（2016b）提出了一种模块化方法，包括：信念追踪器模块，用于识别用户意图、提取相关插槽以及追踪对话状态；数据库接口，用于查询相关结果（Soft-KB 查找）；摘要模块，将状态汇总为向量；对话策略，基于当前状态和易于配置的、基于模板的自然语言生成器（NLG），对话策略用于选择下一个系统操作，将对话行为转换为自然语言（如图 3-6 所示）。

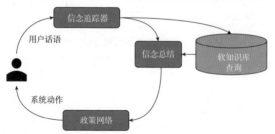

图 3-6　端到端基于知识的信息机器人（Knowledge-Base-InfoBot）的全面概述①

该研究的主要贡献在于通过保持信念追踪器分离来保留端到端网络的模块性，但同时也用可区分的硬查找替换传统硬查找。他们提出了一个可区分的概率框架来查询数据库，因为代理人对其字段（或插槽）的信念表明下游强化学习模块是否可以通过提供更多信息来发现

_____

①一个多转对话代理，可帮助用户搜索知识库，而无须编写复杂的查询。此类面向目标的对话
　代理通常需要与外部数据库交互以访问现实世界中的知识。

更好的对话策略。

　　非目标导向的端到端对话系统研究了基于大型对话语料库构建开放域对话系统的任务。Serban 等人(2015)结合生成模型生成逐字自主生成系统响应,实现了符合实际且灵活的交互。他们证明了在模拟话语和言语行为的任务中,分层循环神经网络生成模型的性能优于基于 n-gram 和传统神经网络的模型。

3.7　面向开放式对话系统的深度学习

　　开放式对话系统也称非任务导向型系统,它没有针对任务的明确目标。这种类型的对话系统主要用于社交环境中的交互(例如,社交机器人)以及其他许多有用的场景(例如,陪伴老年人)(Higashinaka et al. 2014)或娱乐用户(Yu et al. 2015)。开放式口语对话系统支持有关广义知识图谱(KG)的任何主题的自然对话。知识图谱不仅包括与实体相关的本体信息,还有可能应用于实体的操作(例如,查找航班信息、预订酒店房间、购买电子书等)。

　　尽管非任务导向型系统既无目标,也无一组状态或槽供遵循,但它们有意图。鉴于此,已经有若干研究围绕非任务导向型对话系统,初步将对话历史(人-代理对话)作为输入向用户生成响应。这些研究包括机器翻译(Ritter et al. 2011)、基于检索的响应选择(Banchs and Li 2012)以及具有不同结构的 Seq2Seq 模型,如传统 RNN(Vinyals and Le 2015)、分层神经模型(Serban et al. 2015,2016a;Sordoni et al. 2015b;Shang et al. 2015)以及记忆神经网络(Dodge et al. 2015)。开发非目标驱动系统的动机有不少,它们可以直接用于部署不可直接测量目标的任务(例如,语言学习),或者仅仅用于娱乐。此外,如果它们在与目标驱动型对话系统任务相关的语料库上进行训练(例如,覆盖类似主题对话的语料库),那么这些模型可用于训练用户模拟器,用户模拟器可以训练策略。

　　最近出现了一些研究,关注点是目标导向和非目标导向型对话系统的结合。近期,Yu 等人(2017)首次尝试创建框架,以自然和平滑的方式结合这两种类型的对话,以提高对话任务的成功和用户参与度。这样的框架在处理无明确意图的用户时特别有用。

3.8　对话建模的数据集

过去几年已经发布了几个公开可用的对话数据集。基于对话系统的几大特征,对话语料库各有不同,可以基于以下内容进行分类:书面、口头或多模型属性、人与人或人机对话、自然或非自然对话(例如,在绿野仙踪系统中,人类认为他/她正在与机器对话,但实际是操作人员在控制对话系统)。本节将简要概述该领域使用的公开数据集,数据集目标包括口语理解、状态跟踪、对话策略学习等,尤其是用于完成任务。本节并未介绍开放的非任务导向型数据集。

3.8.1　卡内基·梅隆传播语料库

该语料库包含旅行预订系统的人机交互,是与系统交互的中型数据集,提供最新的航班信息、酒店信息和汽车租赁服务,并记录与系统的对话及交互结束时的用户评论。

3.8.2　ATIS:航空旅行信息系统飞行员语料库

航空旅行信息系统(ATIS)飞行员语料库(Hemphill et al. 1990)是最早的人机语料库之一。它由人类参与者和由人类秘密操作的旅行型预订系统之间的相互作用组成,每次持续约四十分钟。与卡内基·梅隆传播语料库不同,它只包含 1041 个话语。

3.8.3　对话状态追踪挑战数据集

对话状态追踪挑战(DSTC)是一系列进行中的研究社区挑战任务。每个任务都发布了标有对话状态信息的对话数据,例如搜索查询用户所需的餐厅,给出当前所有对话历史记录。挑战性在于创建"追踪器",预测新对话的对话状态。每次挑战都需要保持对话数据来评估追踪器。Williams 等人(2016)提供了挑战和数据集的概述,我们总结如下:

DSTC1[①]。这个数据集包含人-机对话时间的公共时间表。结果展

---

①https://www.microsoft.com/en-us/research/event/dialog-state-tracking-challenge/

示在 SIGDIAL 2013 特别会议上。

DSTC2 和 DSTC3[①]。DSTC2 包括餐饮信息域中的人-机对话,比如与餐馆搜索相关的训练对话。它将用户目标改变为跟踪"请求的插槽"。结果展示在 SIGDIAL 2014 和 IEEE SLT 2014 特别会议上。DSTC3 在旅游信息领域解决了适应新领域的问题。DSTC2 和 DSTC3 由 Matthew Henderson、Blaise Thomson 和 Jason D. Williams 组织。

DSTC4[②]。这一挑战的焦点是与人-人对话相关的对话状态跟踪任务。除了这个主要任务,该挑战还关注基于相同数据集开发端到端对话系统的核心组件中介绍的一系列试验。结果公布在 IWSDS 2015 大会上。DSTC4 由 Seokhwan Kim、Luis F. DHaro、Rafael E Banchs、Matthew Henderson 和 Jason D. Williams 组织。

DSTC5[③]。DSTC5 包括旅游信息领域中的人-人对话,即在一种语言中提供训练对话,而在另一种不同的语言中提供测试对话。结果公布在 IEEE SLT 2016 特别会议上。DSTC5 由 Seokhwan Kim、Luis F. DHaro、Rafael E Banchs、Matthew Henderson、Jason D. Williams 和 Koichiro Yoshino 组织。

3.8.4 Maluuba 框架数据集

Maluuba 框架[④]用于研究对话代理,可支持复杂环境中的决策,如预订包括航班和旅馆在内的假期。使用此数据集是为了提供可帮助型用户浏览数据库、比较项目和做出决策的对话代理。在此过程中将使用绿野仙踪系统收集人-人对话框架数据,该框架专为复合任务完成对话设置而设计。其中有一种重要的复杂任务,也就是复合任务,它由一组需要集体完成的子任务组成。例如,为了制定旅行计划,用户首先需要以集体的方式预订机票、酒店、租车等,从而满足一组交叉子任务约束,即槽约束。旅行计划的槽约束示例如下:酒店登记入住时间应晚于出发航班时间,酒店退房时间可能早于返程航班起飞时间,机票数量等

---

① http://camdial.org/~mh521/dstc/
② http://www.colips.org/workshop/dstc4/
③ http://workshop.colips.org/dstc5/
④ https://datasets.maluuba.com/Frames

于酒店入住人数,等等。

3.8.5 Facebook 对话数据集

2017 年,Facebook 人工智能研究院(FAIR)发布了面向任务的对话数据集,供对话研究领域使用(Bordes et al. 2017)[1]。此项目旨在探索用于问答和面向目标的神经网络架构。他们在面向目标的餐厅预订环境中设计了 4 个任务,如图 3-7 所示。

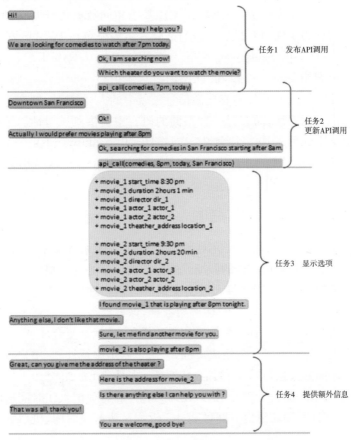

图 3-7 餐厅域中虚拟代理与顾客之间的样本对话

---

①https://github.com/facebookresearch/ParlAI

基于餐馆及其属性的基础数据库(位置、菜肴类型等),这些任务涵盖几个对话阶段,并测试模型是否可以学习各种能力,例如执行对话管理、查询数据库、解释此类查询的输出以做到继续对话或处理未出现在训练集对话中的新实体。

3.8.6　Ubuntu 对话语料库

Ubuntu 对话语料库(Lowe 等人,2015b)[①]包含从 Ubuntu 聊天日志中提取的近百万组双人对话,内容涉及各种与 Ubuntu 相关问题的技术支持。该数据集针对特定的技术支持域。因此,与聊天机器人系统相比,它可以用作开发 AI 代理在目标应用程序中的案例研究。所有对话都以文本(而非音频)的形式进行。数据集比结构化语料库(例如 DSTC 的数据集)大几个数量级。数据集中的每个对话都包含几个来回和一定的长对话。

3.9　开源对话软件

对话系统一直是许多领先公司关注的焦点,该领域的研究人员一直在构建系统来提高对话系统的几个组成部分。一些工作只关注于可训练的数据集和标记平台,另一些则关注交互学习的机器学习算法,此外还有一些研究为交互式对话系统的训练提供环境(模拟器)。下面简要总结对话研究人员可轻松访问的开源软件/平台。

* **OpenDial**[②]:该工具包最初由挪威奥斯陆大语言技术小组开发,Pierre Lison 是主要开发人员。它是一个基于 Java 且与域无关的工具包,用于开发口语对话系统。OpenDial 提供工具来构建完整的端到端对话系统,集成了语音识别、语言理解、生成和语音合成。OpenDial 旨在将对话建模中的逻辑和统计方法的优势结合到一个框架中。该工具包依赖概率规则,以紧凑和人类可读的格式表征域模型,可以用于监督或强化学习技术,从相对少量的数据中自动估计未知规则参数(Lison 2013)。该工具包还可

①https://github.com/rkadlec/ubuntu-ranking-dataset-creator
②https://github.com/plison/opendial

以在鲁棒的概率框架中整合专家知识和特定领域的约束条件。

- **ParlAI**：Facebook 人工智能研究院(FAIR)连同数据集发布了一个名为ParlAI的平台,旨在为研究人员提供统一的框架来训练和测试对话模型,并对多个数据集进行多任务训练,同时还能无缝集成用于数据收集和人工评估的 Amazon Mechanical Turk。

- **Alex 对话系统框架①**：这是一个对话系统框架,有助于促进口语对话系统的研究和开发。它由 UFAL②—— 捷克布拉格查尔斯大学数学与物理学院正规与应用语言学研究所的一个团队提供。该工具提供口语对话系统所需的基础组件,并提供用于处理对话系统交互日志的附加工具,例如音频转录、语义注释或口头对话系统评估。

- **SimpleDS③**：这是一个简单的深度强化学习对话系统,它使被训练的对话代理尽可能少地受到人工干预。它包括有经验回放的 DQN(Mnih et al. 2013),能对多线程和客户机-服务器处理提供支持,以及通过约束条件搜索空间进行快速学习。

- **康奈尔电影对话语料库(Cornell Movie Dialogs Corpus)**：该语料库包含一个大型且元数据丰富的虚拟对话集,这些对话都取自原始的电影脚本(Mizil and Lee 2011),包含几对电影角色之间的对话交换。

- **其他**：有许多软件应用程序(一些是开源的)也提供非面向任务的对话系统,例如聊天对话系统。此类系统提供机器学习工具和用于创建聊天机器人的对话引擎,如创建聊天机器人的对话引擎 Chatterbot④,基于深度学习并且在 Reddit 数据中得到训练的玩具机器人 chatbot-rnn⑤,等等。metaguide.com⑥ 列出了排名前 100 的聊天机器人。

---

①https://github.com/UFAL-DSG/alex
②http://ufal.mff.cuni.cz/
③https://github.com/cuayahuitl/SimpleDS
④https://github.com/gunthercox/ChatterBot
⑤https://github.com/pender/chatbot-rnn
⑥http://meta-guide.com/software-meta-guide/100-best-github-chatbot

3.10　对话系统评估

　　本章已对几种类型的对话模型展开调研,如面向任务的模型,其中有些是域依存的;以及开放域对话软件,其中有些是半域依存的,可以基于开放域,甚至可以在面向任务的对话和开放域对话之间切换。

　　任务导向型对话系统(通常是组件库)能基于每个单独组件的性能进行评估。例如,CLU 是通过基于意图检测模型、插槽序列标记模型的性能(Hakkani-Tür et al. 2016；Celikyilmaz et al. 2016；Tur and De Mori 2011；Chen et al. 2016)等评估的,而对话状态追踪器是根据对话转变期间出现的状态变化的准确性进行评估的。面向任务的对话策略通常基于由用户或真人判断的完成任务的成功率进行评估。通常会使用人工生成的监督信号进行评估,例如任务完成测试或用户满意度分数。对话的长度在塑造对话策略方面也发挥了作用(Schatzmann et al. 2006)。

　　当对话系统是开放域时会出现评估对话模型性能的真正问题。大多数方法都关注评估对话响应生成系统,这些系统经过训练后,在给定对话上下文的情况下会产生合理的话语。这项任务非常有挑战性,因为自动评估语言生成模型很难处理潜在大型正确答案集的使用。然而,如今的一些性能指标被用来自动评估拟议的响应对话的适当程度(Liu et al. 2016)。在大多数度量中,使用基于单词的相似性度量和基于词嵌入的相似性度量对生成的对话与对话中的真实性响应进行比较。对话系统中最常用的指标总结如下:

　　BLEU(Papineni et al. 2002)是一种算法,通过研究真实序列(文本)和生成响应 n-gram 的共现来评估文本质量。BLEU 使用修改后的精确形式对候选翻译与多个参考翻译进行比较:

$$P_n(r,\hat{r}) = \frac{\sum_k \min(h(k,r), h(k,\hat{r_i}))}{\sum_k h(k,r_i)}$$

　　其中,k 表示所有可能的 n-gram,$h(k,r)$ 是 r 中 n-gram k 的数量。此度量修改了简单的精度,因为已知文本生成系统生成的单词多于参考文本中的单词。这样的分数有利于较短的序列。为了解决这个问题,Papineni 等人(2002)使用 BLEU-N 的简洁分数,其中,N 是 n-gram 的

最大长度,定义为:

$$\mathrm{BLEU}\text{-}N = b(r,\hat{r})\exp\Big(\sum_{n=1}^{N}\beta_n\log P_n(r,\hat{r})\Big)$$

其中,β_n 是权重因子,$b(\cdot)$ 是简短惩罚。

METEOR(Banerjee and Lavie 2005)是另一种基于 BLEU 的方法,用于解决 BLEU 的几个弱点。与 BLEU 一样,评估的基本单位是语句,算法首先在参考和候选生成语句之间创建对齐。对齐是 unigram 之间的一组映射,并且必须遵守几个约束条件,包括候选翻译中的每个 unigram 必须映射到参考中的零个或一个 unigram。然后进行 WordNet 的同义词匹配、词干标记和文本释义。METEOR 分值被定义为给定对齐集的假定响应和真实句子之间的查准率和查全率的调和平均值。

ROUGE(Lin 2004)是另一个主要用于评估自动摘要系统的评估指标。ROUGE 有五种不同的扩展可供选择:ROUGE-N,一种基于 n-gram 的共现统计;ROUGE-L,一种基于统计的最长公共子序列(LCS)的统计(最长公共子序列问题自然要考虑语句级结构相似性并自动确定序列 n-gram 中最长的共现);ROUGE-W,一种基于加权 LCS 的统计,有利于连续的 LCS;ROUGE-S,基于 skip-bigram 的共现统计(skip-bigram 是语句顺序中的任意一对单词);ROUGE-SU,基于 skip-bigram 和 unigram 的共现统计。在文本生成任务中,ROUGE-L 是最常用的度量标准,因为 LCS 很容易以相同的顺序衡量两个句子之间的相似性。

基于嵌入的方法需要考虑每个单词的含义,该方法为每个单词分配一个向量,而不像上述度量一样考虑 n-gram 匹配方案。Mikolov 等人(2013)提出了一种词嵌入式学习方法,使用分布语义来计算这些嵌入;也就是说,它们通过考虑与语料库中的其他单词共现的频率来近似单词的含义。这些基于嵌入的度量通常使用一些启发式来近似语句级嵌入,以保证将语句中各个单词的向量组合在一起。可使用余弦距离这样的度量来比较生成的响应和参考响应之间的语句级嵌入。

RUBER(Tao et al. 2017)是参考度量和非参考度量的混合评估,用于开放式对话系统。RUBER 具有以下不同的特征:①一个名为引用度量的嵌入式记分器,用于测量生成的回复和基本事实之间的相似性。RUBER 的参考度量不是使用单词重叠信息(例如在 BLEU 和 ROUGE 中),而是通过汇集单词嵌入来测量相似性(Forgues et al. 2014)。由于回复的多样性,这将更适合对话系统。②一个名为未引用度量且基于神经网络的记分器,用于度量生成的回复与查询之间的相关性。该记分器未被引用,因为它不涉及基本事实,也不需要手动注释标签。③将引用和未引用的指标与一些策略相结合,比如通过进一步的平衡提高性能(如图 3-8 所示)。

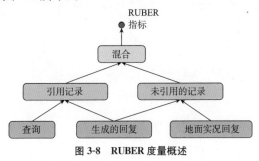

图 3-8　RUBER 度量概述

3.11　结论

本章详细介绍了口语对话系统的各种组成部分,包括语音识别、语言理解(基于口语或文本)、对话管理器和语言生成(基于口语或文本),并全面展示了当前基于深度学习的数据驱动对话建模的方法。本章还介绍了适用于研究、开发和评估的深度对话建模软件和数据集。

深度学习技术最近在对话系统以及新的研究活动方面取得了进展。目前大多数对话系统及其研究都在向大规模数据驱动倾斜,端到端的可训练模型尤为突出。除了当前的新方法和数据集之外,本章还强调了构建会话对话系统的潜在未来方向,包括层次结构、多代理系统和域适应。

对话系统,尤其是口语版本,是 NLP 领域多阶段信息处理的代表性实例。多个阶段包括语音识别、语言理解(见第 2 章)、决策(通过对话管理器)和语言/语音生成。此类多阶段处理方案非常适合多层(或深层)系统中的端到端深度学习方法。当前基于深度学习的对话系统的发展主要局限于使用深度学习来建模和优化整个系统中的每个独立处理阶段。未来的发展方向是扩大这一范围,并在整个端到端系统中取得成功。

第 4 章

基于深度学习的词法分析和句法分析

车万翔　　张岳

摘要　　词法分析和语法分析任务对单词的深层属性及其相互关系进行建模。常用的技术包括词语切分、词性标注以及语法分析。此类任务的典型特点在于其输出是结构化的。有两种方法经常用于这解决这些结构化预测任务——基于图的方法和基于转移的方法。基于图的方法根据其特征直接区分输出结构,而基于转移的方法则将输出构造过程转变为状态转移过程,从而区分转移序列。神经网络模型现已成功应用于这两种结构化预测方法中。本章将回顾深度学习在词法分析和语法分析中的应用,同时与传统的统计方法进行比较。

4.1　引言

单词的属性包括词的句法范畴(也称为词性或 POS)、形态学等(Manning and Schütze 1999)。获取以上信息的过程称为词法分析(lexical analysis)。对于汉语、日语和韩语这样不使用空格隔开单词的语言而言,词法分析的任务还包括分词(word segmentation),例如将一连串字符分割为若干词语。甚至在英语中,词与词之间的空格虽然显示了词界,但却不是必要的。例如,在某些情况下,我们想把 New York 看作一个单词,这被看作命名实体识别(NER)问题(Shaalan 2014)。此外,标点总是与单词密不可分,我们也需要判断是否要将两者分隔。

在英语等语言中,这种情况通常叫作分词(tokenization),这更像是一种约定俗成的用法,而非一个严肃的研究问题。

一旦了解了单词的属性,我们就会对它们之间的关系产生兴趣。语法分析任务旨在找出并标记单词(或单词序列)之间的成分关系和递归关系(Jurafsky and Martin 2009)。常用的语法分析方法有两种:短语结构分析(又称成分句法)和依存分析。

以上所有任务都属于结构化预测问题(结构化预测是监督机器学习中的一个术语),换句话说,所有输出都是结构化的并相互影响。一般情况下,结构化预测过程是将大量人工构造的特征放入线性分类器来预测每个决策单元的分数,然后将所有分数与满足的结构化约束进行结合。在深度学习的帮助下,我们可以使用端对端学习范式,这种范式不需要代价较高的特征工程。深度学习甚至还可以找到人类很难设计的隐性特征。目前,深度学习在 NLP 任务中占据主导地位。

但是,由于模糊性普遍存在,对所有任务进行预测是很困难的。某些模糊性甚至人类都没有注意到。

本章结构如下:首先挑选一些经典案例来了解模糊性的来源(见4.2 节)。然后回顾两个经典的结构化预测方法(见 4.3 节):基于图的方法(见 4.3.1 节)和基于转移的方法(见 4.3.2 节)。4.4 节和 4.5 节分别介绍这两种结构化预测方法中的神经网络。最后,4.6 节总结本章。

4.2 典型的词法分析和句法分析任务

自然语言处理(这里指词法分析和句法分析)的过程通常包含三个步骤:分词、词性标注和句法分析。

4.2.1 分词

如上所述,汉语等语言是用连续的字符编写的(Wong et al. 2009)。即使字典列出了所有的词语,我们也依然无法简单地从字符串中匹配词语,因为其中存在模糊性。例如下面的句子:

- "严守一把手机关了。"这个句子符合逻辑。
- "严守一/把/手机/关/了。"这种分词结果也是合理的。

以下这些词语的匹配结果也是有效的,但是这样的分词导致句子意义不明。很明显,词语匹配方法并不能分辨出哪一种分词结果更加合理。因此,需要某种评分功能来评价以上结果。

- 严守/一把手/机关/了。
- 严守/一把/手机/关/了。
- 严守一/把手/机关/了。

4.2.2 词性标注

词性标注是 NLP 最基础的任务之一,被广泛应用在许多自然语言应用中[①]。例如,单词 loves 可能是名词(love 的复数形式),也有可能是动词(love 的现在时第三人称用法)。但在下面的句子中,可以确定 loves 是动词而非名词。

- The boy loves a girl

虽然在不知道其他单词标注的情况下,可以对词性单独做出判断。但是,更好的词性标记器会考虑其他所有单词的标注,因为周围单词的标注可以帮助消除词性标注的歧义。在上述例子中,loves 后面的限定词 a 可以确定 loves 是动词。

因此,以上句子的完整词性标注输出是一个标注序列,比如 DNVDN(D 表示限定词,N 表示名词,V 表示动词)。标注序列与输入语句长度一致,因此语句中的每个单词都配有一个标注(在本例中,D 指代 the,N 指代 boy,V 指代 loves,等等)。一般情况下,词性标注的输出可以被写入标注的语句中,其中,语句中的每个单词都注释有相应的词性标注,例如,The/D boy/N loves/V a/D girl/N。

与分词一样,如果一些语句具有不同的词性标签序列,它们就有不同的含义。例如,依据不同的词性标注,Teacher strikes idle kids 可以有两种意思。

4.2.3 句法分析

短语结构常常受限于符合上下文无关文法(CFG)(Carnie 2012)的

[①]https://en.wikipedia.org/wiki/Part-of-speech_tagging

推导。在这种推导中,所有长度大于一个单词的短语均由一系列不重复的"子"短语或"子"单词组成,并占据父短语的位置。

　　依存分析树(Kbler et al. 2009)是另一个广泛适用于 NLP 领域的句法结构。依存句法分析可显示为一株有向树,其中所有单词均为树的顶点。边缘(又称为弧)表示两个单词之间的句法关系,同时还会用关系类型加以标记。树根是一个意义不明显的词,其他的每一个单词则会从句法核心词出发,延伸出一条条单一的"收束性边"。图 4-1 分别显示了句子"*Economic news had little effect on financial markets.*"(经济新闻对金融市场的影响少之又少)的结构树和依存树①。

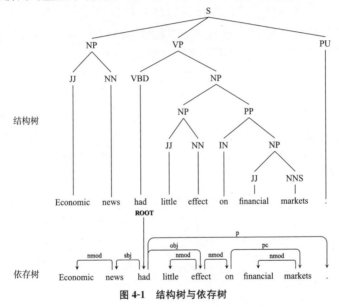

图 4-1　结构树与依存树

　　依存分析也有两种:投影分析(如果弧间没有交叉)和非投影分析(如果弧间发生交叉)。英语和汉语的结构主要是投影性的。

　　由于依存结构更容易理解,因此我们主要使用依存分析法,而非信息量更多的短语结构分析法。例如,在图 4-1 中,如果使用短语结构,就很难确认 news 是 had 的主语,然而依存结构可以清晰明了地显示这两个词的关系。此外,依存结构更适合具有目标领域知识但缺乏深度语

①摘自 Joakim Nivre 在 COLING-ACL 上讲授的课程, Sydney 2006。

言学知识的注释者。

句法分析为应用提供了有效的结构信息,句子"您转这篇文章很无知。"和"您转的这篇文章很无知。"这两句话的含义完全不同,尽管后者只是多了一个"的","的"是汉语中的从属关系词。两个句子最大的差异在于它们的主语不一样。

依存分析可以直接显示句法信息。例如,哈尔滨工业大学开发的语言技术平台(LTP)[1]提供了中文 NLP 预处理过程,其中包含中文分词、词性标注、依存分析等技术。图 4-2 显示了 LTP 对以上两句话的分析结果。从结果中可以轻易地知道两句话的主语分别为"文章"和"您"。这些句法信息可以应用到情感分析等应用中。尽管这两句话的情感色彩能轻松地通过极性词"无知"得出,但如果不知道句子的句法结构,则依然很难判断情感的对象或方面。

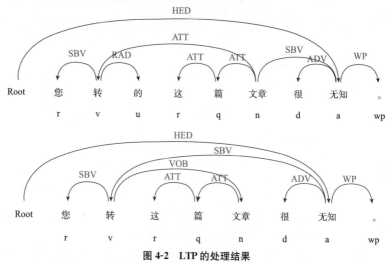

图 4-2　LTP 的处理结果

4.2.4　结构化预测问题

不同的 NLP 任务主要分为三种结构化预测问题(Smith 2011):
- 序列分割
- 序列标注

①http://www.ltp.ai

- 句法分析

1. 序列分割

序列分割指的是将一个序列分隔为若干相连的片段。正式一点说,如果输入值是 $x=x_1,\cdots,x_n$,则分割可以写为 $(x_1,\cdots,x_{y_1})$,$(x_{y_1+1},\cdots,x_{y_2})$,$\cdots$,$(x_{y_m+1},\cdots,x_n)$,输出值为 $y=y_1,\cdots,y_m$,对应着各个分割点,其中,$\forall i\in\{1,\cdots,m\}$,$1\leqslant y_i\leqslant n$。

除了分词,还有其他序列分割问题,例如句子切分(sentence segmentation)(将一个字符串分解为句子,这是语音转录中重要的后处理阶段)和分块(chunking)(也称为浅层句法分析,也就是从句子中查找重要短语,例如名词短语)。

2. 序列标注

序列标注(也称标注)指的是为输入序列的每个成分都安排相应的标签或标注。也就是说,如果输入序列为 $x=x_1,\cdots,x_n$,那么输出的标注序列为 $y=y_1,\cdots,y_n$,其中,每个输入 x_i 都对应单一的输出标注 y_i。

词性标注可能是这类问题中最经典、最著名的例子,其中,x_i 表示的是句中单词,而 y_i 则代表对应的词性标注。

除了词性标注,许多 NLP 任务也可归结为序列标注问题,如命名实体识别(named entity recognition)(识别文中的命名实体,并将它们归于预定义类别,例如人名、地名或组织名)。这一问题中的输入依然是语句,输出是附有实体边界标注的语句。假设有三种可能的实体种类:PER、LOC 以及 ORG。然后输入语句:

Rachel Holt, Uber's regional general manager for U. S. and Canada, said in a statement provided to CNNTech.

命名实体识别的输出则是:

Rachel/B-PER Holt/I-PER,/O Uber/B-ORG's/O regional/O general/O manager/O for/O U. S. /B-LOC and/O Canada/B-LOC, /O said/O in/O a/O statement/O provided/O to/O CNNTech/B-ORG.

其中,语句中的每个单词都带上了特定的标注。如果单词是某特定实体的开头,则标注为 B-XXX(例如,B-PER 这个标注代表某个人名的第一个单词);如果单词属于某特定实体的一部分,则标记为 I-XXX(例如,I-PER 这个标记代表某个人名中的一部分,但不是第一个单词);否则单词是其他形式(标记 O 代表不是实体)。

一旦在训练样例上执行此类映射,我们就可以在这些样例上训练标注模型。给定新的测试语句,可以通过标注模型预测标注序列,从而直接从标注系列中确认实体。

通过设定相应的标签集,以上序列分割问题甚至可以转变为序列标注问题。以中文分词为例,语句中的每个字符都可以被标注为标签 B(表示某个词的开头)或标签 I(表示非开头的成分)(Xue 2003)。

将序列分割问题转换为序列标记问题是因为后者更容易建模和解码。例如,4.3.1 节将介绍一种经典的序列标注模型——条件随机场模型(CRF)。

3．句法分析

通常情况下,可以使用句法分析来表示所有将句子转换成句法结构的算法。4.2.3 节中提到,短语结构分析(又称成分句法分析)和依存分析是两大流行的句法分析形式。

在成分结构分析法中,语法成分通常用于推导句法结构。简而言之,语法由一系列规则组成,每一个规则都对应一个在特定条件下可能执行的推导步骤。上下文无关文法则是成分结构分析法中最常使用的(Booth 1969)。这种分析法可被看作从给定语法规则中选出最高分的推导结果。

基于图(graph-based)的方法和基于转移(transition-based)的方法是目前最主流的两种依存分析算法(Kbler et al. 2009)。基于图的依存分析指的是从具有顶点(单词)和边(单词之间的依存弧)的有向图确定出最大生成树的形式。基于转移的依存分析则可以归结为包含一系列状态和转移动作的转移系统。转移系统以初始状态为起点,紧接着的是迭代转移,最后到达结束状态。这两种依存分析共同的核心问题是如何对依存弧或转移动作进行评估。4.3.1 节和 4.3.2 节将分别详细介绍以上两种依存分析算法。

4.3　结构化预测

本节将分别介绍两种最先进的结构化预测方法—基于图的方法和

基于转移的方法。大多数用于解决结构化预测问题的深度学习算法均
来自于以上方法。

4.3.1　基于图的方法

基于图的(结构化预测)方法直接依据特征对输出结构进行区分。
条件随机场(CRF)是典型的基于图的方法,旨在将正确的输出结构的
概率最大化。基于图的方法也可以用于依存分析,但这里的目的是将
正确输出结构的分值最大化。下面将详细介绍它们。

1. 条件随机场

严格地说,条件随机场(CRF)是无向图模型(也称为马尔可夫随机
场或马尔可夫网络)的变体,其中,一些随机变量还在观察状态,有些则
已被随机建模。Laffety 等人(2001)提出了 CRF 这一概念,用于序列标
记。它们也被称为线性链 CRF。在深度学习出现之前,它早已用于解
决序列标记问题。

在以下对数线性模型的特例中,给定观察到的序列 $\boldsymbol{x} = x_1, \cdots, x_n$,
条件随机场将标记序列的分布定义为:$\boldsymbol{y} = y_1, \cdots, y_n$

$$p(\boldsymbol{y}|\boldsymbol{x}) = \frac{\exp \sum_{i=1}^{n} \boldsymbol{w} \cdot \boldsymbol{f}(\boldsymbol{x}, y_{i-1}, y_i, i)}{\sum_{y' \in y(x)} exp \sum_{i=1}^{n} \boldsymbol{w} \cdot \boldsymbol{f}(\boldsymbol{x}, y'_{i-1}, y'_i, i)} \tag{4.1}$$

其中,$\boldsymbol{y}(\boldsymbol{x})$ 代表包含所有结果的标记序列,而 $\boldsymbol{f}(\boldsymbol{x}, y_{i-1}, y_i, i)$ 则
表示从序列 $\boldsymbol{x}$ 的位置 i 提取特征向量的特征函数,该函数包含当前位置
y_i 以及先前位置 y_{i-1} 的标注。

条件随机场的魅力在于——它包含任何(局部)特征。例如,在词
性标注中,特征可以是词性标注对、相邻标注对、拼写特征(例如,单词
开头是否大写或包含一个数字)以及前缀或后缀特征。这些特征可能
相互依赖,但 CRF 允许特征有重叠,并且学会平衡其他特征对预测的
影响。将这些特征命名为局部特征的原因在于,假设标签 y_i 只依赖于
y_{i-1},而不看重前面的情况。这种情况也叫作(一阶)马尔可夫假设。

通用的维特比算法(一种动态的编程算法)可以用于解码 CRF。然
后,可以使用一阶梯度(例如,梯度下降)或二阶(例如,L-BFGS)优化方
法来学习适当的参数,从而将式(4.1)中的条件概率最大化。

除了序列标记问题之外，CRF 还用于解决其他结构化预测问题。例如，Sarawagi 和 Cohen(2004)提出了用于解决序列分割问题的半条件随机场(semi-CRF)模型。在 semi-CRF 模型中，输入序列上的半马尔可夫链的条件概率得以显式建模，其中每一种状态对应输入单元的一个子序列。但是为了实现更好的分割效果，传统的 semi-CRF 模型需要使用精细的人工特征以显示分割效果。总的来说共有两种特征函数：(1)CRF 样式特征，一般代表单元级信息，例如某个特定位置的特定单词；(2)semi-CRF 样式特征，一般代表段落级信息，例如分割长度。

Hall 等人(2014)提出了基于 CRF 的成分句法分析模型，其中的特征来源于固定小主干语法的分解，例如基础的跨度特征(首个单词、末尾单词、跨度长度)、跨度上下文特征(跨度前后的单词)、分割点特征(跨度内分割点上的单词)以及跨度形态特征(指示跨度内所有单词的开头是否大写、是否有数字或标点符号)。CKY 算法[①]可以利用给定的学习参数找到含有最大概率的树。

2. 基于图的依存句法分析

假设存在一张含有顶点 v 和边 E 的有向图。让 $s(u, v)$ 表示顶点 u 到顶点 v 之间边的分值。有向生成树是边 $E' \subset E$ 的子集，以至于 E 中所有的顶点共同拥有一条入弧，除了根顶点，在 E' 中并没有周期。假设 $\mathcal{T}(E)$ 表示 E 中所有可能的定向生成树的集合。生成树 E' 的总分值则等于 E' 中边分值的总和。最大生成树(MST)用公式可表示为：

$$\max_{E' \in \mathcal{T}(E)} \sum_{s(u,v) \in E'} s(u,v) \tag{4.2}$$

如果将句子中的单词看作顶点，将边看作依存弧，那么(未标注的)依存语法分析问题就可以简化为最大生成树问题。其中，u 为中心词(或叫父节点)，而 v 则是修饰词(也叫子节点)。

如果从 u 到 v 存在数条边，每一条边对应一个标注，那么将这种方法运用至标注依存语法分析是很直接的。同样的算法也适用。解决 MST 问题时使用的最广泛的解码算法是用于投影句法分析的 Eisner 算法(Eisner 1996)和用于非投影句法分析的 Chu-Liu-Edmonds 算法(Chu and Liu 1965；Edmonds 1967)。

---

①https://en.wikipedia.org/wiki/CYK_algorithm

接下来介绍基本的基于图的方法，也称一阶模型。基于图的一阶模型建立了如下强大的独立性假设：生成树中的弧彼此独立。也就是说，弧与弧之间的分值并不会相互影响。这种方法也叫作弧分解法（arc-factorization method）。

因此，给定输入语句，关键问题是如何确定每个候选弧的得分 $s(u, v)$。传统的方法使用判别模型，其中每个模型代表一个具备特征向量的弧，每个向量是由特征函数 $f(u, v)$ 提取的。因此，弧的分值就等于特征权向量 w 和 f 的点积，即 $s(u, v) = w \cdot f(u, v)$。

那么，如何定义 $f(u, v)$ 呢？如何学习并优化参数 w 呢？

特征定义

特征的选择是依存句法模型性能的核心。对于每一个可能的弧，都需要仔细考虑以下特征：

- 对于涉及的每一个单词，都需要考虑表层形式、词根、词性，还需要考虑任何的外形拼写以及形态特征。
- 需要考虑涉及的单词，包括中心词、修饰词、中心词与修饰词周围的上下文单词，以及中心词与修饰词之间的单词。
- 需要考虑弧长（中心词和修饰词之间的单词数）、弧的方向以及句法关系的类型（当句法分析被标注时）。

除了以上原始特征，还可以提取所有类型的组合特征和补偿特征。

参数学习

在线结构化学习算法，例如平均感知机算法（averaged perceptron）（Freund and Schapire 1999；Collins 2002）、在线被动攻击算法（Crammer et al. 2006）和边缘注入松弛算法（MIRA）（Crammer and Singer 2003；McDonald 2006），通常被用于学习基于图的依存句法分析中的参数 w。

4.3.2　基于转移的方法

不同于能够直接区分结构化输出的基于图的方法，基于转移的方法可以被归纳为包含一组 S 状态（可能无限的）的转移系统，其中包含初始状态 $s_0 \in S$ 和一系列终止状态 $S_t \in S$，还有一系列转移动作 T（Nivre 2008）。转移系统以 s_0 为起始，紧接着转移动作迭代出现，直到结束。图 4-3 显示了一个简单的有限状态转移器，其中，起始状态为 s_0，结束状态包含 s_6、s_7、s_8、s_{14}、s_{15}、s_{16}、s_{17} 和 s_{18}。基于转移的结构化预测模型旨在区分能够导致结束状态的转移动作序列，从而使得与正确输出状态相符的模型分值更高。

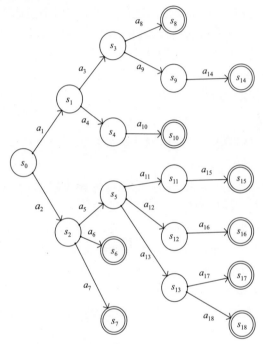

图 4-3　基于转移的方法的结构化预测

1. 基于转移的依存句法分析

标准弧转移系统(Nivre 2008)被广泛应用于投射性依存句法分析。在该系统中，每一个状态对应一个包含部分构建子树的栈 σ、一个存放尚未处理单词的缓冲器 β 以及一组依存弧 A。图 4-4 用演绎法展示了转换动作。图 4-1 使用标准弧算法分析了下列句子的转移顺序，具体展示在表 4-1 中。

- Economic$_1$ news$_2$ had$_3$ little$_4$ effect$_5$ on$_6$ financial$_7$ markets$_{8.9}$

起始状态　　　　　　　　　　　$([\mathrm{ROOT}], [0,...,n], \varnothing)$

$\mathrm{LEFTARC}_l(\mathrm{LA}_l)$　　　$\dfrac{([\sigma|s_1, s_0], \boldsymbol{\beta}, A)}{([\sigma|s_0], \boldsymbol{\beta}, A \cup \{s_1 \xleftarrow{l} s_0\})}$

$\mathrm{RIGHTARC}_l(\mathrm{RA}_l)$　$\dfrac{([\sigma|s_1, s_0], \boldsymbol{\beta}, A)}{([\sigma|s_1], \boldsymbol{\beta}, A \cup \{s_1 \xrightarrow{l} s_0\})}$

$\mathrm{SHIFT}(\mathrm{SH})$　　　　$\dfrac{(\sigma, [b|\boldsymbol{\beta}], A)}{([\sigma|b], \boldsymbol{\beta}, A)}$

结束状态　　　　　　　　　　　$([\mathrm{ROOT}], [], A)$

图 4-4　演绎系统中的转移动作（Nivre 2008）

表 4-1　基于标准弧算法的转移

状态	动作	σ	β	A
0	初始化	$[0]$	$[1,\cdots,9]$	$\varnothing$
1	SH	$[0,1]$	$[2,\cdots,9]$	
2	SH	$[0,1,2]$	$[3,\cdots,9]$	
3	LA_{nmod}	$[0,2]$	$[3,\cdots,9]$	$A \cup \{1 \xleftarrow{nmod} 2\}$
4	SH	$[0,2,3]$	$[4,\cdots,9]$	
5	LA_{sbj}	$[0,3]$	$[4,\cdots,9]$	$A \cup \{2 \xleftarrow{sbj} 3\}$
6	SH	$[0,3,4]$	$[5,\cdots,9]$	
7	SH	$[0,3,4,5]$	$[6,\cdots,9]$	
8	LA_{nmod}	$[0,3,5]$	$[6,\cdots,9]$	$A \cup \{4 \xleftarrow{nmod} 5\}$
9	SH	$[0,3,5,6]$	$[7,\cdots,9]$	
10	SH	$[0,3,5,6,7]$	$[8,9]$	
11	SH	$[0,3,5,6,7,8]$	$[9]$	
12	LA_{nmod}	$[0,3,5,6,8]$	$[9]$	$A \cup \{7 \xleftarrow{nmod} 8\}$
13	RA_{pc}	$[0,3,5,6]$	$[9]$	$A \cup \{6 \xleftarrow{pc} 8\}$
14	RA_{nmod}	$[0,3,5]$	$[9]$	$A \cup \{5 \xleftarrow{nmod} 6\}$
15	RA_{obj}	$[0,3]$	$[9]$	$A \cup \{3 \xleftarrow{obj} 5\}$
16	SH	$[0,3,9]$	$[]$	
17	RA_{p}	$[0,3]$	$[]$	$A \cup \{3 \xleftarrow{p} 9\}$
18	RA_{root}	$[0]$	$[]$	$A \cup \{0 \xleftarrow{root} 3\}$

　　在贪婪句法分析器（greedy parser）中，状态 $s \in S$ 的工作内容由分类器决定。针对分类器的训练，须提取树库训练组里的标准式树，我们

可以从中推导出转移状态和动作对的经典标准序列（oracle 序列）。

从状态 $s = (\sigma, \beta, A)$ 可以得到以下信息：

- 所有单词以及对应的词性标注。
- 来自部分依存分析弧 A 的中心词及其标注。
- 单词在栈 σ 与缓冲器 β 中的位置。

例如，Zhang 和 Niver（2011）提出了 72 个特征模板，其中包括 26 个基线模板以及 46 个新特征模板。基线特征主要描述栈顶部、缓冲器顶部以及两者结合体顶部的单词及词性标注。新特征是：中心词和修饰词之间的方向和距离，特定中心词的修饰词个数，高阶部分解析依存弧，来自栈和缓冲器顶部的修饰词中独特的依存标注集。最后，这些新特征提高了 1.5% 的未标记依附分数（UAS）。

我们通常使用术语"特征工程（feature engineering）"来描述语言学专业知识的需求总量，这种专业知识用于为各种语言学结构化预测任务设计特定的特征。

NLP 研究人员通常会使用这样的策略——将他们考虑到的特征尽可能整合到学习过程中，使用参数估计的方法来确定哪些特征是有用的，哪些是可以忽略的。可能是由于语言学现象中的重尾本质，以及研究人员可用的计算力持续增长，目前人们认为 NLP 模型会包含越来越多的特征，尤其是那些能在对数线性模型等框架中使用的特征。

为了减少贪婪的基于转移的方法中的误差传播，需要使用全局统一的集束搜索解码，并且附带提前更新功能的大幅度边缘训练（Collins and Roark 2004）来对非精准搜索进行学习。

2. 基于转移的序列标记及分割

除了依存语法分析，基于转移的框架还可以用于大部分 NLP 结构化预测任务，这些任务通常可以在结构化输出与状态转移序列中找到映射。以序列标注为例，可以通过从左到右对每个输入结果添加标注来构建输出结果。在此设定下，状态可以看成 (σ, β) 数对，其中 σ 表示添加部分标注的序列，而 β 表示未标注的单词队列。具备了初始状态（[ ], $input$）和结束状态（$output$, [ ]）后，每个动作可通过在 β 前指定特定标注以更换状态。

另一个例子是序列分割，例如分词，其中转移系统可以从左到右逐步处理输入字符。状态以 (σ, β) 的形式呈现,其中,σ 表示部分分割的词序,β 表示紧跟随后的字符队列。在初始状态下,σ 为空,而 β 包含完整的输入句子。在任何终止状态下,σ 含有完整的分割序列,而 β 为空。通过处理下一个字符,不论是在新单词的开头分离(SEP)该字符,还是在部分分段序列中上一个单词的词末追加(APP)该字符,每一个转移动作都可以将当前状态推进到下一个状态。表 4-2 显示的是句子"我喜欢读书(I like reading)"的典型状态转移序列。

表 4-2　分词的典型状态转移序列

状态	α	β	下一个动作
0	[]	[我,喜,欢,读,书]	SEP
1	[我(I)]	[喜,欢,读,书]	SEP
2	[我(I),喜]	[欢,读,书]	APP
3	[我(I),喜欢(like)]	[读,书]	SEP
4	[我(I),喜欢(like)读书(reading)]	[]	APP

3. 基于转移的方法的优点

基于转移的方法不会减少结构上的模糊性——当解决方法从基于图的模型转换到基于转移的模型时,给定结构化预测任务中搜索的空间规模不会缩小。唯一的不同是,结构上的模糊性转变为每个状态中不同转移行为的模糊性。这自然会产生一个问题:为什么当今学界如此密切关注基于转移的方法?

这个问题的主要答案在于可以被基于转移的方法运用的特征,或是能够解决模糊性问题的信息。传统的基于图的方法往往受限于精确推论的有效性,从而限制了使用特征的范围。例如,为了训练 CRF 模型(Lafferty et al. 2001),有效预测小团体的边缘概率十分重要,而这些小团体的大小也由特征范围决定。为了保证训练的有效性,CRF 模型会在其特征中使用低阶马尔可夫假设。另一个例子是 CKY 句法分析法(Collins 1997),它的特征受限于局部的语法规则,因此在指数型的候选搜索中,可以使用容忍度高的多项式动态项目来找到得分最高的语法分析树。

相比之下,对于基于转移的方法的早期研究使用了贪心的局部模型（Yamada and Matsumoto 2003；Sagae and Lavie 2005；Nivre 2003），通常情况下，基于转移的系统可以快速取代基于图的系统，它们能够根据输入尺寸以线性时间运行。由于非局部特征的使用，它们的准确度并没有远远落后于最新的模型。自全局训练应用于训练动作序列（Zhang and Clark 2011b）以来，出现了速度快、准确度高的基于转移的模型，为以下任务获得了最高水平的准确度，例如 CCG 语法分析（Zhang and Clark 2011a；Xu et al. 2014）、自然语言生成（Liu et al. 2015；Liu and Zhang 2015；Puduppully et al. 2016）、依存语法分析（Zhang and Clark 2008b；Zhang and Nivre 2011；Choi and Palmer 2011）以及成分句法分析（Zhang and Clark 2009；Zhu et al. 2013）。以成分句法分析为例，ZPar（Zhu et al. 2013）在准确度上与 Berkeley 解析器（Petrov et al. 2006）旗鼓相当，并且运行速度快 15 倍。

　　基于转移的系统的高效性进一步使得具有高复杂搜索空间的联合结构化问题得以被探索。例如，联合分词及词性标注（Zhang and Clark 2010）、联合分割、词性标注及拆分（Lyu et al. 2016）、联合词性标注及语法分析（Bohnet and Nivre 2012；Wang and Xue 2014）、联合分词、词性标注和语法分析（Hatori et al. 2012；Zhang et al. 2013，2014）、用于微博的联合分割和规范化（Qian et al. 2015）、联合形态生成和文本线性化（Song et al. 2014）以及实体和关系提取（Li and Ji 2014；Li et al. 2016）。

4.4　基于神经图的方法

4.4.1　神经条件随机场

　　Collobert 和 Weston（2008）首次使用深度学习来解决序列标注问题，这也几乎是最早成功使用深度学习解决 NLP 任务的实例。他们不仅将单词嵌入 d-维向量中，还嵌入了一些附加特征。同一窗口的单词及对应特征随之输入到一个多层感知器中来预测标签。训练标准中使用的是单词级别的对数相似度，也就是说，句子中的每个单词都会被纳入考虑分析的范围内。根据之前的分析，句中每个单词的标注与相邻的标注相互关联。因此，在新的研究中（Collobert et al. 2011），标注转移分值被添加至语句级对数相似度模型中。事实上，该模型与条件随机场模型一样,但传统的条件随机场模型使用的是线性模型而不是非线性神经网络。

同时,受马尔可夫假设的限制,CRF 模型只能利用其局部特征,导致难以对标注之间的长期依存建模,而这种依存对于解决许多 NLP 任务十分关键。理论上,循环神经网络(RNN)在无须借助马尔可夫假设的情况下,可以将随意的序列建模成固定大小的向量。然后将这种输出向量用于进一步的预测。例如,在给定完整的前一个单词序列的条件下,该向量可以预测某词性标注的条件概率。

具体而言,RNN 通过一种函数,将之前的状态向量和输入向量看作输入,并返回一种新的状态向量——这就是 RNN 的递归过程。因此,RNN 可以被直观地视为在不同层有相同参数的非常深入的前馈网络。其梯度包括权重矩阵的多次乘积,这使得最后的值很容易消失或爆炸。有一种简单而有效的方法可以解决梯度爆炸的问题:当梯度超过一定阈值时,对其进行裁剪。但梯度消失的问题更为复杂。像长短期记忆(Hochreiter and Schmidhuber 1997)和门控循环单元(Cho et al. 2014)这样的门控机制可以稍微解决此类问题。

双向循环神经网络(BiRNN,例如 BiLSTM 和 BiGRU)是循环神经网络的一种自然延伸(Graves 2008)。在序列标注问题中,预测标注不仅依赖于之前的单词,还依赖于不能在标准 RNN 中考虑到的之后的单词。因此,BiRNN 使用两种 RNN(前向和后向 RNN)来表示当前单词的前后词序。然后,将当前单词的前向和后向状态作为输入相互连接来预测标注概率。

RNN 还可以在不同层上堆叠,其中,上一层 RNN 的输入即为下一层 RNN 的输出。这样的层级结构叫作深度 RNN。深度 RNN 可以解决许多难题,例如,使用序列标注方法解决语义角色标注(Zhou and Xu 2015, https://www.aclweb.org/ anthology/P/P17/P17-1044.bib)。

尽管 RNN 已成功应用于许多序列标记问题,但它们并未显示模拟 CRF 这样的输出标注之间的依存关系。因此,可以添加标注之间的转移矩阵以形成句级对数相似度模型,通常被命名为 RNN-CRF 模型,其中,RNN 还可以是 LSTM、BiLSTM、GRU、BiGRU 等。

与传统 CRF 一样,神经 CRF 也可以用于处理序列分割的问题。例如,Liu 等人(2016)提出了神经 semi-CRF,通过将输入单元与一个

RNN 进行组合,使用分段循环神经网络(SRNN)来表示一个分割。同时,使用分割嵌入的附加分割级表征也被视为一种显性编码完整分割的输入。最后,他们实现了中文分词的最佳性能。

Durrett 和 Klein(2015)将 CRF 短语结构句法分析(Hall et al. 2014)拓展至神经层面。在他们的神经 CRF 句法分析中,他们使用了前馈神经网络计算的非线性势函数,而非基于稀疏特征的线性潜在函数。解码等其他组件则相对传统 CRF 句法分析保持不变。最后,他们实现了短语结构句法分析的最佳性能。

4.4.2　基于图的神经依存句法分析

传统的基于图的模型严重依赖于大量的手动特征,由此带来了许多严重的问题。首先,大量的特征会使模型面临过度拟合的危险,尤其是在组合特征中,捕获中心词和修饰词之间的联系很容易使特征空间爆炸。此外,特征设计还需要相关领域的专业知识,这意味着由于缺乏专业知识,有用的特征很可能被忽略。

为了解决特征工程的这一问题,一些近期的研究提出了一些通用且有效的神经网络模型,用于基于图的依存分析。

1. 多层感知器

Pei 等人(2015)使用多层感知器模型对边评分。他们并没有像传统模型一样使用数百万个特征,而是使用词的一元分词和词性标注的一元分词等不太稀疏的原始特征。然后这些原始特征被转换为相应的分布式表征(特征嵌入或特征向量),再输入多层感知器中。利用隐藏层中新的激活函数 *tanh-cub*,可以学习多种特征组合,因此减轻了传统的基于图的模型中特征工程的压力。

分布式表征可以发现从未在传统解析器上使用过的新特征。例如,人们普遍认为依存边(h, m)的上下文信息(例如 h 与 m 之间的单词)在基于图的模型中十分有用。然而,在传统模型中,由于数据稀疏问题,完整的上下文不能被用作特征。因此,它们通常被降低为低阶表征,例如二元分词和三元分词。

Pei 等人(2015)提出使用上下文的分布式表征。他们将所有单词嵌入进行简单平均以对其进行表征。这种方法不仅有效使用了上下文中的所有单词,同时还可以捕获上下文背后的语义信息,因为相似的单词有相似的嵌入。

最后,训练模型的标准是"最大边缘",训练目标是让分数最高的树为正确的,其得分要比其他可能的树高出许多,并且更加趋近边缘。结构化边缘损失即为预测树中包含的错误中心词与边标注词的数量。

2. 卷积神经网络

Pei 等人(2015)在上下文中通过平均嵌入来完成表征,忽略单词的位置信息,并且不能给不同的单词或短语分配不同权重。Zhang 等人(2016b)提出运用卷积神经网络(CNN)来计算语句表征,然后利用表征对边进行评分。然而池化体系减少了 CNN 的活动性,CNN 忽视了单词的位置,而后者对依存句法分析十分重要。为了解决这个问题,Zhang 等人(2016b)为 CNN 输入了单词与中心词或单词与修饰词之间的相对位置。Pei 等人(2015)的方法还有另一重大不同之处,他们运用概率处理进行训练,根据概率准则计算梯度。概率准则可以看作最大边缘准则的软版本,在计算概率准则的梯度时,所有可能的因素都被考虑在内,而在最大边缘准则的训练中,只有预测错误的因素会带来非零次梯度。

3. 循环神经网络

理论上讲,循环神经网络(RNN)可以对任意长度的序列建模,但这种长度对序列中单词的相对位置非常敏感。作为传统 RNN 的改进,LSTM 可以更好地表征序列。BiLSTM(双向 LSTM)则极擅长在序列中表征单词及上下文,而且还可以捕获单词及其周围的"无边"窗口。因此,Kiperwasser 和 Goldberg(2016)通过 BiLSTM 隐藏层输出来表征每一个单词,并且使用中心词表征和修饰词表征之间的关系作为特征,然后将其输入一个非线性评分函数(MLP)中。为了加快句法分析,Kiperwasser 和 Goldberg(2016)提出来"两步走"策略:首先使用以上方法预测未标注的结构,然后预测每条结果边上的标注。

边上的标注可通过使用相同的特征表征来执行,而这种表征需要输入另一个不同的 MLP 预测器中。

Wang 和 Chang(2016)还使用 BiLSTM 来表征中心词和修饰词。他们介绍了额外的特征,例如 Pei 等人(2015)提出的两个单词与上下文之间的距离。不同于 Pei 等人(2015)的方法,他们使用 LSTM-Minus 来表征上下文,其中,通过使用 LSTM 隐藏向量之间的减法来学习上下文的分布式表征。Cross 和 Huang(2016)也使用相似的理念来进行基于转移的成分句法分析。

　　以上研究将 LSTM 输出的中心词和修饰词的分布式表征作为输入输送到 MLP 中来计算潜在依存边的分数。Dozat 和 Manning(2016)借鉴了 Luong 等人(2015)的理念,在中心词与修饰词之间使用双线性转换法来计算分值。同时,他们也注意到直接使用表征有两大缺点。首先,由于过程是循环的,这种方法包含的信息过多,远多于计算分值所需的信息,同时也包含计算序列其他地方分值的信息。因此,在整个向量上进行训练意味着需要训练多余的信息,这容易导致过拟合。其次,表征 r_i 包含左循环状态 $\overleftarrow{r_i}$ 以及右循环状态 $\overrightarrow{r_i}$ 的连接,这也意味着在双线性转换中,单独使用表征可以让两个不同的 LSTM 独自学习这些特征。但是在理想状态下,模型应该同时从两个记忆网络中学习特征。Dozat 和 Manning(2016)同时解决了这两个问题,在进行双线性操作前,首先将隐藏尺寸较小的 MLP 函数应用于两大循环状态 r_i 与 r_j。这使得模型能够将两种循环状态结合,同时还能降维。双线性评分机制的另一个变化是将中心词表征上的线性变换添加至评分函数,从而获取任意依存单词的先验概率。这种新方法又叫作双向仿射变换。该模型在两步之外,还增加了额外的依存关系分类步骤。这种双向仿射变换评分函数也可用于预测每条依存边的标注。最后,这个模型在 English Penn Treebank 测试集中实现了最佳性能。

4.5　基于神经转移的方法

4.5.1　贪婪移位-减少依存句法分析

　　依存句法分析输出的是句法树,与序列一样,这是一种典型的结构。基于图的依存分析器对依存图中的各个元素进行评分,比如标注及其兄弟标注。相比之下,基于转移的依存分析器使用移位-减少方法来逐步构建输出。有些重要研究使用 SVM 等统计模型来做出贪婪局部的策略,从而决定下一步采取的行动,例如 MaltParser(Nivre

2003）。前面的表 4-1 展示了这些贪婪句法分析过程，而图 4-5 则概述了该过程的每一步、上下文或分析器配置等信息，其中从顶端、栈 σ 的上方包含部分处理的单词 s_0 和 s_1，而缓冲器 β 则包含语句接下来的单词 q_0 与 q_1。贪心的局部解析器的任务是根据当前构造，找到下面的句法分析动作，4.3.2 节介绍了相关示例。

MaltParser 的工作原理是从 σ 的顶部节点和 β 的前面单词中提取特征。s_0、s_1、q_0 以及 q_1 这些单词的形式和词性都被看成二进制离散特征。此外，单词形式、词性、σ 上的 s_0 和 s_1 以及其他节点上的依存弧都可以用作附加特征。这里的单词依存弧标注指的是某个单词与其修饰的单词之前的弧的标注。在给定的解析器配置中，提取所有以上特征并将其放入 SVM 分类器，最终输出结果是一组针对有效动作的移位-减少动作。

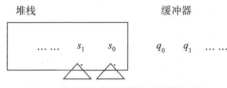

图 4-5　移位-减少依存句法分析的上下文

Chen 和 Manning(2014)建立了 MaltParser 的神经网络替代方案，结构如图 4-6(a)所示。新模型与 MaltParser 相似，给定解析器配置，从 σ 顶部以及 β 前提取特征，然后用特征预测下一个移位-减少动作。Chen 和 Manning(2014)延续了 Zhang 和 Nivre(2011)对词的范围、词性以及标注特征的定义。另外，不同于使用离散的指示特征，嵌入被用于表征单词、词性和弧标注。如图 4-6(a)所示，给定输入特征，包含三层结构的神经网络被用于预测下一步行为。在输入层，上下文中的单词、词性和弧标注嵌入被连接起来。隐藏层获取的是最终的输入变量，并在立方激活函数前使用线性转换：

$$h = (Wx + b)^3$$

使用立方函数作为非线性激活函数，而没有使用标准的 *sigmoid* 和 *tanh* 函数的原因在于：这能实现输入层的三种元素的任意组合，这种情况早已在统计解析模型中获得定义。从经验上讲，该方法相比其他激活函数更有效。最后，将隐藏层的输出传输到标准的 *softmax* 层来决定将要采取的动作。

Chen 和 Manning 提出的解析器从多个角度看都要优于 MaltParser,主要有两方面的原因。第一,词嵌入的使用使得单词的句法和语义信息可以通过无监督预训练从大量的原始数据中获取,从而提高模型的鲁棒性。第二,隐藏层可以实现复杂的特征组合,这一效果在统计模型中往往需要手动完成。例如,混合特征可以是 s_0wq_0p,其中同时捕获了 s_0 的形式以及 q_0 的词性。这可能成为接下来动作的强指示器。然而,这样的特征结合的数目难以估量,需要难以估计的人工成本来进行特征工程。此外,如果将两个以上的特征结合为一个特征,那么这些组合特征将会高度稀疏。这种稀疏会导致准确性和速度方面的问题,因为这会造成一个统计模型中含有千万个二元指示特征。相比之下,Chen 和 Manning 提出的神经模型结构更加紧凑、稀疏性更少,因此该模型善于解析上下文,同时不易过拟合。

Chen 和 Manning(2014)提出的密集输入特征表征与传统统计解析器的手动特征模板相差很大,前者具有实值低维的特点,而后者具有高维二进制的特点。直观地说,两个模型获取的是同一输入句子的不同方面。Zhang 和 Zhan(2015)受其启发,在 Chen 和 Manning(2014)提出的解析器的基础上发展出一种新的版本——在输入 $softmax$ 分类层之前,通过将大量稀缺特征向量与 Chen 和 Manning(2014)使用的隐藏向量连接,从而整合传统的指示向量。这可以看作人们数十年在特征设计上的成果与使用神经网络模型的自动特征的结合,这是一种难以言说的强大力量。与 Chen 和 Manning(2014)提出的解析器相比,这类解析器性能更强大,这表明在这种情况下,指示器特征和神经特征实际上是互补的。

与 Xu 等人(2015)针对 Lewis 和 Steedman(2014)提出的超级标注器的观察相似的是,Kiperwasser 和 Goldberg(2016)发现使用 Chen 和 Manning(2014)提出的局部上下文对其模型来讲有潜在的限制。为了解决这个问题,他们针对输入单词和每个单词的词性特征使用 LSTM,从中提取非局部特征,从而为输入词生成一系列的隐藏特征向量。与 Chen 和 Manning(2014)的特征向量相比,这些隐藏特征向量包含非局部语句信息。Kiperwasser 和 Goldberg(2016)在输入单词序列中使用双向 LSTM,并堆叠两个 LSTM 层来导出隐藏向量。在用于动作分类之前,从相应的隐藏层向量中提取栈特征和缓冲特征。该方法表明,与 Chen 和 Manning(2014)的方法相比,准确率有很大的提升,这表明 LSTM 收集全局信息方面的能力较强。

如图 4-6(b)所示,Dyer 等人(2015)使用不同的方法来解决 Chen 和 Manning(2014)的模型中缺乏局部特征的问题,利用 LSTM 来表征栈 σ、缓冲区 β 以及已经执行的动作序列。

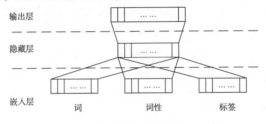

(a) Chen 和 Manning(2014)

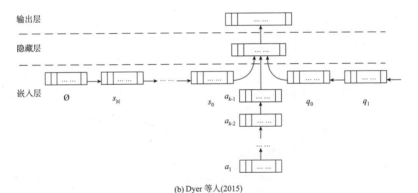

(b) Dyer 等人(2015)

图 4-6 两个贪婪分析器

值得注意的是,栈上的单词都是从左到右建模的,并不断循环,而缓冲区中的单词则是从右到左建模的。动作进程按时间顺序反复建模。由于栈是动态的,因此可以从其顶部弹出单词。在这种情况下,Dyer 等人(2015)使用了一种名为"栈 LSTM"的结构对该动态进行建模,并使用指针对栈的当前顶部进行记录。当一个单词被推进到 s_0 的顶部时,s_0 的栈 LSTM 中的单词和隐藏状态将用于推进循环状态,这就造成新单词也获得新的隐藏层,并变成 s_0,在执行推进步骤之后,原来

的 s_0 则变成了 s_1。在相反的方向，如果 s_0 被弹出栈，那么顶部的指针将会更新，从 s_0 的隐藏状态移动到栈 LSTM 中 s_1 的位置，然后 s_1 则变成了 s_0。Dyer 等人（2015）通过使用 σ 顶部、β 前面和最后动作的隐藏状态来表征解析器的配置，他们也因此对 Chen 和 Manning（2014）提出的模型改进了许多。

Dyer 等人（2015）使用受限的嵌入来表征输入单词，而这种受限的嵌入可随机生成，并且还对词性进行了微调和嵌入。

Ballesteros 等人（2015）对 Dyer 等人（2015）的模型进行了改进，进一步使用 LSTM 对每个词之间的字符序列进行建模。他们使用多种语言数据进行实验，并观察到一致的结果。顺着这样的思路，Ballesteros 等人（2016）通过训练中的模拟测试场景解决了训练和测试时动作进程之间不一致的问题。在这个过程中，当特定动作得到预测时，可以通过模型而不是标准行动序列对行动的历史进行预测。这个理念与 Bengio 等人（2015）提出的计划抽样理念很接近。

4.5.2　贪婪序列标注

给定输入语句，贪婪局部序列标注器以递增的方式进行工作，其通过做出局部决策，将标注任务看作分类任务来给每一个输入单词添加标注。严格地说，这种形式的序列标记器既可以看作基于图的，也可以看作基于转移的，因为每一个标注任务要么被视为消除图结构的模糊性，要么被视为消除转移动作的模糊性。因此，根据以下原因，我们将贪婪局部序列标注看作基于转移的。首先，基于图的序列标注模型通常在输入标注上使用马尔可夫假设，将所有标注看作一幅图像，从而减少了它们的模糊性，因此使用 Viterbi 算法可以进行精准推断。但是，这样的约束也意味着只能通过局部标记序列来提取特征，如二阶与三阶的传输特征。相比之下，基于转移的序列标记模型并不在输出上运用马尔可夫假设，因此该方法通常只是提取高度非局部特征。因此，它们为了推断会使用贪婪搜索以及集束搜索算法。以下示例都是贪婪算法，其中部分使用了高度非局部特征。

已经有一系列研究将神经网络模型用于 CCG 超标记，与词性标记相比，这项工作更具挑战性。CCG 是一种轻度词汇化语法，其中许多句法信息会在词汇类别中传递，即 CCG 句法分析中的超级标注。与词性等浅显的句法标注相比,超级标注包括丰富的句法信息,同时还可以解析谓语论元结构。树库中最常见的有一千多种超级标注,这使得标注任务非常具有挑战性。

用于 CCG 超级标注的传统统计模型使用的是 CRF(Clark and Curran 2007),其中,从单词窗口上下文中提取每一标注的特征,词性信息也用作重要的标注特征。因此词性标签标注是超级标签标注过程中重要的预处理,词性标注错误也会给超级标签标注的质量带来负面影响。

Lewis 和 Steedman(2014)曾研究过一个简单的 CCG 超级标注神经模型,其结构如图 4-7(a)所示。

具体而言,给定输入语句,用一个三层的神经网络为每个单词分配超级标签。第一层(底层)是嵌入层,将每个单词映射到其嵌入形式。此外,部分二进制值的离散特征与嵌入向量联系在一起,其中包括单词中长度为两个字母的后缀以及标记单词是否大写的二进制指示符。第二层是特征集成的隐藏层。给定单词 w_i,用单词 w_{i-k}、w_i 与 w_{i+k} 的上下文窗口进行特征抽取。上下文窗口中每个单词的增强输入嵌入均相互连接,并输入隐藏层中,而隐藏层则会使用 $tanh$ 激活函数来结合非线性特征。最后一层(顶层)是一个 $softmax$ 分类函数,该函数给所有可能的输出标签分配概率。

这个简单的模型在运行时很出色,与 CRF 基线标注器相比,它可以更准确地解释域内数据和跨域数据。作为一个贪婪模型,与同类的神经 CRF 模型相比,它运行更快,准确度相当。原因在于神经网络模型自动提取特征的能力,这使得词性标注变得不必要。还可以在大量原始数据上重新训练词嵌入,从而缓解基线离散模型的特征稀疏问题,使跨域标注更有效。

Lewis 和 Steedman(2014)提出的上下文窗口延续 Collobert 和 Weston(2008)所做的工作。新模型是局部的,与 CRF(Clark and Curran 2007)的上下文窗口类似。另外,RNN 也已经被用于从整个序列提取非局部特征,从而提升 NLP 任务的准确性。Xu 等人(2015)受此启发,进一步拓展了 Lewis 和 Steedman(2014)的方法,他们使用循环神经网络层(Elman 1990)来代替基于窗口的隐藏层,其模型结构如图 4-7(b)所示。

值得注意的是,Xu 等人(2015)使用的输入层与 Lewis 和 Steedman

(2014)使用的输入层是一样的,其中将词嵌入与两个字母后缀和大写特征相结合作为输入。隐藏层的性质也由 Elman RNN 决定,可使用前面的隐藏状态 h_{i-1} 与 w_i 的当前隐藏状态循环计算 w_i 的隐藏状态。$sigmoid$ 激活函数则用于实现非线性。最后,输出层的相同形式也用于局部标注各个单词。

与 Lewis 和 Steedman(2014)的方法相比,RNN 方法在超级标签标注和随后使用标准解析器模型的 CCG 句法分析中都显示出更高的准确度。与 Clark 和 Curran(2007)提出的 CRF 方法相比,RNN 超级标注还能提供更好的 1-best 超级标注准确性,这也是 Lewis 和 Steedman 提出的 NN 方法无法实现的。最主要的原因是使用了 RNN 结构,为单词的标注构建了无边界历史上下文。

Lewis 和 Steedman(2014)通过使用 LSTM 替换隐藏层中的 ElmanRNN结构,从而进一步改进了 Xu 等人(2015)的模型。具体而言,给定嵌入层,使用双向 LSTM 来提取隐藏特征 h_1、h_2 与 h_n。对这些输入表征也略微调整,其中离散组件被舍弃。每个单词中长度为一个字母至四个字母的前缀和后缀也跟嵌入向量一同表征,这些前缀和后缀与词嵌入相互联系,成为输入特征。这些变化也使得最后的模型在超级标注和随后的 CCG 解析中提高了准确性。通过 tri-training 技术,结果进一步提升,1-best 标注中 F1 成绩达到了 94.7%。

Xu 等人(2015)的模型以及 Lewis 和 Steedman(2014)的模型,都考虑了输入单词之间的非局部依存关系,但没有捕获输出标注中的非局部依存关系。在这方面,与 Clark 和 Curran(2007)提出的 CRF 模型相比,这两个模型的表达力较差,因为 CRF 考虑了三个连续标签之间的依存关系。为了解决这个问题,Vaswani 等人(2016)在输出标注序列上使用了 LSTM,从而在标注单词 w_i 时,可以考虑标注历史 s_1、s_2 与 s_{i-1},其模型结构如图 4-7(c)所示。

该模型的输入层使用了 Lewis 和 Steedman(2014)的模型中同样的表征,隐藏层也与之相似。在输出层中,每个标签 s_i 的分类是基于相应的隐藏层向量和之前的标签序列实现的。标注 LSTM 是单向的,其中各个状态 h_i^s 取自于前面的状态 h_{i-1}^s 以及前面的标签 s_i。为了提高准确性,Bengio 等人(2015)使用了计划抽样的方法来寻找与测试案例更接近的训练数据。在训练中,标注 s_i 的历史标注序列 s_1、s_2 与 s_{i-1} 通过在各个位置使用抽样概率 P 来选择预测超级标签,从而完成抽样。在这种方法中,就算在测试中曾出现错误,模型也仍可以更好地学习如何分配正确的标签。

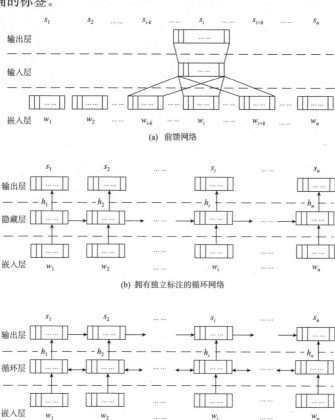

(a) 前馈网络

(b) 拥有独立标注的循环网络

(c) 拥有链式标注的循环网络

图 4-7 用于 CCG 超级标注的神经模型

Vaswani 等人(2016)的模型显示,通过增加输出标签 LSTM,在使用计划抽样的情况下,准确率会稍有提高;如果不使用计划抽样的话,这个模型与 Lewis 和 Steedman(2014)提出的贪婪局部输出模型相比,准确度会下降。这表明计划抽样是有效的,而且可以避免对标准标签序列的过拟合以及测试数据鲁棒性的结果波动。

4.5.3　全局优化模型

贪婪的局部神经模型利用词嵌入来减轻稀疏性,并使用深度神经网络来学习非局部特征,从而证实了自己相比于统计方法的优势。整个语句的句法和语义信息已用于结构化预测,标签的非局部依存关系也已建模。这样的模型训练是局部的,因此有可能导致标签偏差,因为最佳动作序列并不总是包含局部主题动作。作为统计 NLP 的主要方法,全局优化模型也已应用于神经模型。

此类模型通常使用集束搜索(beam search)(见"算法 1"),其中,使用议程来记录每个步骤中最高得分 B 的动作序列。图 4-8 展示了用于弧渴望依存语句分析(arceager dependency parsing)的集束搜索过程。图 4-8 中的蓝色圆圈表示动作的标准序列。在某些步骤中,标准状态并不是议程中分数最高的。在局部搜索中,这种情况会导致搜索失误。但是,对于集束搜索而言,解码器可以在后续步骤中恢复标准状态,并使之成为议程中的最高得分对象。

算法1:　通用的集束搜索算法

1: **function** BEAM- SEARCH(*problem*, *agenda*, *candidates*, *B*)
2:　　*candidates* ← {StartItem(*problem*)}
3:　　*agenda* ← Clear(*agenda*)
4:　　**loop**
5:　　　　**for each** *candidate* ∈ *candidates* **do**
6:　　　　　　*agenda* ← Insert(Expand(*candidate*, *problem*), *agenda*)
7:　　　　**end for**
8:　　　　*best* ← Top(*agena*)
9:　　　　**if** GoalTest(*problem*, *best*) **then**
10:　　　　　　**return** *best*
11:　　　　**end if**
12:　　　　*candiates* ← Top − B(*agenda*, *B*)
13:　　　　*agenda* ← Clear(*agenda*)
14:　　**end loop**
15: **end function**

基于转换的结构化预测的集束搜索算法已在"算法 1"中显示。首先,议程仅包含状态转移系统的初始状态。在每一步中,通过应用所有可能的转移动作,可以拓展议程中的每一项,最终带来一组新的状态。从这些状态中选择最高分 B,并将之用作下一步的议程项目。重复执行以上步骤,直到出现最终状态,议程中的最高分状态也可用作输出。与贪婪搜索相似,集束搜索算法在动作序列长度上也有着线性时间复杂性。

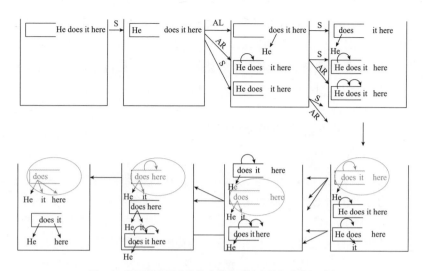

图 4-8　使用集束搜索的状态转移系统中的句法分析过程

　　议程中的项目使用全局分数进行排名,这些分数也是序列中转移动作的总分数。与贪婪的局部模型不同,全局优化模型的训练目标是在全局分数的基础上,区分不同的动作序列。有两种通用训练方法,一种是将标准动作序列的可能性最大化,另一种是拓宽标准动作序列与非标准动作序列之间的分数范围。后面将会继续介绍其他偶然使用的训练目标。

　　在 Zhang 和 Clark(2011b)之后,大部分全局优化模型把训练看作集束搜索优化,其中集束搜索自身可以对负面训练实例采样,这种训练实例也可以与标准的正面实例一起更新模型状态。下面使用 Zhang 和 Clark(2011b)的模型作为解释训练方法的例子。此方法使用线上学习,其中初始模型可用于解码训练实例。在解码的过程中,也可以使用标准动作序列,而测试实例也运用了上面提及的集束搜索算法。但如果议程不再使用标准动作序列,就一定会出现搜索失误。在这种情况下,搜索停止,模型使用标准序列动作更新,当这一步重新变为正实例且集束中最高分的动作序列变为负实例时,更新才会停止。Zhang 和 Clark(2011b)使用了统计模型,其中使用 Collins(2002)提出的感知器算法来更新模型参数。集束搜索的提前停止也被称为提前更新(Collins and Roark 2004)。在解码完成之前,动作的标准序列会继续停留在议程中，训练算法也会检查它是否是最后一步的最高分。如果是最高分，那么当前的训练样本可以在没有参数更新的状态下完成；如果不是，集束中最高分的动作序列则被看成用于更新参数的负实例。在训练实例中以上过程会重复多次，最终的模型也会用于测试。

下面将讨论一系列使用全局训练神经网络进行基于转移的结构化预测的工作，并根据它们的训练目标进行分类。

1．大边界方法

大边界方法（large margin method）旨在将标准输出结构与错误输出结构之间的分数差异最大化，它被广泛应用于结构化感知器（Collins 2002）和 MIRA（Crammer and Singer 2003）这样的离散结构化预测方法中。理想的大边界方法应保证标准结构的分数要比所有错误结构的分数高出一定的间隔。然而，在结构化预测任务中，错误结构的数目要大出许多，因此在大多数情况下难以获得准确的目标。感知器通过模型对最不合理的间隔实行调整，从而接近这一目标，而且感知器从理论上可以保证训练收敛。具体而言，将标准结构当作正实例，将差距最大的错误结构当作负实例，感知器会对模型添加正实例中的特征向量，减去负实例中的特征向量，从而调整模型参数。感知器会为每一个标准结果找到一个负实例，以使其对理想分数的违反是最大的。这通常意味着寻找得分"最高"的错误输出，或者通过考虑当前模型得分总和与黄金标准的偏差来排名"最高"的输出。在后面的情况下，结构化膨胀是错误输出导致的，但是如果具有相似的输出结构，则可以减少这种代价。同时考虑到模型分数和代价，训练的目的是不仅可以使用模型分数来区分标准结构和错误结构，还可以使用与正确结构的相似性来区分不同的错误结构。

训练目标使用神经网络将给定的正实例与对应的负实例之间的分数差距拉大。此目标通常可通过所有模型参数中分数差距的导数得以实现，从而使用基于梯度的方法，例如 AdaGrad（Duchi et al. 2011）来更新模型参数。

Zhang 等人（2016a）在基于转移的分词中使用了大边界方法。任务中的状态可以数对 $s(\sigma, \beta)$ 的形式进行编码，其中 σ 包含已识别的单词列表，而 β 包含后续字符的列表。Zhang 等人（2016a）使用词 LSTM

来表征 β，使用双向字符 LSTM 来表征 β。遵循着 Dyer 等人(2015)所做的工作，他们还使用 LSTM 来表征已经执行的动作序列。在特定状态 s 中，三个 LSTM 上下文表征相互融合，并用于为 SEP 和 APP 动作评分。通常给定状态 s，动作 a 的分数可以看成 $f(s,a)$，其中 f 指的是网络模型。作为一种全局模型，Zhang 等人(2016a)计算了动作序列分值，用于对他们导致的状态进行评级，其中：

$$score(s_k) = \sum_{i=1}^{k} f(s_{i-1}, a_i)$$

遵循着 Zhang 和 Clark(2011b)提出的模型，早期更新的在线学习也投入使用。每个训练示例都用集束搜索进行解码，直至转移动作的标准序列从集束中舍弃，或是标准转移动作序列在解码结束后分数不再是最高得分。这里的标准结构和错误结构之间的间隔是由错误动作 Δ 的数量决定的，其权重由因素 η 决定。因此，给定动作 k 之后的状态，用于训练网络的相应损失函数定义如下：

$$L(s_k) = \max(score(s_k) - score(s_k^g) + \eta\Delta(s_k, s_k^g), 0)$$

其中，s_k^g 是 k 转移后对应的标准结构。

在训练过程中，Zhang 等人(2016a)使用现有的模型分数 $score(s_k)$ 和 $\Delta(s_k, s_k^g)$ 来给议程中的状态评分，所以结构化差异可以用来寻找最大值违例。给定评分后，从早期更新和最后的更新实例中选择一个负样例。根据 s_k 和 s_k^g 之间的损失函数来更新模型参数。由于 $score(s_k)$ 是所有动作分数的总和，损失也会平均分配给各个动作。实际上，使用反向传播来训练网络，通过针对 $i \in [1..k]$ 的网络 $f(s_{i-1}, a_i)$ 得出的模型参数，最终求得损失函数的导数。由于每个动作 a_i 都有之前描述的相同表征层，它们的损失累积将用于模型参数更新。最后，AdaGrad 将会用来优化模型。

Cai 和 Zhao(2016)使用非常相似的神经模型处理分词。Zhang 等人(2016a)提出的模型与 Cai 和 Zhao(2016)提出的模型可以视为 Zhang 和 Clark(2007)提出的使用神经网络方法的延伸。但是从另一方面看，Cai 和 Zhao(2016)使用的评分函数与 Zhang 等人(2016a)使用的不一样。Cai 和 Zhao(2016)也使用集束搜索逐步分割句子，但分割步骤基于单词而非字母。他们使用多种集束来存储含有相同字符的部分分割输出，此方法与 Zhang 和 Clark(2008a)提出的方法类似。因此，单词大小的约束必须被用来确保线性时间复杂性。需要在训练中使用同样的大边界方法。

Watanabe 和 Sumita(2015)使用略微不同的大边界方法用于组合句法分析。他们同时采用了 Sagae 等人(2005)以及 Zhang 和 Clark(2009)的转移系统,其中状态可以看作(σ, β)对,与依存句法分析很相似。σ 包含部分构造的结构树,而 β 则包含后续的单词。包括 Shift、Reduce 和 Unary 在内的转移动作集被用于消耗输入单词和构建输出结构。感兴趣的读者可以参考相关文章(比如 Sagae and Lavie 2005 和 Zhang and Clark 2009),以了解状态转移系统的更多内容。

Watanabe 和 Sumita(2015)使用 LSTM 栈结构来表征 σ,该方法能动态改变,并且与 Dyer 等人(2015)的方法颇为相似。可使用标准 LSTM 来表征 β。在这种上下文表征中,下一个动作 a 的分数可以被注解为 $f(s, a)$,其中,s 表征目前的状态,f 表征网络结构。与 Zhang 等人(2016a)的结构类似,状态 s_k 的分值是导致状态的所有动作的总和,如图 4-9 所示。

$$score(s_k) = \sum_{i=1}^{k} f(s_{i-1}, a_i)$$

$$f(s_0, a_1) + f(s_1, a_2) + \cdots + f(s_{k-1}, a_k) = score(s_k)$$

$$f(s_0^g, a_1^s) + f(s_1^s, a_2^s) + \cdots + f(s_{k-1}^s, a_k^g) = score(s_k^g)$$

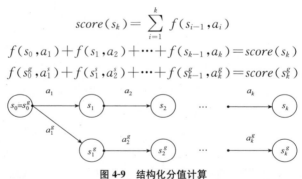

图 4-9 结构化分值计算

与 Zhang 等人(2016a)的观点相似,集束搜索也被用于从所有的结构中找到分数最高的状态。但是,对于训练而言,使用的是最大违规更新而不是早期更新(Huang et al. 2012),其中,在终止状态出现之前,通过运行集束搜索选择负样例,然后寻找标准结构和错误结构之间分数间隔最大的中间状态。可以在最大违规步骤中实行更新。集束中所有的错误状态都可以用作扩大样本空间的负样例,训练目标则是减少损失,而非直接将最大违规状态看作负样例。

$$L = \max(\boldsymbol{E}_{s_s \in A} score(s_k) - score(s_k^g + 1))$$

这里的 A 表征整个议程,而期望值 $E_{sk \in A} score(sk)$ 可以使用模型分数根据议程中每一个 s_k 的概率得出:

$$p(s_k) = \frac{\exp(score(s_k))}{\sum_{s_k \in A} \exp(score(s_k))}$$

2. 最大似然方法

解决神经结构化预测的最大似然方法(maximum likelihood method)因受到对数线性模型的启发发展而来。具体而言,在给定输出 y 的分数 $score(y)$ 中,对数线性模型的概率可由以下算式得出:

$$p(y) = \frac{\exp(score(y))}{\sum_{y \in Y} \exp(score(y))}$$

其中,y 表征所有输出集。当 y 是一个结构时,在特定条件限制下,该对数线性模型会变成 CRF。

针对基于转移的模型,可以使用图 4-9 所示的结构化分数计算算式求得类似的结果,其中状态 s_k 的分数可以通过以下公式求得:

$$score(s_k) = \sum_{i=1}^{k} f(s_{i-1}, a_i)$$

f 和 a 的定义与之前章节中一样。在分数计算中,状态 s_k 的概率可以是:

$$p(s_k) = \frac{\exp(score(s_k))}{\sum_{s_k \in S} \exp(score(s_k))}$$

其中,s 表示转移动作 k 之后可能出现的状态。很明显,s 中的状态数量会随着 k 的变化而大量增长,作为它们包含的结构。因此,很难估计极大似然训练中的分母,CRF 中的情况也是如此。在 CRF 中,可以通过对特征局部性施加约束来解决此类问题,因此特征的边缘概率也可以用来预估分区函数。然而,在基于转移的模型中,这种特征局部性并不存在。

Zhou 等人(2015)通过在集束搜索中使用议程里的所有状态预估 s,从而解决了这个问题。他们执行了集束搜索和线上学习,并且与 Zhang 等人(2016a)一样使用了早期更新。另外,在每次更新中,Zhou 等人(2015)将标准状态 s_g 的似然值最大化,并且没有计算正实例和负实例之间的分数间隔,公式如下所示:

$$p(s_g) = \frac{\exp(score(s_g))}{\displaystyle\sum_{s_k \in A} \exp(score(s_k))}$$

其中，A 表征整个议程。

该方法使用议程中状态概率的总和来预估分区函数，因此 Zhou 等人（2015）也称之为集束对比学习。Zhou 等人（2015）还将训练目标应用于基于转移的依存分析中，最终效果比 Zhang 和 Nivre（2011）的模型更加出色。Andor 等人（2016）也把这种方法应用于词性标注等其他结构化预测任务中。通过使用更好的基线方法，进行更加彻底的超参数搜索，他们获得的最终结果比 Zhou 等人（2015）的方法更好。此外，Andor 等人（2016）从理论上认为，全局标准化模型优于局部训练基线模型。

3. 最大期望值 $F1$

最大期望值 $F1$（maximum expected $F1$）则是另一项曾付诸尝试的训练目标，Xu 等人（2016）曾使用该方法解决基于转移的 CCG 句法分析（Zhang and Clark 2011a）。具体而言，Xu 等人（2016）使用集束搜索寻求最高得分的状态，其中，每个状态的分值由图 4-9 所示的计算方法得出。状态 s_k 中的分值可以通过以下公式计算：

$$score(s_k) = \sum_{i=1}^{k} g(s_{i-1}, a_i)$$

其中，函数 g 表征网络模型，而 a 则代表转移动作。Xu 等人（2016）提出的网络函数 g 与上述方法中网络函数之间的不同在于——g 使用 $softmax$ 层来规范输出动作，然而 f 并未在给定状态中使用非线性激活函数对不同动作进行评分。

Xu 等人（2016）的训练方法如下所示：

$$E_{s_k \in A} F1(s_k) = \sum_{s_k \in A} p(s_k) F1(s_k)$$

其中，A 表示句法分析结束后的集束，$F1(s_k)$ 表示状态 s_k 中的 $F1$ 分数（用标准数除以标准结构得出）。

Xu 等人（2016）使用以下公式得出 $p(s_k)$：

$$p(s_k) = \frac{\exp(score(s_k))}{\displaystyle\sum_{s_k \in A} \exp(score(s_k))}$$

该公式符合上面所述的所有方法。

4.6　结论

本章概述了如何将深度学习应用于词法分析及句法分析这两大NLP 标准任务，并且比较了深度学习方法与传统的统计方法。

首先介绍了词法分析和句法分析的定义。它们对单词以及单词之间关系的结构化属性进行建模。任务中最常使用的方法有分词、词性标注和句法分析。词法分析和句法分析最重要的特点在于结构化输出。

然后介绍了两种常用于解决结构化预测任务的传统方法——基于图与基于转移的方法。基于图的方法直接根据各自特点找出输出结构，而基于转移的方法则将输入构建过程变成状态转移过程，然后运行转移动作序列。

最后介绍了在基于图和基于转移的结构化预测中使用神经网络和深度学习模型的方法。

近期的技术发展已经表明如今神经网络模型可以有效用于增加或替代传统基于图或基于转移的统计模型中的词法分析和句法分析，同时这些模型也开始显示出神经网络的强大表征能力，这种能力已超出建模功能。例如，在传统的统计建模方法中，人们普遍认为局部训练会导致标签偏差（Lafferty et al. 2001）等缺陷。但是，Dozat 和 Manning（2016）提出的模型和方法中使用的神经模型将单依存弧看作训练目标，无须对依存树的概率进行全局训练，从而保证最优的准确性。这意味着输出标注之间的结构相关性可以通过使用 LSTM 表征获得。NLP 词法分析和句法分析未来的发展方向在于成熟的结构化学习研究与深度学习的新兴能力之间的统一。

第5章

基于深度学习的知识图谱

刘知远　韩先培

摘要　知识图谱(KG)是一种用于常识推理和自然语言理解的基础资源,它囊括了大量有关世界实体、实体属性和不同实体之间语义关系的知识。近年来,深度学习技术在知识图谱领域的应用已经获得显著的成功。本章将介绍三大类基于深度学习的知识图谱技术:(1)知识表征学习技术——将知识图谱中的实体和关系嵌入稠密、低维且实值的语义空间;(2)神经关系抽取技术——从文本中抽取可以用来构建/完成知识图谱的事实或关系;(3)基于深度学习的实体链接技术——运用文本数据衔接知识图谱,这有助于完成多种不同的任务。

5.1　引言

21世纪以来,互联网飞速发展,网络资讯爆炸性增长,人们发现从大规模有噪声的纯文本数据中获取有价值的信息或知识,正在变得越来越困难以及低效。后来,人们开始逐渐意识到,正如辛格博士所说:"事物,而非字符串(Things, not strings)",世界是由各种实体而非字符串组成的。至此,知识图谱的概念才逐渐进入公众视野。

知识图谱(KG)也被称为知识库,它是一种重要的数据集,可通过结构化的形式组织人类知识。在知识图谱中,知识被表示为具体的实体及实体之间的多关系抽象概念。目前,主要有两种知识图谱构建方法:一种是借助人工注释,在资源描述框架(RDF)中使用现有语义网络数据集;另一种是利用机器学习或深度学习方法从互联网海量的纯文本中自动抽取知识。

鉴于知识图谱能以良好的架构来连接知识表示，因此可以提供关于复杂现实世界的有效结构化信息。知识图谱在人工智能应用中开始大放异彩。近年来在网络搜索、问答、语音识别等自然语言处理和信息检索领域，知识图谱吸引了学术界和工业界的广泛关注。

本章的 5.1 节介绍基本概念和典型的知识图谱，5.2 节介绍知识表征学习的最新进展，5.3 节介绍神经关系抽取，5.4 节介绍实体连接，最后在 5.5 节中进行简要总结。

5.1.1 基本概念

典型的知识图谱通常由实体（现实世界的确切个体以及抽象概念）和实体间的关系这两个元素组成。它将各种知识以 $(e_1, 关系, e_2)$ 的形式排列成大量的三元组事实组合，其中 e_1 表示头实体，e_2 表示尾实体。例如，我们知道 Donald Trump is the president of United States（唐纳德·特朗普是美国总统），那么这个知识可以这么表示：（*Donald Trump*, president_of, *United States*）。值得注意的是，在现实世界中，同样的头实体和关系也可能有不同的尾实体。例如，卡卡（*Kaká*）曾是皇家马德里（*Real Madrid*）和 A. C. 米兰（*A. C. Milan*）足球俱乐部的球员。基于这个众所周知的信息，我们可以从中得到两个三元组：（*Kaká*, *player_of_team*, *Real Madrid*）、（*Kaká*, *player_of_team*, *A. C. Milan*）。当尾实体与关系固定时，同样可能会有不同的头实体。此外，当实体关系元素固定时（例如，author_of_paper 关系），也可以同时存在多个头实体和尾实体。基于三元组的特性，我们可以看到知识图谱有极大的灵活性和极强的知识表示能力。通过三元组，可将知识以巨幅的有向图形式进行表示，其中实体可视为节点，关系则视为边。

5.1.2 典型的知识图谱

现有的知识图谱从容量和知识领域可以划分为两大类。第一类知识图谱包含大量的三元组和常见关系，例如 Freebase。第二类知识图谱相对较小，主要关注特定且细粒度的知识领域。

当前已有几种知识图谱得到广泛应用，并且产生了不凡的影响。下面将会介绍一些著名的知识图谱。

1. Freebase

Freebase 是世界上最流行的知识图谱之一。它是一个大型的协创数据库,主要从其会员处撷取数据。作为一个在线结构化数据集合,它收集了包括维基百科(Wikipedia)、Fashion Model Directory、NNDB、MusicBrainz 以及其他个体用户创作的共享维基词条在内的不同渠道的数据资源。另外,它还面向用户发布了可作为商业或非商业用途的开放 API、RDF 端点和数据集转储。

FreeBase 由美国软件公司 Metaweb 开发,并于 2007 年 3 月公开运行。2010 年 7 月,谷歌收购了 Metaweb,谷歌知识图谱是由 Freebase 部分驱动的。2014 年 12 月,FreeBase 团队正式宣布,FreeBase 网站及其 API 将在 2015 年 6 月前关闭。截至 2016 年 3 月 24 日,FreeBase 共有58 726 427个主题和3 197 653 841个条目。

图 5-1 显示了 Freebase 里有关前美国总统约翰·F·肯尼迪(John F. Kennedy)的示例网页。我们很容易发现,像出生日期、性别和工作履历等个人信息像简历一样以结构化的形式列出。

John F. Kennedy ˅

Discuss "John F. Kennedy"   Show Empty Fields

◀ image 1 of 1 ▶

- **Types:** Film Actor (Film), Person (People), US Senator (Government), US President (Government), US Politician (Government), Deceased Person (People)
- **Also known as:** JFK, John F Kennedy, President John F. Kennedy
- **Gender:** Male
- **Date of Birth:** May 29, 1917
- **Place of Birth:** Brookline, Massachusetts
- **Country Of Nationality:** United States
- **Profession:** President of the United States
- **Spouse(s):** Jacqueline Kennedy Onassis - 1968 - 1975
- **Children:** John F. Kennedy, Jr.
- **IMDB Entry:** http://www.imdb.com...
- **Presidency Number:** 35
- **Vice President:** Lyndon B. Johnson
- **Party:** Democratic Party
- **Date of Death:** Nov 22, 1963
- **Place of Death:** Dallas
- **Cause Of Death:** Assassination

Description

John Fitzgerald Kennedy (May 29, 1917 – November 22, 1963), also referred to as **John F. Kennedy, JFK, John Kennedy** or **Jack Kennedy**, was the 35th President of the United States. He served from 1961 until his assassination in 1963. Major events during his presidency include the Bay of Pigs Invasion, the Cuban Missile Crisis, the building of the Berlin Wall, the Space Race, the American Civil Rights Movement and early events of the Vietnam War.

图 5-1   Freebase 里约翰·F·肯尼迪的示例网页

2．DBpedia

DBpedia(DB 代表"数据集")是一个众包社区,它从维基百科中抽取结构化信息并将其公布在网上。DBpedia 允许用户针对维基百科进行复杂的查询,并将网络上的不同数据集链接到维基百科资源,让用户能够以更有趣的新方式获取维基百科中的大量信息。该项目由德国柏林自由大学和莱比锡大学共同发起,并和 OpenLink Software 合作,于2007 年发布了第一个公开数据集。整个 DBpedia 数据集描述了 458 万个实体,其中 422 万个实体具有本体一致性,包括 144.5 万人、73.5 万个地点、12.3 万张音乐专辑、8.7 万部电影、1.9 万部电子游戏、24.1 万个组织、25.1 万个物种和 6000 种疾病。这些实体使用多达 125 种不同的语言提供标签和摘要。更重要的是,DBpedia 由于已链接到 Wikipedia的信息框,因此可以在信息发生变化时进行动态更新。

3．维基数据(Wikidata)

维基数据是由 Wikimedia(维基媒体)基金会运营的协同编辑的知识库,旨在提供可供维基项目和其他任何维基媒体项目使用的公共数据来源。该项目由艾伦人工智能研究院(Allen Institute for Artificial Intelligence)、戈登和贝蒂·摩尔基金会(Gordon and Betty Moore Foundation)以及谷歌公司以捐款形式发起,总资金为 130 万欧元。从内部结构看,维基数据是一种将重点放在条目的文本导向上的数据库。每个条目代表一个主题(或用于维护维基百科的管理页面),并由唯一编号标识。可通过创建语句把信息添加到条目中。语句采用键值对的形式,每个语句都由一个属性(键)和一个链接到该属性的值组成。截至 2017 年 5 月,该知识库包含25 887 362个可由任何人编辑的数据项。

例如,图 5-2 显示了有关前美国总统约翰·F·肯尼迪的示例网页。你可以观察到:每一个关联关系都附有注释,并且每个人都可以添加或编辑。

4．YAGO

YAGO 的全称是 Yet Another Great Ontology,它是一个由马克斯·普朗克信息学研究所(Max Planck Institute for Informatics)和巴黎高等电信学院(Telecom Paris-Tech University)共同开发的巨型高质量知识库,里面的知识来源于维基百科、WordNet 和 GeoNames。目

前,它拥有超过 1000 万个实体(如个人、组织、城市等)的知识和超过 1.2 亿个关于这些实体的事实。YAGO 的主要亮点可以归纳如下:首先,人工评价 YAGO 的精度,验证其准确率为 95%,并用其置信度对各个关系进行标注。其次,YAGO 将 WordNet 的干净分类(clean taxonomy)与丰富的 Wikipedia 分类系统结合在一起,将实体分配给超过 35 万个类。最后,YAGO 同时关注时间和空间中的本体,这意味着它以时间维度和空间维度赋予许多事实和实体。

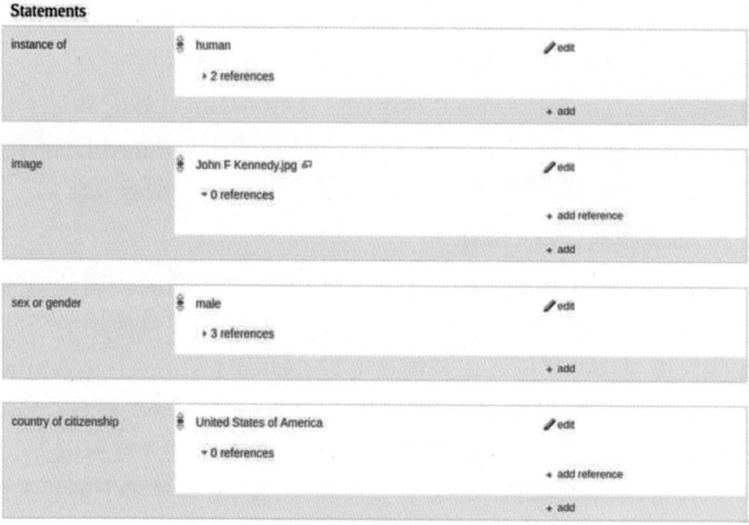

图 5-2　维基数据里约翰·F·肯尼迪的示例网页

5. 知网(HowNet)

知网(Dong and Dong 2003)是一个在线常识知识库,它揭示了概念的概念间和属性间关系,包括汉语词汇及英语对应词。知网的主要理念是实现对客观世界的理解与阐释。知网指出,所有物质(物理和形而上学)是运动着的,并且在时空中不断变化。事物从一种状态发展到另一种状态,其属性也随之发生改变。以"人"为例,可通过以下生存状态进行描述:出生、衰老、疾病和死亡。一个人随着不断成长,他的年龄(属性值)也会增加,头发颜色(属性)变成白色(属性值)。于是,可以给出以下结论:每个对象都带有一组属性,对象之间的相似度和差异取决于各自携带的属性。除属性外,部分也是知网中的一个重要哲学理念。

所有对象都可能是其他事物的一部分,所有对象同时也是其他事物的整体。例如,门窗是建筑物的一部分,同时建筑物也是社区的一部分。知网共含有 271 种信息结构模式、58 种语义结构模式、11 000 个单词实例以及 6 万多个中文单词,如图 5-3 所示。

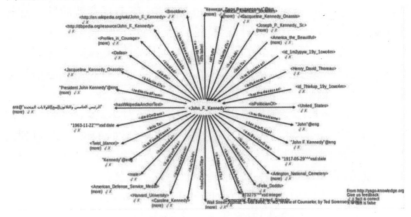

图 5-3　约翰 F. 肯尼迪在知网中的展示

在构建过程中,知网还强调了义原信息(sememes)的作用。义原信息是词汇学中的最小语义单位,并且存在义原信息的有限封闭集合以构成一组开放概念的语义。知网对每个单词都进行精确注释,而对于每个注释,知网都标注了用义原信息表示的部分和属性的意义。例如,"苹果"这个词实际上有两种主要含义:一种是水果,另一种是电脑品牌。因此,在第一种意义中,它有义原信息水果的含义;在第二种意义中,它有义原信息计算机、bring 和 SpeBrand 的含义。

5.2　知识表征学习

在过去的几年里,人们在知识图谱中,根据其传统表示方式(例如,网络表示)设计了各种不同的算法来存储和利用信息。这通常非常耗时,而且面临着数据稀疏的问题。表征学习作为深度学习的一个分支,近年来在自然语言处理和人工智能等领域引起广泛的关注。表征学习的目的是将对象嵌入一个稠密的、低维的、实值的语义空间中。知识表征学习是表征学习的一个分支,其重点是将实体和关系嵌入知识图谱中。

最近的研究表明,基于翻译的知识表征学习方法是一种高效的方法,可以有效地使用实体和关系中的低维表示对知识图谱中的关系事实进行编码,从而缓解数据稀疏的问题,进而用于知识获取、融合和推理。TransE(Bordes et al. 2013)是一种简单、典型且有效的基于翻译的知识表征学习方法,它对实体和关系中的低维向量进行学习。TransE 将关系三元组中的关系项视作头实体和尾实体嵌入之间的转换,换言之,当三元组(h,r,t)成立时,$h_r \approx t$。TransE 在知识图谱填充任务中展现出极为出色的性能。

虽然 TransE 已经硕果累累,但它在建模一对多、多对一和多对多关系时仍然存在一些问题。由于这些关系的复杂性,TransE 学习到的实体嵌入功能缺乏可辨别能力。因此,如何处理复杂的关系是知识表征学习面临的关键问题之一。最近,针对这一问题,TransE 有大量的扩展。当涉及不同的关系时,可以使用 TransH(Wang et al. 2014b)和 TransR(Lin et al. 2015b)对实体进行不同的表示。TransH 将关系建模为超平面上的平移向量,并用法向量将实体投影到超平面上。TransR表征实体语义空间中的实体,并在涉及不同关系时使用特定于关系的转换矩阵将其投影到不同的关系空间中。研究人员提出了TransR 的两个扩展:TransD(Ji et al. 2015),它考虑了投影矩阵中实体的信息;TranSparse(Ji et al. 2016),它通过稀疏矩阵考虑关系的异质性和不平衡性。此外,TranE 还有许多其他的扩展。这些扩展关注不同的关系特征。其中,TransG(Xiao et al. 2015)和 KG2E(He et al. 2015)采用高斯嵌入来建模实体和关系,ManifoldE(Xiao et al. 2016)在知识表征学习中使用基于流形的嵌入原理。

此外,TransE 仍然存在其他问题,比如它只考虑实体之间的直接关系。为了解决这个问题,Lin 等人(2015a)提出了基于路径的TransE,它通过选择合理的关系路径,并用低维向量对其进行表示,从而实现了对 TransE 的扩展。几乎与此同时,其他研究人员通过使用神经网络在知识图谱中成功地考虑到关系路径(García-Durán et al. 2015)。关系路径学习还可以应用于基于知识图谱的问答(Gu et al. 2015)。

以上讨论的大多数现存的知识表征学习方法只关注知识图谱中的

结构信息,而忽略了文本信息、类型信息和视觉信息等丰富的多源信息。这些交叉信息可以提供实体的补充知识,特别是对于关系事实较少的实体,这在学习知识表征时具有重要的意义。针对文本信息,Wang 等人(2014a)和 Zhong 等人(2015)提出将实体和单词通过与实体命名、描述和维基百科锚点对齐,共同嵌入统一的语义空间。Xie 等人(2016b)提出使用基于 CBOW 或 CNN 编码器的实体描述对实体进行表征。针对类型信息,Krompaß 等人(2015)将类型信息作为每种关系的头尾实体集的约束,来分辨属于同一类型的实体。不同于只将类型信息作为类型约束的是,Xie 等人(2016c)通过设计投影矩阵的构造,利用层次型结构来提升 TransR 的性能。针对视觉信息,Xie 等人(2016a)提出使用基于图像的知识表征学习方法,该方法通过对与实体相关的图像进行学习,从而将视觉信息考虑进来。现实中,人们很自然地通过各种多源信息对事物进行学习。像纯文本元素、层级类型或图像、视频等多源信息,在复杂世界建模和构建跨模式表示时都具有重要的意义。为了提升性能,还可以将其他类型的信息编码到知识表征学习中。

5.3　神经关系抽取

为了丰富现有的知识图谱,研究人员投身到自动寻找未知的关系事实的研究中,也就是关系抽取(RE)。关系抽取旨在从纯文本元素中提取关系数据。近年来,随着深度学习技术(Bengio 2009)的发展,神经关系提取采用端到端的神经网络对关系抽取任务进行建模。神经关系抽取的框架包括一个能够捕获语义并将其表示为语句向量的语句编码器,还包括一个根据语句向量生成抽取关系的概率分布的关系抽取器。我们将对最近有关神经关系提取的工作分别进行综述。

神经关系提取(NRE)主要包括语句级 NRE 和文档级 NRE。本节将分别详细介绍这两种任务。

5.3.1　语句级 NRE

语句级 NRE 旨在预测句子中实体(或名词)对之间的语义关系。形式上,已知由 m 个单词组成的输入句子 $x=(w_1,w_2,\cdots,w_m)$ 及对应

的实体对 e_1 和 e_2 作为输入,语句级 NRE 想要通过神经网络获得关系 r ($r \in \mathbb{R}$)的条件概率 $P(r|x,e_1,e_2)$,公式如下:

$$P(r|x,e_1,e_2)=P(r|x,e_1,e_2,\theta),\tag{5.1}$$

其中,θ 是神经网络的参数,r 是关系集合 $\mathbb{R}$ 中的一个关系。

语句级 NRE 的基本形式包括三个部分:(a)输入编码器,用于给出输入单词的表征形式;(b)句子编码器,用于计算出能够表征原始句子的单个向量或向量序列;以及(c)关系分类器,用于计算出所有关系的条件概率分布。

1. 输入编码器

首先,语句级 NRE 系统将离散原始句子的单词投射到连续向量空间中,得到原始句子的输入表示形式 $w=\{w_1; w_2; \cdots; w_m\}$。

使用"词嵌入"学习词的低维实值表示,从而反映词与词之间的句法和语义关系。形式上,每个单词 w_i 由嵌入矩阵 $\mathbf{V} \in \mathbb{R}^{d \times |V|}$ 中对应的列向量编码,其中 V 表示固定大小的词汇表。

位置嵌入旨在明确指定单词相对于语句中两个对应实体的位置信息。形式上,每个单词 w_i 都是根据该单词到两个目标实体相对距离的两个位置向量进行编码的。例如,在句子 New York is a city of United States 中,city 到 New York 的相对距离是 3,而到 United States 的相对距离是 -2。

词性标记嵌入表示语句中目标词的词性信息。由于从语料库中可以获得大规模的词嵌入库,其所包含的信息可能与特定语句中的意义不一致,因此有必要将每个词与其语言学信息匹配,例如名词、动词等。形式上,每个单词 w_i 由嵌入矩阵 $\mathbf{V}^p \in \mathbb{R}^{d^p \times |V^p|}$ 中对应的列向量进行编码,其中 d^p 表示嵌入向量的维数,V^p 表示固定大小的词性标记词汇表。

WordNet 中的位词嵌入旨在利用 hypernym 的先验知识进行关系抽取。在 WordNet 中,如果给定每个单词的上位词信息,如名词食物(food)、动词运动(motion)等,就更容易在形式不同但概念相似的单词之间建立联系。形式上,每个单词 w_i 由嵌入矩阵 $\mathbf{V}^h \in \mathbb{R}^{d^h \times |V^h|}$ 中对应的列向量进行编码,其中 d^h 为嵌入向量的维数,V^h 表示固定大小的上位词词汇表。

2. 句子编码器

接下来,语句编码器将输入表征编码为单个向量或向量序列 x。下面将介绍不同的句子编码器。

卷积神经网络编码器 (Zeng et al. 2014) 使用卷积神经网络 (Convolutional Neural Network，CNN) 嵌入输入语句，该网络通过卷积层提取局部特征，通过最大池化 (max-pooling) 操作将所有局部特征结合起来，得到输入语句的固定大小的向量。形式上，如图 5-4 所示，卷积运算被定义为一个向量序列与卷积矩阵 W 和一个带滑动窗的偏置向量 b 之间的矩阵乘法。将向量 q_i 定义为第 i 个窗口中输入表示序列的串联，可以得到：

$$[x]_j = \max_i [f(Wq_i + b)]_j \tag{5.2}$$

其中，f 表示非线性函数，如 sigmoid 或 tan 函数。

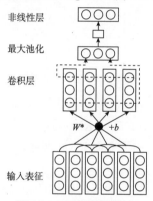

非线性层

最大池化

卷积层

$W*$　$+b$

输入表征

图 5-4　CNN 编码器的结构

为了更好地捕捉两个实体之间的结构信息，可使用分段最大池化操作 (Zeng et al 2015)，用以代替传统的最大池化操作。分段最大池化操作返回输入语句的三个部分中的最大值，这三个部分被分成两个目标实体。

循环神经网络编码器 (Zhang and Wang 2015) 利用具有时间特征学习能力的循环神经网络 (RNN) 嵌入输入语句。如图 5-5 所示，将每个单词表示向量逐步放入循环层。对于每一步 i，网络将表征向量 w_i 和前一步 $i-1$ 的输出 h_{i-1} 作为输入，至此可以得到：

$$h_i = f(w_t, h_{i-1}) \tag{5.3}$$

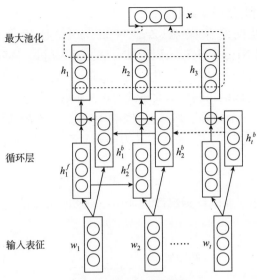

图 5-5 循环编码器的结构

其中,f 表示 RNN 单元的变换函数,可以是 LSTM 单元(Hochreiter and Schmidhuber 1997)(LSTM-RNN)或 GRU 单元(Cho et al. 2014)(GRUR-RNNS)。通过引入双向 RNN 网络,充分利用未来单词的信息就可以预测句子中间的语义。

接着,RNN 将来自前向和后向网络的信息组合成局部特征,并利用最大池化操作提取全局特征,形成整个输入语句的表示。最大池化层可以表示为

$$[\boldsymbol{x}]_j = \max_i [\boldsymbol{h}_i]_j \tag{5.4}$$

除了最大池化之外,词注意力机制还可以将所有的局部特征向量组合在一起。该方法使用注意力机制(Bahdanau et al. 2014)来学习每一步的注意力权重。假设 $\boldsymbol{H} = [\boldsymbol{h}_1, \boldsymbol{h}_2, \cdots, \boldsymbol{h}_m]$ 是由循环网络产生的所有输出向量组成的矩阵,整个句子的特征向量 $\boldsymbol{x}$ 由每一步输出的加权和构成:

$$\alpha = \mathrm{softmax}(\boldsymbol{s}^{\mathrm{T}} \tanh(\boldsymbol{H})) \tag{5.5}$$

$$\boldsymbol{x} = \boldsymbol{H}\alpha^{\mathrm{T}} \tag{5.6}$$

其中,$\boldsymbol{s}$ 是一个可训练的查询向量,$\boldsymbol{s}^{\mathrm{T}}$ 表示其转置形式。

Miwa 和 Bansal(2016)提出了一种模型,该模型通过叠加基于双向

路径的 LSTM-RNN 模型（自底向上和自顶向下）来捕捉词序和依存树之间的结构信息。如图 5-6 所示，该模型关注依存树中目标实体之间的最短路径，Xu 等人（2015）的实验结果表明，这些路径在关系分类中是有效的。

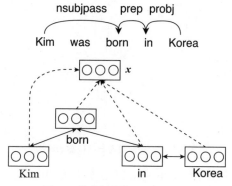

图 5-6　依存树状的 LSTM 的结构

递归神经网络编码器旨在从句法分析得到的树结构信息中提取特征，这是因为句法信息对于从句子中提取关系来说非常重要。一般来讲，这些编码器将句法分析树内的树结构作为一种组合策略，并将这种结构作为递归神经网络结合每个词嵌入向量的方向。

Socher 等人（2012）提出一种递归矩阵向量模型（MV-RNN），该模型通过为每个成分分配矩阵向量表示来捕获成分解析树结构信息。向量捕获组成本身的含义，矩阵表示如何修改与之结合的单词的含义。假设有两个子元素 l、r 以及它们的父元素 p，可以表示为：

$$p = f_1(l,r) = g\left(W_1 \begin{bmatrix} Ba \\ Ab \end{bmatrix}\right) \tag{5.7}$$

$$P = f_2(l,r) = W_2 \begin{bmatrix} A \\ B \end{bmatrix} \tag{5.8}$$

其中 a、b、p 为每个元素的嵌入向量，A、B、P 是矩阵，W_1 矩阵能将转换的单词映射到另一个语义空间，对位函数 g 是一个激活函数，W_2 是另一个矩阵，能将两个矩阵映射到具有相同维数的组合矩阵 P。整个过程如图 5-7 所示。然后，MV-RNN 在两个目标实体之间选择解析树中路径的最高节点来表示输入语句。

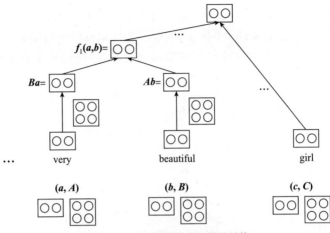

图 5-7 矩阵-向量递归编码器的结构

事实上,这里的 RNN 单元可以替换为 LSTM 单元或 GRU 单元。
Tai 等人(2015)提出了两种树型结构的 LSTM(包括 Child-Sum Tree-
LSTM 和 N-ary Tree-LSTM)来捕获组成的或依赖关系解析树的结构
信息。对于 Child-Sum Tree-LSTM,给定树,设 $C(t)$ 为节点 t 的子集
合,转换方程定义如下:

$$\hat{\boldsymbol{h}}_t = \sum_{k \in C(t)} \boldsymbol{h}_k \tag{5.9}$$

$$\boldsymbol{i}_t = \sigma(\boldsymbol{W}^{(i)} w_t + \boldsymbol{U}^i \hat{\boldsymbol{h}}_t + \boldsymbol{b}^{(i)}) \tag{5.10}$$

$$\boldsymbol{f}_{tk} = \sigma(\boldsymbol{W}^{(f)} w_t + \boldsymbol{U}^f \boldsymbol{h}_k + \boldsymbol{b}^{(f)}) \, (k \in C(t)) \tag{5.11}$$

$$\boldsymbol{o}_t = \sigma(\boldsymbol{W}^{(o)} w_t + \boldsymbol{U}^o \hat{\boldsymbol{h}}_t + \boldsymbol{b}^{(o)}) \tag{5.12}$$

$$\boldsymbol{u}_t = \tanh(\boldsymbol{W}^{(u)} w_t + \boldsymbol{U}^u \hat{\boldsymbol{h}}_t + \boldsymbol{b}^{(u)}) \tag{5.13}$$

$$\boldsymbol{c}_t = \boldsymbol{i}_t \odot \boldsymbol{u}_t + \sum_{k \in C(t)} \boldsymbol{f}_{tk} \odot \boldsymbol{c}_{t-1} \tag{5.14}$$

$$\boldsymbol{h}_t = \boldsymbol{o}_t \odot \tanh(\boldsymbol{c}_t) \tag{5.15}$$

N-ary Tree-LSTM 和 Child-Sum Tree-LSTM 具有类似的转换查
询。唯一的区别是 N-ary Tree-LSTM 限制了树结构最多能有 N 个
分支。

3. 关系分类器

最后,当得到输入语句的表示形式 $\boldsymbol{x}$ 时,关系分类器通过 softmax
层计算条件概率 $P(r \mid \boldsymbol{x}, e_1, e_2)$,如下所示:

$$P(r|\boldsymbol{x},e_1,e_2)=\text{softmax}(\boldsymbol{M}\boldsymbol{x}+\boldsymbol{b}) \tag{5.16}$$

其中 $\boldsymbol{M}$ 表示关系矩阵，$\boldsymbol{b}$ 为偏置向量。

5.3.2　文档级 NRE

现有的神经模型虽然在提取新的关系事实方面卓有成效，但仍然面临着训练数据不足的问题。为了解决这一问题，研究人员提出了远程监督假设。该假设通过对齐知识图谱和纯文本元素自动生成训练数据。远程监督假设本质上是指所有包含两个实体的句子将在知识图谱中表达它们的关系。例如，(New York, city of, United States)在知识图谱中就是一个关系事实。远程监督假设将包含这两个实体的所有句子视为关系 city of 的有效实例。它提供了一种自然的方法，利用源于多个句子(文档级)而非单个句子(语句级)的信息来确定两个实体之间是否存在关系。

因此，文档级 NRE 旨在使用所有涉及的句子预测实体对之间的语义关系。已知由 n 个句子组成的输入句子集 $\boldsymbol{S}=(x_1,x_2,\cdots,x_n)$ 及对应的实体对 e_1 和 e_2 作为输入，文档级 NRE 通过神经网络得到关系 r ($r\in\mathbb{R}$)的条件概率 $P(r|\boldsymbol{S},e_1,e_2)$，可以表示为

$$P(r|\boldsymbol{S},e_1,e_2)=P(r|\boldsymbol{S},e_1,e_2,\theta) \tag{5.17}$$

文档级 NRE 的基本形式包括四个部分：(a)类似于语句级 NRE 的输入编码器；(b)类似于语句级 NRE 的语句编码器；(c)计算表示所有相关句子向量的文档编码器；(d)类似于语句级 NRE 的关系分类器，以文档向量代替句子向量作为输入。下面将详细介绍文档编码器。

1. 文档编码器

文本编码器将所有语句向量编码成单一向量 $\boldsymbol{S}$。接下来的内容中将会介绍不同的文档编码器。

随机编码器。它只是简单假设每个句子都可以表示两个目标实体之间的关系，并随机选择一个句子来表示文档。文档表示被定义为

$$\boldsymbol{S}=\boldsymbol{x}_i(i=1,2,\cdots,n) \tag{5.18}$$

其中，$\boldsymbol{x}_i$ 代表句子标准，i 是一个随机索引。

max 编码器。事实上，如上所述，并非所有包含两个目标实体的句子都能表达它们之间的关系。例如，New York City is the premier gateway for legal immigration to the United States(纽约市是合法移民到美国的首要门户)这句话并没有表达 city of 的关系。因此,在 Zeng 等人(2015)的研究中,他们遵循"至少一个"假设,即假设至少有一个包含这两个目标实体的句子可以表达它们之间的关系,并选择关系概率最高的句子代表文档。文档表示被定义为

$$S = x_i (i = \text{argmax}_i P(r | x_i, e_1, e_2)) \tag{5.19}$$

平均编码器。无论是随机编码还是 max 编码,都只使用一句话来表示文档,而忽略了不同句子的丰富信息。为了挖掘所有句子中的信息,Lin 等人(2016)认为文档中的表示 S 依赖于所有句子的表征 $x_1, x_2, \cdots, x_n$。每个句子表征 x_i 可以为输入的句子给出两个实体的关系信息。一般的编码假定所有的句子对文档的表征都具有同等的贡献。这意味着文档的嵌入 S 是所有句子向量的平均值:

$$S = \sum_i \frac{1}{n} x_i \tag{5.20}$$

注意力编码器。由于远程监督假设会不可避免地带来错误的标签问题,普通编码器的性能会受到不包含相关信息语句的影响。为了解决这个问题,Lin 等人(2016)进一步提出使用选择性注意来淡化那些噪声语句。文档表示定义为句子向量的加权和:

$$S = \sum_i \alpha_i x_i \tag{5.21}$$

其中,α_i 被定义为

$$\alpha_i = \frac{\exp(x_i A r)}{\sum_j \exp(x_j A r)} \tag{5.22}$$

其中,A 是一个对角矩阵,r 是关系的表征向量。

2. 关系分类器

与语句级 NRE 类似,在获取文档表征 S 时,关系分类器会通过 softmax 层计算条件概率 $P(r | S, e_1, e_2)$,如下所示:

$$P(r | S, e_1, e_2) = \text{softmax}(M'S + b') \tag{5.23}$$

其中,M' 表示关系矩阵,b' 为偏置向量。

5.4 知识与文本的桥梁:实体连接

知识图谱囊括的内容非常丰富,包括世界的实体、实体属性以及不

同实体之间的语义关系。将知识图谱与文本数据连接起来可以完成许多不同的任务,例如信息提取、文本分类和问答。例如,如果我们知晓 *Steve Jobs* is CEO of *Apple Inc*(史蒂夫·乔布斯是苹果公司的首席执行官),那么 *Jobs leaves Apple*(乔布斯离开苹果)相对来说就不难理解。

目前,连接知识图谱与文本数据的主要研究课题是实体连接(Ji et al. 2010)。在文档中给定一组命名指称 $M=\{m_1, m_2, \cdots, m_k\}$ 以及一个包含一组实体 $E=\{e_1, e_2, \cdots, e_n\}$ 的知识图谱 KB,则实体连接系统便是一个函数 $\delta: M \rightarrow E$,它将命名指称映射到 KB 中的参考实体。如图 5-8 所示,实体连接会确认 WWDC、Apple 和 Lion 对应的三个实体分别是 Apple Worldwide Developers Conference(苹果全球开发者大会)、Apple 和 MacOS X Lion。根据实体连接的结果,KB 中所有关于实体的知识都可以用以辅助理解文本。例如,基于知识 Lion is an Operation System(Lion 是一款操作系统),我们可以将给定的文档归类为 IT 类而非动物类。

实体连接的主要挑战是命名模糊问题和命名变换问题。命名模糊问题指的是同一命名可以在不同的上下文中指代不同的实体。例如,在维基百科中,Apple(苹果)这个词涉及 20 多个实体,如水果 Apple、IT 公司 Apple 和 Apple Bank。命名变换问题指的是实体可以不同的方式提及,比如全名、别名、缩写和错误拼写。例如,IBM 公司就有超过 10 个称谓,像 IBM、国际商业机器公司以及外号"蓝色巨人",等等。

为了解决命名模糊问题和命名变换问题,研究者目前提出了许多实体连接的方法(Milne andWitten 2008;Kulkarni et al. 2009;Ratinov et al. 2011;Han and Sun 2011;Han et al. 2011;Han and Sun 2012)。下面首先介绍实体连接的一般框架,接着介绍如何利用深度学习技术来提高实体连接的性能。

5.4.1 实体连接框架

给定一个文档和一个知识图谱知识库,将实体连接系统连接下列文档中提到的命名。

命名指称识别(Name Mention Identification)。在这里,文档中提到的所有命名都会被标识为实体连接。例如,实体连接系统应该从图 5-8 所示的文档中确认三种提及的命名{WWDC, Apple, Lion}。目前,大多数实体连接系统都采用两种技术来完成这项任务。一种是经典的命名实体识别（NER）技术（Nadeau and Sekine 2007），可以识别文档中的人员、位置和组织的命名，然后将这些实体的名字作为实体连接的提名。NER 技术的主要缺点是识别的实体类型有限，从而忽略了许多常用的实体，例如音乐、电影和书籍。另一种用于命名指称检测的技术基于字典的匹配，首先需要在知识图谱（例如，从 Wikipedia Mihalcea 和 Csomai 2007 的链接源头文字中收集）中为所有的实体构造命名字典，然后将文档中匹配的所有命名作为命名指称。基于字典做匹配的主要缺点是，可能匹配许多命名指称噪声。例如，停止词 is 和 an 在维基百科中也用作实体命名。为了解决这个问题，研究者们提出了很多过滤命名指称噪声的方法（Mihalcea and Csomai 2007；Milne and Witten 2008）。

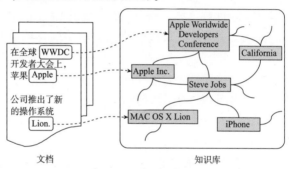

图 5-8　实体连接演示

候选实体选择（Candidate Entity Selection）。在这里，实体连接系统为刚才检测到的每个命名指称选择候选实体。例如，系统可能将｛Apple(fruit)、Apple Inc.、Apple Bank｝标识为用于命名 Apple 的可能引用。由于命名变换问题，大多数实体连接系统依赖参照表来选择候选实体。具体来说，参照表使用（命名、实体）配对来记录命名的所有可能引用。可以从维基百科链接文本、网站（Bollegala et al. 2008）或查询日志（Silvestri et al. 2009）中收集参照表。

本地兼容性测算（Local Compatibility Computation）。给定文档中提到的命名指称 m 及其候选引用实体 $E=\{e_1, e_2, \cdots, e_n\}$，实体连接系统的一个关键步骤是计算指称 m 与实体 e 之间的局部兼容性 $sim(m, e)$，即估算指称 m 与实体 e 连接的可能性。根据本地兼容性评分，命名指称 m 将与兼容性得分最高的实体连接：

$$e^* = \mathrm{argmax}_e \ \mathrm{sim}(m, e) \tag{5.24}$$

例如,在下面的示例中,确定命名 *apple* 的引用实体:

The apple tree is a deciduous tree in the rose family.

需要测算与实体 Apple(fruit)和 Apple 公司的兼容性。最后根据上下文,单词 tree、rose family 将 Apple 与 Apple(fruit)连接起来。

目前,研究人员(Milne andWitten 2008;Mihalcea and Csomai 2007;Han and Sun 2011)已经针对局部兼容性计算提出了许多方法。根本思想是从指称的上下文和对特定实体的描述中提取具有识别性的特征(例如,重要词汇、频繁的共现实体、属性值等),然后通过它们共同的特征来确定兼容性。

全局推理(Global Inference)。全局推理很早就被证明可以显著提高实体连接的性能。全局推理的基本假设是主题一致性。换言之,文档中的所有实体都应该与文档的主要主题在语义上相关联。基于这个假设,引用实体不仅应该与上下文兼容,而且还应该与同一文档中的其他引用实体一致。例如,如果我们知道图 5-8 中提到的 Lion 这个命名的引用实体是 Mac OS X(Lion),那么通过使用语义关系 Product-of (Apple Inc., Mac OS X(Lion)),可以轻而易举地得知 Apple 的参照实体是 Apple 公司。这些实例强有力地表明,通过联合而不是独立地解决同一文档中的实体连接问题,就可以提高实体连接的性能。

形式上,在文档中给定所有的指称 $M = \{m_1, m_2, \cdots m_k\}$,全局推理旨在寻找最优的参照实体,将全局一致性评分最大化:

$$[e_1^*, \cdots, e_k^*] = \mathrm{argmax}\left(\sum_i sim(m_i, e_i) + \mathrm{Coherence}(e_1, e_2, \cdots, e_k)\right) \tag{5.25}$$

近年来,针对实体连接提出了许多全局推理算法,包括基于图的算法(Han et al. 2011;Chen and Ji 2011)、基于主题模型的算法(Ganea et al. 2016;Han and Sun 2012)和基于优化的算法(Ratinov et al. 2011;Kulkarni et al. 2009)。在关于如何建立文档一致性模型以及如何推断全局最优实体连接决策的问题上,这些方法各不相同。例如,Han 等人(2011)将文档一致性建模为所有引用实体之间的语义关联之和:

$$\text{Coherence}\ (e_1, e_2, \cdots, e_k) = \sum_{(i,j)} \text{SemanticRelatedness}(e_i, e_j)$$

$$(5.26)$$

然后,通过图随机游走算法得到全局最优决策。相比之下,Han 和 Sun(2012)提出实体-主题模型,将文档一致性建模为从文档的主要主题生成所有参照实体的概率,并通过吉布斯抽样算法获得全局最优决策。

5.4.2　用于实体连接的深度学习

本节将介绍如何将深度学习技术应用于实体连接。如前所述,实体连接的一个主要问题是命名模糊性问题;因此,关键的挑战是如何通过有效地使用上下文证据来计算命名指称和实体之间的兼容性。

已有研究表明,实体连接的性能在很大程度上依赖于局部兼容性模型。现有的研究通常使用人工构造的特征来表示不同类型的上下文证据(例如,指称、上下文和实体描述),并通过使用启发式相似性度量局部兼容性(Milne and Witten 2008；Mihalcea and Csomai 2007；Han and Sun 2011)。然而,这些基于特征工程的方法有以下缺点:

- 特征工程是劳动密集型工作,很难通过人工设计判别所需特性。例如,要设计出能够在单词 *cat* 和 *dog* 之间捕捉语义相似性的特征,是一个非常大的挑战。

- 实体连接的上下文证据通常是异构的,而且可能有不同的粒度。如果使用人工构造的特性,异构证据的建模和使用并不是直接的。到目前为止,不同类型的上下文证据被用于实体连接,包括实体命名、实体类别、实体描述、实体流行度、实体间的语义关系、命名指称、指称上下文、指称文档等。要设计能够将所有这些证据投射到同一特征空间的特征,或者将这些证据归纳成一个统一的实体连接决策框架,是非常困难的。

- 最后,传统的实体连接通常采用启发式方法定义指称和实体之间的兼容性,这种方法在发现和捕获实体连接决策的所有有用因素上效果欠佳。

为了弥补上述基于特征工程方法的缺点,近年来,许多深度学习技术被用于实体连接(He et al. 2013；Sun et al. 2015；Francis-Landau et al. 2016；Tsai and Roth 2016）。下面首先介绍如何通过神经网络表示异构证据，然后介绍如何对不同类型的上下文证据之间的语义交互进行建模，最后介绍如何使用深度学习技术优化实体连接的局部兼容性度量。

1.通过神经网络表征异构证据

神经网络的主要优点是可以从不同类型的原始输入（如文本、图像和视频）自动学习良好的表征（Bengio，2009）。在实体连接中，利用神经网络来表示异构的上下文证据，例如命名指称、指称上下文和实体描述。通过在适合实体连接的连续向量空间中对所有的上下文证据进行编码，神经网络避免了人工设计特征的需求。接下来将详细介绍如何表示不同类型的上下文证据。

命称指称表征。指称 $M=[m_1,m_2,\cdots]$ 通常由一到三个词组成，比如 Apple Inc.（苹果公司）、President Obama（美国总统奥巴马）。传统的方法大多将指称表征为它所包含的单词嵌入的平均值：

$$v_m = \mathrm{average}(e_{m_1}, e_{m_2}, \cdots) \tag{5.27}$$

其中，e_{m_i} 是单词 m_i 的嵌入，可以使用 CBOW 或 Skip-Gram 模型进行学习（Mikolov et al. 2013）。

上述嵌入平均表征没有考虑单词的重要性和位置。为了解决这个问题，一些方法使用卷积神经网络（CNN）（Francis-Landau et al. 2016）对指称进行表征，可以使指称表征更加灵活。

局部上下文表征。围绕指称的局部上下文为实体连接决策提供关键信息。例如，the apple tree is a deciduous tree in the rose family 中的上下文单词{tree, deciduous, rose family}为链接提到的 apple 这个命名提供了关键信息。Sun 等人（2015）提出使用 CNN 来表示局部上下文，其中上下文的表示由其所包含的单词组成，同时考虑单词的语义和相对位置。

图 5-9 展示了如何使用 CNN 来表示局部上下文。设某一语境的词集 $c=[w_1,w_2,\cdots]$，每个单词 w 都可以表示为 $x=[e_w,e_p]$，其中 e_w 为单词 w 的嵌入量，e_p 为单词 w 的位置嵌入量，d_w 和 d_p 为词向量和位置向量的维数。单词 w_i 的位置被定义为它在局部上下文中与被提及者的距离。

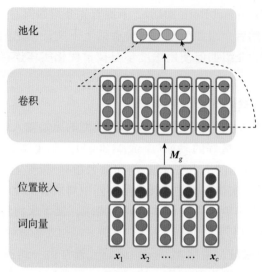

图 5-9 通过卷积神经网络表示局部上下文

为了表示上下文 c，我们首先将单词的所有向量连接起来：

$$\boldsymbol{X} = [\boldsymbol{x}_1, \boldsymbol{x}_2, \cdots, \boldsymbol{x}_{|c|}] \tag{5.28}$$

然后对 $\boldsymbol{X}$ 进行卷积运算，卷积层的输出为

$$\boldsymbol{Z} = [\boldsymbol{M}_g \boldsymbol{X}_{[1, K+1]}, \boldsymbol{M}_g \boldsymbol{X}_{[2, K+2]}, \cdots, \boldsymbol{M}_g \boldsymbol{X}_{[c, K+c]}] \tag{5.29}$$

其中，$\boldsymbol{M}_g \in \mathbb{R}^{n_1 \times n_2}$ 为线性变换矩阵，K 为卷积层的上下文大小。

由于局部上下文的长度是可变的，为了确定特征向量的每个维度中最有用的特征，首先执行基本大池化操作（或其他池化操作），对卷积层的输出进行如下操作：

$$m_i = \max \boldsymbol{Z}(i, .) \quad 0 \leqslant i \leqslant |c| \tag{5.30}$$

最后，使用向量 $\boldsymbol{m}_c = [m_1, m_2, \cdots]$ 来表示指称 m 的局部上下文 c。

文档表征。在此前的研究中（He et al. 2013；Francis-Landau et al. 2016；Sun et al. 2015），文档和某命名指称的局部上下文为实体连接提供了不同粒度的信息。例如，文档通常能比局部上下文捕获更多的主题信息。基于这一观察，大多数实体连接系统将文档和局部上下文作为两个不同的证据，并分别对其表征进行学习。

目前，已有两种类型的神经网络运用于实体连接中文档的表征。首先是卷积神经网络（Francis-Landau et al. 2016；Sun et al. 2015），这与我们对局部上下文表示的介绍相同。其次是去噪自动编码器

(DA)(Vincent et al. 2008),旨在学习一种紧凑的文档表征,可以对原文档中的信息进行最大化保留。具体而言,首先将文档表征为一个二进制词袋向量 x_d(He et al. 2013),其中 x 的每个维度都会指示单词 w_i 是否出现。考虑到文档表征 x,去噪自动编码器试图学习一个模型,该模型可以通过以下过程在文档表征的随机缺损 x' 已知的情况下对原文档表征 x 进行重构:(1)通过对初始 x 进行降噪处理,随机破坏 x;(2)通过编码过程将 x 编码为紧凑表示形式 $h(x)$;(3)通过解码过程 $g(h(x))$ 对 $h(x)$ 中的 x 进行重构。去噪自动编码器的学习目标是将重构误差 $L(x,g(h(x)))$ 最小化。图 5-10 展示了去噪自动编码器的编码和解码过程。

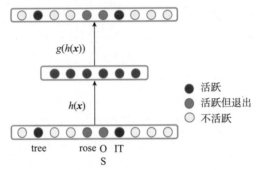

图 5-10　去噪自动编码器以及抽样重构

去噪自动编码器在文档表征方面有以下几项优势(He et al. 2013)。首先,自动编码器试图学习文档的紧凑表示形式,因此可以将类似的单词分组到集群中。其次,去噪自动编码器可以通过随机破坏原始输入来捕获一般主题,忽略无意义的单词,例如 is、and、or 等虚词。最后,去噪自动编码器可以被重复堆叠在先前学习的 $h(x)$ 上;因此,去噪自动编码器可以学习文档的多层表征。

实体知识表征。目前,大多数实体连接系统使用维基百科(或源于维基百科的知识库,例如 Yago、DBPedia 等)作为目标知识库。维基百科涵盖了大量关于实体的知识,例如标题、描述、包含重要属性的信息框、语义类别、有时还包含与其他实体的关系。图 5-11 显示了维基百科中苹果公司的实体知识。下面将描述如何使用神经网络表示来自实体知识的证据。

```
Title:
Apple Inc.
Description:
Apple is an American multinational technology company headquartered
in...
InfoBox:
{
    Type: Public
    Founders: [Steve Jobs,  Steve Wozniak, Ronald Wayne]
    ...
}
Categories:
1976 establishments, IT Companies
```

图 5-11 苹果公司在维基百科中的信息

- 实体标题表征(Entity Title Representation)。与命名指称相同,实体标题通常由一到三个单词组成;因此,大多数实体连接系统运用相同的神经网络作为命名指称以表示实体标题,例如平均的单词嵌入或 CNN。
- 实体描述(Entity Description)。目前,大多数实体连接系统将实体描述建模为普通文档,并像学习文档表示形式一样学习实体的表示形式,例如通过卷积神经网络或去噪自动编码器。

在上述介绍的内容基础之上,深度学习技术提出了一组用于表征上下文证据的神经网络,这些网络包含词嵌入、去噪自动编码器和卷积神经网络。这些神经网络不需要人工构造特征,就可以对上下文证据的表征进行学习。

近年来,许多其他类型的证据也被用于实体连接。例如,实体流行度(entity popularity)表明实体出现在文档中的可能性,语义关系(semantic relations)表征不同实体(例如,CEO-of(Steve Jobs, Apple Inc.)和 Employee-of((Michael I. Jordan, UC Berkeley)),实体类别能够为实体提供关键泛化信息(例如,apple ISA fruit, Steve Jobs is a Businessman, Michael Jeffery Jordan ISA NBA player)。当前利用神经网络来表征这些上下文证据仍不够直观。在今后的工作中,如果可以设计出其他能够有效表征这些上下文证据的神经网络,可能会有所帮助。

2. 上下文证据之间的语义交互建模

如上所述,实体连接存在多种类型的上下文证据。为了做出准确的实体连接决策,实体连接系统需要考虑所有不同类型的上下文证据。近年来,跨语言实体连接任务使得比较不同语言中的上下文证据这一步非常重要。例如,实体连接系统需要对中文命名指示"苹果($Apple$)发布($released$)新款(new)$iPhone$"与维基百科中的英文描述 Apple Inc. 进行比较,以便进行中英文实体连接。

为了将所有的上下文证据都考虑在内,近年来的研究采用神经网络对不同的上下文证据之间的语义交互进行建模。通常来讲,有两种策略可以用在不同的上下文证据之间,以对语义交互进行建模:

- 第一种是通过神经网络,将不同类型的上下文证据映射到相同的连续特征空间,然后利用表征之间的相似性(主要是余弦相似性),捕捉上下文证据之间的语义交互。
- 第二种是学习一种新的表征方法,首先从不同的上下文证据中总结信息,然后根据这种新的表征方法做出实体连接决策。

下面将描述这两种策略在实体连接系统中是如何使用的。

Francis-Landau 等人(2016)提出卷积神经网络可以将命名指称、指称的局部上下文、源文档、实体标题、实体描述放入同一个连续特征空间;然后,将不同证据之间的语义交互建模为表征之间的相似性。具体来说,鉴于 CNN 学习到的连续向量表示,Francis Landau 等人(2016)捕捉到了指称和实体之间的语义交互为:

$$f(c,e) = \begin{bmatrix} \cos(\boldsymbol{s}_d, \boldsymbol{e}_n), \cos(\boldsymbol{s}_c, \boldsymbol{e}_n), \cos(\boldsymbol{s}_m, \boldsymbol{e}_n), \cos(\boldsymbol{s}_d, \boldsymbol{e}_d), \\ \cos(\boldsymbol{s}_c, \boldsymbol{e}_d), \cos(\boldsymbol{s}_m, \boldsymbol{e}_d) \end{bmatrix}$$

$$(5.31)$$

其中,$\boldsymbol{s}_d$、$\boldsymbol{s}_m$、$\boldsymbol{s}_c$分别对应指称文档、上下文和命名的学习向量,$\boldsymbol{e}_n$、$\boldsymbol{e}_d$对应实体命名和描述的学习向量。最后,将上述语义相似度与链接计数器等其他信号结合,对局部兼容性进行预测。

Sun 等人(2015)提出了一种学习每个指称的新表征,该表征包括从指称的命名获得的证据以及基于其表示的局部上下文。具体来说,新的表征方法采用神经张量网络来组成构造指称向量(v_m)和上下文向量(v_c):

$$v_{mc} = [v_m, v_c]^{\mathrm{T}} [M_i^{appr}]^{[1,L]} [v_m, v_c] \qquad (5.32)$$

通过这种方式,将不同上下文证据之间的语义交互归纳为新的特征向量 v_{mc}。Sun 等人(2015)还通过对实体命名表征和实体类别表征进行组合来学习每个实体的新表征。最后,将指称和实体之间的局部兼容性计算为新表征形式之间的余弦相似性。

Tsai 和 Roth(2016)提出了一种跨语言实体连接的多语言嵌入方法。跨语言实体连接旨在将以非英语书写的文档指称转变为英文版维基百科中的实体。Tsai 和 Roth(2016)将外语及英文单词与实体命名投射到一个新的连续向量空间中,这样就可以有效地计算出实体连接中,外语指称和英文维基百科实体之间的相似度。具体来说,给定一致的英语和外语标题 $A_{en} \in \mathbb{R}^{a \times k_1}$ 和 $A_f \in \mathbb{R}^{a \times k_2}$ 的嵌入,其中 a 为校准后的标题编号,对应的 k_1 和 k_2 为英语和外语的嵌入维数,Tsai 和 Roth(2016)将典型相关分析(CCA)应用于这两个矩阵:

$$[P_{en}, P_f] = \mathrm{CCA}(A_{en}, A_f) \qquad (5.33)$$

将英语嵌入和外语嵌入映射到新的特征空间中:

$$E'_{en} = E_{en} P_{en} \qquad (5.34)$$

$$E'_f = E_f P_f \qquad (5.35)$$

其中,E_{en} 和 E_f 是英语和外语中所有单词的初始嵌入,E'_{en} 和 E'_f 是英语和外语中所有单词的新嵌入。

3. 局部兼容性措施学习

上下文证据表征学习和语义交互建模都依赖于大量的参数来获得良好的性能。深度学习技术提供了一个端到端的框架,在此框架中,利用反向传播算法和基于梯度的优化算法可以有效地优化所有参数。图 5-12 展示了一个用于局部兼容性学习的常用架构。可以看到,首先将指称证据和实体证据编码到一个连续的特征空间,该特征空间使用上下文证据表示神经网络。然后,通过使用语义交互构建神经网络,对指称和实体间的兼容性信号进行计算。最后,所有这些信号都会汇总到局部兼容性分值中。

为了学习上述提到的神经网络以用于计算局部兼容性,需要从不同的资源(例如,维基百科超链接)收集实体连接注释(d、e、m)。因此,训练目标是将排序误差最小化:

$$L = \sum_{(m,e)} L(m,e) \tag{5.36}$$

其中,L(m, e)=$max\{0,1-\text{sim}(m, e) + \text{sim}(m, e')\}$为每个训练实例(m,e)的两两排序准则。如果排名第一的实体 e′不是真正的参考实体 e,将对其进行惩罚。

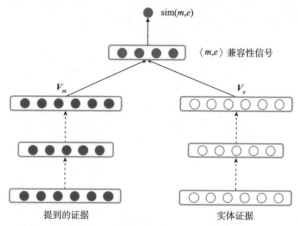

图 5-12　局部兼容性学习的一般框架

可以看出,在上述学习过程中,深度学习技术可以通过微调指称表征和实体表征,以及学习不同兼容信号的权值来优化相似性度量。这种方式通常相比启发式的相似性度量能实现更好的性能。

5.5　结论

知识图谱是一种用于自然语言理解和常识推理的基本知识库,里面包含了关于世界实体及其属性和实体间语义关系的丰富知识。

本章介绍了几个重要的知识图谱,包括 DBPedia、Freebase、维基数据、Yago 和知网。随后介绍了知识图谱的三个重要任务,并描述了如何将深度学习技术应用于这些任务:第一种是表征学习,可以将实体、关系嵌入一个连续的特征空间中;第二种是神经关系提取,通过从网页和文本中提取知识来构造知识图谱;第三种是实体连接,可用于连接知识与文本。可运用深度学习技术嵌入实体和关系,进行知识图谱表征,在关系抽取中表征关系实例以进行知识图谱构建,表征异构证据以用于实体连接。上述技术可以为理解、表征、构造和利用知识图谱以完成不同的任务(例如,问答、文本理解和常识推理)提供坚实的基础。

除了有利于知识图谱构建,知识表证学习还为知识图谱的应用提供了一种激动人心的方法。未来,应该更加注重探索如何更好地将知识图谱纳入自然语言理解和生成的深度学习模型中,同时也应注重开发适用于自然语言处理的知识型神经网络模型。

第 6 章
基于深度学习的机器翻译

刘洋　张家俊

摘要　机器翻译（MT）是一项重要的 NLP 任务,旨在使用计算机自动翻译人类语言。近年来,基于深度学习的机器翻译方法取得显著的进展,并迅速成为学术界和工业界新的权威范式。本章主要介绍两类基于深度学习的机器翻译方法:(1) 基于组件深度学习的机器翻译,它利用深度学习提高统计机器翻译（SMT）主要组件的能力,统计机器翻译的主要组件包括翻译模型、调序模型和语言模型;(2) 基于端到端深度学习的机器翻译,根据编码器-解码器框架,直接用神经网络将源语言映射到目标语言。本章最后将讨论基于深度学习的机器翻译所面对的挑战和未来发展方向。

6.1　引言

　　机器翻译是一项重要的 NLP 任务,致力于利用机器自动翻译自然语言。20 世纪 90 年代以来,由于平行语料库的日益普及,数据驱动的机器翻译在机器翻译领域占据主导地位。若给定语句对齐的双训练数据,数据驱动的机器翻译的目标是自动从数据中获取翻译知识,然后利用这些知识翻译未见过的源语言句子。

　　统计机器翻译（SMT）是一种典型的数据驱动方法,它使用概率模型来描述翻译过程。早期的 SMT 研究中更加关注以词为基本单元的生成模型(Brown et al. 1993),自 2002 年起,基于短语和语法分析定义特征的判别模型(Och and Ney 2002)开始得到广泛应用。然而,判别模型正面临着数据稀疏这一严峻挑战。由于使用的符号表征非常离散，SMT 在低计数事件中容易得到较差的模型参数估计。此外，由于自然语言的多样性和复杂性，人为设计特征来记录所有的翻译规律是很困难的。

近年来，深度学习在 MT 领域取得显著的成就。基于深度学习的 MT 已经迅速成为商界 MT 服务的标准方法，并且在顶级的国际 MT 比赛中超过传统的 SMT。

本章的具体内容如下。6.2.1 节介绍 SMT 的基本概念，6.2.2 节讨论基于字符串比对的 SMT 中存在的问题。6.3.1 节 ~ 6.3.5 节回顾深度学习在 SMT 中应用的具体细节。6.4 节主要介绍端到端的神经网络机器翻译，包括标准的编码器-解码器框架（6.4.1 节）、注意力机制（6.4.2 节）以及最新进展（6.4.3 节 ~ 6.4.6 节）。6.5 节对本章进行总结。

6.2   统计机器翻译及其面对的挑战

6.2.1   基本原理

假设 x 是源语言句子，y 为目标语言句子，θ 为一组模型参数，$P(y|x;\theta)$ 为 y 的翻译概率且 x 已知。机器翻译的目的在于找到概率最大的翻译 $\hat{y}$：

$$\hat{y} = \underset{y}{\operatorname{argmax}}\{P(y|x;\theta)\} \tag{6.1}$$

Brown 等人（1993）利用贝叶斯定理将式（6.1）中的决策规则等价改写为

$$\hat{y} = \underset{y}{\operatorname{argmax}}\left\{\frac{P(y;\theta_{lm})P(x|y;\theta_{tm})}{P(x)}\right\} \tag{6.2}$$

$$= \underset{y}{\operatorname{argmax}}\{P(y;\theta_{lm})P(x|y;\theta_{tm})\} \tag{6.3}$$

其中，$P(x|y;\theta_{tm})$ 为翻译模型，而 $P(y;\theta_{lm})$ 为语言模型。θ_{tm} 和 θ_{lm} 分别是翻译模型和语言模型的参数。

翻译模型 $P(x|y;\theta_{tm})$ 通常被定义为生成模型，可通过隐结构进一步进行分解（Brown et al. 1993）：

$$P(x|y;\theta_{tm}) = \sum_z P(x,z|y;\theta_{tm}) \tag{6.4}$$

其中，z 表示隐结构，例如表示源语言和目标语言中单词之间对应关系的词对齐。

然而，隐变量的生成翻译模型因受子模型之间错综复杂的依赖关系所限而难以继续扩展。因此，Och 和 Ney（2002）提出使用基于对数线性模型的统计机器翻译来接收任意知识源：

$$P(y|x;\theta) = \frac{\sum\limits_{z} \exp(\theta \cdot \varphi(x,y,z))}{\sum\limits_{y'}\sum\limits_{z'} \exp(\theta \cdot \varphi(x',y,z'))} \tag{6.5}$$

其中，$\varphi(x,y,z)$ 为一组描述翻译过程的特征，θ 为一组相应的特征权重。需要注意的是，式（6.4）中的隐变量生成模型是对数线性模型的特例，这是因为翻译模型和语言模型都可作为特征来处理。

基于短语的翻译模型（Koehn et al. 2003）因简单有效，已成为学术界和工业界使用最广泛的 SMT 方法。该模型的基本思想是使用短语来记忆选择的单词并对局部上下文的重新排序保持敏感，使得在处理单词插入和省略、成语和意译方面非常有效。

如图 6-1 所示，基于短语的 SMT 翻译过程可分为三个步骤：（1）将源语句分割为短语序列；（2）将源短语转换为目标短语；（3）按目标语言语法重新排列目标短语，对目标短语进行串联，构成目标语句。基于以上三个步骤，基于短语的翻译模型通常由三个子模型组成：短语分词、短语重排和短语翻译。这些子模型是对数线性模型框架的主要特征。

基于判别式短语翻译模型的核心特征是翻译规则表或双语短语表。图 6-2 显示了基于短语 SMT 的翻译规则提取。

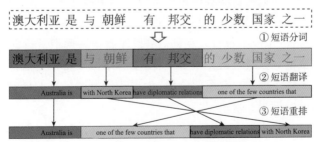

图 6-1　基于短语的 SMT 翻译过程，主要包含三个阶段：短语分词、短语翻译和短语重排

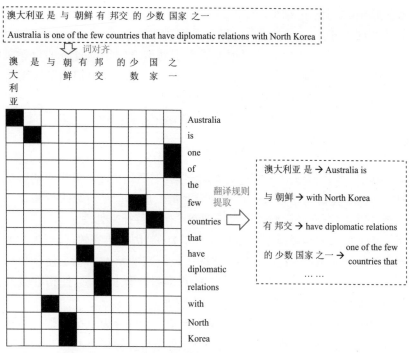

图 6-2 基于短语 SMT 的翻译规则提取。给定句子对齐的平行语料库后,首先计算词对齐,以表示源语句和目标语句中单词之间的对应关系。然后,从词对齐的平行语料库提取双语短语,即语义相同的源词序列和目标词序列

在给定对齐的句子对后,首先运行词对齐来查找源语句和目标语句中单词之间的对应关系。然后,从词对齐后的句子对中提取双语短语(例如,翻译规则),这些双语短语必须满足上一步词对齐的启发式约束。最后,从训练数据中估计出双语短语的概率和词汇权重。需要注意的是,短语重排模型也可以在词对齐的平行语料库上进行训练。

在隐变量对数线性翻译模型中,由于隐结构 z 可以生成译文,通常将隐结构 z 称作推导。在解码阶段,为了找到概率最高的译文,需要考虑所有的推导过程:

$$\hat{\boldsymbol{y}}=\underset{y}{\arg\max}\Big\{\sum_{z}\exp(\boldsymbol{\theta}\cdot\boldsymbol{\varphi}(\boldsymbol{x},\boldsymbol{y},\boldsymbol{z}))\Big\} \tag{6.6}$$

但是,由于存在很多指数隐推导,因此很难进行目标函数的求和计算。因此,标准 SMT 系统通常使用推导的最高概率近似式(6.6):

$$\hat{\boldsymbol{y}} \approx \underset{y}{\operatorname{argmax}} \{ \max_{z} \{ \boldsymbol{\theta} \cdot \boldsymbol{\varphi}(\boldsymbol{x}, \boldsymbol{y}, \boldsymbol{z}) \} \} \tag{6.7}$$

然后,可以设计多项式时间的动态规划算法以有效地生成译文。

6.2.2　统计机器翻译所面对的挑战

从 SMT 的训练过程中可以清楚地观察到词对齐是核心基础,并且直接影响着翻译规则和重排模型的质量。在对数线性框架下,SMT 解码过程表明了最终翻译结果的三大关键因素:翻译规则、重排模型和语言模型的概率估计。

在 SMT 中,通常使用无监督生成模型来处理词对齐问题(Brown et al. 1993)。这种生成方法首先使用单词表征,计算单词共现的统计数据,学习词到词的映射概率以实现训练数据概率的最大化。然后,根据语句对中的单词共现统计数据,运用最大似然估计法来计算翻译规则概率(Koehn et al. 2003)。最后,从词对齐后的双语文本中提取短语重新排序的数据,使用离散词作为特征,将模型转变为分类问题(Galley and Manning 2008)。该语言模型通常由一个 n-gram 模型构建,并根据单词序列的相对频率,从给定的 $n-1$ 个前文单词中估计当前单词的条件概率(Chen and Goodman 1999)。

根据上述分析,有两大关键挑战阻碍着传统 SMT 的发展。第一个挑战是数据稀疏。由于使用了离散的符号表示,SMT 在低计数实例中只能学习到较差的模型参数估计。这是很麻烦的情况,复杂特征能够捕捉丰富的上下文信息,但是在训练数据中很少能够观察到这些复杂特征。因此,传统 SMT 需要使用简单的特征。例如,短语的最大长度通常设置为 7,而语言模型的长度通常为 4-grams(Koehn et al. 2003)。

第二个挑战是特征工程。虽然对数线性模型能够包含大量的特征(Chiang et al. 2009),但是仍然很难找到足以表达所有翻译现象的所有特征。SMT 特征工程的标准做法的第一步是人工设计特征模板,这些特征模板可以捕获局部词汇和语法信息。然后,通过在训练数据中使用特征模板,生成数百万个特征。这些特征大多是高度稀疏的,因此很难估计特征权重。

近年来,人们利用深度学习技术来解决 SMT 面临的上述两大挑战。深度学习不仅可以通过引入分布式表征代替离散符号表征,以此缓解数据稀疏的问题,还可以通过学习数据表征来避开特征工程遇到的问题。下面将介绍如何使用深度学习改进 SMT 的如下各种关键组件:词对齐(见 6.3.1 节)、翻译规则概率估计(见 6.3.2 节)、短语重排模型(见 6.3.3 节)、语言模型(见 6.3.4 节)和模型特征组合(见6.3.5节)。

6.3 基于组件深度学习的机器翻译

6.3.1 用于词对齐的深度学习与基于深度学习的词对齐

1. 词对齐

词对齐是用来识别并列句中词与词之间对应关系的方法(Brown et al. 1993;Vogel et al. 1996)。给定源语句 $x=x_1,\cdots,x_j,\cdots,x_J$ 及目标译文 $y=y_1,\cdots,y_i,\cdots,y_I$;$x$ 和 y 之间的词对齐为 $z=z_1,\cdots,z_j,\cdots,\cdots,z_J$,其中 $z_j\in[0,I]$,而 $z_j=i$ 代表 x_j 和 y_i 对齐。

在 SMT 中,词对齐通常作为生成翻译模型里的隐变量存在[见式(6.4)]。因此,词对齐模型通常可表示为 $P(x,z|y;\theta)$。隐马尔可夫模型(HMM)(Vogel 等人,1996)是应用最广泛的对齐模型之一,其方程式为:

$$P(x,z|y;\theta)=\prod_{j=1}^{J}P(z_j|z_{j-1},I)\times P(x_j|y_{z_j})\qquad(6.8)$$

其中,对齐概率 $P(z_j|z_{j-1},I)$ 和翻译概率 $P(x_j|y_{z_j})$ 是模型参数。

设 $\{,\langle x^{(s)},y^{(s)}\rangle\}_{s=1}^{S}$ 为一组句子对。训练目标为最大化训练数据的对数似然函数值:

$$\hat{\theta}=\underset{\theta}{\arg\max}\Big\{\sum_{s=1}^{S}\log P(x^{(s)}|y^{(s)};\theta)\Big\}\qquad(6.9)$$

给定学习模型参数 $\hat{\theta}$,语句对 $\langle x,y\rangle$ 的最佳对齐结果可由下式获得:

$$\hat{z}=\underset{z}{\arg\max}\{P(x,z|y;\hat{\theta})\}\qquad(6.10)$$

2. 基于前馈神经网络的词对齐

尽管使用离散符号表示的经典对齐模型简单且易于处理,但仍然受到很大的限制:由于数据稀疏而无法捕获更多上下文信息。例如,对

齐概率 $P(z_j|z_{j-1}, I)$ 和翻译概率 $P(x_j|y_{z_j})$ 都无法包含语句 x 和 y 周围的上下文,因此无法获得更好的对齐规律。

为了解决这一问题,Yang 等人(2013)提出了基于语境依赖深度神经网络的词对齐模型。基本思想是利用连续表征,使对齐模型能够捕获更多上下文信息。这可以通过使用前馈神经网络来实现。

给定源语句 $x = x_1, \cdots, x_j, \cdots, x_J$,$x_j$ 表示第 j 个源单词 x_j 的向量表示。同样,y_i 表示为第 i 个目标单词 y_i 的向量表示。Yang 等人(2013)提出使用 $P(x_j|y_i)$,$C(x, j, w)$,$C(y, i, w)$ 模型代替 $P(x_j|y_i)$ 模型来捕获更多上下文信息。其中,w 为信息渠道大小,而源和目标的上下文可定义为:

$$C(x, j, w) = x_{j-w}, \cdots, x_{j-1}, x_{j+1}, \cdots, x_{j+w} \tag{6.11}$$

$$C(y, i, w) = y_{i-w}, \cdots, y_{i-1}, y_{i+1}, \cdots, y_{i+w} \tag{6.12}$$

因此,前馈神经网络对源子字符串和目标子字符串的词嵌入进行串接并作为输入:

$$h^{(0)} = [x_{j-w}; \cdots; x_{j+w}; y_{i-w}; \cdots; y_{i+w}] \tag{6.13}$$

然后,由下式计算第一隐藏层:

$$h^{(1)} = f(W^{(1)} h^{(0)} + b^{(1)}) \tag{6.14}$$

其中,$f(\cdot)$ 是一个非线性激活函数[①],$W^{(1)}$ 是第一层的权重矩阵,而 $b^{(1)}$ 是第一层的偏置向量。

一般来讲,第 l 个隐藏层可通过下式进行递归计算:

$$h^{(l)} = f(W^{(l)} h^{(l-1)} + b^{(l)}) \tag{6.15}$$

Yang 等人(2013)将最后一层定义为无激活函数的线性变换:

$$t_{lex}(x_j, y_i, C(x, j, w), C(y, i, w), \theta) = W^{(L)} h^{(L-1)} + b^{(L)} \tag{6.16}$$

值得注意的是,$t_{lex}(x_j, y_i, C(x, j, w), C(y, i, w), \theta) \in \mathbb{R}$ 是一个实值分数,表示 x_j 为 y_i 译文的概率。

因此,对分数进行归一化便得到上下文依赖的翻译概率:

$$p\left(x_j|y_i, C(x, j, w), C(y, i, w)\right) = \frac{\exp(t_{lex}(x_j, y_i, C(x, j, w), C(y, i, w), \theta))}{\sum_{x \in V_x} \exp(t_{lex}(x, y_i, C(x, j, w), C(y, i, w), \theta))} \tag{6.17}$$

---

① Yang 等人(2013)在其研究中使用了 $f(\cdot) = y\tanh(\cdot)$。

其中，V_x 为源语言词汇。

在实践中，对全部源单词进行列举并获取翻译概率的计算成本非常高昂。因此，Yang 等人（2013）仅使用翻译分数 $t_{lex}(x_j, y_i, C(\boldsymbol{x}, j, w), C(\boldsymbol{y}, i, w), \boldsymbol{\theta})$ 予以代替。图 6-3（a）展示了计算翻译分数的网络结构。

针对对齐概率 $p(z_j | z_{j-1}, I)$，Yang 等人（2013）采用非归一化对齐分数 $t_{align}(z_j | z_{j-1}, \boldsymbol{x}, \boldsymbol{y})$ 并简化了计算：

$$t_{align}(z_j | z_{j-1}, \boldsymbol{x}, \boldsymbol{y}) = t_{align}(z_j - z_{j-1}) \tag{6.18}$$

其中，$t_{align}(z_j - z_{j-1})$ 由 17 个参数进行建模，每个参数都与特定的对齐距离 $d = z_j - z_{j-1}$ 相关（从 $d=-1$ 到 $d=7$，并且 $d \leqslant -8$、$d \geqslant 8$）。

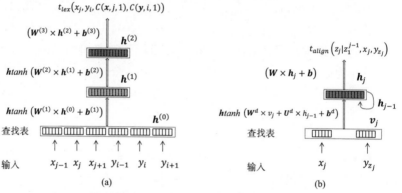

图 6-3　基于深度学习的词对齐模型：(a)用于预测翻译分数的前馈神经网络，(b)用于失真分数计算的循环神经网络

3. 用于词对齐的递归神经网络

前馈神经网络在计算对齐分数 $t_{align}(z_j | z_{j-1}, \boldsymbol{x}, \boldsymbol{y})$ 时，只考虑上一个对齐 z_{j-1}，而忽略 z_{j-1} 之前的信息。Tamura 等人（2014）没有采用生成模型[式(6.8)]来搜索最佳的词对齐，而是选用循环神经网络（RNN）来直接计算 $\boldsymbol{z} = z_1^J$ 的对齐分数：

$$s_{RNN}(z_1^J | \boldsymbol{x}, \boldsymbol{y}) = \prod_{j=1}^{J} t_{align}(z_j | z_1^{j-1}, x_j, y_{z_j}) \tag{6.19}$$

不难发现，RNN 在所有历史对齐 z_1^{j-1} 的基础上预测 z_j 的对齐分数。图 6-3（b）显示了计算 z_j（$t_{align}(z_j | z_1^{j-1}, x_j, y_{z_j})$）分数的 RNN 结构。

首先,将源单词 x_j 和目标单词 y_{z_j} 投影到向量表示中并进一步连接形成输入,上一步 RNN 中的隐藏状态 $\boldsymbol{h}_{j-1}$ 是另一个输入,新的隐藏状态 $\boldsymbol{h}_j$ 可通过下式得到:

$$\boldsymbol{h}_j = f(\boldsymbol{W}^d \, \boldsymbol{v}_j + \boldsymbol{U}^d \, \boldsymbol{h}_{j-1} + \boldsymbol{b}^d) \tag{6.20}$$

其中,$f(\cdot) = h\tanh(\cdot)$、$\boldsymbol{W}^d$ 和 $\boldsymbol{U}^d$ 为权重矩阵,$\boldsymbol{b}^d$ 为偏置项。注意,传统 RNN 在不同步骤中使用相同的权重矩阵,而这里不一样。$\boldsymbol{W}^d$、$\boldsymbol{U}^d$ 和 $\boldsymbol{b}^d$ 是根据对齐距离 $d = z_j - z_{j-1}$ 动态确定的。在 Yang 等人(2013)之后,Tamur 等人(2014)也为 d 选择了 17 个值,而 $\boldsymbol{W}^d$ 有 17 个不同的矩阵($\boldsymbol{W}^{\leqslant -8}$, $\boldsymbol{W}^{-7}$, $\cdots$, $\boldsymbol{W}^7$, $\boldsymbol{W}^{\geqslant 8}$)。$\boldsymbol{U}^d$ 和 $\boldsymbol{b}^d$ 相似。

然后,通过对当前 RNN 隐藏状态进行线性变换,可得 z_j 的对齐分数为:

$$t_{\text{align}}(z_j \mid z_1^{j-1}, x_j, y_{z_j}) = \boldsymbol{W} \boldsymbol{h}_j + \boldsymbol{b} \tag{6.21}$$

根据大量实验结果,Tamura 等人(2014)指出在相同的测试集上,循环神经网络在词对齐质量方面优于前馈神经网络,并指出通过尝试记忆历史信息,循环神经网络能够捕捉长依赖关系。

6.3.2　用于翻译规则概率估计的深度学习

若训练语句对已经完成词对齐,则可提取所有满足词对齐的翻译规则。在基于短语的 SMT 中,可以为源短语提取大量的短语翻译规则,而选择合适的翻译规则是解码过程中的一个关键问题。按照惯例,根据规则的翻译概率选择翻译规则。翻译概率使用双语训练数据中的共现统计量进行计算(Koehn et al. 2003)。例如,短语翻译规则 $\langle x_j^{j+k}, y_i^{i+1} \rangle$ 的条件概率 $P(y_i^{i+l} \mid x_j^{j+k})$ 可由最大似然估计(MLE)计算得到:

$$P(y_i^{i+l} \mid x_j^{j+k}) = \frac{count(x_j^{j+k}, y_i^{i+l})}{count(x_j^{j+k})} \tag{6.22}$$

使用 MLE 方法时容易遇到数据稀疏问题,而面对不常见的短语翻译规则时,估计的概率也会出现错误。此外,使用 MLE 方法无法获得短语规则的深层语义,也不能探索更大范围的上下文。近年来,人们提出了许多基于深度学习的方法来更好地估计翻译规则的质量,这些方法使用了分布式语义表征和更多的上下文信息。

针对短语翻译规则 $\langle x_j^{j+k}, y_i^{i+1} \rangle$,Gao 等人(2014)试图计算低维向量空间中的翻译分数 $score(\langle x_j^{j+k}, y_i^{i+1} \rangle)$,如图 6-4 所示。

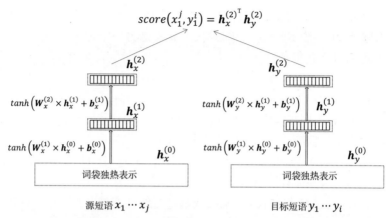

$$score(x_1^j, y_1^i) = h_x^{(2)^\top} h_y^{(2)}$$

图 6-4　用于短语翻译规则的词袋分布式短语表征表示，目的是学习评估度量
（BLEU），源短语和目标短语之间的点积相似度可作为 SMT 的翻译分数

　　这里采用有两个隐层的前馈神经网络将单词字符串（短语）映射为抽象的向量表征。以源短语 x_j^{j+k} 为例，一开始表示为词袋独热表征 $h_x^{(0)}$，后面是两个隐藏层：

$$h_x^{(1)} = f(W_x^{(1)} h_x^{(0)} + b_x^{(1)}) \tag{6.23}$$

$$h_x^{(2)} = f(W_x^{(2)} h_x^{(1)} + b_x^{(2)}) \tag{6.24}$$

　　其中，激活函数为 $f(\cdot) = \tanh(\cdot)$。目标短语 y_i^{i+1} 的第二层隐藏状态 $h_y^{(2)}$ 可以使用相同的方式进行学习。然后，源短语表征和目标短语表征之间的点积被设为翻译分数 $score(x_j^{j+k}, y_i^{i+l}) = h_x^{(2)^\top}) h_y^{(2)}$。为了最大化短语对分数以获得测试集上更好的翻译性能（例如 BLEU），诸如词嵌入和权重矩阵等网络参数在训练时将不断优化。

　　短语的分布式表征在很大程度上缓解了数据稀疏的问题，而已学习的短语表征对评价指标也很敏感。然而，受词袋建模影响，该方法无法捕获短语的词序信息，而词序信息对确定短语的语义非常重要。例如，即使它们有相同的词袋，但 *cat eats fish* 和 *fish eats cat* 的意思完全不同。

　　因此，Zhang 等人（2014a，b）提出对短语的词序进行建模，并通过使用双语约束的递归自动编码器（BRAE）捕捉短语的语义。基本思想如下：源短语及其正确翻译具有相同的语义，并且应该具有相同的语义向量表示。该方法的框架结构如图 6-5 所示。这里使用两个递归自动编码器

来学习翻译规则 $\langle x_1^3, y_1^4 \rangle$ 里源短语和目标短语的初始嵌入（x_1^3, y_1^4）。递归自动编码器对二元树中的每个节点应用相同的自动编码器。自动编码器取两个向量表示（x_1 和 x_2）作为输入，并生成短语表征（x_1^2），如下所示：

$$x_1^2 = f(W_x\, [x_1; x_2] + b_x) \tag{6.25}$$

自动编码器从 x_1^2 开始，尝试重构输入：

$$[x'_1, x'_2] = f(W'_x\, x_1^2 + b'_x) \tag{6.26}$$

为了将后续重构的误差最小化，对网络参数进行优化：

$$E_{rec}\,[x_1, x_2] = \frac{1}{2}\,\|\,[x_1, x_2] - [x'_1, x'_2]\,\|^2 \tag{6.27}$$

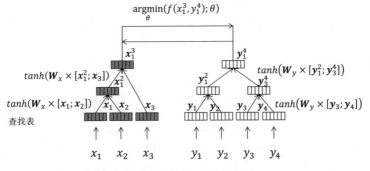

图 6-5   使用考虑词序的递归自动编码器进行双语短语嵌入，目的是对短语的语义表征进行学习

在递归自动编码器中，对网络参数进行训练，以将每个节点的重构误差之和最小化。为了捕捉短语的语义，除了重构误差之外，可将优化目标设定为两个。一是满足翻译对等词之间语义距离的最小化，二是满足非翻译对等词之间语义距离的最大化。完成网络参数和词嵌入的优化后，该方法可以学习任意源短语和目标短语的语义向量表示。语义向量空间里两个短语之间的相似度（如余弦相似度）可用于计算翻译规则的翻译置信度。在语义相似度的帮助下，翻译规则的选择会更加准确。Su 等人（2015）和 Zhang 等人（2017a）改进了 BRAE 模型，并进一步提高了翻译质量。

以上两种方法都只注重于翻译规则本身，没有考虑太多上下文。Devlin 等人（2014）提出了一种联合神经网络模型，旨在对源语境和目标语境进行建模，并预测翻译概率。思路非常简单：要预测目标单词 y_i，可以根据翻译规则追踪对应的源端单词（核心源单词 x_j）[①]。然后，可以获得以 x_j 为中心的源上下文 $x_{j-w} \cdots x_j \cdots x_{j+w}$（如 $w=5$）。如图 6-6 所示，源上下文的向量表征和目标翻译记录 $y_{i-3} \, y_{i-2} \, y_{i-1}$ 可串联成前馈神经网络的输入。经过两个隐含层的计算后，使用 $softmax$ 函数输出单词 y_i 的概率。由于这次捕获了更多的语境信息，预测的翻译概率也变得更加可靠。

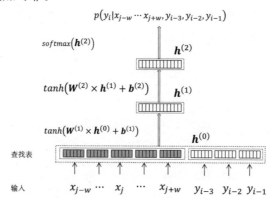

图 6-6　使用前馈神经网络联合学习预测目标翻译单词，输入包括围绕核心单词的
源端上下文和目标端记录，输出是预测的下一个目标单词的条件概率

　　然而，源端的上下文取决于设定好的固定大小，也无法捕获全局信息。为了解决这个问题，Zhang 等人（2015）和 Meng 等人（2015）尝试学习源端语句的语义表示，并使用全局语句嵌入作为额外输入来提升上述联合网络模型。当目标单词的翻译需要语句级的知识来消除歧义时，使用这类方法可以取得更好的效果。

6.3.3　用于短语调序的深度学习

　　对于源语句 $\boldsymbol{x} = x_1^l$，选择一个短语翻译规则，并将单词序列 x_1^l 分割成短语序列，然后利用前面讨论的神经网络选择模型将每个源短语映射到目标短语中。下一个任务则需要重新排列目标短语并生成结构

[①] 例如，如果短语规则 ＜有邦交，have diplomatic relations＞ 与源语句"澳大利亚是与朝鲜有邦交的少数国家之一"符合，那么核心源单词就是邦交，用以预测目标单词 relations。

准确的译文。对于源短语 x^0＝与朝鲜，x^1＝有邦交，以及它们的候选翻译 y^0＝$with\ North\ Korea$ 和 y^1＝$have\ the\ diplomatic\ relations$，重排模型只使用这四个离散单词作为特征，并采用最大熵模型来预测重排概率(Xiong et al. 2006)：

$$p(o|x^0,x^1,y^0,y^1)=\frac{\sum_i\{\lambda_i f_i(x^0,x^1,y^0,y^1,o)\}}{\sum_o\sum_i\{\lambda_i f_i(x^0,x^1,y^0,y^1,o')\}} \quad (6.28)$$

其中，$f_i(x^0,\ x^1,\ y^0,\ y^1,\ o)$ 和 λ_i 表示离散单词特征及相应的特征权重。o 代表重排类型，o＝$mono$(单调) 或 o＝$swap$(交换)。将离散符号作为特征的重排模型面临着数据稀疏的严重问题。此外，由于无法使用短语的全部信息，模型无法捕获相似的重排模式。

在实值向量空间学习短语的特征表示可以缓解数据稀疏的问题，并充分利用短语的整体信息，以进行调序。如图 6-7 所示，Li 等人(2013，2014)提出了神经网络短语重排模型。该模型首先使用递归自动编码器学习四个短语 $\boldsymbol{x}_0$、$\boldsymbol{y}_0$、$\boldsymbol{x}_1$、$\boldsymbol{y}_1$ 的分布式表征，然后利用前馈神经网络将四个向量转换为分数向量，分数向量由两个元素组成 s_{mono} 和 s_{swap}。方程式如下：

$$[s_{mono},s_{swap}]=tanh(\boldsymbol{W}[\boldsymbol{x}_0,\boldsymbol{y}_0,\boldsymbol{x}_1,\boldsymbol{y}_1]+\boldsymbol{b}) \quad (6.29)$$

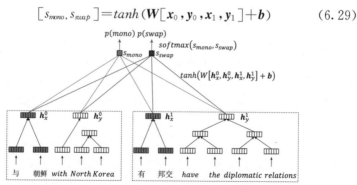

图 6-7　神经短语重排模型利用递归自动编码器将两个短语规则里的四个短语映射到分布式表征表示，并采用前馈网络预测调序概率

最后，利用 $softmax$ 函数将两个分数 s_{mono} 和 s_{swap} 归一化为两个概率 P $(mono)$ 和 $P(swap)$。对模型的网络参数和词嵌入进行优化，将下列半监督目标函数最小化：

$$Err = \alpha E_{rec}(x^0, x^1, y^0, y^1) + (1-\alpha)E_{reorder}((x^0, y^0), (x^1, y^1))$$

(6.30)

其中，$E_{rec}(x^0, x^1, y^0, y^1)$ 为递归自动编码器对这四个短语的重构误差和，而 $E_{reorder}((x^0, y^0), (x^1, y^1))$ 为使用交叉熵误差函数计算的短语重排损失。α 是用来平衡这两种误差的分位数。这种半监督递归自动编码器通过共享相似的重排模式来自动组合短语，从而提高翻译质量。

6.3.4　用于语言建模的深度学习

在短语重排过程中，任何两个相邻的部分翻译（目标短语）都能够组成一个更大的部分翻译。语言模型的任务就是测量（部分）翻译的流畅程度。传统 SMT 使用的是最流行的基于计数的 n-gram 语言模型，其条件概率计算如下：

$$p(y_i \mid y_{i-n+1}^{i-1}) = \frac{y_{i-n+1}^i}{y_{i-n+1}^{i-1}}$$

(6.31)

与规则概率估计和重排模型相似，基于字符串匹配的 n-gram 语言模型面临着严重的数据稀疏问题，无法充分利用语义相似但表面不同的上下文。为了解决这一问题，人们引入基于深度学习的语言模型来估计连续向量空间中单词在上下文条件下的概率。

如图 6-8(a)所示，Bengio 等人（2003）设计了前馈神经网络，以对连续向量空间中的 n-gram 模型进行学习。Vaswani 等人（2013）将神经 n-gram 语言模型整合到了 SMT 中。在 SMT 解码过程中（基于短语的 SMT 中的短语重排和构成），很容易在每个解码步骤中找到当前单词 y_i 的部分上下文（例如，四个单词 y_{i-4}、y_{i-3}、y_{i-2} 和 y_{i-1}）。因此，神经 n-gram 语言模型可以被合并到 SMT 解码阶段。如图 6-8(a)所示，首先将固定大小的历史单词映射到实值向量中，然后将这些实值向量组合起来，提供给后续的两个隐藏层。最后，$softmax$ 层依据已知的历史上下文 $p(y_i \mid y_{i-4}^{i-1})$ 输出当前单词的概率。大规模实验表明，神经 n-gram 语言模型可以显著提高翻译质量。

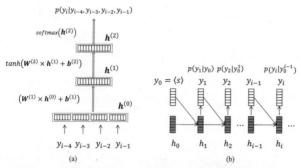

图 6-8　两种流行的神经语言模型：(a)前馈神经网络，可用于固定大小的上下文语言模型；(b)循环神经网络，可用于所有上下文语言模型

n-gram 语言模型假定当前单词的生成只依赖于过去 $n-1$ 个单词，但实际情况并非如此。为了放宽这一假设，循环神经网络（包括 LSTM 和 GRU）在预测当前单词时，试图对所有的历史信息进行建模。如图 6-8(b)所示，将语句起始符号 $y_0 = \langle s \rangle$ 和初始上下文记录 $\boldsymbol{h}_0$[①]输入某一循环神经网络单元，这将得到新的上下文记录 $\boldsymbol{h}_1$，且通过该上下文记录和下列公式可以对 y_1 的概率进行预测：

$$\boldsymbol{h}_1 = RNN(\boldsymbol{h}_0, \boldsymbol{y}_0) \tag{6.32}$$

除了简单的函数（例如 $tanh(\boldsymbol{W}_h\boldsymbol{h}_0 + \boldsymbol{W}_y\boldsymbol{y}_0 + \boldsymbol{b})$），$RNN(\cdot)$ 还可以使用 LSTM 或 GRU。接着，使用 $\boldsymbol{h}_1$ 和 y_1 计算新的历史隐藏状态 $\boldsymbol{h}_2$，并认为 $\boldsymbol{h}_2$ 记录了 y_0 和 y_1 的信息。$\boldsymbol{h}_2$ 可用来预测 $p(y_2 \mid y_0^1)$。这个过程会反复迭代。在预测 y_i 的概率时，可使用所有的上下文记录 y_0^{i-1}。由于循环神经语言模型需要整个记录来对单词进行预测，然而在 SMT 解码时很难记下所有的历史记录，因此通常使用循环神经语言模型来对最终的 n 个最优解进行重新评分。Auli 和 Gao(2014)尝试将循环神经语言模型整合到 SMT 解码阶段，与仅仅进行重新计分相比，这一方法可以提供更多改进。

6.3.5　用于特征组合的深度学习

假设有两个短语翻译规则[②]$4(x^1, y^1)$ 和 (x^2, y^2)，它们恰好在测

[①]$\boldsymbol{h}_0$ 通常被设为全零。

[②]例如，这两个短语翻译规则分别是（与朝鲜，with North Korea）和（有邦交，have the diplomatic relations）。

试句子里与两个相邻的源短语 x_i^k 和 x_{k+1}^i 匹配。接着,利用短语重排模型组合这两个规则,以获取更长源短语 x_i^i 的候选翻译。在这种情况下,需要确定单调组合 y^1y^2 是否优于交换组合 y^2y^1。根据前面的介绍,可以使用至少三个子模型来评估这两个候选翻译:规则概率评估模型、短语重排模型以及语言模型。在这里,每个候选翻译可以得到三个分数[①]:$s_t(y^1y^2)$、$s_r(y^1y^2)$、$s_l(y^1y^2)$ 和 $s_t(y^2y^1)$、$s_r(y^2y^1)$、$s_l(y^2y^1)$。最后一项任务需要设计一种特征组合机制,将这三个模型分数映射成一个总分数,从而对候选翻译进行比较。

在过去的十年里,对数线性模型在 SMT 研究中占主导地位。如图 6-9(a)所示,它通过线性方式,将所有子模型的分数组合起来。对数线性模型假定所有子模型的特征之间都是线性相关的。因此,这也约束了 SMT 模型的表达能力。为了捕获不同子模型特征之间复杂的关系,Huang 等人(2015)提出了一种神经网络模型,该模型以非线性方式将特征分数组合起来,如图 6-9(b)所示。

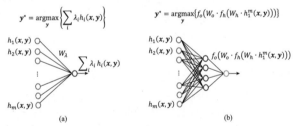

图 6-9 模型特征组合的不同框架:(a)对数线性模型,通过线性方式组合模型特征;
(b)非线性神经模型,在非线性空间中充分利用模型特征

与对数线性模型相比,神经网络组合模型使用下面的方程式将所有的子模型分数映射成一个总分数:

$$s_{neural}(e) = f_o(\boldsymbol{W}_o \cdot f_h(\boldsymbol{W}_h \cdot h_1^m(\boldsymbol{x}, \boldsymbol{y}))) \qquad (6.33)$$

其中,为了简化,省略了隐藏层和输出层的偏置项。$h_1^m(\boldsymbol{x}, \boldsymbol{y})$ 表示 m 个子模型的特征分数,如翻译概率、重排模型概率和语言模型概率。$\boldsymbol{W}_h$ 和 $\boldsymbol{W}_o$ 分别为隐藏层和输出层的权重矩阵。$f_h(\boldsymbol{\cdot})$ 和 $f_o(\boldsymbol{\cdot})$ 为隐藏层和输出层的激活函数。目前发现,将 $f_h(\boldsymbol{\cdot}) = sigmoid(\boldsymbol{\cdot})$ 和

---

①分数通常是对数概率。

$f_o(\cdot)$ 设定为线性函数的效果是最好的。

　　神经网络组合模型的参数优化比对数线性模型困难得多。在对数线性模型中,可使用最小错误率训练(MERT)方法(Och 2003)有效调整子模型的权重。MERT 通过列举所有候选翻译的模型分数和利用各线性函数之间的相互作用,生成了合适的搜索空间来搜索最佳权重。然而,神经网络组合模型所采用的非线性函数之间的相互作用是无法获取的。为了解决这一问题,Huang 等人(2015)最终采取了基于排名的训练标准,其目标函数的设计如下:

$$\mathrm{argmin}_\theta \frac{1}{N} \sum_{x \in D} \sum_{\{y_1, y_2\} \in T(x)} \delta(x, y_1, y_2; \theta) + \lambda \cdot \|\theta\|_1 \quad (6.34)$$

$$\delta(x, y_1, y_2; \theta) = max\{s_{neural}(x, y_2; \theta) - s_{neural}(x, y_1; \theta) + 1, 0\}$$
$$(6.35)$$

　　其中,D 是语句对齐的训练数据。(y_1, y_2) 是训练算法的核心,表示训练的假设配对,y_1 是比 y_2 更好的翻译假设,这是根据语句级的 BLEU+1 评估而定的。该模型旨在优化网络参数,以确保更好的翻译假设能够得到更高的网络分数。$T(x)$ 为每个训练语句 x 的假设配对集合,而 N 为训练数据 D 里的假设配对总数。

　　对于训练语句 x,如何有效地对假设配对 (y_1, y_2) 进行抽样尚不明确。理想情况下,y_1 应该是正确的译文(或参考译文),而 y_2 是任意其他的翻译候选。然而,受诸如集束大小限制、重排距离约束和未知单词等因素的影响,多数情况下,SMT 的搜索空间里并不存在正确译文。因此,Huang 等人(2015)尝试采用三种方法在最佳的 n 个翻译列表 T_{nbest} 中对 (y_1, y_2) 进行抽样:(1) 最佳 vs 其他:y_1 被选为 T_{nbest} 最佳翻译候选,而 y_2 为其他翻译候选中的任意一种;(2) 最佳 vs 最差:y_1 和 y_2 分别被选为 T_{nbest} 的最佳和最差翻译候选;(3) 配对:从 T_{nbest} 中选取两个假设进行抽样,其中 y_1 被设为较好的翻译候选,y_2 为较差的翻译候选。

　　大量的汉英翻译实验表明,神经网络非线性模型的特征组合在翻译质量上显著优于对数线性框架。

6.4 基于端到端深度学习的机器翻译

6.4.1 编码器-解码器框架

从 2013 年至 2015 年，用于 SMT 的组件深度学习的研究非常活跃。对数线性模型促进了基于深度学习的翻译特征的整合。各神经网络结构被设计出来以改进不同的子模块，使 SMT 的整体性能得到显著提高。例如，Devlin 等人（2014）提出的联合神经模型在从阿拉伯语到英语的翻译中取得了至少 6 个 BLEU 值的惊人提升。然而，尽管人们使用深度学习来改进关键组件，但 SMT 仍然在文本数据中使用了无法处理非线性数据的线性模型。由于新引入的神经特征具有全局依赖性，致使 SMT 无法设计出高效的动态编程训练和解码算法。因此，非常有必要去探索利用深度学习来提高机器翻译的新途径。

端到端神经机器翻译（NMT）（Sutskever et al. 2014；Bahdanau et al. 2015）旨在使用神经网络直接映射自然语言。NMT 与传统 SMT（Brown et al. 1993；Och and Ney 2002；Koehn et al. 2003；Chiang 2007）的主要区别是：NMT 能够从数据中学习表示，而且不需要人为设计特征来捕获翻译规律。

已知源语句 $x=x_1, \cdots, x_i, \cdots, x_I$ 和目标语句 $y=y_1, \cdots, y_j, \cdots, y_J$，使用标准 NMT 对语句级翻译概率进行分解，将其作为有上下文依赖的单词级翻译概率的乘积：

$$P(\boldsymbol{y}|\boldsymbol{x};\boldsymbol{\theta}) = \prod_{j=1}^{J} P(y_j|\boldsymbol{x}, \boldsymbol{y}_{<j};\boldsymbol{\theta}) \tag{6.36}$$

其中 $\boldsymbol{y}_{<j}=y_1, \cdots, y_{j-1}$ 为部分翻译。单词级的翻译概率可被定义为

$$P(y_j|\boldsymbol{x}, \boldsymbol{y}_{<j};\boldsymbol{\theta}) = \frac{\exp(g(\boldsymbol{x}, y_j, \boldsymbol{y}_{<j}, \boldsymbol{\theta}))}{\sum_y \exp(g(\boldsymbol{x}, y, \boldsymbol{y}_{<j}, \boldsymbol{\theta}))} \tag{6.37}$$

其中，$g(\boldsymbol{x}, y_j, \boldsymbol{y}_{<j}, \boldsymbol{\theta})$ 为实值分数，在给定源上下文 $\boldsymbol{x}$ 和目标上下文 $\boldsymbol{y}_{<j}$ 的情况下，评估第 j 个目标单词 y_j。

目前的主要挑战是源上下文和目标上下文非常稀疏，对于长句尤其如此。为了解决这个问题，Sutskever 等人（2014）提出采用递归神经网络（RNN），功能上与编码器相同，可以将源上下文 $\boldsymbol{x}$ 编码为向量表示形式。

图 6-10 展示了编码器的基本理念。已知只有两个单词的源语句 x $=x_1$, x_2,附加句末标记 $<$EOS$>$ 来控制翻译的长度。在获取源单词的向量表征后,运行循环神经网络以生成隐藏状态:

$$h_i = f(x_i, h_{i-1}, \theta) \tag{6.38}$$

其中,h_i 为第 i 个隐藏状态,$f(\cdot)$ 为非线性激活函数,x_i 为第 i 个源单词 x_i 的向量表征。

对于非线性激活函数 $f(\cdot)$,长短期记忆(LSTM)(Hochreiter and Schmidhuber 1997)和门控循环单元(GRU)(Cho et al. 2014)已被广泛用于解决梯度消失或爆炸问题。由于 LSTM 或 GRU 具备处理远程依赖关系的能力,这使得 NMT 在预测全局单词重排方面与传统 SMT 相比优势明显。

由于源语句附加了句末符号 EOS,源语句的长度为 $I + 1$,而最后的隐藏状态 h_{I+1},则应对整个源语句 x 进行编码。

在目标端,Sutskever 等人(2014)使用另一个 RNN,也可称为解码器,逐字逐句地(word-by-word)生成翻译。如图 6-10 所示,目标上下文 $y_{<j}$ 的隐藏状态都可以按下式进行计算:

$$s_j = \begin{cases} h_{I+1} & \text{如果 } j = 1 \\ f(y_{j-1}, s_{j-1}, \theta) & \text{其他} \end{cases} \tag{6.39}$$

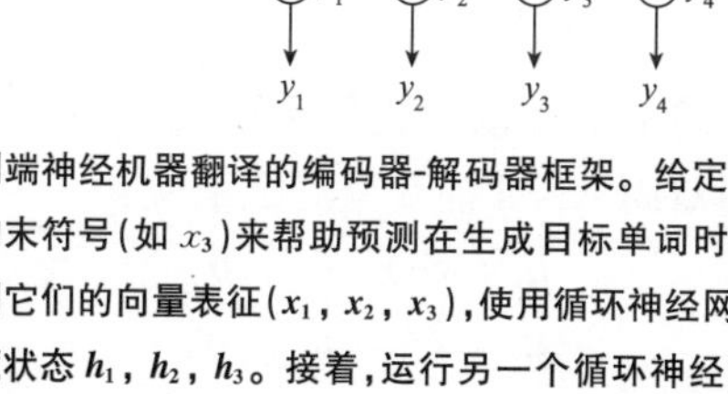

图 6-10 用于端到端神经机器翻译的编码器-解码器框架。给定源语句 $x = x_1$, x_2,并附加句末符号(如 x_3)来帮助预测在生成目标单词时何时终止。将源单词映射到它们的向量表征(x_1, x_2, x_3),使用循环神经网络(编码器)计算源端的隐藏状态 h_1, h_2, h_3。接着,运行另一个循环神经网络(解码器)来逐字逐句地生成目标语句。使用最后一个源隐藏状态 h_3 启动第一个目标隐藏状态 s_1,确立第一个目标单词 y_1 和向量表征 y_1。利用第一个目标隐藏状态 s_1 和单词向量 y_1 生成第二个隐藏状态 s_2。这个过程将不断重复,直到生成句末符号(y_4)

值得注意的是,源语句表征 h_{l+1} 只用于对第一个目标隐藏状态 s_1 进行初始化。

有了目标端隐藏状态 s_j,可以将评分函数 $g(x, y_j, y_{<j}, \boldsymbol{\theta})$ 简化为可以由另一个神经网络计算出来的 $g(y_j, s_j, \boldsymbol{\theta})$。更多信息请参考(Sutskever et al. 2014)。

给定一组平行语句 $\{<x^{(s)}, y^{(s)}>\}_{s=1}^{S}$,标准的训练目标是将训练数据的对数似然函数最大化:

$$\hat{\boldsymbol{\theta}} = \underset{\theta}{\arg\max}\{L(\boldsymbol{\theta})\} \tag{6.40}$$

其中,对数似然函数定义如下:

$$L(\boldsymbol{\theta}) = \sum_{s=1}^{S} \log P(y^{(s)} | x^{(s)}; \boldsymbol{\theta}) \tag{6.41}$$

可使用标准小批量随机梯度下降算法优化模型参数。

基于学习到的模型参数为 $\hat{\boldsymbol{\theta}}$,翻译未知源语句 x 的决策规则可由下式得出

$$\hat{y} = \underset{y}{\arg\max}\{P(y | x; \hat{\boldsymbol{\theta}})\} \tag{6.42}$$

6.4.2　机器翻译的神经注意力

在原始的编码器-解码器框架(Sutskever et al. 2014)中,无论语句有多长,编码器都需要将整个源语句表示为一个固定长度的向量,并可以用来对目标端的隐含状态进行初始化。Bahdanau 等人(2015)指出,这可能使得神经网络难以处理长距离的依赖关系。实证结果表明,随着句子长度增加,原始编码器-解码器框架的翻译质量显著下降(Bahdanau et al. 2015)。

为了解决这个问题,Bahdanau 等人(2015)提出了一种注意力机制来动态选择相关的源上下文以生成目标单词。如图 6-11 所示,基于注意力的编码器利用双向 RNN 捕获全局上下文:

$$\vec{h}_i = f(x_i, \vec{h}_{i-1}, \boldsymbol{\theta}) \tag{6.43}$$

$$\overleftarrow{h}_i = f(x_i, \overleftarrow{h}_{i+1}, \boldsymbol{\theta}) \tag{6.44}$$

其中,$\vec{h}_i$ 表示第 i 个源单词 x_i 的前向隐藏状态,负责捕获左边的上下文,而 $\overleftarrow{h}_i$ 表示 x_i 的后向隐藏状态,负责捕获右边的上下文。因此,前向和后向隐藏状态的串联 $h_i = [\vec{h}_i; \overleftarrow{h}_i]$ 则能够捕获语句级的上下文。

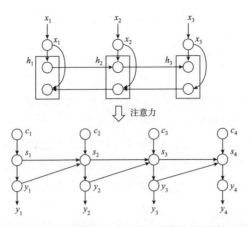

图 6-11　基于注意力的神经机器翻译。与原先的编码器-解码器框架不同,新型编码
　　　　器利用双向 RNN 计算前向和后向的隐藏状态。这些隐藏状态被连接起来
　　　　作为每个源单词的上下文依赖的表征。接着,利用注意力机制计算每个目
　　　　标单词的动态源上下文 $c_j(j=1,\cdots,4)$,而这些也包括相应的目标隐藏状
　　　　态 s_j 的生成

注意力的基本理念是为生成目标单词寻找相关的源上下文。要做
到这些,首先需要计算注意力权重:

$$\alpha_{j,i} = \frac{\exp(a(s_{j-1}, h_i, \boldsymbol{\theta}))}{\sum_{i'=1}^{I+1} \exp(a(s_{j-1}, h_{i'}, \boldsymbol{\theta}))} \tag{6.45}$$

其中,对齐函数 $a(s_{j-1}, h_i, \boldsymbol{\theta})$ 评估位置 i 周围的输入与输出的相
关性。

$$c_j = \sum_{i=1}^{I+1} \alpha_{j,i} h_i \tag{6.46}$$

因此,目标隐藏状态可计算如下:

$$s_j = f(y_{j-1}, s_{j-1}, c_j, \boldsymbol{\theta}) \tag{6.47}$$

基于注意力的 NMT(Bahdanau et al. 2015)与原始编码器-解码器
框架(Sutskever et al. 2014)的主要区别在于计算源上下文的方式。原
始框架只使用最后一个隐藏状态来初始化第一个目标隐藏状态。源上
下文如何控制目标单词的生成,尤其是长句子句末的单词,目前还不清
楚。相反,注意力机制能使每个源单词根据注意力权重而不是单词位
置来为目标单词的生成做出贡献。这种策略对于提高翻译质量非常有

效,尤其是对于长句子来说。因此,在神经机器翻译中,基于注意力的方法已经成为一种事实。

6.4.3　处理大词汇量的技术挑战

虽然端到端 NMT(Sutskever et al. 2014;Bahdanau et al. 2015)在各种语言对之间的翻译中表现出最先进水平,但是 NMT 面对的主要挑战在于如何处理由目标语言词汇量导致的效率问题。

由于单词级的翻译概率需要对目标单词进行归一化[(见(6.37)],因此,训练数据$\langle \boldsymbol{x}^{(s)}, \boldsymbol{y}^{(s)} \rangle$的对数似然函数可由下式获得

$$L(\boldsymbol{\theta}) = \sum_{s=1}^{S} \log P(\boldsymbol{y}^{(s)} \mid \boldsymbol{s}^{(s)}; \boldsymbol{\theta}) \tag{6.48}$$

$$= \sum_{s=1}^{S} \sum_{j=1}^{J^{(s)}} \log P(y_j^{(s)} \mid \boldsymbol{x}^{(s)}, \boldsymbol{y}_{<j}^{(s)}; \boldsymbol{\theta}) \tag{6.49}$$

$$= \sum_{s=1}^{S} \sum_{i=1}^{J^{(s)}} \left(g(\boldsymbol{x}^{(s)}, y_j^{(s)}, \boldsymbol{y}_{<j}^{(s)}, \boldsymbol{\theta}) - \log \sum_{v \in V_v} \exp(g(\boldsymbol{x}^{(s)}, y, \boldsymbol{y}_{<j}^{(s)}, \boldsymbol{\theta})) \right) \tag{6.50}$$

其中,$J^{(s)}$表示第 s 个目标语句的长度,V_y表示目标词汇。

训练 NMT 模型需要计算对数似然函数的梯度:

$$\triangledown L(\boldsymbol{\theta}) = \sum_{s=1}^{S} \sum_{j=1}^{J^{(s)}} \left(\triangledown g(\boldsymbol{x}^{(s)}, \boldsymbol{y}_j^{(s)}, \boldsymbol{y}_{<j}^{(s)}, \boldsymbol{\theta}) - \right.$$
$$\left. \sum_{y \in V_y} P(y \mid \boldsymbol{x}^{(s)}, \boldsymbol{y}_{<j}^{(s)}; \boldsymbol{\theta}) \triangledown g(\boldsymbol{x}^{(s)}, y, \boldsymbol{y}_{<j}^{(s)}, \boldsymbol{\theta}) \right) \tag{6.51}$$

显然,梯度的计算包括在 V_y 中,对所有目标单词进行列举,这使得NMT 模型的训练极为缓慢。在解码过程中,在位置 j 预测目标单词时也需要列举所有目标单词:

$$\hat{y}_j = \underset{y \in V_y}{\arg\max} \{ P(y \mid \boldsymbol{x}, \boldsymbol{y}_{<j}; \boldsymbol{\theta}) \} \tag{6.52}$$

因此,Sutskever 等人(2014)和 Bahdanau 等人(2015)不得不使用完整词汇库的子集。该子集由于图形处理器(GPU)内存的限制,只能包含30 000到80 000个常用目标单词。这使得在面对包含稀有词的语句时(这些稀有词并不含子集或集外词(OOV)),翻译质量会显著下降。因此,如果要提高 NMT 的效率,解决大量词汇问题是非常重要的。

为了解决这个问题,Luong 等人(2015)提出需要识别源语句和目

标语句中 OOV 单词间的对应关系,然后在后处理阶段对它们进行翻译。在表 6-1 中,已知源语句"美国代表团包括来自斯坦福的专家",其中"代表团"和"斯坦福"被识别为 OOV(第一行)。因此,这两个词被 OOV 替换(第二行)。带有 OOV 单词的源语句被翻译为带有 OOV 单词的目标语句"the US OOV_1 consists of experts from OOV_3"(第三行),下标表示相应源端 OOV 的相对位置。在本例中,第三个目标单词 OOV_1 与第二个源词 OOV 对应(3−1=2),而第八个目标单词 OOV_3 与第五个源词 OOV 对应(8−3=5)。最后,将 OOV_1 替换为 delegation,也就是"代表团"的译文。当然,也可以通过使用双语词典这样的外部翻译知识来源来实现替换。

表 6-1　在神经机器翻译中处理集外词 (OOV)。对于不常见的源词,如"代表团"和"斯坦福",会先被识别为 OOV,然后再通过使用外部知识来源(如双语词典),在后处理阶段进行翻译。目标 OOV 的下标表示源 OOV 和目标 OOV 间的对应关系

无 OOV 的源语句	美国代表团包括来自斯坦福的专家
有 OOV 的源语句	美国 OOV 包括来自 OOV 的专家
有 OOV 的目标语句	the US OOV_1 consists of experts from OOV_3
无 OOV 的目标语句	the US *delegation* consists of experts from *Stanford*

另一种方法就是利用抽样来解决大量目标词汇问题(Jean et al. 2015)。计算梯度面临的主要挑战在于如何能够高效地计算能量函数的预期梯度[例如式 (6.51) 里的第二项],Jean 等人(2015)提出使用少量样本进行重要性抽样,并进行期望值的近似计算。对于预定义的建议分布 $Q(y)$ 和一组来自 $Q(y)$ 的样本 V',进行如下近似计算:

$$\sum_{y \in V_y} P(y \mid \boldsymbol{x}^{(s)}, \boldsymbol{y}_{<j}^{(s)}; \boldsymbol{\theta}) \nabla g(\boldsymbol{x}^{(s)}, y, \boldsymbol{y}_{<j}^{(j)}, \boldsymbol{\theta})$$

$$\approx \sum_{y \in V'} \frac{\exp(g(\boldsymbol{x}^{(s)}, y, \boldsymbol{y}_{<j}^{(s)}, \boldsymbol{\theta}) - \log Q(y))}{\sum_{y' \in V'} \exp(g(\boldsymbol{x}^{(s)}, y', \boldsymbol{y}_{<j}^{(s)}, \boldsymbol{\theta}) - \log Q(y'))} \nabla g(\boldsymbol{x}^{(s)}, y, \boldsymbol{y}_{<j}^{(s)}, \boldsymbol{\theta})$$

$$(6.53)$$

因此,在训练过程中计算归一化常数时,只需要对目标词汇的一个小子集进行求和,这大大降低了对每个参数进行更新的计算复杂度。

另一个重要的方向是在字符(Chung et al. 2016;Luong and Manning 2016;Costa-jussà and Fonollosa 2016)或子单词(Senrich et al. 2016b)

级建立神经机器翻译模型。直观上,使用字符或子单词作为翻译的基本单位将大幅减少词汇量。这是因为与单词相比,字符量或子单词量非常少。

6.4.4　使用端到端训练直接优化评估指标

神经机器翻译的标准训练目标是最大似然估计(MLE),MLE 旨在寻找一组模型参数,将训练数据的对数似然值最大化[见式(6.40)和式(6.41)]。Ranzato 等人(2016)发现 MLE 的两个缺点。第一,翻译模型只在训练阶段接触到黄金标准的数据。换句话说,训练时如果要生成单词,那么所有上下文单词都来自于真实的目标语句。然而,在解码过程中,这些上下文单词是由模型预测的,因此必然不准确。训练与解码过程之间的这种差异对翻译质量将产生负面影响。第二,MLE 只在单词级使用损失函数,而机器翻译评价指标[如 BLEU(Papineni et al. 2002)和 TER(Snover et al. 2006)]通常在文库和语句级别进行定义。因此,训练阶段和评估阶段之间的差异也妨碍了神经机器翻译。

为了解决这个问题,Shen 等人(2016)将最小风险训练(MRT)引入神经机器翻译中(Och 2003;Smith and Eisner 2006;He and Deng 2012)。基本理念是利用评价指标为损失函数测量模型预测和真实翻译之间的差异,并寻找一组模型参数来最小化训练数据上的预期损失(例如,风险)。

形式上讲,新的训练目标可表示为下式:

$$\hat{\boldsymbol{\theta}} = \underset{\theta}{\arg\min}\{R(\boldsymbol{\theta})\} \tag{6.54}$$

训练数据的风险可被定义为

$$R(\boldsymbol{\theta}) = \sum_{s=1}^{S} \sum_{\boldsymbol{y} \in \mathcal{Y}(\boldsymbol{x}^{(s)})} P(\boldsymbol{y} \mid \boldsymbol{x}^{(s)}; \boldsymbol{\theta}) \Delta(\boldsymbol{y}, \boldsymbol{y}^{(s)}) \tag{6.55}$$

$$= \sum_{s=1}^{S} \mathbb{E}_{\boldsymbol{y} \mid \boldsymbol{x}^{(s)}, \boldsymbol{\theta}} [\Delta(\boldsymbol{y}, \boldsymbol{y}^{(s)})] \tag{6.56}$$

其中,$\mathcal{Y}(\boldsymbol{x}^{(s)})$ 为 $\boldsymbol{x}^{(s)}$ 的所有可能翻译,$\boldsymbol{y}$ 为模型预测,$\boldsymbol{y}^{(s)}$ 为真实译文,而 $\Delta(\boldsymbol{y}, \boldsymbol{y}^{(s)})$ 为损失函数,可由 BLEU 等语句级评估指标计算得到。

Shen 等人(2016)认为,与 MLE 相比,MRT 有以下优势。第一,MRT 有能力根据评价指标直接优化模型参数。现已证明通过最小化训练阶段和评估阶段之间的差异,可以有效提高翻译质量(Och 2003)。第二,MRT 接收任意的语句级损失函数,而这些函数不一定可微分。第三,MRT 对于对体系结构进行建模是透明的,可以应用于任意神经网络和人工智能任务。

然而,MRT 面临的主要挑战是计算梯度时需要列举所有可能的目标语句:

$$\nabla R(\boldsymbol{\theta}) = \sum_{s=1}^{S} \sum_{y \in \mathcal{Y}(x^{(s)})} \Delta P(\boldsymbol{y} \mid \boldsymbol{x}^{(s)}; \boldsymbol{\theta}) \Delta(\boldsymbol{y}, \boldsymbol{y}^{(s)}) \tag{6.57}$$

为了解决这个问题,Shen 等人(2016)提出仅使用全搜索空间的一个子集来将它近似为后验分布 $P(\boldsymbol{y} \mid \boldsymbol{x}^{(s)}; \boldsymbol{\theta})$,公式如下:

$$Q(\boldsymbol{y} \mid \boldsymbol{x}^{(s)}; \boldsymbol{\theta}, \beta) = \frac{P(\boldsymbol{y} \mid \boldsymbol{x}^{(s)}; \boldsymbol{\theta})^{\beta}}{\sum_{y' \in S(x^{(s)})} P(\boldsymbol{y}' \mid \boldsymbol{x}^{(s)}; \boldsymbol{\theta})^{\beta}} \tag{6.58}$$

其中,$S(\boldsymbol{x}^{(s)}) \subset \mathcal{Y}(\boldsymbol{x}^{(s)})$ 为全搜索空间的一个子集,可由抽样构成,而 β 为控制分布清晰度的超参数。

接着,新的训练目标可定义为:

$$\widetilde{R}(\boldsymbol{\theta}) = \sum_{s=1}^{S} \sum_{y \in S(x^{(s)})} Q(\boldsymbol{y} \mid \boldsymbol{x}^{(s)}; \boldsymbol{\theta}, \beta) \Delta(\boldsymbol{y}, \boldsymbol{y}^{(s)}) \tag{6.59}$$

Ranzano 等人(2016)还提出一种与 MRT 非常相似的方法。他们将序列生成问题纳入强化学习框架(Sutton and Barto 1988)。生成模型可视作智能体,在每个时间步中采取行动去预测序列里接下来的那个单词。到达序列末尾时,智能体将获得奖励。Wiseman 和 Rush (2016)提出一种集束搜索训练方案来避免与局部训练相关的偏差,并将训练损失和测试时间相结合。

总之,由于这些以评价指标为导向的训练标准能够最小化训练与评估阶段间的差异,因此,在实际 NMT 系统中(Wu et al. 2016)中它们已被证明是非常有效的。

6.4.5　结合先验知识

神经机器翻译的另一个重要主题是如何将先验知识整合到神经网络中。作为一种数据驱动的方法,NMT 从平行语料库获取所有的翻译知识。由于表示方式间的差异性,很难将先验知识整合到神经网络中。神经网络使用连续实值向量来表示翻译过程中所有的语言结构。尽管已经证明这些向量表征有能力隐式地捕获所有翻译规则(Sutskever et al. 2014),但是仍然很难从语言学的角度解读神经网络的每一个隐藏状态。相反,机器翻译的先验知识通常以离散符号的形式表示,例如字典或规则(Nirenburg 1989)。这些离散符号形式可以显式地编码翻译规则。将以离散符号形式表示的先验知识转换为神经网络所需的连续表示,是一项具有挑战的工作。

因此,近年来有许多学者试图将先验知识整合到 NMT 里。下列先验知识已被用来改进 NMT。

(1) 双语词典:一组对等翻译的源语言和目标语言词对(Arthur et al. 2016)。

(2) 短语表:与一组对等翻译等价的源语言的目标语言短语对(Tang et al. 2016)。

(3) 覆盖率约束:每个源短语都应该被翻译为只有一个目标短语(Tu et al. 2016;Mi et al. 2016)。

(4) 一致性约束:源-目标(source-to-target)语言翻译模型和目标-源(target-to-source)语言翻译模型一致性的注意力权重是可靠的(Cheng et al. 2016a;Cohn et al. 2016)。

(5) 结构性偏见:位置偏置、马尔可夫条件和丰富程度可以捕获源语言和目标语言之间的结构差异(Cohn et al. 2016)。

(6) 语言句法:利用句法树来引导神经机器翻译的学习过程(Eriguchi et al. 2016;Li et al. 2017;Wu et al. 2017;Chen et al. 2017a)。

在神经网络中对先验知识进行整合的方法大致分为两大类。第一类是修改模型架构。例如,如图 6-12 所示,源语言中处在给定相对位置的一个单词和目标语言中处于相似相对位置的单词通常会对齐(如 $i/I \approx j/J$),而位置偏置则是基于对这种对齐情况进行观察而形成的。对于英语和法语这样关联紧密的语言对来说尤其如此。换句话说,对齐的源语言和目标语言单词往往出现在对齐矩阵的对角附近。

为了将该偏置包含到 NMT 里,Cohn 等人(2016)在对齐函数中添加了如下偏置项:

$$a(\boldsymbol{h}_i, \boldsymbol{s}_{j-1}, \boldsymbol{\theta}) = \boldsymbol{v}^{\mathrm{T}} f(\boldsymbol{W}_1 \boldsymbol{h}_i + \boldsymbol{W}_2 \boldsymbol{s}_{j-1} + \boldsymbol{W}_3 \underbrace{\Psi(j, i, I)}_{\text{位置偏置项}}) \quad (6.60)$$

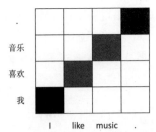

图 6-12　神经机器翻译的位置偏置。翻译对等通常在源语句和目标语句中具有相似
的相对位置。该先验知识可用于引导注意力 NMT 模型的学习

其中 v、$\boldsymbol{W}_1$、$\boldsymbol{W}_2$ 和 $\boldsymbol{W}_3$ 是模型参数。位置偏置项是由源语句和目标
语句中的位置以及源句长度的函数定义的：

$$\boldsymbol{\Psi}(j,i,I)=[\log(1+j),\log(1+i),\log(1+I)]^{\mathrm{T}} \qquad (6.61)$$

值得注意的是，目标长度 J 因为在解码时是未知的，所以可排除
在外。

虽然通过修改模型结构将先验知识投入神经网络有效改进了
NMT，但是仍然很难对多个重叠的、任意的先验知识资源进行组合。
原因是神经网络通常在隐藏状态之间加入了很强的独立假设。因此，
扩展神经模型则需要显式地建模信息源之间的相互依赖关系。

这个问题可以通过将额外的术语附加到训练目标来实现部分缓解
(Cheng et al. 2016a；Cohn et al. 2016)，这也使得 NMT 模型保持不
变。例如，Cheng 等人(2016a)提出了新的训练目标来支持源-目标和目
标-源翻译模型，并能在注意力权重矩阵中保持一致性：

$$J(\overrightarrow{\boldsymbol{\theta}},\overleftarrow{\boldsymbol{\theta}})=\sum_{s=1}^{S}\log P(\boldsymbol{y}^{(s)}\mid\boldsymbol{x}^{(s)};\overrightarrow{\boldsymbol{\theta}})+\sum_{s=1}^{S}\log P(\boldsymbol{x}^{(s)}\mid\boldsymbol{y}^{(s)};\overleftarrow{\boldsymbol{\theta}})$$
$$-\lambda\sum_{s=1}^{S}\underbrace{\Delta(\boldsymbol{x}^{(s)},\boldsymbol{y}^{(s)},\overrightarrow{\alpha}^{(s)}(\overrightarrow{\boldsymbol{\theta}}),\overleftarrow{\alpha}^{(s)}(\overleftarrow{\boldsymbol{\theta}}))}_{\text{一致性}} \qquad (6.62)$$

其中，$\overrightarrow{\boldsymbol{\theta}}$ 为一组源-目标翻译模型的参数，$\overleftarrow{\boldsymbol{\theta}}$ 为一组目标-源翻译模
型的参数，$\overrightarrow{\alpha}^{(s)}(\overrightarrow{\boldsymbol{\theta}})$ 为第 s 语句对的源-目标注意力权重矩阵，$\overleftarrow{\alpha}^{(s)}(\overleftarrow{\boldsymbol{\theta}})$ 为第
s 语句对的目标-源注意力权重矩阵，而 Δ 可以测量两个注意力权重矩
阵之间的差异。

然而，附加到训练目标的术语被限制在有限数量的简单约束中，这
是因为人工调整各个术语的权重很困难。

近期,Zhang 等人(2017b)提出了一种通用框架,可用于对任意基于后验正则化(Ganchev et al. 2010)的知识库进行整合。核心理念是将先验知识资源编码成概率分布,通过最小化两个分布之间的 KL 散度来引导翻译模型的学习过程:

$$J(\boldsymbol{\theta},\boldsymbol{\gamma}) = \lambda_1 \sum_{s=1}^{S} \log P(\boldsymbol{y}^{(s)} \mid \boldsymbol{x}^{(s)};\boldsymbol{\theta}) -$$
$$\lambda_2 \sum_{s=1}^{S} KL(Q(\boldsymbol{y} \mid \boldsymbol{x}^{(s)};\boldsymbol{\gamma}) \mid P(\boldsymbol{y}^{(s)} \mid \boldsymbol{x}^{(s)};\boldsymbol{\theta})) \tag{6.63}$$

其中,先验知识资源可编码到对数线性模型中:

$$Q(\boldsymbol{y}|\boldsymbol{x}^{(s)};\boldsymbol{\gamma}) = \frac{\exp(\boldsymbol{\gamma} \cdot \boldsymbol{\varphi}(\boldsymbol{x}^{(s)},\boldsymbol{y}))}{\sum_{y} \exp(\boldsymbol{\gamma} \cdot \boldsymbol{\varphi}(\boldsymbol{x}^{(s)},\boldsymbol{y}'))} \tag{6.64}$$

注意,先验知识资源以常规离散符号形式表示为特征 $\boldsymbol{\varphi}(\cdot)$。

6.4.6 低资源语言翻译

平行语料库收集了大量的平行文本,并在训练 NMT 模型中扮演重要的角色。由于它们是获取翻译知识的主要来源,因此人们认为平行语料库的数量、质量和覆盖率会直接影响 NMT 系统的翻译质量。

虽然 NMT 已经为资源丰富的语言对提供了最佳性能,但是大规模、高质量和高覆盖率的平行语料库的不可用性,仍然是 NMT 面临的主要挑战,特别是低资源的语言翻译。在大多数语言对中,并不存在平行语料库。即使是资源最丰富的少数语言,可用的平行语料库通常也是不平衡的,这是因为主要的资源仅限于政府文件或新闻文章。由于参数空间过大,神经模型通常很难对低计数事例进行学习,导致 NMT 并不适用于低资源语言对。Zoph 等人(2016)的研究表明,NMT 在低资源语言上的翻译质量远远低于传统的统计机器翻译。

一种直接的解决方案就是利用丰富的单语数据。Gulcehre 等人(2015)提出了两种方法,分别是浅融合和深融合,用于将语言模型整合到 NMT 中。这里的基本理念是使用大规模单语数据训练的语言模型,在每个时间状态对神经翻译模型提出的候选单词进行评分,或者将语言模型的隐藏状态与解码器连接起来。尽管这能够带来显著的改进,但可能存在的缺点是必须修改网络结构才能整合语言模型。

另外，Sennrich 等人(2016a)提出了两种方法来利用对网络结构透明的单语语料库。第一种方法是将单语句与虚拟输入配对，接着在对伪平行语句对的训练过程中，对解码器和注意力模型的参数进行固定。第二种方法是首先在平行语料库上训练神经翻译模型，然后利用已学习的模型对单语语料库进行翻译。单语语料库及其译文构成了另一个伪平行语料库。类似的方法也可用于源端单语数据(Zhang and Zong 2016)。

Cheng 等人(2016b)引入了一种半监督学习方法来使用 NMT 的单语数据。如图 6-13 所示，给定单语语料库中的源语句，Cheng 等人(2016b)利用源-目标和目标-源翻译模型来建造自动编码器，通过潜目标语句来恢复输入源句。正式讲，重构概率的计算公式为

$$P(\boldsymbol{x}'\,|\,\boldsymbol{x};\bar{\boldsymbol{\theta}},\bar{\boldsymbol{\theta}}) = \sum_{y} P(\boldsymbol{y}\mid\boldsymbol{x};\bar{\boldsymbol{\theta}})P(\boldsymbol{x}'\mid\boldsymbol{y};\bar{\boldsymbol{\theta}}) \tag{6.65}$$

图 6-13　为 NMT 开发单语语料库的自动编码器。已知源语句，使用源-目标模型语句将源转换为潜目标语句，然后使用目标-源模型恢复输入的源语句

因此，平行语料库和单语语料库都可以用于半监督学习。设 $\{\langle\boldsymbol{x}^{(s)},\boldsymbol{y}^{(s)}\rangle\}_{s=1}^{S}$ 为平行语料库，$\{\boldsymbol{x}^{(m)}\}M_{(m=1)}$ 为源语言的单语语料库，而 $\{\boldsymbol{y}^{n}\}_{n=1}^{N}$ 为目标语言的单语语料库。新的训练目标可由下列公式计算：

$$J(\bar{\boldsymbol{\theta}},\bar{\boldsymbol{\theta}}) = \underbrace{\sum_{x=1}^{S}\log P(\boldsymbol{y}^{(s)}\mid\boldsymbol{x}^{(s)};\bar{\boldsymbol{\theta}})}_{\text{源-目标似然}} + \underbrace{\sum_{s=1}^{S}\log P(\boldsymbol{x}^{(s)}\mid\boldsymbol{y}^{(s)};\bar{\boldsymbol{\theta}})}_{\text{目标-源似然}} +$$

$$\underbrace{\sum_{m=1}^{M}\log P(\boldsymbol{x}'\mid\boldsymbol{x}^{(m)};\bar{\boldsymbol{\theta}},\bar{\boldsymbol{\theta}})}_{\text{源自动编码器}} + \underbrace{\sum_{n=1}^{N}\log P(\boldsymbol{y}'\mid\boldsymbol{y}^{(n)};\bar{\boldsymbol{\theta}},\bar{\boldsymbol{\theta}})}_{\text{目标自动编码器}} \tag{6.66}$$

另一个有意思的方向是为 NMT 开发多语数据(Firat et al. 2016；Johnson et al. 2016)。Firat 等人(2016)提出了基于注意力共享机制的

多通道、多语言模型来实现零资源翻译。他们通过用于零资源语言对的伪双语句对注意力部分进行精细调整。Johnson 等人（2016）开发了多种语言场景下通用的 NMT 模型。他们使用多种语言的平行语料库来训练单一模型，该模型可以在没有可用平行语料库的情况下对某一语言对进行翻译。

神经机器翻译还包括应用中枢语言来连接源语言和目标语言的研究（Nakayama and Nishida 2016；Cheng et al. 2017）。基本理念是使用中枢-目标（pivot-to-target）和目标-中枢（target-to-pivot）平行语料库来训练源-枢轴中枢和中枢枢轴-目标翻译模型。在解码过程中，首先使用源-中枢模型将源语句翻译成中枢语句，接下来使用中枢-目标模型翻译成目标语句。Nakayama 与 Nishida（2016）通过将图像作为中枢并训练多模态编码器来共享共同的语义表示，实现了零资源机器翻译。Cheng 等人（2017）提出了基于中枢的 NMT。该方法同时改进了源-中枢和中枢-目标的翻译质量，从而提高了源-目标的翻译质量。然而，因为基于中枢的方法是一种间接建模方法，所以会存在误差传播问题。最近还有人提出了直接建模方式，例如使用师生框架（Chen et al. 2017b）和最大预计似然估计（Zheng et al. 2017）。

6.4.7　神经机器翻译中的网络结构

LSTM 和 GRU 等循环模型主导着神经机器翻译中编码器和解码器的网络结构设计。最近，卷积网络（Gehring et al. 2017）和自注意力网络（Vaswani et al. 2017）已成为研究的热点，并且进展理想。

Gehring 等人（2017）认为，在序列建模中使用循环网络进行并行计算的效率较低，这是因为必须保持整个历史记录处于隐藏状态。相反，卷积网络对固定长度上下文的表示进行学习，并且不依赖于对全部历史记录信息进行的计算。因此，对序列中的每个元素都可以执行并行计算以进行编码和解码（训练阶段）。此外，也可以对卷积层进行深度叠加来捕捉长距离的依赖关系。图 6-14(a) 表示 Seq2Seq 模型的翻译过程。设卷积核的大小为 $k=3$。对于编码器，采用多个卷积和非线性层（为简单起见，图 6-14(a) 只显示了一层）以创建每个输入位置的隐藏状态。当解码器试图生成第四个目标单词 y_4 时，使用多个卷积和非线性层来获取前几个 k 单词的隐藏表征。然后，应用标准注意

力来预测 y_4。

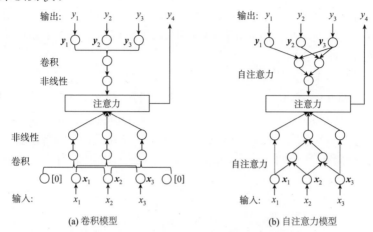

(a) 卷积模型　　　　　　　　(b) 自注意力模型

图 6-14　神经机器翻译的卷积模型和自注意力模型

循环网络需要使用 $O(n)$ 来对第一个单词和第 n 个单词之间的依赖关系进行建模,而卷积模型需要使用 $O(\log_k(n))$ 来叠加卷积运算。如图 6-14(b) 所示,在不使用任何循环或卷积的情况下,Vaswani 等人(2017)提出使用自注意力机制直接对任何词对之间的关系进行建模。为了对编码器中每个输入位置(如第二个单词)的隐藏状态进行学习,可通过自注意力模型和前馈网络对第二个单词和其他单词之间的相关性进行计算并获取隐藏状态。这里可以叠加多个自注意力和前馈层来得到第二个位置的高度抽象表示。要解码 y_4,可使用另一个自注意力模型来捕获当前目标位置和任何之前的目标位置之间的依赖关系。接着,采用卷积注意力机制对源单词和目标单词之间的关系进行建模,并预测下一个目标单词 y_4。由于高度并行的网络结构和任意两个位置的直接连接,这种翻译模型显著加快了训练过程并大大提高了翻译性能。但是,当翻译未知语句时解码效率会下降,这是因为并行性无法应用于目标端。

目前,对于哪种网络结构最适合神经机器翻译仍然没有定论。网络结构设计仍然是未来研究中的热点。

6.4.8　SMT 和 NMT 的结合

虽然 NMT 的翻译质量优于 SMT(尤其是翻译流畅性),但前者有时在翻译充分性方面不够可靠,所生成的译文与源语句句意有差,尤其是在输入中出现罕见词汇的情况下。相比之下,SMT 通常可以生成充分但不通畅的译文。因此,将 NMT 和 SMT 的优点结合起来是一个前景光明的研究方向。

近两年来,已有研究尝试结合 NMT 和 SMT 的优点(He eta l. 2016;Niehues et al. 2016;Want et al. 2017;Zhou et al. 2017)。He 等人(2016)和 Wang 等人(2017)尝试利用 SMT 特征或 SMT 翻译推荐来改善 NMT 系统。例如,Wang 等人(2017)使用 NMT 的部分翻译为前缀,然后利用 SMT 生成推荐词汇 V_{smt}。接着,应用下列公式来预测下一个目标单词:

$$P(y_t|\boldsymbol{y}_{<t},\boldsymbol{x})=(1-\alpha_t)P_{nmt}(y_t|\boldsymbol{y}_{<t},\boldsymbol{x})+\alpha_t P_{smt}(y_t|\boldsymbol{y}_{<t},\boldsymbol{x})$$

(6.67)

其中,若 $y_t \notin V_{smt}$,则 $P_{smt}(y_t|\boldsymbol{y}_{<t},\boldsymbol{x})=0$。

Neihues 等人(2016)采用 SMT 系统将预翻译输入为目标语言语句。接着,开发一个神经机器翻译系统,将预翻译的译文或者预翻译和源语句的组合作为输入。

Zhou 等人(2017)认为,这种方式只能使用一个 SMT 系统。因此,他们提出一种结合了神经系统的方式,以充分利用多个 SMT 和 NMT 系统的优点。如图 6-15 所示,将 SMT 和 NMT 系统的输出作为神经系统结合框架的输入。

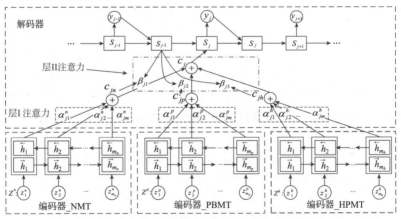

图 6-15 机器翻译的神经系统结合框架,可使用分层注意力模型将多个 SMT 和 NMT 系统结合起来,从而能够生成更好的译文

接着,设计分层注意力机制以判断在预测下一个目标单词时哪个系统的哪一部分应予以更多关注。这种方式的结合效率高,在翻译质量上有很大的进步。但是,该结合框架无法使用译文的 n-best 列表,而在探索系统结合的方向上,依然有很大的空间。

6.5　结论

本章介绍了如何应用深度学习来提高机器翻译。由于传统的统计机器翻译面临着数据稀疏和特征工程问题,早期研究主要针对使用深度学习对线性翻译模型的关键组件进行改进,例如规则翻译概率(Gao et al. 2014)、重排模型(Li et al. 2013)和语言模型(Vaswani et al. 2013)。自 2014 年起,人们开始在端到端神经机器翻译(Sutskever et al. 2014; Bahdanau et al. 2015)中使用神经网络在自然语言之间进行直接映射,该方法在 MT 界得到普遍认可。在过去的两年里,NMT 取得的显著进步使其迅速取代 SMT,成为商业翻译系统中新的权威技术。

尽管事实已经证明深度学习为机器翻译带了革命性变化,但是目前的 NMT 方法在关键部分仍然存在很多不足。首先,解释神经网络的内部工作机制和设计语言驱动的神经翻译模型是很困难的。尽管在最近的研究中使用了分层相关传播来对网络中任意两个神经元之间的连接进行量化(Ding et al. 2017),但是将神经网络中的隐藏状态与可解释的语言结构联系起来仍然是很困难的。因此,对使用符号表征的先验知识和使用连续表示的神经网络进行结合仍然是一大挑战。

然后,另一大主要挑战是数据稀疏。NMT 方法需要大量数据来支撑,但是大多数语言对实际上只拥有有限的甚至完全没有可用的平行数据。如何更好地利用有限的标记数据和丰富的未标记数据,仍将是未来研究的热门主题。Johnson 等人(2016)提出的通用 NMT 模型是解决数据稀疏问题的一个颇为有趣的研究方向。尽管他们的实验在多对一(例如多个源语言和一个目标语言)方向成绩斐然,但是对于一对多和多对多方向,依然没有取得一致性和显著进展。到目前为止,如何从语言学角度表达和利用 NMT 中所有自然语言的共同知识依然是个未解难题。

最后，大多数现有的 NMT 系统仍然局限于处理文本数据。幸运的是，连续表征的应用使得文本、语音和视觉信息的结合成为可能，并以此开发多模态的 NMT 模型。Duong 等人（2016）提出并开发了无转录文本的语音翻译系统。该系统使 NMT 模型将源语言语音的连续表示作为输入。但是，他们没有能够在翻译质量方面取得显著改进。Calixto 等人（2017）提出了双重注意力解码器，该解码器将文本和图像结合并对 NMT 进行改进。然而，该系统的训练数据只含有 3 万张图像，每张图像也仅有五项描述。因此，构建大规模的多模态平行语料库并设计新的多模态神经翻译模型同样是一个值得在未来进行探索的方向。

第 7 章

基于深度学习的问答系统

刘康　冯岩松

摘要　构建问答系统是 NLP 领域里一项具有挑战性的任务。近期,随着深度学习在语义与句法分析、机器翻译、关系提取等 NLP 任务上取得显著成功,问答系统也越来越受到重视。本章将简要介绍利用深度学习方法,解决两个典型问答任务的最新进展,分别是:(1)基于知识的问题回答(KBQA),它主要利用深度神经网络来理解问题的含义,并尝试将它们转换为结构化查询问题,或直接转换为分布式语义表征,并与知识库中的候选答案进行比较;(2)机器阅读理解(MC),它设法构建基于新型端到端神经网络,直接进行问题、答案和给定段落之间的深层语义匹配。

7.1　引言

Web 搜索正经历着变革——从简单的文档检索到自然语言问答(QA)(Etzioni 2011)。这意味着搜索算法需要准确理解自然语言问题的含义,从网络上繁杂的信息中提取有用的事实,并选择合适的答案。与词性标注、分析和机器翻译这样的 NLP 任务相似,最早的 QA 方法基于符号表征。在这一范式中,通常使用 NLP 的基本模块对问题与答案中的所有元素,包括单词、短语、分句、句子、文档等进行处理,然后将它们转为特定的结构化或非结构化格式,例如词袋、分析树、逻辑形式等。接下来,在给定的文档或网页中,对问题和候选答案之间的语义相似度和相关性进行计算,并选出得分最高的候选项作为最终答案。但是，这一范式存在致命性缺陷：具有相似含义的文本跨度可能具有不同的符号表征，也就是存在所谓的"语义鸿沟"。

在神经网络中，文本通常被表示为分布式向量。可使用分布式向量间的运算来代替文本跨度之间的精确匹配，这样就可以在一定程度上缓解传统 QA 方法中的语义鸿沟问题。

本章将简要介绍基于深度学习的 QA 研究。问答系统拥有如下几个分支：基于检索的 QA(IRQA)、社区 QA(cQA)、基于知识的问题回答(KBQA)和机器阅读理解(MC)。本章主要关注 KBQA 和 MC 两个分支，这是因为这两种 QA 任务需要对文本(从问题到文档)进行更多的语义分析和理解。本章首先从两个不同的角度讨论 KBQA 的最新进展，然后进一步综述面向MC 问题的深度学习研究以及涉及的资源。

7.2　基于深度学习的 KBQA

目前，为了提高基于知识的问题回答系统的性能，神经网络的模型被不断地拓展。各种各样的神经网络组件、架构及其变体，例如 CNN、RNN(LSTM 和 BLSTM)、注意力机制和记忆网络都在任务中取得了不菲的成果。这些工作可分为两种：信息提取范式(IE)和语义分析范式(SP)。前者通常使用多种关系提取技术，首先从知识库中检索出一组候选答案，然后在压缩的特征空间中将这些答案与问题做对比。语义分析式方法则设法借助新的组件或网络架构，从语句中提取形式/符号表示或结构化的查询，如图 7-1 所示。

从另一个角度看，在受深度学习启发的背景下，可将近期应用深度学习方法改进 KBQA 的研究分为两种类型，其中一种使用新型神经网络模型改进传统 KBQA 架构中的特定组件，另一种则在统一的神经网络架构中对任务进行形式化处理。前者主要关注如何使用先进的神经网络模型改进现有组件，例如特征抽取、关系识别、语义匹配或相似度计算等；后者主要使用新的深度学习架构将自然语言问题和候选答案投影至低维语义空间。因此，后者通常选用信息提取范式将这一KBQA 任务转换为空间中的问题嵌入和候选答案之间的相似度计算问题。

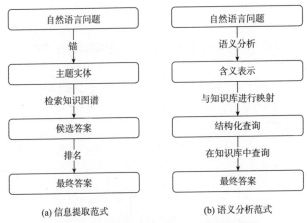

图 7-1　信息提取范式的 KBQA 框架的示意图

接下来,本节将回顾近期在基于深度学习的 KBQA 中,两大主要流派所做的研究,这两大流派分别是信息提取范式和语义分析范式。值得注意的是,大多数研究均受益于以上两种范式,但它们之间并没有严格的区别。本书试图突出不同组件或特定问题解决方法的优势。

7.2.1　信息提取范式

基于深度学习的主流研究将重点放在了寻找一种更好的方法,进而将来自知识库的自然语言问题和候选答案嵌入相同的、压缩的语义空间。这些研究通常在统一的神经网络架构中,将求解过程形式化为检索-嵌入-比较(*retrieval-embedding-comparing*)框架。

1. 简单向量表征

Bordes 等人(2014a,b)最早开展了信息提取相关方法的研究工作。有别于将映射类别、实体指称和关系模式分别映射到相应类型、实体和谓词,Bordes 等人(2014b)提出了一种更直接的方法:他们在结构化的知识库中设计了一种联合嵌入框架,来学习单词、实体、关系和其他语义项的向量表示,并设法对自然语言问题与知识库中的子图进行映射,如图 7-2 所示。

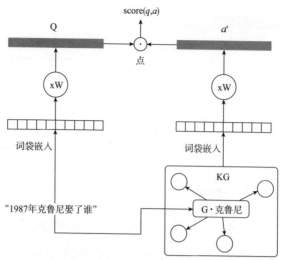

图 7-2　在 Bordes 等人 (2014a) 的研究中提出的简单向量表征示意图

当自然语言问题和候选子图由低维嵌入表示时,可以轻松计算问题和子图之间的相似度。该模型需要使用带注释的问答作为训练数据,也可以通过简单模式和多任务范例来自动收集更多的训练案例。通过同时优化其他资源和相关辅助任务,如复述任务,可保证相似度高的话语具有较高的相似性,从而缓解了人力需求。

这一框架遵循了一种简单且明确的解决方案:检索-嵌入-比较。不同于传统的提取模型,它并不依赖于人工特征、额外的语法分析或经验规则,实现了在基准数据集上的优势性能。

然而,为了便于实现,首先使用词袋模型对两种自然语言问题进行表征,然后经过压缩过程,忽略问题中的语法结构。类似的方法还能够应用于候选答案,子图可由涉及实体和关系的多热表示进行简单的表示。这一简化过程使得模型无法使用自然语言话语或知识库本身,例如问题中的关系短语、答案类型指示器或者知识库中的实体-谓词一致性。

目前,基于神经网络模型的方法还不能很好处理语义组合性以及各种超出词袋模型和实体-关系袋模型表示的限制,例如 Tom's father's mother's son 与 Tom's mother's father's son。但在某种程度上,可以通过对问题进行更深入的语法分析或对知识库进行频繁的结构挖掘来处理。

2. CNN 嵌入特征

不同于在词袋中处理所有事情(Bordes et al. 2014a),Yhi 等人(2014)提出借助卷积神经网络(CNN)来针对单一关系问题。他们使用基于 CNN 的语义模型(CNNSM)来构建两种不同的映射模型,一种用来识别问题中的实体,另一种用来将关系映射到知识库关系。需要注意的是,这里假设目标问题只包含一个实体和一个关系,这种情况实际上占据 KBQA 标准数据集的很大一部分。这些问题的结构化查询则相对简单,只涉及<主体,谓词,客体>三元组,因此不需要使用结构预测过程来恢复多个实体和关系之间固有的查询结构。

背后的核心理念与 Bordes 等人(2014a)提出的方法类似,通过CNN,使得结构化知识库中的自然语言问题和关系/谓词,可以投影至同一低维语义空间。同理,可将知识库中实体的表面形式等同于问题中实体指称,并且可以通过 CNN 进行捕捉。因此,CNNSM 可以提供知识库中自然语言问题和候选三元组的相似度,并选择得分最高的选项作为最终答案。

基于 CNN 模型的解决方案优于简单的词袋模型,并且在一定程度上可以采用字母三角向量作为输入来处理未登录词(OOV)问题,这是一种很好的解决 KBQA 任务的方法。但是,这提醒我们基于 CNN 的方法需要改进,以解决 KBQA 任务中的两个重要问题——实体连接和关系识别。它们本身都极具挑战性,并且需要充足的训练数据来训练模型,这些数据通常是指称-实体对和自然语言模式-知识库关系对。请特别注意,当前大型知识库中存有大量实体和关系,例如 Freebase,这使得在处理多个实体和关系问题时变得更加困难。

另外,Dong 等人(2015)提出使用 CNN 对问题和候选答案间不同类型的特征进行编码。他们提出了多列卷积神经网络(MCCNN)模型以对问题的不同角度进行捕捉,并且通过三个渠道(答案路径、答案上下文和答案类型)来进一步对一对问题和答案进行打分。

与简单的向量表征(Bordes et al. 2014a)相比,MCCNN 使用 CNN来提取不同的特征,这样可以明确地捕获知识库中问题的主题实体和候选答案之间的路径,以及预期的答案类型。这两项内容在评估候选答案时更为重要。通过向网络添加需要的列,可以轻松地对该框架进行扩展,并使其拥有更多类型的特征。

同样,对于基于特征的模型来说,实体链接仍然是一个悬而未决的问题。答案路径的编码在一定程度上有助于 MCCNN 沿路径执行浅层推理。然而,由于典型的检索-嵌入-比较框架的性质,MCCNN 仍然无法找到更好的解决方案来处理不同候选答案的比较问题,例如 *the highest mountain*(最高的山峰)和 *his first son*(他的第一个儿子)。

3. 具备注意力的嵌入特征

Hao 等人(2017)采用双向 RNN 模型来捕获给定问题的语义。他们认为:一个问题应当根据不同答案角度的不同关注点以不同方式进行表示(答案角度可以是答案实体本身、答案类型、答案上下文等)。以 Who is the candidate president of France?(谁是法国候选总统?)这一问题为例,答案之一为 Francois Hollande(佛朗西斯·霍朗德)。在处理答案实体 *Francois Hollande* 时,问题中的 president(总统)和 France(法国)两个词更受关注,而问题表示应当更偏向这两个单词。在面对答案类型 */business/board_member* 时,Who(谁)应当成为最突出的单词。同时,比起其他的答案角度,有些问题可能更重视答案类型。而在一些其他问题中,答案关系可能会成为应当考虑的最重要信息,并且对于不同的问题和答案来说,这一关系是动态的、灵活的。显然,这需要一种注意力机制,从而揭示问题表示和对应的答案角度之间的相互影响。

在处理包括答案路径、答案上下文和答案类型的不同答案角度时,Dong 等人使用三个不同参数的 CNN 对问题进行表征(Dong et al. 2015)。不同于以上方法,Hao 等人(2017)提出要基于交叉注意力的神经网络来执行 KBQA。

交叉注意力模型是指问题与答案角度之间的相互注意,其中包括两部分:答案-面向-问题注意力部分和问题-面向-答案注意力部分。前者能够帮助学习灵活且充分的问题表示,后者则能够帮助调整问题-答案权重。最后,可计算问题与从每个不同角度对应的候选答案之间的相似度分数,并且会根据相应的问题-回答权重对每个候选答案的所有相似度得分进行组合并得到最终得分。得分高的候选答案将作为最终答案。

4. 记忆问题回答

记忆网络是一种新式的学习框架,设计思路源于记忆机制,这种机制可以在特定的任务中读取和修改/添加记忆的事物(Weston et al. 2015b)。现阶段已经有一些使用记忆网络解决 KBQA 的研究,其中大多数遵循信息提取范式中的检索-比较原则。

第一次关于记忆网络的尝试(Bordes et al. 2015)主要关注简单的问题,这些问题可以用<主体、关系、客体>三元组来回答。在输入组件中,符号袋形式的结构化知识库可以在记忆中进行存储和读取,并将问题处理成 n-grams 袋形式。随后,记忆中的输出组件对 n-grams 袋问题和实体进行比较来寻找候选三元组。下一步是输入原问题,对候选三元组进行评估。得分最高的对象将作为答案由响应组件提供。这被认为是 KBQA 任务中记忆网络的直观应用,但实际上却展现了记忆网络在管理大型知识库实体,甚至是来自多方资源的实体方面的潜力(如图 7-3 所示)。

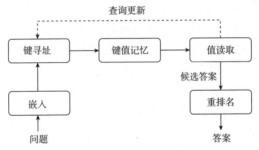

图 7-3　键-值记忆网络示意图

Miller 等人(2016)通过研究记忆中键-值(Key-Value)知识的多种形式来进一步扩展思路。改进后的模型能够让来自记忆的多个地址-读取模型收集证据/上下文以动态更新问题并获得最终答案。键-值设计的优点在于能够使记忆机制更加灵活地存储各种知识,从知识库的三元组(将主体+关系作为键,将客体作为值)到文档(将语句或窗口词作为键或值),通过异构资源来回答更复杂的问题。

7.2.2　语义分析范式

检索-嵌入-比较框架受益于各种神经网络组件,用以捕获问题-回答的相似度,且在简单问答中使用效果更好。其中,简单问答的实体和关系都位于知识库的一个简单子图内。但是，上述框架并不擅长解决复杂的语义组合问题，因为在理解一个问题时，还没有明确的信息提取机制能够捕获这一组合性。相比之下，KBQA 中的其他研究主流——语义分析式模型，正尝试正式表示一个问题的含义，然后使用知识库将其实例化，从而构建一个结构化查询，使得显式地捕获复杂查询成为可能。

因此，此类模型的核心组件是从自然语言问答中恢复正式的含义表征，例如逻辑形式或结构化查询表征，并通过使用知识库组件来映射表征，然后在知识库上进行查询以找到答案。深度学习方法将被用于设计框架中的不同组件。

7.2.1 节中讨论的 CNNSM 模型（Yih et al. 2014）还可以作为一种语义分析式方法，但只能生成一个＜主体，谓词，客体＞三元组作为查询，其中 CNN 可用于执行实体链接和关系识别。但是这一方法并不适用于稍稍复杂一些的问题，例如涉及多个实体和关系的问题，更不用说存在约束条件的问题了。造成模型泛用性低的主要原因在于神经网络组件只负责与知识库组件之间的映射，例如实体或关系，但却没有明确的机制用以负责识别多个实体或关系中的内在结构。事实上，通过 PCCG、PCFG、依存结构或其他语法/语义范式（Cai and Yates 2013；Kwiatkowski et al. 2013；Berant and Liang 2014；Reddy et al. 2014；Kun et al. 2014），传统的基于语义分析的模型已经对这一结构进行了深入研究。

1. STAGG：搜索和剪枝中的语义分析

除单一关系问答以外，Yih 等人（2015）提出使用查询图（query graph）来表示问题的含义，其中包含四种节点：背景实体、存在变量、lambda 变量和约束条件/函数。这里，lambda 变量指的是一种非背景实体，有可能会成为最终答案。存在变量可以作为中间节点，例如 Tom's father's mother 语句中的 father，也可以作为抽象节点，例如 Freebase 中的复合值类型（CVT）节点[①]。约束条件/函数可以根据一定的数值属性对一组实体进行过滤，例如 argmin 函数。在查询图中，

[①]CVT 节点通常并不是真实的实体，而是经常指事件，例如结婚事件或总体任期事件，它可以表示具有多个字段的数据条目。

节点通过有向边来表示两个节点之间的关系,并与知识库谓词进行映射,如图 7-4 所示。

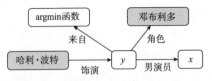

图 7-4　阶段查询图生成模型示意图（STAGG）（Yih et al. 2015）

然后,任务就变成了如何将自然语言问题转换为查询图。Yih 等人(2015)提出了一种阶段查询图生成模型(STAGG),该模型从一开始就使用知识库不断地修剪搜索空间,从而构建结构化查询。

STAGG 的关键组件包括链接主题实体、识别核心推理链和最终使用约束条件/函数进行扩展,基本上是一种逐步搜索的分析-排序过程。在这里,核心推理链捕获主题实体和 lambda 变量之间的关系,并为查询提供主干。Yih 等人(2015)使用一种深度 CNN 模型对问题和谓词序列进行语义匹配(距离通常为 2,并且中间有一个 CVT 节点)。

尽管这些成果是在基准数据集中取得的,但是仍然可以从 STAGG 的设计中学到一些宝贵的经验。

链接主题实体:找到主题实体并将其链接到知识库中是第一步,也是最关键的一步。STAGG 使用 S-MART(Yang and Chang 2015)——一种在短文本中进行实体链接的统计学模型,该模型对后续步骤和整体性能起到非常重要的作用。当主题实体链接切换到 Freebase API 时,STAGG 的 F1 分数将会下降 4.1%。

识别核心推理链:总体来讲,这是一个关系提取步骤,这一步将知识库中图的主题实体链接到 lambda 变量,与 CNNSM(Yih et al. 2014)类似,这一捕获过程是通过 CNN 实现的。已知全部候选关系,并且构成了巨大的搜索空间,STAGG 不仅考虑那些与主题实体相关的关系,还能捕获问题如何在语义上与主题实体相关的知识库序列进行匹配。因此,识别核心推理链的过程成了一个匹配-排序步骤,从而避免大规模、多类别的分类形式。

扩展约束和聚合:STAGG 将问题中的其他实体或时间表达式作为约束节点连接到核心推理链,同时还引入某些特定函数来进一步过滤答案,例如,将第一、最小转换为 argmin 函数。尽管这是通过一组规则来实现的,但仍然能够看到 KBQA 系统形式化地引入了聚合函数,并将其作为正式表示中的一部分。

　　理解最高级表达式:参见 Berant 和 Liang(2014)以及 Zhang 等人(2015)所做的研究,最高级话语在问题中较为常见。大多数 KBQA 研究中采用模板或规则对最高级表达式进行分析,然后从 argmin 或 argmax(Berant and Liang 2014;Yih et al. 2015)中进行简单选择。然而,对最高级表达式进行形式化分析并转换为知识库中的结构化比较架构,不仅将有助于 KBQA 系统更好地处理最高级话语,还可以更好地处理具有顺序约束的话语。Zhang 等人(2015)设计了一种神经网络模型来学习最高级话语和知识库关系之间的潜在对应关系,并作为比较结构的比较维度。例如,从 *the longest river* 转换到< river. length, *descending*,1>元组,目的是希望所有的河流都能够在知识库的谓词 river. length 上进行比较,再按降序排列,将排名靠前的选项作为选择目标。

2. 改进关系识别

　　正如之前在语义分析式研究(Kwiatkowski et al. 2013;Berant et al. 2013;Berant and Liang 2014)中所讨论的,从问题中识别出知识库的关系/谓词是成功的关键,传统的基于特征的模型很难捕获语句和知识库关系间的不匹配情况以及自然语言话语中的变化情况。另外,在词汇或句法特征研究(Zeng et al. 2014;Liu et al. 2015;Xu et al. 2015)中,许多研究都使用深度学习方法中的 CNN 或 RNN 模型进行关系抽取。

　　KBQA 中的关系提取组件可用于处理短文本中基于知识库的关系,并生成多达数千个候选。一种可行的解决方法就是通过 CNN 在自然语言话语和知识关系之间进行语义匹配(Yih et al. 2014,2015),从而避免对数百个关系直接进行分类,如图 7-5 所示。

　　Xu 等人(2016)提出了一种多通道卷积神经网络(MCCNN)模型,从词汇和句法两个角度学习紧凑性和鲁棒性的关系。事实上,这些方法更适合开放领域的 KBQA 场景。在开放领域的知识库中,通常有数以千计的关系,传统的基于特征的模型不可避免地会带来数据稀疏问题以及对不曾见过的单词泛化效果较差的问题。

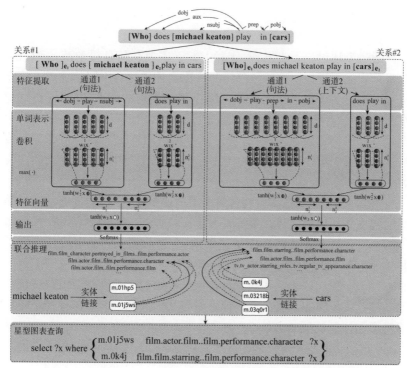

图 7-5　Xu 等人（2016）的研究中关于多通道卷积神经网络模型的示意图

3. 神经符号机器

　　另一个有趣的语义分析式研究方向是对神经网络和符号推理的优点进行组合来改进问答效果。Liang 等人（2017）引入了一种神经符号机器（NSM），它配备了一个神经网络组件，能够将自然语言表示映射到可执行代码。此外，它还配备了一个符号组件，可以通过执行代码来修剪搜索空间或找到答案。

　　具体来说，可将这个神经网络组件称为"程序员"，"程序员"基本上是一个序列-序列模型，它可以对键-值记忆进行维护，并在生成程序序列时对中间结果进行处理。然而，神经网络组件和符号转码器的混合设计将导致整个架构很难进行训练，这就要求将其转换为增强学习问题来进行求解。

7.2.3　对比信息提取范式与语义分析范式

通过上述讨论不难发现，实际上并不需要在信息提取范式和语义分析范式之间进行明确的区分。两种范式各自拥有不同的优点。信息提取范式更多汲取了新型神经网络模型和架构的优点，并能够更好地在压缩语义空间中表示问题和候选答案，可以很容易地在模型架构中合并不同的特征表示。相反，深度学习网络能够提供具有精确关系或约束/映射的 SP(语义分析)模型，并且可以支持更加精确/复杂的含义表示和派生功能。

事实上，此前的很多研究都兼顾了这两种范式，特别是那些针对简单问题或是从这两种范式中都有所启发的研究。例如，STAGG 按照传统的语义分析范式从问题中构建结构化询问，然而它的分段排序和剪枝功能可以帮助修剪搜索空间，从而能够优化查询架构并得到更好的整体性能。我们认为一些同时具备信息提取范式和语义分析范式优点的新型范式能够非常灵活地处理更为复杂的问题。其中就包括记忆网络模型和神经符号架构。

7.2.4　数据集

目前已经有一些数据集可用来对基于知识的问答系统进行评估。

WebQuestions：使用广泛的 WebQuestions 数据集最早由 Berant 等人(2013)创建，该数据集包含 5810 个问答对，可以通过谷歌 Suggest 服务进行抓取，并通过亚马逊 Mechanical Turk 使用 Freebase 答案进行标注。该数据集还包括公开可用的训练集/测试集的划分和一个用于比较的评估脚本[①]。

Yih 等人(2016)使用语义分析标签进一步扩展了 WebQuestions 数据集，得到 WebQuestionsSP，其中包含了原始答案，每个可回答的问题都可以使用带有 Freebase 实体标识符的 SPARQL 查询进行标注，总计 4737 个问题[②]。

Free917：Free917 数据集由 Cai 和 Yates(2013)创建，其中包括 917

[①]更多细节详见 https://nlp.stanford.edu/software/sempre/

[②]信息源自 https://www.microsoft.com/en-us/download/details.aspx?id=52763

个问题,每个问题都用逻辑形式进行标注,实体和关系都基于 Freebase。Kun 等人(2014)又进一步用非背景语义分析对每个问题进行标注,其中,实体短语、关系短语、类别、变量以及它们之间依赖关系的结构都有明确标注。

SimpleQuestions:SimpleQuestions 数据集由 Bordes 等人(2015)创建,其中包括108 442个问题,每个问题都使用来自 Freebase 的<主体,关系,客体>三元组进行了手动标注。SimpleQuestions 数据集中的问题相对简单,因此可以通过从知识库中检索和使用一个三元组来回答问题,例如对 *What do Jamaican people speak*(牙买加讲什么语言)与知识库查询中的(*jamaica, language_spoken, ?*)进行配对。

WikiMovies:WikiMovies 数据集由 Miller 等人(2016)创建,其中包括 10 万个电影行业中的问题。这个数据集可以使用维基百科文档(包括电影的维基百科页面)、人工修复的结构化知识库(由开源的 Movie Database[①] 和 Movie Lens[②] 精心创建)或借助 OpenIE 工具自动得到的知识库三元组作为答案。每个问题都保证能够使用维基百科文档或修复的知识库得到相同的答案。

QALD:关联数据问答挑战(QALD)起源于 2011 年[③],是对一系列关联数据问答进行的开放性评估。QALD 评估的主题是将用户的自然语言问题正确地表示为标准的、可执行的查询问题,例如 SPARQL 查询,从而并且能够在大规模知识库中执行查询操作,例如 DBpedia。

一些经典的 KBQA 任务往往含有数百个问答对,其中包括:多语种问答任务,该任务包含自然语言问题对(多语种形式,例如英语、法语、德语等)和 DBpedia 答案或对应的 SPARQL 查询,并且这些查询可以在 DBpedia 上执行;还包括混合问答任务,其中每个自然语言问题都可以使用结构化的知识库、DBpedia 和自由文本进行回答,例如 DBpedia摘要(见表 7-1)。

---

①信息源自 http://beforethecode.com/projects/omdb/download.aspx
②信息源自 http://grouplens.org/datasets/movielens/
③http://qald.sebastianwalter.org/

表 7-1　来自当前流行的 KBQA 数据集案例问题

WebQuestions
欧洲哪个国家的陆地面积最大？
沙克最初为谁效力？
福克纳一生大部分时间在美国哪个最大的城市生活？
Free917
谁获得了 2011 年奥斯卡最佳导演奖提名？
有多少国家使用欧元？
1992 年，大西洋飓风季节最强的风暴是什么？
SimpleQuestions
安迪·利平科特的创作者是哪位美国漫画家？
火溪在哪个森林里？
能缓解儿童耳痛的有效成分是什么？
WikiMovies
哈里森·福特主演过什么电影？
你能简单描述一下电影《银翼杀手》吗？
哪些电影可以用反乌托邦来描述？
QALD
伊丽莎白女王二世统治过哪些国家？
圣卢西亚最好的五星级酒店在哪里？
瑞士人使用什么货币？

7.2.5　挑战

随着基于知识的问答系统的发展，出现了一些备受关注或讨论的问题，尤其是在使用深度学习模型的上下文中。

1. 组合性

在传统的基于语义分析的 KBQA 研究中，通常使用组合范畴语法（CCG）（Steedman 2000）或概率 CCG 来从问题中获得含义的表示（Cai and Yates 2013; Kwiatkowski et al. 2013）。如果不考虑此类语法结构，例如信息提取范式，那么想要在统一的模型中明确地进行捕获则相对困难。因此，当前有许多研究均依赖人为定义的规则或处理组合性的模板（Yih et al. 2015）。然而，神经符号架构提供了一个新方向，它能够对具备浅层符号推理(Liang et al. 2017)能力的神经网络模型进行扩展。

2. 自然语言与知识库的差距

通过此前的讨论我们发现,当试图使用知识库条目进行候选答案的检索或匹配自然语言话语时,实体链接和关系提取便成为两个主要障碍。其主要原因在于自然语言和知识库之间不匹配,包括上下文的限制或省略、次语法的组合性,甚至是知识库设计的缺陷。当前提出的各种神经网络模型都可以用来改进关系匹配或关系提取的效果,但是对实体链接这一 KBQA 系统中基础环节的关注还远远不够。

3. 训练数据

在各种基于机器学习的方法中,训练数据一直是一个长期存在的问题,特别是对于神经网络模型而言,与传统方法相比,这些模型通常需要更多的训练数据。另外,在问答场景中,收集问答对的成本很高,更不用说收集好的注释,例如逻辑形式、结构化查询,甚至是实体和关系注释。可行的解决方法包括将问答对作为间接监督来收集伪标签(Yih et al. 2015；Xu et al. 2016),以及使用噪声标签或模板自动收集训练数据(Miller et al. 2016；Bordes et al. 2014a)。

基于知识的问答是一项具有挑战性的任务,需要使用大量的 NLP 或 IR 技术,例如词汇分析、句法分析、信息提取、实体链接、推理,等等。深度学习的最新进展提供了有用的工具和新颖的框架来改进问答效果,这是公认的早期阶段。我们相信神经网络建模与问答的深度融合将为这一领域注入新的生机。

7.3　基于深度学习的机器阅读理解

7.3.1　任务描述

机器阅读理解(MC)是近期提出的一项应用,是过去几年里 NLP 和 AI 领域的研究重点。MC 对机器阅读、处理和理解文本含义的能力进行测试。MC 遵循传统的 QA 设置,但仍然存在以下缺陷:

- 在传统 QA 中,对于给定的问题,答案可能来自各种资源,例如知识库(KBQA)、网络搜索甚至是一些问答平台(也称为网络社区 QA)。然而,在 MC 中,只能从上下文推断回答。

- 与传统 QA 相比,尤其是 IRQA 和 KBQA,MC 主要关注那些不能直接回答的、需要在给定的文档中根据多个实体或事件进行推理的问题。因此,MC 对推理能力的要求很高。
- 与传统 QA 相比,MC 中的答案类型更加多样,从单一词汇到多条语句,不一而足。另外,MC 的问题形式也是多种多样,例如多项选择题(候选答案已给出)和完形填空(并未给出候选答案,答案需要从系统中生成)。

1．数据集

MCTest：机器阅读理解的任务起源于 NLP 领域。2013 年,微软学者提出了 MCTest(Richardson et al. 2013)数据集,用于评估机器的阅读理解能力。在 MCTest 中,每个文档(故事)都与 4 个问题关联。每个问题都有 4 个候选答案,而系统需要选出正确答案。MCTest 故事和问答示例如图 7-6 所示。

经过长途旅行,艾丽莎来到了海滩。她是夏洛特人。她这次从亚特兰大过来。她现在在迈阿密。她去迈阿密拜访一些朋友……
女孩们去餐厅吃饭。这家餐厅有特价鲶鱼。艾丽莎很喜欢这家餐厅的特色菜。艾伦点了一份沙拉,克里斯汀点了汤。瑞秋点了牛排。

1. 单选题：艾丽莎为什么去迈阿密?
   A) 游泳
   B) 旅行
   *C) 拜访朋友
   D) 行程

2. 多选题：艾丽莎在餐厅吃了什么?
   A) 牛排
   B) 汤
   C) 沙拉
   *D) 鲶鱼

图 7-6 MCTest 故事和问答示例

显然,MCTest 是一个标准的阅读理解数据集,故事是虚构的,并且一些问题可以通过几条语句进行回答(被标记为 *multiple*)。作者将数据集分为两个子集——MC160 和 MC500,它们各自包含 160 个和 500

个故事。然而，由于数据集的量级过小，有时只能用作 *test* 设置。近年来，许多学者往往借助外部语言工具进行特征提取，并在此基础上进行推理。从 MCtest 到现在，已发布数个 MC 数据集。这里主要对其中 4 个标准数据集进行介绍。

bAbi：根据作者的描述，bAbi(Weston et al. 2015a)是一个 AI 完备 (AI-complete)的 MC 数据集。总的看来，bAbi 包含 20 个子任务，其中的每个子任务都需要不同的回答技巧。子任务示例如图 7-7 所示。

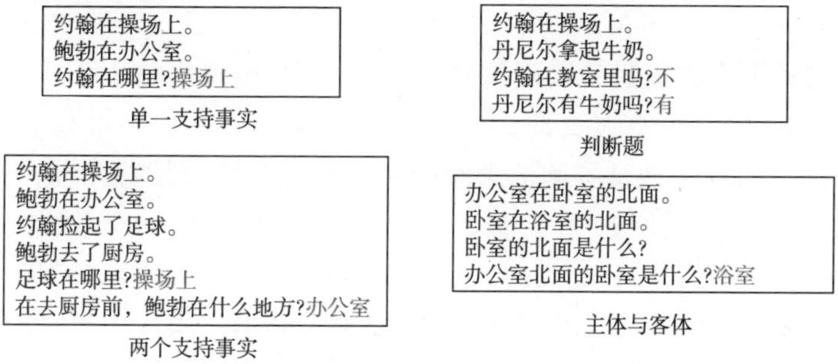

图 7-7　bAbi 问答的几个子任务示例

由于 bAbi 数据集被分为不同的类别，因此不同子任务中的性能会暴露模型在回答不同类型的问题时的优缺点。此外，整个数据集能够使用几条人为设计的规则实现数据的自动合成和自动生成。虽然规则理应是没有限制的，但事实上生成的规则仅仅建立在 100 多个单词的描述之上。因此，数据集中的一些问题会被复制。由于 bAbi 是由规则自动合成的，因此使用的算法或系统反倒更有可能逼近所使用的生成规则。

SQuAD：SQuAD(Rajpurkar et al. 2016)表示斯坦福问答数据集，它是一个最新发布的由人工创建的大型机器阅读理解数据集。该数据集包括近 10 万个文档问题。文档来自维基百科页面，接下来众包注释员会根据这些文档提出问题，并在文档中对相应的答案进行标记。需要注意的是，SQuAD 并没有提供候选答案。系统可以通过对文档中答案的起始位置进行预测来"生成"答案。SQuAD 问答示例如图 7-8 所示。

在气象学中，降水是大气中的水蒸气在重力作用下凝结而成的产物。降水的主要形式有毛毛雨、雨、雨夹雪、雪、霰和冰雹……当小水滴与云中的其他雨滴或冰晶碰撞并结合时，就形成降水。在分散的地方，短时强降雨被称为"阵雨"。

水滴在哪里与冰晶碰撞形成降水？

图 7-8 SQuAD 问答示例

人们近期还发布了一些规模和形式与 SQuAD 相似的 MC 数据集，例如 NewsQA[①] 和 Marco[②]。

完形填空式机器阅读理解数据集：除了此前提到的 MC 中的 QA 形式以外，完形填空式查询（Taylor 1953）也是一种基本的 QA 形式。这一类型的 QA 共享了阅读理解的绝大部分特性，而答案则是文档中的某个单词。人们近期发布了许多基于这种类型的数据集，例如 CNN/Daily Mail(Hermann et al. 2015)和 CBT(Hill et al. 2015)。在 CNN/Daily Mail 中，作者提出了一种从两个新闻语料库中半自动生成完形填空的方法。每个新闻故事都伴有标题或总结。作者删除了标题中的某个特定名词，系统则会在给定文档的基础上填充占位符。为了避免语言建模或文本理解以外的真实世界知识带来的影响，作者对所有文档和查询中的所有实体进行匿名处理。在 CBT 中，每个文档包含故事中的 20 个连续语句，第 21 个语句中的一个单词则会被删除。为了避免在阅读理解中使用基于语言建模的方法，答案被限制为名词。CNN/Daily Mail 问答示例如图 7-9 所示。

背景：
(@entity4)如果你在今天的《权力的游戏》中感到一丝涟漪，那可能是官方的 @entity6 迎来了它的第一个同性恋角色。据科幻网站 @entity9 报道，即将上映的小说《@entity11》中将会有一个能干但有缺点的 @entity13 官员出现，他的名字叫 @entity14，"恰好也是一名女同性恋"。漫画和书籍由 @entity6 特许经营权所有者 @entity22 批准——根据 @entity24，《@entity6》图书编辑 @entity28 印记 @entity26。

问题：
《@占位符》电影中的角色逐渐变得更加多样化
答案：
@entity6

图 7-9 CNN 问答示例

①https://datasets.maluuba.com/NewsQA

②http://www.msmarco.org

2．实现机器阅读理解的知识要求

机器阅读理解是一项综合的推理任务，需要你能够深刻地理解自然语言。在心理学中，理解来自于单词间的交互，看它们是如何在给定的段落/文档内外触发知识的。这是一个创造性的多层面过程，并依赖于 4 种语言技能：音韵、语法、语义和语用。对于机器阅读理解问题而言，需要实现真正的理解，甚至需要具有理解多个子句间关系的能力。举例来说，要理解事件之间的时间关系，需要对特定的表达进行识别，例如连词（when、as、since 等）、时间指示词（morning、evening 等）、时态（went、is going、will go 等）。此外还需要其他推理技能，例如，数学运算需要回答与算术有关的问题，例如 *Tom has four pencils and he gave his desk-mate 2 of them，how much pencils did he have at hand？*（Tom 有 4 支铅笔，给了同桌 2 支，现在他还有几支铅笔?)系统在回答这一类型的问题时，则应当推断出方程 $4-2=2$。Sugawara 等人（2017）提出了 MC 所需要的 10 项基本技能，如表 7-2 所示。

表 7-2　机器阅读理解技能

技能	描述或案例
列表/枚举	实体或状态的跟踪、保留和列表/枚举
数学运算	四种算术运算和几何理解
共指消解	共指关系的探测与消解
逻辑推理	归纳、演绎、条件语句和量词
类比	修辞手法中的比喻，例如暗喻
时空关系	事件的空间和/或时间关系
因果关系	事件的关系表现为：为什么、因为、原因是，等等
常识推理	分类知识、定性知识、行为和事件变化
示意图/修辞条款关系	语句中从句的协调或从属关系
特殊语句结构	语句中修辞、结构和标点符号格式的组合

总而言之，机器阅读理解涉及许多语言模式，例如词汇、句法或高级话语、释义。如果从方法论的角度对这些特征进行建模，现有方法可分为两部分：基于特征工程的方法和基于深度学习的方法。接下来对这两种方法进行简要介绍。

7.3.2 基于特征工程的方法

现有的基于特征工程的方法在对阅读理解任务进行建模时，通常将其作为在给定问题和文档或段落之间计算语义相似度的任务。这些方法试图通过几个浅层语义特征对语句和文档的语义进行建模，包括基于 POS 标签的特征、依存句法分析特征、共指关系和指称，等等。还可基于不同的特征捕获不同类型的语义，例如词汇层面语义、话语层面语义，等等。

1. 词法匹配

词法匹配是一种简单而有效的机器阅读理解方法。这种方法通常采用一种基于滑动窗口的算法，为每个与问题文本配对的答案生成词袋向量，并使用词袋向量对候选答案进行排序。然后，根据每个候选答案与故事文本的匹配程度进行打分，得分最高的候选答案将被指定为最终答案。具体而言，该算法使用滑动窗口穿过整个故事文本，在问答对中，窗口的尺寸等于单词数量。故事文本窗口和问答对之间的最高得分将作为答案的对应分数。

基于滑动窗口的算法

要求：段落 P，段落单词集 PW，段落 P_i 中的单词 i^{th}，问题 Q 中的单词集，假设答案 $A_{1..4}$ 中的单词集，停用词集 U。

定义：$C(W) = \sum_i \mathbb{I}\,(P_i = w)$

定义：$IC(W) = \log\left(1 + \dfrac{1}{c(w)}\right)$

1: **for** $i = 1$ to 4 **do**

2:　　$S = A_i \cup Q$

3:　　$sw_i = \max_{j=1..|S|} \sum_{w=1..|S|} \begin{cases} IC(P_{j+w}) & \text{如果 } P_{j+w} \in S \\ 0 & \text{其他} \end{cases}$

4: **end forReturn**：$sw_{1..4}$

然而，以上算法中使用的文本窗口是固定的。Smith 等人(2015)采用多次通过的方法，并综合所获分数来为每个答案打分。具体来说，他们开始将窗口尺寸设置为 2，然后增加了 30 个标记(token)。接着将这些分数与整个故事中问答对的匹配数结合起来。正如他们所言，该方法使系统能够捕获到故事中的长距离关系。原始及改进后的滑动窗口匹配方法在 MCTest 数据集中的对比结果如表 7-3 所示。

表 7-3 滑动窗口匹配方法在 MCTest 数据集中的性能

	滑动窗口(%)	改进后的滑动窗口(%)
MC160	69.43	72.65
MC500	63.01	63.57

2. 话语关系

回答一个问题所需的相关信息可能分布在多个语句中。理解这些语句间的语义关系对于找到正确答案是非常重要的。以图 7-10 为例,要回答 why Sally put on her shoes(为什么 Sally 要穿鞋)这个问题,我们需要推断 She put on her shoes(她穿上了鞋)和 She went outside to walk(她出去走走)是否存在因果关系。

> 萨莉喜欢外出。她穿上鞋子。她出去散步。猫米茜对萨莉喵喵叫。萨莉向猫米茜招手。"萨莉,萨莉,回家了",萨莉的妈妈喊道。莎莉跑回家找她妈妈。萨莉喜欢外出。
>
> 莎莉为什么穿鞋?
>
> A) 向猫米茜招手
> B) 听到妈妈喊他
> C) 因为她想出去
> D) 回家

图 7-10 需要进行多语句推理的问答示例

早期的研究已经证明话语关系在问答(Jansen et al. 2014)等相关应用中的价值。Narasimhan 和 Barzilay(2015)提出了三个模型来将话语关系合并到 MC 系统中。

下面将文档中的语句表示为 z,将问题表示为 q,将答案表示为 a。

模型 1：

$$P(a,z|q_j)=P(z|q_j)P(a|z,q_j) \tag{7.1}$$

式(7.1)将联合概率定义为两个分布的乘积。第一个概率是问题中给定段落的语句条件分布。这是为了帮助识别那些回答问题所需的语句。第二个概率则是构建给定问题 q 和语句 z 来选择答案的条件概率。我们可以使用指数族(exponential family)来解决这些成分概率问题：$P(z|q) \propto \exp^{\theta_1 \varphi_1(q,z)}$ 和 $P(z|a, q) \propto \exp^{\theta_2 \varphi_2(q,a,z)}$,这里 φ 表示特征向量,θ 表示相关权重。对文档中所有的语句 z_n 进行求和,便可以得到特定答案 a_j 的概率：

$$P(a_j|q_j)=\sum_n P(a_j,z_n\mid q_j) \tag{7.2}$$

在这里,似然目标函数可以写成

$$L_1(\theta) = \log \sum_j \sum_n P(a_j, z_n \mid q_j) \tag{7.3}$$

模型 2:模型 1 只考虑了一个支持语句(例如:语句 z)。当然,我们可以将其扩展到多语句情况,这里我们对给定的问题使用了多个相关语句。基于这一情景,可对联合模型做出如下定义:

$$P(a, z_1, z_2 \mid q) = P(z_1, \mid q) P(z_2 \mid z_1, q) P(a \mid z_1, z_2, q) \tag{7.4}$$

已知问题 q,首先使用概率 $P(z_1, \mid q)$ 来预测第一个与 q 相关的支持语句 z_1,第二个支持语句 z_2 可以通过推理得到。最终,可预测得到答案 a。

模型 3:模型 3 试图直接指定问题之间的话语关系,然后利用这一关系对文档中的其他相关语句进行推理。其中,模型 3 增加了隐藏变量 $r \in \mathcal{R}$ 来表示关系类型,该变量包含与问题类型和关系类型相关的特征。它还利用关系类型来计算语句之间的词法和句法相似度。关系集 $\mathcal{R}$ 包括如下关系:(1)因果关系($Causal$)——事件的原因或事实的原因;(2)事件顺序($Temporal$)——事件的时间顺序;(3)解释($Explanation$)——主要处理怎样的问题;(4)其他($Other$)——上述三种关系以外的关系(包括无关系)。

现在,对式(7.4)中的联合概率进行修改,添加关系类型 r:

$$P(a, r, z_1, z_2 \mid q) = P(z_1 \mid q) P(r \mid q) P(z_2 \mid z_1, r, q) P(a \mid z_1, z_2, r, q)$$
$$\tag{7.5}$$

额外的成分 $P(r \mid q)$ 为关系类型 r 的条件概率,r 的类型取决于问题本身。因此,这一模型可以通过学习得到 r 的类型,例如,"为什么"类型的问题对应的是因果关系。

三个模型的结果如表 7-4 所示。

表7-4 三个模型在 MCTest 数据集中的准确性。单支持句是指问题只需要一个支持语句来回答,多支持句是指问题需要多个支持语句来回答

	MC160			MC500		
	单支持句(%)	多支持句(%)	全语句(%)	单支持句(%)	多支持句(%)	全语句(%)
模型 1	78.45	60.57	68.47	70.58	57.77	63.58
模型 2	74.68	60.07	66.52	66.17	59.9	62.75
模型 3	72.79	60.07	65.69	68.38	59.9	63.75

3. 答案-蕴含结构

早期的 NLP 研究在对两个文本片段之间的潜在结构进行学习时受益良多。例如,在识别文本蕴含(RTE)中,可以通过两个文本片段之间潜在的对齐来从前提中推断出假设。在 MC 中,也可以以将这一蕴含的结构信息包含在内。在图 7-6 所示的示例中,要回答第二个问题,可以使用句法规则将问题和候选答案转换为陈述句。例如,其中一个候选答案是鲇鱼,可以将它与查询句组合,形成如下陈述句:艾丽莎在餐厅吃鲇鱼。把这个陈述句作为假设,将文档作为前提,便可以推断这一蕴含的概率。结构如图 7-11 所示。

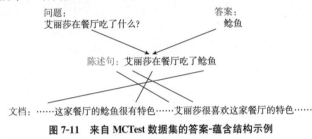

图 7-11　来自 MCTest 数据集的答案-蕴含结构示例

这里的答案-蕴含结构可以对文本中的多个语句和假设进行对齐。文本中用于对齐的语句并不限于在文本中连续出现。为了允许这样的非连续对齐,Sachan 等人(2015)采用了文档结构。他们特别使用了修辞结构理论,从而捕获语句间事件或实体的共指关系链接。他们还特别使用了潜在结构 SVM(LSSVM)来训练最大-边际模型,其中答案-蕴含结构是潜在的。使用 MC500 得到的答案-蕴含模型的结果如表 7-5 所示。

表 7-5　MC500 中答案-蕴含模型的准确度

	单语句(%)	多语句	全语句
准确度(%)	67.65	67.99	67.83

4. 基于特征工程的方法面临的挑战

基于特征工程的方法是解决 MC 问题的一种有效且明确的方法,这些方法通常利用几个语义特征来构建给定文档和问题之间的语义关系模型。然后根据这些特征进行推理。整个过程清晰且易于发现错误。然而,语义特征有时需要从人类经验或启发式思想中进行提取。

它们可能无法包含更深层的语义信息。它们还严重依赖于独立的语义工具,例如词性标签、语法分析器等,这些工具会给系统带来噪声。因此,基于特征工程的方法通常将 MCTest 等 MC 数据作为主要数据来源。对于大规模 MC 数据集,例如 SQuAD 和 bAbi,该方法难以从文本中设计并提取有效的特征。最近,由于深度学习在机器视觉和语音识别方面取得的巨大成功,越来越多的学者开始关注基于深度学习的 MC 技术。

7.3.3 基于深度学习的方法

针对 MC 任务,本节将介绍几种流行的基于不同数据集的深度学习方法。已知文档 d 和问题 q,接下来可以对答案 a 的选择概率进行建模:

$$P(a|d,q) \propto \exp(W|(a)g(d,q)) \tag{7.6}$$

其中,$W(a)$ 为候选答案 a 的嵌入,$g(d,q)$ 表示已知问题 q 时文档 d 的嵌入。函数 $g(d,q)$ 的计算是关键部分,因此可以应用几种深度神经网络对其进行计算,例如 RNN、LSTM 和记忆网络(Weston et al. 2015b)。

1. 基于 LSTM 的编码器

长短期记忆网络(LSTM)已经被证明对于将序列数据建模成向量是有效的。因此,为了对函数 $g(d,q)$ 建模,Hermann 等人(2015)将文档以文字的形式一次性输入基于 LSTM 的编码器。然后,问题 q 也在分隔之后被馈送到该编码器。通过这种方式,可以给定文档 d 和问题 q 的对应关系,如图 7-12 所示的长单个序列。此处不再详细阐述,可以参考 Hermann 等人(2015)的研究。

2. 双向注意力编码器

单向 LSTM 很难在长距离中传播依赖关系。因此,信息在从一个组件到另一个组件的传输过程中会衰减,这使得文档的语义无法得到精确的编码。因此,越来越多的学者开始采用双向 LSTM 模型来对序列数据进行编码。此外,文档 d 中的所有语句或上下文并非都与给定的问题 q 相关。例如,d 是 Michael Jordan abruptly retired from Chicago Bulls before the beginning of the 1993-1994 NBA season to pursue a career in baseball(迈克尔·乔丹在 NBA 1993-1994 赛季开赛前突然从芝加哥公牛队退役,转而从事棒球运动),而 q 则是 When did Michael Jordan retired from NBA? (迈克尔 · 乔丹何时从 NBA 退役?)d 中的重点应该是 pursue a career in baseball(转而从事棒球运动),也就是说,在处理不同问题时,应当关注 d 中不同的部分。因此,将注意力机制引入深度神经网络是非常自然的事情。Chen 等人(2016)提出了一种具有注意力机制的双向编码模型(BiDEA),该模型可以在 CNN/Daily Mail 数据集中得到很好的结果。

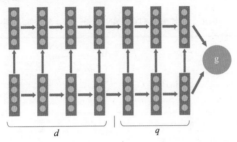

图 7-12　来自 MCTest 的一个答案-蕴含结构示例

该模型的结构非常直观,预测答案的过程主要包括如下三个步骤。

(1) **编码**:在所有单词都被映射为 d-维向量后,段落 $p(d)$ 和查询 q 可以各自表示为 p_1, p_2, $\cdots$, p_m 和 $q_1, q_2, \cdots, q_l$。因此,可按照下列公式对 p 的上下文信息进行计算。

$$\overrightarrow{h_i} = \text{LSTM}(\overrightarrow{h_{i-1}, p_i}), i = 1, \cdots, m$$

$$\overleftarrow{h_i} = \text{LSTM}(\overleftarrow{h_{i+1}, p_i}), i = m, \cdots, 1$$

$$\widetilde{p}_i = \text{concat}(\overrightarrow{h_i}, \overleftarrow{h_i})$$

(2) **注意力**:按照下列公式可将 $\widetilde{p}_i$ 中的所有文本信息组合成输出向量 $\boldsymbol{o}$。

$$\alpha_i = \text{softmax}_i q^\text{T} \boldsymbol{W}_s \widetilde{p}_i$$

$$\boldsymbol{o} = \sum_i \alpha_i \widetilde{p}_i$$

上述公式中,$W_s \in \mathbb{R}^{h \times h}$ 可用于问题 q 和段落 p_i 中某个单词之间的相似度测量。

(3) **预测**:预测结果 a 可通过如下计算得出。

$$a = \text{argmax}_{a \in p \cap E} \boldsymbol{W}_a^\text{T} o$$

其中,E 是嵌入矩阵,W_a 是输出 o 和候选单词 a 之间的权重矩阵。

上述模型的计算虽然非常直观,但却在 CNN/Daily Mail 数据集的计算中取得了很好的效果(实验结果如表 7-6 所示)。根据 Chen 等人(2016)的分析,该方法的有效性主要源于:(i)CNN/Daily Mail 中的推理和推断水平仍然非常简单,使用一个简单的模型便可进行处理;(ii)各类模型在 CNN/Daily Mail 中都已达到性能上限,甚至可以通过信息检索系统来更好地处理这个语料库。

表 7-6　BiDEA 和其他模型在 CNN/Daily Mail 数据集上的结果

	CNN		日常邮件	
	价值	测试	价值	测试
Attentive reader (Hermann et al. 2015)	61.6	63.0	70.5	69.0
MemNN (Sukhbaatar et al. 2015)	63.4	6.8	—	—
AS reader (Hermann et al. 2015)	68.6	69.5	75.0	73.9
Stanford AR (Chen et al. 2016)	68.6	69.5	75.0	73.9
DER network (Kobayashi et al. 2016)	71.3	72.9	—	—
Iterative attention (Sordoni et al. 2016)	72.6	73.3	—	—
EpiReader (Trischler et al. 2016)	73.4	74.0	—	—
GAReader (Dhingra et al. 2016)	73.0	73.8	76.7	75.7
AoA reader (Cui et al. 2017)	73.1	74.4	—	—
ReasoNet (Shen et al. 2017)	72.9	74.7	77.6	76.6
BiDAF (Seo et al. 2016)	76.3	76.9	80.3	79.6
BiDEA (Chen et al. 2016)	72.4	72.4	76.9	75.8

为了表示不同粒度的上下文,并且在不进行早期总结的情况下实现查询感知的上下文表征,Seo 等人(2016)采用多阶段分层的过程,并且提出了一种用于 MC 任务的双向注意流网络(BiDAF)。

如图 7-13 所示,该模型主要由以下 6 层组成。

(1)**字符嵌入层**:使用一种字符级 CNN,可将单词中的字符映射到连续向量当中。

(2)**单词嵌入层**:预训练的词嵌入矩阵。

(3)**短语嵌入层**:可以捕获单词上下文信息的双向 LSTM 层。

(4)**注意力流层(Attention Flow Layer)**:相似度矩阵 S,可从两个方向对上下文单词与查询单词之间的相似度进行测度,例如上下文-查询和查询-上下文。

（5）**模型构建层**：包含所有单词上下文信息的两层双向 LSTM。

（6）**输出层**：两个分别捕获开始指数和结束指数的 logistic 回归模型。

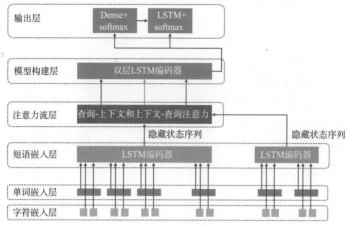

图 7-13 双向注意流模型示意图

BiDAF 在 SQuAD 中的实验结果如表 7-7 所示，结果表明 BiDAF 的思路实现了性能上的改进，这可能是由于 BiDAF 可以在层级水平中寻找证据的开始和结束。

表 7-7 SQuAD 测试集中 BiDAF 和其他模型的结果

	单一模型		集成	
	EM	F1	EM	F1
逻辑回归基线（Rajpurkar et al. 2016）	40.4	51.0	—	—
动态区块阅读器（Yu et al. 2016）	62.5	71.0	—	—
细粒度门控（Yang et al. 2016）	62.5	73.3	—	—
匹配 LSTM（Wang and Jiang 2016）	64.7	73.7	67.9	77.0
多视觉匹配（Wang et al. 2016）	65.5	75.1	68.2	77.2
动态协同注意力网络（Xiong et al. 2016）	66.2	75.9	71.6	80.4
R-Net（Wang et al. 2017）	68.4	77.5	72.1	79.7
BiDAF（Seo et al. 2016）	68.0	77.3	73.3	81.1

3. 记忆网络

记忆网络(MemNN)(Weston et al. 2015b)可用于解决序列神经网络中信息的衰减问题,并且可以使用结合了长期记忆组件的推理组件(实际上是矩阵或张量,其命名也来源于此)进行推理。一般来说,它包括四个主要的组件:

I(输入特征映射)将输入向量转换为内部特征表示。

G(泛化)根据新输入更新现有记忆。

O(输出特征映射)根据新的输入和当前内存状态计算新的输出。

R(响应)将输出转换为所需的响应格式。

MemNN示意图如图7-14所示。MemNN的一种重要形式是端到端记忆网络,可缩写为 MemN2N。MemN2N 的一个优点就是能够以端到端的方式进行训练,这需要较少的监督信息,并且更适应实际环境。以下公式分别表示 I、G、O 和 R 的计算过程。

I $p_i = \mathrm{softmax}(u^{\mathrm{T}} m_i)$

其中,$m_i = A\boldsymbol{x}_i$($\boldsymbol{x}_i$ 为输入语句的嵌入向量),$u = Bq$(q 为输入查询)。

G 在 MemN2N 中,记忆没有更新。

O $o = \sum_i p_i c_i$,其中 $c_i = C\boldsymbol{x}_i$

R $\hat{a} = \mathrm{softmax}(w(o+u))$

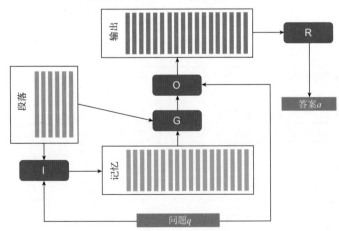

图 7-14 面向 bAbI 任务的记忆网络

将神经网络层插入 *MemN2N* 的方式有如下几种：

- 第 $k+1$ 层的 u 可以通过 $u^{k+1}=u^k+o^k$ 计算得到。
- 每一层都有自己的 A^k 和 C^k。
- 使用 $\hat{a}=\mathrm{softmax}(Wu^{K+1})$ 进行计算并完成预测。

MemN2N 最初用于 bAbI 任务中的 20 个任务，实验结果如表 7-8 所示，MemN2N 的最佳性能与监督模型接近，位置编码（PE）表示要优于词袋模型（BoW），训练线性开始（LS）以避免局部最小值，联合训练则对所有任务都有帮助。

7.4　结论

本章简要介绍了基于深度学习方法的问答任务，特别是基于知识的问答和机器阅读理解。深度学习模型的优点在于能够将所有的文本（文档、问题和潜在答案）都转换为向量嵌入。因此，所有的文本都可以在统一的语义空间中进行处理，从而在一定程度上缓解了传统 QA 方法中存在的语义鸿沟问题。这一范式可以通过端到端的方式来构建 QA 系统。因此，现有的复杂解决方案的 QA 过程可以通过更直观或简单的方法替代。结果将会有所改善。

然而，基于深度学习的 QA 模型仍然存在诸多挑战。例如，现有的神经网络，像 RNN 和 CNN 等，仍然不能精确地捕捉给定问题的语义含义。特别是文档中的主题或逻辑结构，仍然不能简单地通过神经网络来构建。目前还没有一种有效的可将条目嵌入知识库中的方法。QA 中的推理过程很难通过向量间简单的数值运算来进行建模。这些问题是 QA 任务中的关键挑战，也是未来研究工作的热点。

表 7-8　使用 1000 个训练案例对不同模型的 20 个 QA 任务进行测试所得的平均错误率(%)(10 000 个训练案例的平均测试误差见底部)

任务	基线			MemN2N								
	强监督 MemNN	LSTM	MemNN WSH	BoW	位置编码表示	位置编码表示线性开始训练	位置编码表示线性开始训练随机注入	1 hop PE LS joint	2 hop PE LS joint	3 hop PE LS joint	PELS RN joint	PELS LW joint
1 个支持事实	0.0	50.0	0.1	0.6	0.1	0.2	0.0	0.8	0.0	0.1	0.0	0.1
2 个支持事实	0.0	80.0	42.8	17.6	21.6	12.8	8.3	62.0	15.6	14.0	11.4	18.8
3 个支持事实	0.0	80.0	76.4	71.0	64.2	58.8	40.3	76.9	31.6	33.1	21.9	31.7
2 个参数关系	0.0	39.0	40.3	32.0	3.8	11.6	2.8	22.8	2.2	5.7	13.4	17.5
3 个参数关系	2.0	30.0	16.3	18.3	14.1	15.7	13.1	11.0	13.4	14.8	14.4	12.9
是/否问题	0.0	52.0	51.0	8.7	7.9	8.7	7.6	7.2	2.3	3.3	2.8	2.0
计数	15.0	51.0	36.1	23.5	21.6	20.3	17.3	15.9	25.3	17.9	18.3	10.1
列表/集合	9.0	55.0	37.8	11.4	12.6	12.7	10.0	13.2	11.7	10.1	9.3	6.1
简单推理	0.0	36.0	35.9	21.1	23.3	17.0	13.2	5.1	2.0	3.1	1.9	1.5
无限知识	2.0	56.0	68.7	22.9	17.4	18.6	15.1	10.6	5.0	6.6	6.5	2.6
基本共指关系	0.0	38.0	30.0	4.1	4.3	0.0	0.9	8.4	1.2	0.9	0.3	3.3
连词	0.0	26.0	10.1	0.3	0.3	0.1	0.2	0.4	0.0	0.3	0.1	0.0
复合共指关系	0.0	6.0	19.7	10.5	9.9	0.3	0.4	6.3	0.2	1.4	0.2	0.5
时间推理	1.0	73.0	18.3	1.3	1.8	2.0	1.7	36.9	8.1	8.2	6.9	2.0
基本扣除	0.0	79.0	64.8	24.3	0.0	0.0	0.0	46.4	0.5	0.0	0.0	1.8
基本感应	0.0	77.0	50.5	52.0	52.1	1.6	1.3	47.4	51.3	3.5	2.7	51.0

（续表）

任务	基线							MenN2N				
	强监督 MemNN	LSTM	MemNN WSH	BoW	位置编码表示	位置编码表示线性开始训练	位置编码表示线性开始训练随机注入	1 hop PE LS joint	2 hop PE LS joint	3 hop PE LS joint	PELS RN joint	PELS LW joint
位置推理	35.0	49.0	50.9	45.4	50.1	49.0	51.0	44.4	41.2	44.5	40.4	42.6
尺寸推理	5.0	48.0	51.3	48.1	13.6	10.1	11.1	9.6	10.3	9.2	9.4	9.2
路径找寻	64.0	92.0	100.0	89.7	87.4	85.6	82.8	90.7	89.9	90.2	88.0	90.6
智能体动机	0.0	9.0	3.6	0.1	0.0	0.0	0.0	0.0	0.1	0.0	0.0	0.2
平均误差（%）	6.7	51.3	40.2	25.1	20.3	16.3	13.9	25.8	15.6	13.3	12.4	15.2
提交任务（误差＞5%）	4	20	18	15	13	12	11	17	11	11	11	10
10 000个训练数据的平均误差（%）												
平均误差（%）	3.2	36.4	39.2	15.4	9.4	7.2	6.6	24.5	10.9	7.9	7.5	11.0
提交任务（误差＞5%）	2	16	17	9	6	4	4	16	7	6	6	6

除 MemNN 或 MemN2N 以外，值得注意的是，G 中的计算实际上是一种注意力机制。记忆网络是第一个能将外部知识保存在特定矩阵中的模型，它对自然语言处理中各类深度模型的记忆机制的发展起到至关重要的作用。

第8章

基于深度学习的情感分析

唐都钰　张梅山

摘要　情感分析(也称意见挖掘)是自然语言处理(NLP)领域中十分热门的研究话题,旨在从社交网络、博客或产品评价的用户生成文本中识别、提取并组织情感因素。在过去二十年里,文献中的许多研究方法利用机器深度学习从多个角度解决情感分析问题。由于机器学习者的性能很大程度上依赖于数据表征的选择,许多研究致力于构建具有结合领域专长和经过精心工程设计的强大特征提取器。近期,深度学习方法已经发展为强大的计算模型,可以在没有特征工程的情况下自动挖掘深奥的语义表征。这些方法已经提高了许多情感分析任务的性能,包括情感分类、情感词抽取、细粒度情感分析等。本章将从不同层面对深度学习方法在情感分析任务中的成功应用进行概述。

8.1　引言

　　情感分析(也称意见挖掘)是一个自动从用户生成文本中分析用户观点、情感和情绪(Pang et al. 2008；Liu 2012)的领域。情感分析是NLP中十分热门的研究领域(Manning et al. 1999；Jurafsky 2000)。由于情感是影响人类行为的关键因素之一,情感分析在数据挖掘、网络挖掘和社交媒体分析领域也有广泛研究。随着推特[①]、脸书[②]等社交网站,以及 IMDB[③]、亚马逊[④]和 Yelp[⑤] 等社交媒体的飞速发展,情感分析在学术界和产业界获得了广泛关注。

根据 Liu(2012)的定义,情感(或称意见)可以看作由 e、a、s、h、t 组成的"五元组",其中 e 是主体(entity)的名字,a 为 e 的外观(aspect),s 则是主体 e 的外观 a 中的情感(sentiment),h 为意见持有者(opinion holder),t 则表示 h 发表意见的时间(time)。以上定义认为,情感可以是积极的、消极的或中性的,也可以像 Yelp 和亚马逊等评论网站那样用数字评分体现情感的强度(例如,一颗星到五颗星分别表示不一样的情感)。主体可以是产品、服务、主题机构或事件(Hu and Liu 2004; Deng and Wiebe 2015)。

下面通过一个例子来解释"情感"。假设一位名为爱丽丝的用户在 2015 年 6 月 4 日发表了一条评论:"几天前我买了一部 iPhone,这部手机太赞了。触摸屏很厉害,但还是有点贵。"如表 8-1 所示,该例中包含三个情感五元组。

表 8-1 解释情感定义的示例

目标	情感	持有者	时间
iPhone	积极	爱丽丝	2015 年 6 月 4 日
触摸屏	积极	爱丽丝	2015 年 6 月 4 日
价格	消极	爱丽丝	2015 年 6 月 4 日

根据"情感"的定义,情感分析旨在发现文档中所有的情感五元组。情感分析任务都来源于情感分析任务中的五大组件。例如,文件级或语句级情感分类(Pang et al. 2002; Turney 2002)主要关注第三种组件(例如,积极的、消极的还是中性的情感),而忽略其他组件。细粒度情感词抽取关注五元组中的前四个组件。目标-依赖情感分析则关注第二个和第三个组件。

在过去二十多年里,机器学习驱动的研究方法已经主导了大部分

①https://twitter.com/
②https://www.facebook.com
③http://www.imdb.com/
④https://www.amazon.com/
⑤https://www.yelp.com/

的情感分析任务。特征表征极大地影响机器学习器的性能(Le Cun et al. 2015；Goodfellow et al. 2016)，因此，大量的文献研究更关注具备领域专业知识和精细工程的有效特征。但是，这可以通过表征学习算法来有效避免，该算法可以自动从数据中发现判定性和解释性的文本表征。深度学习是一种表征学习方法，它利用非线性神经网络学习多层次的表征，每一层级的低层次表征会被转换为更高层次上更抽象的表征。已学习的表征可合理地用作特征，并应用到检测或分类任务中。本章将介绍用于情感分析的成功的深度学习算法。本章中的"深度学习"意为使用神经网络方法以自动从数据中学习连续且实值的文本表征。

本章结构如下：因为词是自然语言中最基本的计算单位，所以首先阐述学习连续词表征(又称词嵌入)的方法，这些词嵌入可被用作后续情感分析任务的输入。然后会介绍语义组合方法，这些方法用于语句级/文档级的情感分类任务中较长表达的表征(Socher et al. 2013；Li et al. 2015；Kalchbrenner et al. 2014)。接着介绍用于提取细粒度情感词的神经序列模型。最后总结本章并提供未来发展的方向。

8.2 特殊情感词嵌入

词表征旨在表示词义的多个方面。例如，"手机"的表征可能捕获以下事实：手机是电子产品，内含电池和屏幕，可以用来聊天，等等。一种直接的方法是把单词编码为独热向量(one-hot vector)。这种向量的长度与词汇长度一致，且只有一个维度为 1，其他维度均为 0。然而，独热词表征仅能编码词汇中的单词指标，但却无法捕获词义中丰富的关系结构。

发掘单词之间相似性的常用方法是学习词聚类(Brown et al. 1992；Baker and McCallum 1998)。每个词都与一个离散类相关联，从某些方面看，同一类中的单词也有相似性。这导致小型词汇规模的独热表征。许多研究人员将重点放在学习每个单词连续且具有实值的向量，也称为词嵌入，而不是根据词聚类的结果在离散的变量中寻找共同点，从而与词集的软分区域硬分区相对应。现有的嵌入学习算法一般基于分布式假设(Harris 1954)，该假设认为，相似上下文中的单词有着相似的意思。为了实现这一目标，许多矩阵分解方法可以被视为建模单词表征。例如,潜语义分析(LSI)(Deerwester et al. 1990)可以看作学习具备重建目标的线性嵌入,它使用的是"术语-文档"共现统计矩阵。例如,矩阵中的每一行代表一个单词或术语,而每一列则代表语料库中的每个独立文档。语言的多维空间类比(Lund and Burgess 1996)使用的是"术语-术语"共现统计矩阵,其中,行和列代表的是不同的单词,而条目则代表一个单词在另外一个单词的上下文中出现的次数。另外,Hellinger PCA 模型(Lebret et al. 2013)使用的也是"术语-术语"共现统计矩阵中的词嵌入。由于标准矩阵分解方法并不包含特定任务信息,因此无从判定此类方法是否有助于实现任务目标。监督语义模型(Bai et al. 2010)可以解决这个问题,同时也会考虑指定任务的监督信息(例如,信息检索)。可从附有边缘排序损失的点击率数据中学习嵌入模型。DSSM(深度语义匹配模型)(Huang et al. 2013;Shen et al. 2014)也可以用于学习文本检索中弱监督的特殊任务文本嵌入。

Bengio 等人(2003)曾开创性地探索不同的神经网络方法,提出了神经概率语言模型,该模型同时学习一种持续的单词表征和基于单词表征的单词序列的概率函数。给定一个单词及其之前的上下文单词,该算法首先将所有的单词映射到共享查找表中的连续向量。然后将词向量注入前馈神经网络,将 softmax 作为输出层,以此预测下一个词的条件概率。反向传播负责评估神经网络和查找表的参数。基于 Bengio 等人(2003)的成果,其他几种方法被提出来,这些方法用于加速训练处理或捕获更加丰富的语义信息。Bengio 等人(2003)通过对上下文单词和当前单词的向量进行连接提出了一种网络结构,然后使用重要性采样来有效优化具有"积极样本"和"消极样本"的模型。Morin 和 Bengio(2005)开发了分层 softmax,运用分层二叉树来分解条件概率。Mnih 和 Hinton(2007)提出了对数双线性语言模型。Collober 和 Weston(2008)则借助一种基于排序类别的合页损失函数,使用随机选择的单词替换窗口内的中间单词。Mikolv 等人(2013a, b)提出了连续词袋模型和连续 skip-gram 模型,同时也发布了颇受欢迎的 word2vec[①] 工具包。连续词袋模型基于上下文单词的嵌入预测当前的单词,而 skip-

---

①https://code.google.com/p/word2vec/

gram 模型使用目前的单词嵌入预测周围的单词。Mnih 和 Kavukcuoglu（2013）通过噪声对比估计（Gutmann and Hyvärinen 2012)加速了词嵌入学习进程。还有许多用于捕获丰富语义信息的算法，包括全局文档信息（Huang et al. 2012），词素（Qiu et al. 2014）、基于依存性的上下文（Levy and Goldberg 2014）、词-词共现（Levy and Goldberg 2014）、歧义词（Li and Jurafsky 2015）、WordNet 中的语义句法信息（Faruqui et al. 2014），以及词与词之间的等级关系（Yogatama et al. 2015）。

上面提到的神经网络算法通常使用单词的上下文来学习词嵌入。因此，具有相似上下文但相反情感极性（例如，好与坏）的单词会被映射到嵌入空间中的相近向量。这对于词性标注任务来说意义重大，因为两个单词在用法和语法作用方面相近，但是在情感分析中，这会带来问题，因为"好"与"坏"表示完全相反的情感极性。为了学习切合情感分析任务的词嵌入，有些研究会把带有情感色彩的文本放入连续词表征中进行解码。Maas 等人（2011）提出一种概率主题模型，通过句中每个单词的嵌入进行极性推断。Labutov 和 Lipson（2013）将句子中的情感监督看作常规化项目，用逻辑回归再次嵌入已有的词嵌入。Tang 等人（2014）拓展了 C&W 模型，并开发了三种神经网络来学习推文中特定情感的词嵌入。Tang 等人（2014）使用包含积极与消极情感的推文用作训练数据。这种积极与消极的情感信号也被视为弱情感监督。

我们将介绍两种情感分析方法，它们均使用句子中的情感来学习词嵌入。Tang 等人（2016c）提出的模型是在 Collobert 和 Weston（2008）提出的基于上下文的模型基础上发展而来的，而 Tang 等人（2016a）提出的另一种模型则是在 Mikolv 等人（2013b）提出的基于上下文的模型基础上发展而来的。接下来将介绍这些模型之间的关系。

基于上下文的模型（Collobert andWeston 2008）的基本理念是给真实的单词-上下文对(w_i, h_i)按照差额指定一个比人工噪声(w^r, h_i)更高的分数。通过学习模型可减少以下合页损失函数，其中，T表示训练语料库。

$$loss = \sum_{(w_i, h_i) \in T} \max(0, 1 - f_\theta(w_i, h_i) + f_\theta(w^r, h_i)) \quad (8.1)$$

评分函数 $f_\theta(w, h)$通过前馈神经网络得以实现，输入为现有单词 w_i 和上下文单词 h_i 的拼接，输出是一个只有一个节点的线性层，代表 w 和

h 之间的兼容性。在训练期间,可从词汇表中随机选择一个人工噪声 w^n。

Tang 等人(2014)的特定情感分析方法的基本理念是,如果词序中的黄金情感极性为积极,那么可以预测积极得分会比消极得分高。同理,如果词序中的黄金情感极性为消极,那么积极得分会比消极得分低。例如,如果词序与两个分数有关 $[f^{rank}_{pos}, f^{rank}_{neg}]$,那么 $[0.7, 0.1]$ 的价值则为正极性,因为积极得分 0.7 要比消极得分 0.1 高。这样看来,$[-0.2, 0.6]$ 表示的是负极性。图 8-1 展示了基于神经网络的评分模型,该模型与 Collobert 和 Weston(2008)提出的模型有类似之处。如图 8-1 所示,等级模型是一个包含四层(查找层→线性层→hTanh 层→线性层)的前馈神经网络。将模型的输出向量认作 f^{rank},其中,$C=2$ 则用于二进制的正负分类。用于模型训练的边缘等级损失函数如下所示:

$$loss = \sum_{t}^{T} \max(0, 1 - \delta_s(t) f^{rank}_0(t) + \delta_s(t) f^{rank}_1(t)) \qquad (8.2)$$

其中,T 为训练语料库,f^{rank}_0 为预测的积极情感分数值,而 f^{rank}_1 为预测的消极情感分数值,$\delta_s(t)$ 为支持函数,以反映语句中的情感极性(积极的/消极的)。

$$\delta_s(t) = \begin{cases} 1 & \text{如果 } f^g(t) = [1,0] \\ -1 & \text{如果 } f^g(t) = [0,1] \end{cases} \qquad (8.3)$$

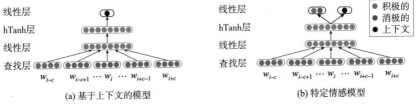

图 8-1　用于学习特定情感词嵌入的评分模型延伸

Mikolov 等人(2013b)运用同样的理念对 skip-gram 模型进行延伸,用来学习特殊情感中的词嵌入。给定单词 w_i,skip-gram 模型将其映射到连续表征 e_i,并运用 e_i 预测 w_i 的上下文单词,即 w_i、w_{i-2}、w_{i-1}、w_{i+1}、w_{i+2} 等。skip-gram 模型的目标是将平均对数概率最大化。

$$f_{SG} = \frac{1}{T} \sum_{i=1}^{T} \sum_{-c \le j \le c, j \ne 0} \log p(w_{i+j} \mid e_i) \qquad (8.4)$$

其中,T 表示语料库中的每条短语出现的次数,c 表示窗口大小,e_i 表示现有短语 w_i 的嵌入,w_{i+j} 则是 w_i 的上下文单词,$p\{w_{i+j} | e_i\}$ 可用分

层 softmax 计算得出。基本的 softmax 单位则可通过以下算式计算：

$$softmax_i = \exp(z_i) / \sum_k \exp(z_k)$$

图 8-2 展示了特定情感模型。给定三元组 $<w_i, s_j, pol_j>$ 为输入，其中 w_i 为句子 s_j 中的一个短语，句子中的情感极性为 pol_j，训练目的不仅是利用 w_i 嵌入预测 w_i 的上下文单词，还利用语句表征 se_j 预测 s_j 的情感特性 pol_j。经句中的词嵌入取平均值得到句向量。目的是将加权平均损失函数最大化，如下所示：

$$f = \alpha \cdot \frac{1}{T} \sum_{i=1}^{T} \sum_{-c \leqslant j \leqslant c, j \neq 0} \log p(w_{i+j} \mid e_i) + (1-\alpha) \cdot \frac{1}{S} \sum_{j=1}^{S} \log p(pol_j \mid se_j)$$

$$(8.5)$$

其中，S 为语料库中的每个句子出现的频次，α 加权上下文以及情感部分，$\sum_k pol_{jk} = 1$。在正负二元分类中，$[0, 1]$ 的分布为正，$[0, 1]$ 的分布为负。

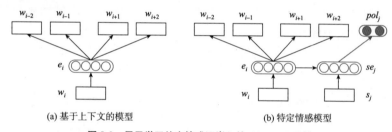

(a) 基于上下文的模型   (b) 特定情感模型

图 8-2   用于学习特定情感词嵌入的 skip-gram 延伸

指导文本的情感信息嵌入学习过程的方法多种多样。Tang 等人（2014）在 Collobert 和 Weston（2008）的等级模型的基础上添加了语段中的隐藏向量来预测情感标签。Ren 等人（2016b）对 SSWE 进行了延伸，根据输入 n-gram 进一步预测文本中的主题分布。图 8-3 展示了这两种方法。

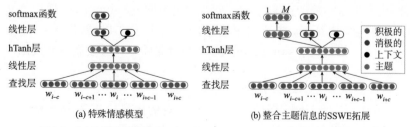

(a) 特殊情感模型   (b) 整合主题信息的 SSWE 拓展

图 8-3   (a) 为学习特定情感词嵌入的方法，(b) 为整合文本中主题信息的方法

8.3　语句级情感分类

语句级情感分析侧重于对给定句子的情感极性进行分类。一般而言,在句子 $w_1, w_2 \cdots, w_n$ 中,会将极性分为两类(±)或三类(±/0),其中+表示积极,-表示消极,0 表示中性。这种任务是一种极具代表性的句子分类问题。

在神经网络的设定下,可以将语句级情感分析建模为两阶段的框架:一个阶段使用借助复杂神经结构得到的句子表征模块,另一个阶段则使用可借助 softmax 操作解决的简单分类模块。图 8-4 展示了这个完整的框架。

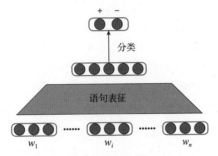

图 8-4　情感分类框架

一般来说,考虑到句中每个单词的词嵌入,可以使用池化策略来获得句子的简单表征。池化操作可以从序列输入中收集不同长度的显著特征。一般使用公式来定义通俗的池化函数。例如,最通用的平均值、最大值、最小值池化操作可以表示为

$$a_i^{avg} = \frac{1}{n}, \quad a_{ij}^{min} = \begin{cases} 1, & \text{如果 } i = \text{argmin}_k \boldsymbol{x}_{kj} \\ 0, & \text{其他} \end{cases} \quad a_{ij}^{max} = \begin{cases} 1, & \text{如果 } i = \text{argmax}_k \boldsymbol{x}_{kj} \\ 0, & \text{其他} \end{cases}$$

$$(8.6)$$

Tang 等人(2014)使用三种池化方法来验证他们提出的情感编码词嵌入,而这种方法只不过是一个简单的例子用以表征语句。事实上,用于语句分类的语句表征的发展远超于此。人们的研究中已提出许多复杂的神经网络结构,可总结为四类:(1)卷积神经网络,(2)循环神经网络,(3)递归神经网络,(4)利用辅助资源的增强语句表征。下面将分

别介绍这四种结构。

8.3.1　卷积神经网络

在池化神经网络中,只能使用单词级的特征。当句子中的词序发生改变时,语句表征结果依然不变。为了解决这个问题,传统的统计模型采用的是 n-gram 词特征,并且提高了性能。在神经网络模型中,可以使用卷积层来达到相似的效果。

从形式上看,卷积层通过使用固定大小的局部过滤器遍历输入的句子,执行非线性转换。在输入的句子 $x_1 x_2 \cdots x_n$ 中,假设局部过滤器的大小为 K,则可以达到的顺序输出为 $h_1 h_2 \cdots h_{n-K+1}$:

$$h_i = f\left(\sum_{k=1}^{K} w_k x_{i+K-k}\right)$$

其中,f 是类似 tanh($\cdot$) 和 sigmoid($\cdot$) 的激活函数。若 $K=3$ 且 x_i 为输入词嵌入,则最终结果 h_i 则是 x_i、x_{i+1} 和 x_{i+2} 的非线性结合,这与混合的一元分词、二元分词和三元分词特征非常相似,后者以生硬的方式将对应单词的表面形式串联在一起。

如图 8-5 所示,通常情况下,卷积神经网络(CNN)指的是将卷积层和池化层整合在一起的特定网络,被广泛应用于语句级情感分析的研究中。Collobert 等人(2011)最早尝试直接应用标准 CNN。该研究通过对输入词嵌入使用卷积层,在结果隐藏向量中使用最大池化操作,得出最终的语句表征。

Kalchbreener 等人(2014)也从两个方面扩展了基础 CNN 模型,从而得出更好的语句表征。一方面,他们使用动态 k-max 池化,在池化操作中保存了所有的 top-k 值,而不像简单的最大值池化操作一样在每一维度只保留一个值。k 值的定义则会随着句子长度而动态变化。另一方面,在更深度的神经网络可以编码更复杂的特征这种想法的驱动下,他们使用多层 CNN 结构拓大了 CNN 的层数。图 8-6 展示了多层 CNN 的框架。

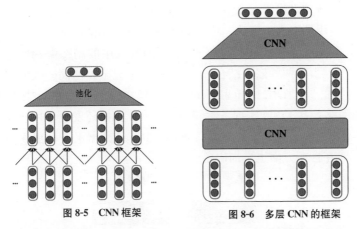

图 8-5 CNN 框架　　　　图 8-6 多层 CNN 的框架

现在已经出现了不同的 CNN 变体以更好地表征语句。最具代表性的研究是 Lei 等人(2015)提出的非线性、非连续卷积操作符,如图 8-7 所示。该操作符旨在利用张量代数提取所有的(n 个字母的)单词,而无论单词是否连续。该过程将递归进行,首先是一个单词,然后是两个单词,接下来则以三个单词为单位进行提取。如下公式展示了如何抽取一元分词、二元分词和三元分词特征。

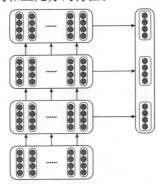

图 8-7 非线性、非相邻卷积

$$f_i^1 = P\,x_i$$
$$f_i^2 = s_{i-1}^1 \odot Q\,x_i \ \text{其中} s_i^1 = \lambda\,s_{i-1}^1 + f_i^1$$
$$f_i^3 = s_{i-1}^2 \odot R\,x_i \ \text{其中} s_i^2 = \lambda\,s_{i-1}^2 + f_i^2$$

其中,P、Q 和 R 是模型参数,λ 是超参数,$\odot$ 表示各元素的乘积。最后对这三种特征进行组合,形成语句表征。

　　大量研究已经开始关注异构输入词嵌入。例如，Kim（2014）研究了三种使用词嵌入的方法。Kim曾提出两种不同的嵌入——随机初始化嵌入和预训练嵌入，以上划分考虑了因嵌入中的动态微调所造成的影响。最后，将两种嵌入结合在一起，提出了基于异构词嵌入的多渠道CNN，如图8-8所示。Yin和Schütze（2015）对此项研究进行拓展，利用多渠道、多层次CNN实现了不同的词嵌入。他们还发现了用于模型权重初始化的预训练方法。然而，Zhang（2016d）提出了一种更简单的版本，同时在性能方面也更加出色。

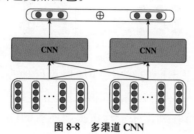

图 8-8　多渠道 CNN

　　词嵌入的另一种扩展是通过字符级特征来增强词表征。基于输入的字符序列创建词表征的神经网络本质上与从输入的词序列获得的语句表征相似。因此，还可以将标准CNN结构应用于字符嵌入序列以推导词表征。Dos Santos和Gatti（2014）曾研究过此类延伸的效果。如图8-9所示，得出的字符级词嵌入与最初的词嵌入相连，因此能够增强用于语句编码的最终词表征。

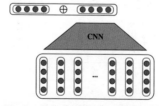

图 8-9　具备字符特征的增强词表征

8.3.2　循环神经网络

　　CNN结构使用固定大小的词窗口来捕获给定位置周围的局部组合特征，从而达到预期的结果。但是，这种方法忽视了长距离依存特征，这些特征反映了句法和语义信息，这些信息在理解自然语言语句时极为重要。这些基于依存的特征由神经设置下的循环神经网络(RNN)来解决,并且取得了巨大的成功。从形式上看,标准的 RNN 通过等式 $h_i = f(Wx_i + Uh_{i-1} + b)$ 计算出输出隐藏向量,其中 x_i 表示输出向量。从等式可以看出,当前输出 h_i 不仅仅依赖当前输入 x_i,还依赖之前隐藏的输出 h_{i-1}。在这种情况下,当前隐藏输出与之前的输入和输出向量可以无缝衔接。

Wang 等人(2015)最早提出了将长短期记忆网络(LSTM)应用于推文情感分析。图 8-10 展示了使用 RNN 的语句表征方法,以及标准 RNN 和 LSTM-RNN 的内部结构。首先,他们在输入的嵌入序列 x_1、x_2 … x_n 中应用了标准 RNN,然后把最后的隐藏输出 h_n 作为语句的最后表征。随后又建议使用 LSTM-RNN 结构进行替换,因为标准 RNN 结构可能会面临梯度爆炸和消失的问题,同时通过使用三个门和一个记忆单元,LSTM 能够更好地连接输入和输出向量。LSTM 可以通过以下公式进行计算:

$$\mathbf{i}_i = \sigma(W_1\, \mathbf{x}_i + U_1\, \mathbf{h}_{i-1} + \mathbf{b}_1)$$
$$\mathbf{f}_i = \sigma(W_2\, \mathbf{x}_i + U_2\, \mathbf{h}_{i-1} + \mathbf{b}_2)$$
$$\tilde{\mathbf{c}}_i = \tanh(W_3\, \mathbf{x}_i + U_3\, \mathbf{h}_{i-1} + \mathbf{b}_3)$$
$$\mathbf{c}_i = \mathbf{f}_i \odot \mathbf{c}_{i-1} + \mathbf{i}_i \odot \tilde{\mathbf{c}}_i$$
$$\mathbf{o}_i = \sigma(W_4\, \mathbf{x}_i + U_4\, \mathbf{h}_{i-1} + \mathbf{b}_4)$$
$$\mathbf{h}_i = \mathbf{o}_i \odot \tanh(\mathbf{c}_i)$$

其中,W、U、b 都是模型参数,而 σ 表示 sigmoid 函数。

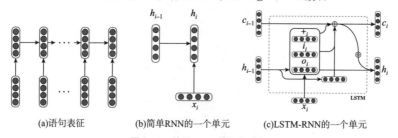

(a)语句表征　　　(b)简单RNN的一个单元　　　(c)LSTM-RNN的一个单元

图 8-10　使用 RNN 的语句表征

此后,Teng 等人(2016)从两个方面扩展了他们的研究,结构如图 8-11所示。首先,他们使用双向 LSTM 而不是单一的从左到右的 LSTM。双向结构可以更全面地展示语句,其中每一点的隐藏输出都跟前后单词相关联。其次,他们将语句级情感分类建模为结构学习问题,预测语句中所有情感单词的极性,并收集到一起作为证据来决定语句词性。通过第二次扩展,他们的模型可以有效整合情感词汇,这种方法已被广泛应用于传统的统计模型。

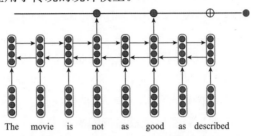

The　movie　is　not　as　good　as　described

图 8-11　Teng 等人(2016)提出的框架

  CNN 和 RNN 从完全不同的角度对自然语言句子进行建模。例如,CNN 可以更好地捕获基于窗口的局部组合,而 RNN 在学习隐式长距离依存方面更加高效。因此,一种合理的想法是将两种网络结合,同时利用两种神经结构的优势。Zhang 等人(2016c)提出了一种依存敏感型 CNN 模型,该模型对 LSTM 和 CNN 进行结合,使得 CNN 网络结构能够同时捕获长距离的词依存。具体而言,首先在输入词嵌入上构建从左至右的 LSTM,然后在 LSTM 的隐藏输出上构建 CNN。因此,最终的模型可以充分利用基于窗口的局部特征以及依存敏感型的全局特征。图 8-12 展示了该组合模型的框架。

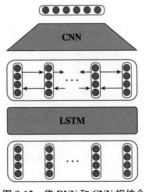

图 8-12　将 RNN 和 CNN 相结合

8.3.3　递归神经网络

近期,递归神经网络被用于构建树型结构输入,此类输入是由显性句法分析器产生的。Socher 等人(2012)提出一种递归矩阵-向量神经网络用以组成两个叶节点,最后形成父节点的表征。这种方法采取递归的方式,从底部到顶部构建语句表征。他们首先对输入组合树进行预处理,将其转变为二值化树,其中每个父节点都有两个叶节点。接着,他们通过矩阵-向量操作,对二值化树应用递归神经网络。从形式上看,他们通过隐藏向量 h 以及矩阵 A 来代表每一个节点。如图 8-13(a)所示,给定两个子节点(h_l, A_l)和(h_r, A_r)的表征,父节点的表征可以通过下列公式分别求得:$h_p = f(A_r h_l, A_l h_r)$ 和 $A_p = g(A_1, A_r)$,其中,$f(\cdot)$和 $g(\cdot)$均表示含有模型参数的转换函数。

Socher 等人(2013)利用公式$h_p = f(h_l T h_r)$计算父节点的表征,采用低秩张量操作来代替矩阵-向量递归,如图 8-13(b)所示,其中 T 表示张量。由于张量组合,该模型表现出更好的性能,从直观上看相比矩阵-向量操作更简单,并且模型参数也更少。他们还定义了句法树中非根节点的情感极性,因此能够更好地捕捉从短语到句子的情感转移。

此类工作目前有三大不同的研究方向。首先,一些研究试图寻找用于树组合的更强大的组合操作。例如,如图 8-13(c)所示,许多研究只是简单使用$h_p = f(W_1 h_l, W_2 h_r)$来组成叶节点。这种方法更简单,但容易遇到梯度爆炸或消失这样的问题,这使得参数的学习尤为困难。受 LSTM-RNN 研究的启发,一些研究提出了适用于递归神经网络的LSTM 改良版本。其中颇具代表性的成果是 Tai 等人(2015)和 Zhu 等人(2015)的研究,从而证明了 LSTM 在树结构方面的有效性。

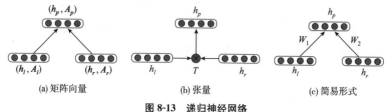

(a) 矩阵向量　　　　　　(b) 张量　　　　　　(c) 简易形式

图 8-13　递归神经网络

其次,通过多渠道组合,可以对基于语句表征的递归神经网络进行强化。Dong 等人(2014b)研究了此类增强的有效性。他们使用 C 同构组合得出 C 输出隐藏向量,再通过整合注意力,进一步运用这些向量来表征父节点。图 8-14 展示了研究中的神经网络框架。他们将此方法应用到简单的递归神经网络中,在几个基准数据集中实现了持续的最佳性能。

最后,可使用与多层 CNN 相似的深层神经网络结构来研究递归神经网络。简单来说,将递归神经网络作为第一层应用在输入词嵌入上。当所有的输出隐藏向量都准备就绪时,同一个递归神经网络还可以再一次被应用。Irsoy 和 Cardie(2014a)根据经验论证了以上方法。图 8-15 展示了他们使用三层递归神经网络后形成的框架。实验结果显示,多层递归神经网络相比单层递归神经网络的性能更好。

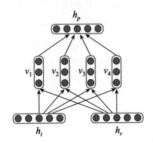

图 8-14　多组合的递归神经网络

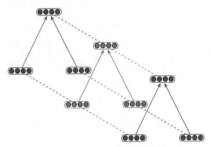

图 8-15　多层递归神经网络

以上研究都在结构完备的二元句法树的基础上构建了递归神经模型,但很难得到令人满意的结果。因此,这些方法都需要一定的预处理,将原始的句法结构转换为二元结构,这在没有专业人员监督的情况下很可能是有问题的。最近,一些研究提出直接使用无穷的叶节点对树进行建模。例如,Mou 等人(2015)和 Ma 等人(2015)都提出基于子节点进行池化操作以对不同的输出长度进行组合。Teng 和 Zhang(2016)在进行池化操作时考虑了左右子节点。考虑到从上至下的递归操作(与双向 LSTM-RNN 类似),他们还建议使用双向 LSTM 递归神经网络。

一些研究通过使用没有句法树结构的递归神经网络来考虑语句表征。这些研究建议使用基于原语句输出的伪树型结构。例如,如图 8-16 所示,Zhao 等人(2015)构建了一种伪有向无环图(pseudo-directed acyclic graph)以应用递归神经网络。如图 8-17 所示,Chen 等人(2015)使用一种更简单的方法自动构建语句中的树型结构。这两种方法在语句级的情感分析中实现了具有竞争力的性能。

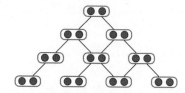

图 8-16　Zhao 等人(2015)提出的伪有向无环图

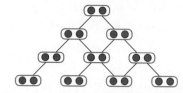

图 8-17　Chen 等人(2015)提出的伪双向树型结构

8.3.4　整合外部资源

前面主要讨论了语句表征的神经结构,信息只来源于源输入语句,包括单词和语法分析树。最近,本研究的另一个方向是通过整合外部资源来增强语句表征。主要资源可以分为三类:用于预训练监督模型参数的大规模原始语料库、外部人工注释或自动提取的情感词汇,以及某设定下的背景知识(例如,Twitter 情感分类等)。

目前已有许多研究关注大规模语料库来增强语句表征。在这些研究中,Hill 等人(2016)提出的序列自动编码器模型最具代表性。图 8-18展示了此模型,该模型首先使用 LSTM-RNN 表征句子,然后尝试逐步生成原始的句子词汇,因此模型参数可以通过这种监督进行学习,并进一步作为外部信息用于语句表征。Gan 等人(2016)提出使用 CNN 编码器,致力于解决 LSTM-RNN 中的低效率问题。

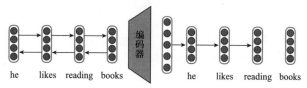

图 8-18　基于 LSTM-RNN 结构的自动编码器

外部情感统计模型已被广泛研究,尽管已有大量的研究关注自动

构建情感词汇,但是神经设定下的研究则相对较少。这里有两个例外:
Teng 等人(2016)在 LSTM-RNN 神经网络中结合上下文敏感词汇特
征,将语句级情感得分看作否定词和情感词的先前情感得分的加权和;
Qian 等人(2017)进一步研究了情感词、否定词以及强度词的情感转移
效果,从语句水平情感分析的角度提出了语言学范畴内的正规 LSTM
模型。

有些研究关注特定设定下语句级情感分析的其他信息。在
Twitter情感分类中,我们可以使用一些上下文信息,包括推文作者的
往期推文、与推文相关的会话以及相关主题的推文。这些信息都可以
被分割为背景信息,能够在直观上帮助决定推文的情感。如图 8-19 所
示,Ren 等人(2016a)通过附加的上下文部分,在神经网络模型中利用
这些背景信息增强Twitter中的情感分析。他们使用 CNN 来表示源输
入语句,同时又使用基于一组显著上下文单词的简单池化神经网络来
表示上下文部分。

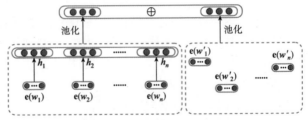

图8-19   无上下文特征的情感分类

最近,Mishra 等人(2017)建议对注视数据的认知特征进行整合以
增强语句级情感分析,这个过程可通过使用额外的 CNN 结构对注视特
征进行建模而得以实现。

8.4   文档级情感分类

文档级情感分类旨在辨别文档的情感标签(Pang et al. 2002;
Turney 2002)。情感标签可以分为两类,例如赞同或反对(Pang et al.

2002)，也可以分为多类，例如如五星评分系统(Pang and Lee 2005)。[①]

　　当前研究中的情感分类方法大致有两个方向：基于词典的分类方法和基于语料库的分类方法。基于词典的分类方法(Turney 2002；Taboada et al. 2011)主要使用附有相关情感极性的情感词汇词典，并结合否定词和强化词来计算每个文档的情感极性。Turney(2002)提出了一种具有代表性的基于词典的分类方法，该方法包括三个步骤。首先，如果词性标签符合预定义的模式，就对短语进行提取。然后，通过逐点互信息(pointwise mutual information，简称 PMI)估计每个提取短语的情感极性，衡量两项之间的统计依存程度。在 Turney 的研究中，可通过向搜索引擎提供查询和收集命中的数量来计算 PMI 评分。最后，Turney 将评论中所有短语的情感极性的均值作为整体的情感极性。Ding 等人(2008)使用 not(不)、never(从不)、cannot(不能)等否定词和 but(但是)等转折词来提高基于词典的分类方法的性能。Taboada 等人(2011)则对强化词和否定词与带有情感极性和情感强度的情感词汇进行整合。

　　基于语料库的分类方法将情感极性分类作为文本分类问题的特例(Pang et al. 2002)。他们主要从带有情感极性注释的文档中构建情感极性分类器。情绪监督可以手动进行注释，也可以从诸如微博的表情符号或评论中的人工评分等情绪信号进行自动收集。Pang 等人(2002)率先将评论的情感分类看作文本分类问题中的特例，并首次研究了机器学习方法。他们使用了朴素贝叶斯(Naive Bayes)算法、最大熵(Maximum Entropy)和具有不同特征的支持向量机(Support Vector Machine，简称 SVM)。在实验中，具备词袋特征的 SVM 性能最佳。基于 Pang 等人的工作，许多研究都集中于设计或学习有效特征以获得更好的分类性能。Wang 和 Manning(2012)针对电影和产品评论提出了 NBSVM——朴素贝叶斯和 NB 特征的增强型 SVM 之间的折中。Paltoglou 和 Thelwall(2010)通过研究信息检索中的变量加权函数(例如，tf. idf 及其 BM25 变体)来学习特征权重。Nakagawa 等人(2010)利用依存树、极化转移规则和带有隐藏变量的条件随机字段来计算文档

[①]在实践中，通过人工注释获取文档级情感标签是非常耗时的。研究人员通常利用来自IMDB、亚马逊和Yelp的修订文档，将相关的等级视为情感标签。

特征。

开发神经网络方法的直觉是使用特征工程,但往往是劳动密集型的。神经网络方法能够从数据中发现解释因子,并使学习算法更少地依赖大量的特征工程。Bespalov 等人(2011)将每个单词表征为向量(嵌入),然后用时间卷积网络得到短语向量,最后通过短语向量求平均值来计算文档嵌入。Le 和 Mikolov(2014)对标准的 skip-gram 和 CBOW 模型进行扩展(Mikolov et al. 2013b),用来学习句子嵌入和文档嵌入。他们使用密集向量表征每个文档,该向量经过训练可以预测文档中的单词。具体来说,PV-DM 模型通过将文档向量与上下文向量平均/连接来扩展 skip-gram 模型以预测中间词。Denil 等人(2014)、Tang 等人(2015a)、Bhatia 等人(2015)、Yang 等人(2016)、Zhang 等人(2016c)提出的模型也基于相似的原理——从单词中对语句嵌入建模,然后使用语句向量组成文档向量。具体来说,Denil 等人(2014)使用相同的 CNN 作为语句模型组件和文档模型组件。图 8-20 展示了这种模型。Tang 等人(2015a)使用 CNN 计算语句向量,然后使用双向门控递归神经网络计算文档嵌入。Bhatia 等人(2015)基于从 RST 语法分析得到的结构计算文档向量。Zhang 等人(2016c)使用循环神经网络计算语句向量,然后用卷积网络计算文档向量。Yang 等人(2016)使用两个注意力层分别获得语句向量和文档向量。为了计算同一语句中不同单词的权重以及同一文档中不同语句的权重,他们使用两个在训练过程中共同学习的“上下文”向量。Joulin 等人(2016)提出了一种简单高效的方法——将单词表征平均到文本表征中,然后将结果传递给线性分类器。Johnson 和 Zhang(2014,2015,2016)开发了将独热词向量作为输入并且能够表征不同区域含义的文档的卷积神经网络。上述研究以单词为基本计算单元,基于单词表征构成文档向量。Zhang 等人(2015b)和 Conneau 等人(2016)以字符为基本计算单位,通过探索卷积架构来计算文档向量。使用字符存储单词所占的空间远远小于标准的单词存储形式。在 Zhang 等人(2015b)的研究中,字符表由 70 个字符组成,包括 26 个英文字母、10 个数字、33 个其他字符和换行字符。Zhang 等人(2015b)的模型有 6 个卷积层,Conneau 等人(2016)的模型有 29 个卷积层。

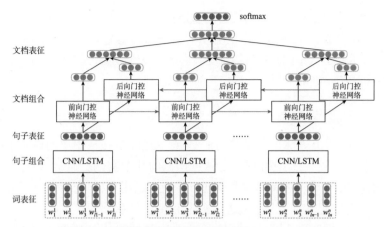

图 8-20　文档级情感分类的神经网络架构(Tang et al. 2015a)

还有一些研究通过探索用户个人偏好或产品整体质量等辅助信息，来改进文档级情感分类。例如，Tang 等人（2015b）将用户情感一致性和用户文本一致性结合到了现有的卷积神经网络中。在用户文本一致性中，每个用户都被表征为矩阵来调整单词的含义。在用户情感一致性中，每个用户都被编码为向量，该向量与文档向量直接相连，并被视为情感分类特征的一部分。这种模型如图 8-21 所示。Chen 等人（2016）对此进行了拓展，并开发注意力模型以将单词的重要性考虑在内。

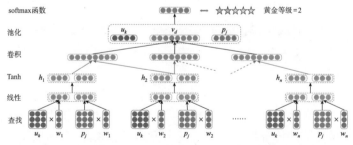

图 8-21　将融合了用户和产品信息的神经网络方法用于文档级情感分类(Tang et al. 2015b)

8.5　细粒度情感分析

本节将介绍使用深度学习进行细粒度情感分析的最新进展。与语句

级/文档级情感分类不同,细粒度情感分析涉及许多特征不一的任务,因此
这些任务需要以不同的方式建模,并需要仔细考虑它们特定的应用设置。
此处将介绍五大不同主题的细粒度情感分析:意见挖掘、针对特定目标的情
感分析、方面级情感分析、立场检测和讽刺识别。

8.5.1 意见挖掘

作为 NLP 领域的长期热门话题,意见挖掘旨在从用户的评论中提
取结构化意见。图 8-22 展示了意见挖掘的几个实例。通常,该任务可
以分为两个子任务:首先需要识别出评论生成用户、评论指向目标和表
达措辞等意见实体;然后在这些实体上建立关系,例如,揭示某意见表
达目标的 IS-ABOUT 关系,将意见表达与评论用户联系起来的 IS-
FROM 关系。情感极性的分类也是一项重要的研究。

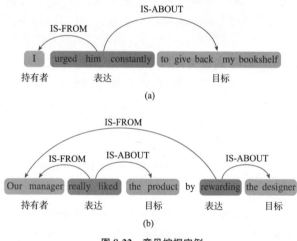

图 8-22 意见挖掘实例

意见挖掘是一种典型的结构学习问题,已被通过使用具有人为设
计的离散特征的传统统计模型广泛研究。近年来,随着深度学习模型
在其他自然语音处理任务上(尤其是情感分析方面)取得巨大成功,基
于神经网络的模型受到越来越多的关注。下面将介绍几个使用神经网
络的典型研究。

神经网络模型的早期工作关注检测意见实体,也就是将任务看作
序列标记问题以识别意见实体的边界。Irsoy 和 Cardie(2014b)研究了

此类任务中的 RNN 结构。如图 8-23 所示,他们采用 Elman 型的 RNN,研究双向 RNN 的有效性,并观察 RNN 深度的影响。研究结果表明,双向 RNN 具有较好性能,三层双向 RNN 则能够达到最佳的性能。

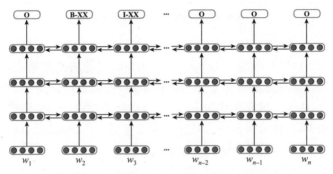

图 8-23　将三层 Bi-LSTM 模型用于意见实体检测

Liu 等人(2015)也发表了类似的研究结果。他们对 Elman 型 RNN、Jordan 型 RNN 和 LSTM 等 RNN 变体模型以及双向 RNN 进行了全面的研究。他们还对三种词嵌入输入做比较。他们将这些神经网络模型与离散模型进行比较,并将两种不同类型的特征组合起来。实验表明,结合离散特征的 LSTM 神经网络性能最好。

上述两个研究均未涉及意见实体之间的关系识别。最近,Katiyar 和 Cardie(2016)提出了首个利用 LSTM 共同进行实体识别和意见关系分类的神经网络。他们通过多任务学习范式来处理这两个子任务:在共享的多层双向 LSTM 的基础上,引入同时考虑实体边界及其关系的语句级训练。他们定义了两个序列以分别表示左实体和右实体的特定关系的距离。基准 MPQA 数据集上的实验结果表明,这一神经模型的性能名列前茅。

8.5.2　针对特定目标的情感分析

针对特定目标的情感分析研究针对句子中某个特定实体的情感极性。图 8-24 展示了此类任务的几个实例,其中{+,-,0}分别表示积极的、消极的和中性的情感。

我喜欢(这台洗衣机) + !真是方便易用!
令人讨厌的食物[学校食堂] _ !我佩服自己在食堂吃了四年饭!
爱[爱乐之城] +评分最高!比《美女与野兽》好看多了。
我对打[篮球] 没有兴趣，也从来不看任何现场直播。
我不认识Ryan Goslinglo，所以在你的调查中我不能回答任何问题。

图 8-24　针对特定目标的情感分析

Dong 等人(2014a)提出了首个基于神经网络实现的目标依赖情感分析模型。该模型改编自 Dong 等人(2014b)之前的研究结果，我们已经在语句级情感分析中做了介绍。相似地，他们通过使用子节点中的多重组合，从二叉依存树结构中构建递归神经网络。但是，该模型的不同之处在于，它能够根据输入目标转换依存关系树，使目标中心词作为结果树的根，而不是输入语句中的原始中心词。图 8-25 展示了这种组合方法和随之产生的依存树结构，其中 Phone 为目标词。

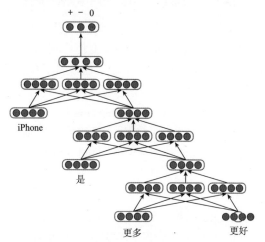

图 8-25　Dong 等人(2014a)提出的模型框架

上述模型严重依赖于由自动语法分析器生成的输入依存解析树。这些树可能会有错误，所以你可能会面临错误传播问题。为了避免这个问题，近期的研究建议只用原始句子输入进行有针对性的情绪分析。Vo 和 Zhang(2015)利用不同的池化策略提取任务的多个神经特征。如图 8-26 所示，首先围绕给定目标将输入语句分成三部分，然后对整个句子中的三个部分运用不同的池化函数，最后将得到的神经特征连接起来以进一步预测情感极性。

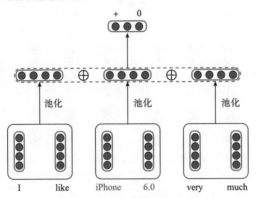

图 8-26 Vo 和 Zhang 提出的框架(2015)

近年来,一些人对任务中 RNN 的有效性进行了研究,进而为其他情感分析任务带来富有前景的性能。Zhang 等人(2016b)建议使用门控 RNN 增强句内单词的表征。如图 8-27 所示,使用 RNN 得到的表征可以捕获上下文敏感信息。Tang 等人(2016a)使用 LSTM-RNN 作为基本神经层来对输入序列词进行编码。图 8-28 展示了这个模型的框架。以上研究在针对特定目标的情感分析方面,性能都已达到目前最选进的水平。

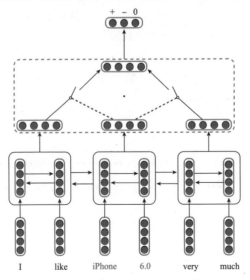

图 8-27 Zhang 等人(2016b)提出的模型框架

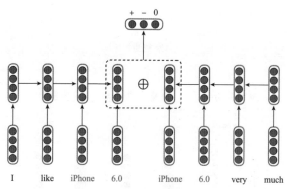

图 8-28　Tang 等人(2016a)提出的模型框架

如图 8-27 所示,除了使用 RNN,Zhang 等人(2016b)还提出一种门控神经网络来组成目标监督下构成左右上下文的特征。该模型背后的主要动机是上下文神经特征不应该通过简单池化来均等处理。处理过程中应仔细考虑目标,以便选择有效的特征。Liu 和 Zhang(2017)通过应用注意力策略进一步改进了门控机制。借助注意力策略,他们的模型在两个基准数据集上实现了最佳表现。

以往的研究表明,输入目标的边界对于推断情感极性非常重要。之前的研究假设已经给出了适当的目标,这并不总是真实场景。例如,如果想要确定开放目标的情感极性,则需要提前识别这些目标。Zhang等人(2015a)利用神经网络研究开放领域定向情感分析。他们在管线、联合和折叠框架下研究这个问题。图 8-29 展示了这三个框架。他们将神经和传统离散特征结合在单一模型中,并且发现该模型在三种设置下展现出一致的优良性能。

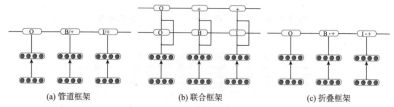

图 8-29　开放的域目标情感分析

8.5.3　方面级情感分析

方面级情感分析旨在对给定方面的语句中的情感极性进行分类。

方面是目标属性,人类可以通过方面表达意见。表 8-2 展示了几个实例。通常,该任务旨在分析用户对酒店、电子产品或电影等特定产品的评论。产品可能会具备许多方面。例如,酒店方面包括环境、价格和服务,用户通常会发布评论来表达他们对某些方面的看法。不同于针对性情感分析,给定某种产品时,可以列举不同的方面,但是在某些情况下,一条评论往往只会对产品的某些方面进行描述。

表 8-2　方面级情感分析

语句	方面	极性
这台笔记本电脑的屏幕非常棒。我非常喜欢。	屏幕	积极的
总体上是个不错的选择,尽管主人并不友好。	服务	消极的
这部手机不错,尤其是强劲的电池。	电池	积极的
我非常喜欢这部电影,剧情非常让人感动。	剧作家	积极的
我需要换台笔记本电脑了,因为键盘不好使了。	键盘	消极的

起初,该任务被建模为语句分类问题,因此可以使用与语句级情感分类相同的方法进行分类,预计类别是不同的。通常,假设一个产品有 N 个专家预定义的方面,方面级情感分类实际上是一个 $3N$ 分类问题,因为每个方面可以有三种情感极性:积极的、消极的和中立的。Lakkaraju 等人(2014)提出了一种基于递归神经网络模型的矩阵向量组合分类法,该分类方法与 Socher 等人(2012)提出的语句级情感分类方法类似。

在之后的研究中,该任务通过假设方面信息已经在输入句子中给出而得到简化,于是就可以等同于前面提到的针对性情感分析。Nguyen 和 Shirai(2015)提出将一种基于短语的递归神经网络模型应用于方面级情感分析,其中输入短语结构树从带有输入方面的依存结构转换而来。Tang 等人(2016b)在不使用句法树的情况下,在相同的设置下使用深度记忆神经网络。与采用 LSTM 结构的神经模型相比,该模型不仅具有先进的性能,而且具有较高的效率。图 8-30 展示了三层深度记忆神经网络。分类的最终特征由具备方面监督的注意力机制进行提取。

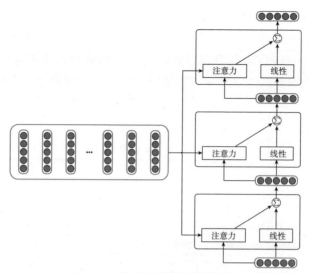

图 8-30   Tang 等人(2016a)提出的框架

在现实场景中,某个产品的一个方面可以有多种不同的表达方式。以笔记本电脑为例,可以通过显示、分辨率和外观等这些与屏幕密切相关的方面对屏幕进行评价。如果能将相似的方面短语归结到一个方面,那么方面级情感分析的结果将更有利于进一步的应用。Xiong 等人(2016)提出了首个用于方面短语分组的神经网络模型。通过简单的多层前馈神经网络学习方面短语的表征,提取具备注意力组成的神经特征。模型参数通过远程监控和自动训练样例集训练。图 8-31 展示了该模型的框架。He 等人(2017)利用无监督自动编码器框架进行方面提取,该框架可以通过注意力机制自动学习方面词的范围。

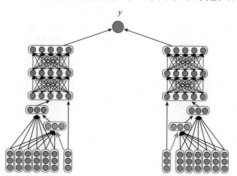

图 8-31   Xiong 等人(2016)提出的框架

8.5.4　立场检测

立场检测旨在识别某句话对某话题的态度。通常,将任务的指定主题作为一个输入,而另一个输入是需要分类的句子。输入的语句可能与给定的话题没有明确的关系,这使得立场检测与目标/方面级情感分析完全不同,因此立场检测也是极有难度的。图 8-32 展示了几个实例。

主题:气候变化令人堪忧	
科学院与巴利·布洛克一起就气候变化问题讨论了技术性解决方案。	赞成
就在这时,沙滩上出现了比平时高一英寸的海浪!	反对
我喜欢这个人。我不关心信仰,这个人很棒。	中立
主题:女权运动	
因为在男性眼中,女性是"软弱的""情绪化的"。	赞成
如果冒犯了你,不要把事情搞得复杂。	反对
人们说我还年轻,不能进入政界。老实说,我只是代表一些人说话。	中立

图 8-32　立场检测实例

早期的研究倾向于为每个话题训练独立的分类器。因此,这类任务被视为简单的三向分类问题。例如,Vijayaraghavan 等人(2016)利用多层 CNN 模型来完成这项任务。为了解决未知单词,他们将单词和字符嵌入集成为输入。在 SemEval(2016)的立场检测任务中,Zarrella和 Marsh(2016)构建的模型实现了最佳性能,该模型基于 LSTM-RNN构建了神经网络,LSTM-RNN 在学习句法和语义特征方面具有强大的能力。受迁移学习思想的启发,Zarrella 和 Marsh 对 Twitter 中因话题标签的先验知识而产生的模型参数进行学习,因为任务中的原始输入语句是从 Twitter 中抓取的。

上述研究对不同话题中的立场分类进行独立建模,这类模型主要有两个缺点。一方面,为了对未来主题中的语句属性进行分类,为每个话题注释训练示例是不切实际的。另一方面,"希拉里·克林顿"和"唐纳德·特朗普"等话题可能有密切关系,而独立训练的分类器无法使用这些信息。Augenstein 等人(2016)提出了首个能够基于 LSTM 神经网络训练单一模型的模型,而不是将输入话题作为整体。他们通过将语句上话题的结果表征作为 LSTM 的输入,对输入句子和话题共同建模。图 8-33 展示了该模型的框架。该模型相比以往的单个分类器可以取得更好的表现。

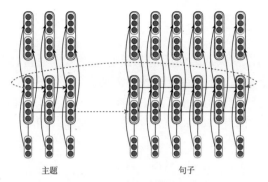

图 8-33   立场检测的条件 LSTM

8.5.5   讽刺识别

本节将讨论一种与情感分析密切相关的特殊语言现象：讽刺或反讽。这种现象通常会改变语句的字面意思，极大地影响语句想要表达的情感。图 8-34 展示了几个实例。

有时候那些白痴真让我开心，不可思议!!
我喜欢在黑暗中醒来，在黑暗中回家。
现在我知道你的礼貌是从哪儿来的了。
杂草唯一不好的地方就是它被抓住了
我的生活如此精彩……我简直不敢相信发生了什么事。
很高兴我的烘干机毁了我的两件背心

图 8-34   讽刺实例

讽刺检测通常被建模为二分类问题，这与语句级情感分析相似。这两项任务的主要区别在于它们的目标。Ghosh 和 Veale(2016)详细研究了包括 CNN、LSTM 和深度前馈神经网络在内的各种神经网络模型。他们提出了几种不同的神经模型，并对有效性进行了实证研究。实验结果表明，将这些神经网络相结合可以获得最佳性能。如图 8-35 所示，最终的模型由两层的 CNN、两层的 LSTM 和前馈层组成。

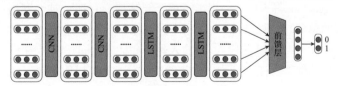

图 8-35   Ghosh 和 Veale(2016)提出的框架

对于 Twitter 这样的社交媒体上的讽刺检测，关于作者的信息是一种有效的特征。Zhang 等人(2016a)提出了一种情景化神经模型用于 Twitter 讽刺识别。具体来说,他们从推文作者的往期帖子中提取出一组突出的词汇,并使用这些词汇来表征推文作者。如图 8-36 所示,他们提出的神经网络模型包括两部分,一部分是表征语句的门控 RNN,另一部分是表征推文作者的简单池化神经网络。

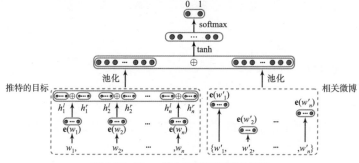

图 8-36　Zhang 等人(2016a)提出的框架

8.6　结论

本章回顾了神经网络算法近期在情感分析领域取得的成功。首先介绍了如何整合文本的情感信息来学习特定情感的词嵌入;然后介绍了语句级和文档级情感分类,两者都需要文本的语义组成;最后介绍了如何使用神经网络模型来处理细粒度任务。

尽管近年来深度学习方法在情感分析任务方面取得不俗的表现,但是还有一些潜在的方向能够进一步促进该领域的发展。第一个方向是可解释的情感分析。目前的深度学习模型可以做到较为精确的分类,但是仍不能解释。利用来自认知科学、常识或从文本语料库中提取的知识可能是改善这一领域的潜在方向。第二个方向是学习新领域的鲁棒模型。深度学习模型的性能取决于训练数据的数量和质量,因此,如何为只有很少/没有注释的语料库学习鲁棒情绪分析器是非常具有挑战性的,并且在实际应用中非常重要。第三个方向是如何理解情感。现有的研究大多集中在意见表达、目标和用户上,最近有人提出了意见原因和立场等新的特征来更好地理解情绪。为了推动这一领域前进,需要强大的模型和大型语料库。第四个方向是最近受到越来越多关注的细粒度情绪分析。改善这一领域仍然需要更大的训练语料库。

第 9 章

基于深度学习的社会计算

赵鑫　李晨亮

摘要　社会计算旨在设计能够学习机制和原则的计算系统以解释和理解每个个体、集体、社区和组织的行为。社交媒体产生的空前庞大的在线数据为实现这个目标提供了丰富的数据资源。然而,传统的技术很难处理社会计算中社交媒体的复杂性和异构性。幸运的是,深度学习近期的复兴和成功为解决这些挑战带来了新的机会和解决方案。本章将从用户生成内容、社会关系、推荐系统三个方面介绍基于深度学习的社会计算所取得的最新进展,这三个方面已经涵盖社会计算的大部分核心要素和应用案例。本章重点讨论如何将深度学习技术应用于主流的社会计算任务。

9.1　引言

　　人类行为的本质是根深蒂固的社会性,这反应在社会生活中形形色色的人类活动中。例如,人们与家人沟通、从零售商处购买物品以及和朋友一块看电影。在这些活动中,人们很容易和周围其他人相互影响(Homans 1974)。社会行为不是现代社会发展或科技进步的产物,但却是人类社会的重要基石。早在石器时代,人类个体聚集在一起形成部落——这也可视为一种社区形式。人们可以在部落内分享有关这个世界的各式各样的经历,并且与部落内外的其他人交流信息(Sahlins 2017)。经过几代人的传承,人类构建了约定俗成的社交准则,用以约束个体、团体、社会群体的社交行为。

近年来,互联网技术的快速发展促成众多在线社交媒体服务的繁荣,不仅包括 Facebook、Twitter、新浪微博等流行社交网络,还包括任何由互联网技术驱动的具备社交功能的在线服务。网络社交媒体已经极大程度影响并改变了人们的生活方式。是时候思考如何为用户的社交行为建模并且提高在线社交服务质量了。这是社交媒体时代社会计算的研究焦点。社会计算被定义为支持信息收集、表征、处理、使用和传播的系统,这些信息遍布社会的各个角落,例如团队、社区、组织和市场(Wang et al. 2007;Parameswaran and Whinston 2007)。这些信息虽然没有经过匿名化处理,但却非常重要,因为这些信息事关个人,而个人又与其他人相联系(Schuler 1994)。换句话说,社会计算指的是一门理解个体在社会上下文中活动的学科。

分门别类的在线社交媒体服务的涌现带来人类历史上空前的信息爆炸。与限制用户只能是信息消费者的传统网站相比,在线社交媒体使用户能够通过与信息条目的多样交互来产生信息,例如用于协作式知识构建的网站维基百科和开放目录(Open Directory Projet,ODP),用于协作式标签文档的 Delicious、BinSonomy 和 CiteULike,用于评价 Facebook 和 Twitter 网站内容的 Digg,用于朋友之间信息共享和相互评论的微博,用于评价电影的 Netflix 和 IMDB,用于分享视频的 YouTube,用于分享知识的 Yahoo!Answer 和 Quora。

用户通过各种链接机制相互之间高度联系是在线社交媒体的主要特征(Kaplan and Haenlein 2010)之一。在线社交网络的精心设计使得用户之间存在着各式各样的社交联系。以 Twitter 为例,用户在一对一关系下主要存在以下三种社交联系:

(1)关注,用户将另一用户添加到自己的关注列表中。

(2)转发,用户分享了另一个用户的推文。

(3)提及,用户在自己的推文中提到另一个用户。

多样化的用户联系大大增强了在线社交媒体的共享环境和互动环境。这些联系还可能在一定程度上传递不同的主题语义或用户间的兴趣相似性(Weng et al. 2010)。例如,两个用户可能编辑了维基百科中的同一个条目,因为他们都对这些相关的主题感兴趣。

除了内容和联系,在线社交网络的另一个关注重点是如何满足用户对于信息资源的复杂、多样、多变需求。遵循推荐系统中的惯例（Adomavicius and Tuzhilin 2005），我们将信息资源称为社交媒体上的条目，可以是一条推特、一部电影、一首歌曲、一件产品等。大多数社交媒体平台都提供自己的推荐系统以便于用户获取不同的信息。推荐场景可以看作用户和各个条目进行互动的过程。在交互过程中，用户可以针对各个条目提供直白或暗示的反馈信息。这些反馈信息会对重要的证据进行编码以推断用户对相关条目的兴趣和需求。

由于在线社交媒体具有井喷式爆发的内容、丰富的社会关系和复杂的信息需求，社会计算与用户在社交媒体中的行为和兴趣有着密切的联系。社会计算的最终目标是设计计算系统，通过学习机制、原则（也可称为知识/理解力），解释和理解每个个体和集体、社区和组织的行为（Wang et al. 2007）。为了实现这一目标，这里强调一下评判社会计算成功的三个基本标准：

- 对用户生成的文本内容的深入语义理解。人们参与在线社交媒体是为了进行写作或者分享实时信息、对产品和服务进行评分和评价、为网页添加标签等。社会计算中的关键一步是能够从用户生成的文本中自动地提取并理解语义信息。鉴于在线社交媒体服务的灵活机制，社交文本可以多种形式呈现，并具有各式新的特征。因此，需要开发一种有效的建模方式，以帮助我们在信息的海洋中有效而精确地获取信息。

- 对社交联系进行有效的表征学习。丰富的社交联系使得我们能够在大型社交情境中学习和分析用户关系。在线社交网络本质上是十分复杂的。开发有效的网络表征学习算法是实现网络分析、社交联系分析的关键技术。网络表征的解决方案应该是通用的，以描述多种类型的用户链接，并支持一系列计算任务，例如社区发现、影响最大化、专家检索。通过挖掘各种显式和隐式的关系，从不同角度对各类知识进行组合是很重要的。

- 运用信息资源进行准确推荐。推荐系统在在线社交媒体中发挥着重要的作用。向用户推荐或进行建议能够提高他们对网站的参与度。这会帮助用户减少寻找感兴趣的条目时花费的精力。通过融合更多的社会情境信息，社交媒体给传统的推荐系统带来了新的挑战。用户和条目之间的交互愈加复杂，可供参考的反馈信息形式也愈加多样。为了开发精准的推荐系统，开发人员必须将社交媒体平台的新功能考虑在内。

来自 NLP、信息检索(IR)(Manning et al. 2008)和机器学习(ML)(Alpaydin 2014)领域的传统技术在一定程度上可以应用到社会计算中。然而，这些技术在解决社交媒体带来的挑战方面也面临困难。第一，传统的数据表征通常基于独热稀疏表征(one-hot sparse representation)。独热表征的高维度使得人们很难从稀疏数据中发现潜在知识/关系并高效处理大规模数据。传统的数据表征无法捕捉社交媒体数据的深层语义，例如，常用的"词袋(BOW)"模型无法有效地捕捉人类语言和活动中天然存在的同义词和多义词。第二，传统数据模型可能无法表现出社交媒体数据的复杂性。例如，矩阵分解本质上是线性分解模型，因而无法捕捉非线性数据特征。尽管非线性模型在数据建模中实现了更多功能，但它们要么通常是浅层模型，要么很难学习，这两种情况都无法有效地解决有关社交媒体的复杂任务。第三，传统技术还不能灵活地拓展到在线社交媒体中，因为在线社交媒体给社会计算带来了新的数据特征和挑战。例如，用户生成内容是了解用户取向和意见的有效资源及快速渠道，许多社交媒体平台都增加了信息传播机制，例如 Twitter 上的转发功能(Kwak et al. 2010)。传统技术可能很难适应社交媒体中的这些新特征。

幸运的是，近年来深度学习领域研究的复兴和成功提供了新的机会和解决方法，用以克服传统技术在社会计算方面面临的困难。通过运用分布式表征，深度学习研究能够更好地实现数据表征，并且能够从大量未标记数据中学习这些表征(Mikolov et al. 2013)。深度学习试图通过使用灵活的深度非线性结构来构建更强大的数据模型，这种模型可以基于神经系统中的信息处理和通信模式进行宽松的特征识别。与浅层学习算法相比，深度学习算法会对输入的信息进行更多层次的处理，人们在通用近似定理(universal approximation theorem)中也对神经网络的能力进行了讨论和证明(Hornik 1991)。深度学习的另一个重要特征是深度学习通常以端到端的方式进行设计和训练，这种方式大大减少了多个独立模型组件之间的累积差异。除了强大的数据建模能力外，深度学习还是一个快速发展的领域——每隔几周就会出现新的架构、变体或算法,使得开发人员能够选择灵活的方法来建模新的数据类型或特性(例如,时间序列数据模型和树结构数据模型)。

基于上述讨论,本章将深度学习作为社会计算的主要算法进行介绍。根据之前介绍的内容,此处主要讨论三个方面:用户生成内容分析、社会联系和推荐。着眼于这三个方面,本章将回顾深度学习在社会计算方面取得的主要进展。

9.2   基于深度学习对用户生成内容进行建模

社会计算的主要资源是不同社交媒体服务中的用户生成内容(Cortizo et al. 2012)。每个人都可以不受过多限制地实时分享自己的故事、社交事件和观点,所以社交媒体中的用户就像随时记录身边发生的实时信息的社交传感器。从这个层面讲,用户生成内容包含大量的实时信息。业内已经普遍承认用户生成内容是提取意见、专家检索、用户画像、用户意图理解等行为的有效数据来源。例如,无论何时发生谣言四起的情况,社会保障部门的政府官员都很容易意识到谣言的发生。一项复杂而无法逃避的任务是对社交媒体用户生成的信息进行语义表征。在不同类型的用户生成内容中,文本是一种占主导地位的资源形式。因此,本节将重点介绍如何针对用户生成内容进行建模[①]。

随着近年来神经网络技术的发展,有效地学习语义已成为一种可行且实用的方法,并促进许多 NLP 任务的发展。具体而言,神经网络语言模型(Mikolov et al. 2013)学习词嵌入(也称单词密集式表征)的目的是完全保留每个单词的上下文信息,包括语义和句法关系。大部分任务驱动的神经网络用于学习单词、文档、用户和许多元数据信息的嵌入表征。本节将首先简要回顾传统的语义表征模型,然后介绍CBOW 和 skip-gram 模型等浅层嵌入技术,以及 CNN 和 RNN 等深度神经网络模型。最后,本节将介绍基于文本的神经网络技术的注意力(attention)机制。当然,本节的重点依然是讨论如何使深度学习技术适用于特定的社会任务。

---

①本章不考虑图像和视频等其他数据类型。

9.2.1　传统的语义表征方法

传统的表征文本和单词的方法是使用独热向量表征（one-hot vector representations）和 BOW 模型（Manning et al. 2008）。在独热向量表征中，单词 w 表征为稀疏的 $|V|$ 维向量 $\boldsymbol{x}_w$，其中，$\boldsymbol{x}_w$ 中仅仅对应单词 w 的位为 1，其余位均为 0，$|V|$ 为词汇表 V 的大小。例如，假设词汇表 $V=\{"I", "like", "apple"\}$ 包含 3 个不同的单词。将单词按照字母顺序排序后，$\boldsymbol{x}_{apple}$ 的独热编码向量表征为 $[1,0,0]$。通过独热编码表征，一个文档可以被表征为该文档包含的所有单词 $\boldsymbol{x}_w$ 的加权和：

$$\boldsymbol{x}_d = \sum_{w \in d} f(w,d)\, \boldsymbol{x}_w \tag{9.1}$$

其中，$f(w,d)$ 是文档 d 的上下文中单词 w 的权重函数。常用的单词权重函数为 TF-IDF（term frequency-inverse document frequency），该函数同时考虑了词频和逆文档频率。尽管这种 BOW 模型表征方法在处理常规文本时表现良好，但是在许多社交媒体相关的 IR/NLP 任务中表现不佳，因为用户生成内容本质上十分简短且容易发生拼写错误。例如，单词 car 和 automobile 具有相同的语义和句法功能。但是，通过使用上面提到的独热稀疏表征方法，基于衡量的余弦相似度给它们的评分是 0。为了能够更好地捕捉一对单词的语法和语义关系，密集向量表征（dense vector representation）出现了。

9.2.2　基于浅层嵌入技术的语义表征

分布式表征已被成功地应用于许多 NLP 和 IR 任务中。两种使用较广泛的学习词嵌入模型分别为 CBOW 模型和连续 skip-gram 模型（Mikolov et al. 2013）。为了学习长短不一（例如句子、段落和文章）的文本单元表征而不是单个单词，Le 等人提出了两种段向量（PV）模型，可以推导出句子、段落和文档的密集表征（Le and Mikolov 2014）。这些模型只涉及一个隐藏层，所以称为浅层嵌入技术。它们由于可以将不同长度的文本单元和元数据信息投射到相同的隐藏表征空间中，因此可以在许多语义应用程序（例如，微博推送）中灵活应用这些技术及其变体。下面将介绍几种具有代表性的浅层嵌入技术，以及如何使它们适应于表征文本语义之外的其他社交特征。

CBOW 模型的主要理念是使用目标词的上下文词来推测目标词的语义。为了方便起见,周围单词的个数是一致的(在 skip-gram 模型中同样如此),窗口的大小 m 是预定义的,任务是用单词序列 $(w_{c-m}, \cdots, w_{c-1}, w_{c+1}, \cdots, w_{c+m})$ 预测目标单词 w_c,其中 w_i 表示位置 c 的单词。在输入层,每个单词由一个独热稀疏向量表征,即每个单词都用向量 $\mathbb{R}^{|V| * 1}$ 表征,其中 $|V|$ 是词汇表的大小。然后定义输入字矩阵 $\boldsymbol{V} \in \mathbb{R}^{n \times |V|}$,使得 $\boldsymbol{V}$ 的第 i 列为单词 w_i 的 n 维嵌入向量。从输入层到隐藏层,通过将矩阵 $\boldsymbol{V}$ 乘以 x_i 计算出单词 w_i 的隐藏嵌入向量 v_i,即 $v_i = \boldsymbol{V} x_i$。单词向量 x_i 是独热向量,因此,这个乘法实际上执行了查找操作(选择 $\boldsymbol{V}$ 中的相应列作为输出)。然后,对输入词在窗口中的嵌入量取平均值,形成向量 $\hat{\boldsymbol{v}}$,即 $\hat{\boldsymbol{v}} = (v_{c-m} + v_{c-m+1} + \cdots + v_{c+m})/2m$。为了能够进行预测,定义另一输出字矩阵 $\boldsymbol{U} \in \mathbb{R}^{|V| \times n}$,使得 $\boldsymbol{U}$ 的第 j 行是单词 w_j 的 n 维嵌入向量。然后通过将 $\boldsymbol{U}$ 乘以 $\hat{\boldsymbol{v}}$ 来计算似然得分向量 z,即 $z = \boldsymbol{U}\hat{\boldsymbol{v}}$。将 z 代入 softmax 函数得到概率分布向量 $\hat{\boldsymbol{y}}$。

skip-gram 模型的主要理念与 CBOW 模型恰恰相反,skip-gram 模型使用目标词来预测上下文单词。skip-gram 模型和 CBOW 模型相比主要有两个区别。第一,skip-gram 模型在输入层中只输入一个单词向量,CBOW 模型则在输入层中输入上下文单词。第二,skip-gram 模型在输出层中输出 2·m 个单词。skip-gram 模型也可以采用与 CBOW 模型相似的优化方法。Le 和 Mikolov(2014)提出两个 PV 模型来学习不同长度的文本单元(例如,句子、段落和文档)的分布式表征。其主要理念是把段落看作额外的单词,把与段落关联的嵌入向量视为 PV。PV 中有两种不同的模型。一种是段落向量的分布式记忆模型(Distributed Memory Model of Paragraph Vector,简称 PV-DM),另一种是段落向量的分布式词袋版本(Distributed Bag-of-Words version of Paragraph Vector,简称 PV-DBOW)。PV-DM 的理念与 CBOW 模型类似:在段落(或句子、文档)中,对 PV 和上下文单词向量进行平均或串联,以预测下一个单词(而不是中心单词)。在 PV-DBOW 中,在输入时会忽略上下文单词,仅使用段落向量来预测从(同一窗口的)段落中随机抽样的单词。虽然这两种模型都可以学习段落向量表征,但是 PV-DM 的性能始终优于 PV-DBOW。此外,通过将从这两种模型中学习到的向量连接起来,文本分类任务得到了进一步改进。

　　微博作为一种实时信息共享平台,已经吸引到众多不同领域的用户。具体而言,许多研究人员也在微博上发表或分享学术进展,表达他们的意见和情感。确定这些用户的专业背景和研究兴趣,可以使我们能够向他们推荐相关的微博。有效而准确的学术微博推荐可以使研究人员轻松地追踪感兴趣领域的最新学术进展。为了设计个性化的学术微博推荐算法,Yu 等人(2016)提出了两个 User2Vec 模型来共同学习用户嵌入以及文本/单词嵌入。然后,通过计算用户向量与学术微博文本向量之间的相似度来实现推荐。这两个 User2Vec 模型是在 PV-DM 模型的基础上构建的。在 User2Vec♯1 模型中[如图 9-1(a)所示],上层架构与 PV-DM 相同,但是依旧通过使用相关用户的嵌入向量的平均值来估计 PV。因此,微博的作者和转发微博的用户被视为相关用户。

　　在 User2Vec♯1 模型中,除了微博文本矩阵 $\boldsymbol{d}$ 和单词矩阵 w,每个用户都被映射到一个向量,由矩阵 $\boldsymbol{U}$ 中的列进行表征。给定微博文本 $d_i, w_i, w_2, \cdots, w_T$,目标是预测 w_{T+1} 和微博标记 d_i。将所有与 d_i 相关的用户定义为 $u_{i1}, u_{i2}, \cdots, u_{jh}$。应该被最大化的目标函数如下所示:

$$J = \frac{1}{T} \sum_t \left[\log p(w_t \mid d_i, w_{t-k}, \cdots, w_{t+k}) + \log p(d_i \mid u_{i1}, \cdots, u_{ih}) \right]$$

(9.2)

　　在 User2Vec♯2 模型中[如图 9-1(b)所示],用户向量与文本/单词向量位于同一层,之后将对这些向量取平均值来预测下一个单词。在这个框架中,用户嵌入将作为文档的上下文来学习,如下所示:

$$J = \frac{1}{T} \left(\sum_t \log p(w_t \mid d_i, w_{t-k}, \cdots, w_{t+k}, u_{i1}, \cdots, u_{ih}) \right).$$ (9.3)

　　User2Vec♯2 模型能够直接从单词嵌入中学习用户嵌入,所以具有更好的性能。

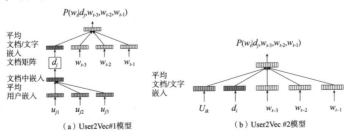

(a) User2Vec♯1模型　　　　　　(b) User2Vec ♯2模型

图 9-1　用户嵌入的网络图(Yu et al. 2016)

9.2.3　基于深度神经网络的语义表征

1. 利用循环神经网络进行学习表征

许多类型的社交内容已经呈现为一种序列语义结构。例如,社交评论的本质是一系列的单词。同样,用户之间在社交媒体上的对话也是由一系列句子组成的。利用这种一阶顺序结构,能够帮助我们更好地理解社会环境。标准的循环神经网络(Recurrent Neural Network,简称 RNN)通过在当前输入向量和最后一个隐藏状态向量上反复施加转换函数来处理任意数据序列。转换函数的输出是当前的隐藏状态向量。对于给定的单词 $d = \{w_1, w_2, \cdots, w_t\}$,RNN 计算位于 t 处的隐藏状态向量 h_t 的公式如下所示:

$$h_t = \sigma(Wq_t + Ch_{t-1}) \tag{9.4}$$

其中,q_t 是位于 t 处的嵌入单词 w_t,W 是输入嵌入向量和隐藏状态向量间的转换矩阵,C 是状态-状态的循环权重矩阵,σ 是通常由 sigmoid、tanh 或 ReLU 激活函数实现的转移函数。隐藏状态向量 h_t 可以捕捉到序列 $\{w_1, w_2, \cdots, w_t\}$ 中隐藏的语义特征。

尽管 RNN 结构可以处理序列输入,但是当输入信息的长度较大时,梯度会变得越来越小,直到完全消失。这就是梯度消失问题。一种简单的解决方案是增大权重矩阵的值。但是,该方案可能会导致梯度爆炸问题。这两个问题都将使 RNN 无法正确地学习较长序列中的远程依存关系。为了解决这个问题,研究人员提出了具备信息流门控机制的长短期记忆(LSTM)网络和门控循环单元(GRU)网络。近年来,循环神经网络已经在许多应用领域取得了巨大成功。诸如语言建模、图像字幕、语音识别、机器翻译、计算机作曲、点击预测等工作都使用了上述结构。由于 RNN 及其变体可以对长度可变的文本单元建模,因此在研究中,RNN 已经被广泛用于针对特定任务进行文本表征。本节将介绍两项极具代表性的研究,它们能够解决谣言检测和自动会话-响应建模任务。

在信息时代,谣言会引起公众恐慌和社会动荡。早期的谣言检测方法是进行人工检验,但效果有限并且时间跨度大。许多采用机器学习方法的现有应用都依赖于人工参与,这会浪费大量的时间。Ma 等人

(2016)提出使用几种基于 RNN 的模型用以来检测谣言。对于给定事件和一系列相关推文 $\{(m_i, t_i)\}$，其中 m_i 代表特定的推文，t_i 代表相应的发布时间。首先将大量推文转换为连续的长度可变的时间序列，然后使用基于 RNN 的模型对谣言进行分类。Ma 等人(2016)提出三种模型用以解决这类任务。相应的体系结构如图 9-2 所示。

- tan h-RNN。这是一种基本的 RNN 结构，输入是单词表在时间戳内的 TF-IDF 权值。隐藏单元的计算公式如下所示：

$$h_t = \tan h(U x_t + W h_{t-1} + b) \tag{9.5}$$

$$o_t = V h_t + c \tag{9.6}$$

然后，利用 softmax 运算符对谣言和非谣言进行分类。目标是将预测的概率与真实值之间的平方误差最小化。

- 单层 LSTM/GRU。在模型中增加一个嵌入层，将 TF-IDF 权值转换为嵌入项，将基本的 RNN 单元替换为 LSTM/GRU 单元，以捕获谣言检测中极其重要的远程依存关系。

- 多层 GRU。通过堆叠另一 GRU 层以进一步扩展基于 GRU 的模型。更高级别的 GRU 层有望捕获更多抽象的预测特征。更高层的 GRU 层有望捕获更多用于预测的抽象特征。

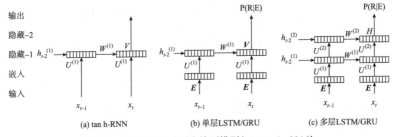

图 9-2　基于 RNN 的谣言检测模型(Ma et al. 2016)

使用反向传播训练所有的模型以计算损失的导数，然后更新它们的参数。实验结果表明，与现有最先进的方案相比，基于 RNN 的模型明显拥有更好的性能。

构建智能对话系统是 NLP 和 AI 领域的一项重要任务。现有的大多数研究都集中于开发任务导向的对话系统。尽管这些研究在某些特定领域的特定任务中呈现出良好的性能，但是构建能够与人类进行多方面对话的开放域对话系统仍然十分具有挑战性。RNN 模型的循环处理方式为开放领域对话指明了方向，因为能够对长度可变的文本进行建模。Vinyals 和 Le(2015)使用 LSTM 模型对单词序列进行建模，并且提出了一种神经对话模型。

Seq2Seq 模型将文本序列作为输入，并通过对每段内容进行循环处理来生成输出序列(如图 9-3 所示)。在训练过程中，标记序列形式的黄金响应被传递给模型，并利用反向传播通过交叉熵损失函数更新参数。在测试过程中，当需要预测出一段内容时，应当将上一步的预测结果作为输入。模型通过预测输出内容的前一句(而不是下一句)来做出一些修改。例如，任务是对 ABC 进行预测并输出 WXYZ，输入的句子向量是处理符号〈eos〉(句子的结束符号)后的隐藏状态向量。Seq2Seq 模型在反复使用最后一个隐藏状态的情况下，逐个预测下一句话的内容。在保持最先进性能的同时，这种神经网络结构只需要很少的特征工程或特定领域的知识就能完成任务。

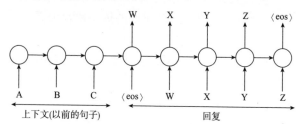

图 9-3　使用 Seq2Seq 框架进行对话建模

2. 利用卷积神经网络(CNN)学习表征

除了在计算机视觉领域有广泛应用，CNN 也被应用于社会计算领域。例如，Weston 等人(2014)提出 ♯TagSpace 模型来处理推文话题(hashtag)预测任务。通过将单词、文本帖子和话题标签投射到相同的向量空间，♯TagSpace 模型能够计算出嵌入之间的内积，然后计算推文话题和帖子之间的相关性。

图 9-4 展示了 ♯TagSpace 模型的框架。不同于计算机视觉中的图像像素，大多数 NLP 任务的输入是单词或句子。因此，可首先通过使用单词查找表(word lookup table)，将输入文档的每个单词转换为 d 维嵌入向量，从而得到大小为 $l_d \times d$ 的矩阵，其中 l_d 为文档长度。这个步骤包含了查找表层(lookup-table layer)，其中含有一个 $N \times d$ 的矩阵，N

为词汇表大小。然后将卷积运算应用于 $l_d \times d$ 矩阵中。具体而言,构造大小为 $K \times d$ 的 H 滤波器矩阵,并将每个滤波器矩阵的原始输入矩阵从位置 1 滑动到位置 l_d(其中 K 为滑动窗口大小)。同时,为了能够处理文档中两个边界处的单词,在文档两端填充特殊的向量,这样就能够使用可以应用于输入矩阵边界元素的滤波器了。

在执行卷积步骤之后,将 tanh 这样的非线性激活函数作用于 $l_d \times H$ 矩阵中的每个元素。然后对 $l_d \times H$ 矩阵执行最大池化操作,提取出包含输入文档中特征的大小固定的(H 维)全局向量。需要注意的是,从 CNN 获得的 d 维全局向量与文档的长度无关。最后,采用 tanh 非线性激活函数和尺寸为 $H \times d$ 的全连通线性层。结果显示,单个文档已转换为 d 维向量,用来表征原始嵌入空间中的所有内容。

类似地,使用查找表由 d 维嵌入向量表征候选推文话题。通过这种方式,文本帖子和推文话题可以在相同的嵌入空间中分别用不同的 d 维向量表征。采用内积计算文档 w 和话题标签 t 之间的语义相关性:

$$f(w,t) = \mathbf{e}_{conv}(w)^{\mathrm{T}} \cdot \mathbf{e}_{lt}(t) \tag{9.7}$$

其中,$\mathbf{e}_{conv}(w)$ 是 CNN 计算得出的文档嵌入,$\mathbf{e}_{lt}(t)$ 是使用查找表产生的候选话题标签 t 的嵌入。我们可以根据相关性得分高低 $f(w,t)$ 对所有候选标签进行排序。分数越大,推文话题和帖子的相关性就越大。

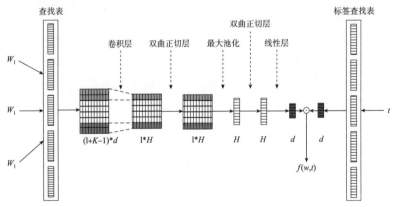

图 9-4 ♯TagSpace 模型的构架(Weston et al. 2014)

为了训练♯TagSpace 模型,使用成对的铰链损失函数(hinge loss)作为目标函数:

$$\pounds = \max\{0, m - f(w,t^+) + f(w,t^-)\} \tag{9.8}$$

其中，t^+ 是训练集中采样的正向示例，t^- 是训练集中采样的负向示例，m 是预定义边际。使用预先训练的嵌入初始化查找表层，以加快融合速度。

9.2.4 运用注意力机制增强语义表征

本节将讨论如何将注意力机制（attention mechanism）应用于构建社会文本。注意力机制源于计算机视觉领域（Mnih et al. 2014；Xu et al. 2015），能够使模型根据输入及产生的内容选择需要关注的重要信息。在 NLP 领域，通常通过以下方式使用注意力机制来增强文本建模：

- 处理长输入序列（例如，句子或文档）并尽可能多地输出有用的信息（Luong et al. 2015）。
- 在输入和输出之间产生软对齐来缓解某些任务（例如，机器翻译和文本摘要）中的顺序变化和差异问题（Bahdanau et al. 2014）。

分布式表征模型（例如，skip-gram 模型和 CBOW 模型）在捕获单词语义关系方面非常有效。然而，这类模型不能捕获单词间的句法关系，因为它们没有考虑单词顺序。为了解决这个问题，Ling 等人（2015）提出了一种将注意力机制添加到 CBOW 模型中的简单扩展模型。该模型背后的原理是：单词的预测主要取决于特定的单词及其在上下文中的位置。例如，在 *We won the game*！这句话中，game 一词的预测主要基于 the 一词的句法关系和 won 一词的语义关系实现。We 一词对 game 的预测作用微乎其微。在这种情况下，为长度固定的上下文中处于不同位置的单词分配不同的权重是十分有必要的。

在这个模型中，每个位于 i 位置的单词 $w \in V$ 都有匹配的注意力分值 $a_i(w)$：

$$a_i(w) = \frac{\exp(k_{w,i} + s_i)}{\sum\limits_{j \in [-b,b] - \{0\}} \exp(k_{w,j} + s_j)} \tag{9.9}$$

其中，$k_{w,i}$ 表示单词 w 在 i 位置的重要性，s_i 为上下文窗口中位置 i 的偏移量，b 为窗口大小。计算完注意力分值后，如下计算上下文向量 c：

$$c = \sum_{i \in [-b,b]-\{0\}} a_i(w_i)v_i \tag{9.10}$$

其中，v_i 代表单词 i 的嵌入。通过 CBOW 模型，采用式(9-10)所示的单个单词嵌入的加权和，而不是简单地计算上下文中单词嵌入的平均值。最后，该模型通过将以下概率最大化来预测目标词：

$$p(v_0 | w_{[-b,b]-\{0\}}) = \frac{\exp(u_0^T c)}{\sum_{w \in V} \exp(u_w^T c)} \tag{9.11}$$

图 9-5 展示了标准的 CBOW 模型与基于注意力机制的 CBOW 模型的不同预测机制。在标准的 CBOW 模型中，包括虚词在内的所有上下文词对目标词 south 的预测均有均等的贡献。然而，在基于注意力机制的 CBOW 模型中，较暗的单元格表示对预测目标单词 south 的参与权重较高[参考式(9-9)]。Ling 等人(2015)的实验结果表明：基于注意力机制的 CBOW 模型生成的单词嵌入能更好地保留单词之间的句法关系。注意力机制已被广泛应用于不同的任务中。例如，最近的一些研究已经将注意力机制应用于推文话题推荐系统，并获得最佳推荐性能(Gong and Zhang 2016；Zhang et al. 2017)。

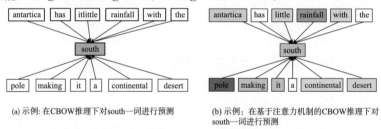

(a) 示例: 在CBOW推理下对south一词进行预测　　(b) 示例: 在基于注意力机制的CBOW推理下对south一词进行预测

图 9-5　基于注意力机制的 CBOW 模型与标准 CBOW 模型的比较(Ling et al. 2015)

9.3　基于深度学习建立社会联系模型

9.3.1　社交媒体中的社交联系

正如 9.1 节中介绍的，在线社交媒体平台的一个主要特性在于提供了丰富的社交联系。社交网站通常使用显式或隐式的链接机制来增强用户之间的交互或联系。用户链接可以是单向的，也可以是双向的。例如，在 Twitter 上，一个用户可以单方面关注另一个用户。而在 Facebook 上,用户链接以双向方式构建。通常来讲,这些用户链接代表了友谊或兴趣相似性(Weng et al. 2010)。在某些情况下,用户链接还可能明确地与信任信息相关(例如,EPinion①)。除了显性链接,隐性链接在社交媒体上也很普遍。例如,用户可以在不关注另一个用户的情况下转发其一条推文。这种隐含的联系在传递有用的语义信息时也十分重要(Welch et al. 2011;Zhao et al. 2013,2015;Wang et al. 2014)。

9.3.2　建模社会关系的网络表征学习方法

本节将讨论如何构建用户链接。近年来,深度学习方兴未艾,网络表征学习已经成为研究的热门话题(Perozzi et al. 2014;Tang et al. 2015)。网络表征学习致力于将节点嵌入低维空间,派生的表征通常称为节点嵌入(*node embedding*)。

从形式上,用 $\mathcal{G}=(\mathcal{V}, \mathcal{E}, \boldsymbol{W})$ 表示一般的社交网络表征,其中 $\mathcal{V}$ 是顶点集合,$\mathcal{E}$ 是边集合,$\boldsymbol{W}$ 是各个边的权重矩阵。如果存在一条从顶点 u 到顶点 v 的边,那么 $(u,v)\in\mathcal{E}$。用 $w_{u,v}$ 表示从 u 到 v 的边的权值,可以对单向或双向、加权或非加权网络进行建模②。网络表征学习的目标是为每个顶点 $v\in\mathcal{V}$ 生成 d 维的潜在表征 $\mathbf{e}_v\in\mathbb{R}^d$,维数 d 的取值范围通常在五十到几百之间。表 9-1 中展示了网络表征学习的两种分类方法:基于浅层嵌入的方法和基于深度神经网络的方法。前者涉及使用浅层神经结构派生分布式表征的模型③。作为对比,后者使用标准的神经网络模型来学习网络表征。

在 Perozzi 等人(2014)的研究中介绍的学习表征主要用于网络重构或节点分类,但也可以被轻松扩展以解决某些特定任务(Chen and Sun 2016)。本节关注的是常规网络表征学习算法,不考虑文本数据等其他类型的信息(Yang et al. 2015)。具体而言,知识图谱可以视为一种特殊类型的异构网络,NLP 中的许多研究都与网络表征学习有关(Xie et al. 2016;Guo et al. 2016)。本节将重点关注现有的社交网络研究。

---

①http://www.epinionglobal.com/
②在这种情况下,顶点对应用户,图对应用户网络。除非另有情况,否则我们会使用“网络”而不是“用户网络”作为简称,因为我们的方法是通用的,能够应用于其他类型的网络。
③严格地说,基于嵌入的模型不是标准的神经网络,例如 word2vec(Mikolov et al. 2013)。

表 9-1　网络嵌入模型的分类

分类		模型
浅层	邻域	DeepWalk(Perozzi et al. 2014) node2vec(Grover and Leskovec 2016)
	邻近	Line (Tang et al. 2015) GraRep(Cao et al. 2015)
	异构网络	HINE(Huang and Mamoulis 2017) ESim(Shang et al. 2016)
深层	邻域	GruWalk(Li et al. 2016)
	邻近	Sdne(Wang et al. 2016a) GraRep(Cao et al. 2015)
	异构网络	Hne(Chang et al. 2015)

9.3.3　基于浅层嵌入的模型

1. 传统的图嵌入模型

在机器学习和模式识别的早期研究中,降维和数据表征是十分重要的研究主题。这些方法将二元数据特征矩阵作为输入,并且将数据特征矩阵中的每一行与高维观察点一一对应。这些早期算法的实质是将高维观察通过降维的手段转换为低维表征。其中一些比较著名的方法有 IsoMap(Balasubramanian and Schwartz 2002)、LLE(Rowe and Saul 2000)和拉普拉斯特征映射(Belkin and Niyogi 2001)。早期研究通常主要借助主成分分析法(Principal Components Analysis,简称 PCA)、多维尺度法(Multidimensional Scaling)、拉普拉斯矩阵和流形学习(Manifold Learning)等方法的思想。这些算法往往计算复杂度较高,不容易在大规模的数据集上执行。近年来,矩阵分解技术(matrix factorization technique)也被应用于网络嵌入(Wang et al. 2011),该技术将网络矩阵(例如,邻接矩阵)分解为两个矩阵的乘积。

2. 基于邻域的嵌入

基于邻域的嵌入的核心思想是利用某些策略进行随机游动来建立目标顶点与邻域之间的关系模型。

DeepWalk(Perozzi et al. 2014)是首个借鉴词嵌入理念的网络嵌

入模型。在词嵌入向量（例如，word2vec）中，基本元素是句子（或单词序列）和单词，目的是通过刻画出目标单词与特定窗口中上下文信息之间的关系来学习单词的潜在表征形式。设 w 表示单词，$\boldsymbol{C}_w$ 表示单词 w 的所有上下文（例如，上下文单词）。词嵌入模型实质上是对 $P(w|\boldsymbol{C}_w)$ 或 $P(\boldsymbol{C}_w|w)$ 的条件概率进行建模。DeepWalk 将顶点视为单词，将顶点序列视为句子。虽然图上有明确的顶点和连接，但没有顶点序列。为了解决这个问题，DeepWalk 首先根据图结构生成短路径随机游动。这些游走可以看作一些短句，它们估算了在给定周围顶点的随机游走中观测特定定点的可能性。更正式地讲，DeepWalk 对 $P(\boldsymbol{N}_v|v)$ 的条件概率建模，其中 N_v 表示在给定图 $\mathcal{G}$ 的情况下生成的随机游走中顶点 v 的近邻。可通过使用 word2vec 的 skip-gram 架构实现该模型，并通过层次 softmax 算法进行优化。DeepWalk 的优势在于单词句子和顶点随机游动之间的连接。

基于 DeepWalk 模型，Grover 和 Leskovec（2016）提出了扩展模型 node2vec，它将节点网络邻域的概念灵活定义为由一系列参数化和偏置随机游走生成的顶点集。

由此产生的算法通过两个可调参数可以灵活地控制随机游走：返回参数 p 和输入输出参数 q。参数 p 控制游走中立即重新访问节点的可能性，而参数 q 允许搜索辨别向内和向外节点。两个参数 p 和 q 允许搜索过程（类似于）在广度优先搜索和深度优先搜索之间插值。总之，node2vec 模型在搜索邻域时使用参数化泛化 DeepWalk 的受控范围。

3. 基于邻近的嵌入

这种嵌入模型旨在利用潜在节点表征来刻画成对顶点的相似性。有很多方法可以衡量图中成对顶点的相似性。下面主要介绍基于原始图的 k 阶（$k \geqslant 1$）相似性的嵌入模型。

Line 模型（Tang et al. 2015）定义了一个同时保留了一阶和二阶邻近性的目标函数，旨在对任意类型的信息网络进行建模，并扩展到数百万个节点。其中，一阶邻近性描述了在网络中观察到的链接所反映的局部结构。作为补充，二阶邻近性通过共享顶点的一阶邻域结构来表征两个顶点之间的间接相似性。两种邻近性均由概率值建模，随后采用 Kullback-Leibler 散度来推导目标函数。Line 针对效率提出了包括负/边缘采样和别名表(alias table)在内的几个重要的实际考虑因素，使得可以有效地扩展到规模极大的数据集。

GraRep(Cao et al. 2015)是一种嵌入模型，当 $k \geq 2$ 时可以捕获 k 阶邻近性。核心思想是利用源自高阶转移矩阵的转移概率估计近似性。该研究基于如下重要的特性：具有负采样的 skip-gram 模型在数学上等效于(移位的)逐点互信息(pointwise mutual information，简称 PMI)共生矩阵之上的矩阵分解。具体而言，GraRep 对所有 $k=1,\cdots,$ K 的 k 阶转换进行建模，其中 K 为预定义参数。对于每一个 k 阶转换矩阵，我们可以获得相应的节点表征。可通过将所有表征连接到对应的每个 k 阶表征来构造最终表征。GraRep 模型通过对高阶相似性进行建模来扩展 Line 模型，并为不同阶设置不同的表征形式。

4. 社区增强嵌入

以上方法主要针对局部顶点连接，而没有对群体或社区结构进行建模。下面将讨论社区或群体结构信息嵌入。社区结构刻画了社区成员关系，并在相比局部邻域更广的范围内考虑了顶点关系。

Gene(Chen et al. 2016)是一种可以将社区结构融入网络表征的嵌入模型，中心思想是将社区建模为顶点。通过这种方式，社区顶点将被视为生成特定顶点的上下文。社区顶点被建模为来自相应社区的所有顶点的共享上下文。下面通过例子来解释 Gene：将社区视为文档，而顶点则被视为属于文档的单词。Gene 借鉴了以下两种架构中 doc2vec (Le and Mikolov 2014)的理念：分布式记忆(Distributed Memory，简称 DM)和分布式词袋(Distributed Bag-of-Word，简称 DBOW)。Gene 结合了这两种架构，并对邻域用户和群体信息进行联合建模。

与社区发现算法(community detection)的早期研究(Wang et al. 2011)相似的是，Wang 等人(2017)提出了用于学习顶点表征和保持社区结构的模块化非负矩阵分解(M-NMF)。M-NMF 首先将经典的基于模块的社区发现方法用于社区监测；然后构建了包含三个因素的目标函数，这三个因素分别对应于相似性矩阵分解、社区成员矩阵分解和社区保持损失函数。连接前两个因素的关键在于共享顶点表征，并且保持社区结构的损失是基于社区成员矩阵定义的。通过这种方式，使用一种统一的非负矩阵分解方法就可以对上述三个因素进行联合优化。

5. 异构网络嵌入

前面介绍的顶点相似度都是根据同构网络进行评估的。在实践中,许多信息网络是异构的。例如,在科学文章集合中,不同类型的实体构成含有作者、论文和地点顶点的异构网络。这些异构网络描述了不同类型的对象(例如,网络顶点)之间的关系。人们通常会采用基于元路径的算法解决这些问题(Sun et al. 2011)。元路径是一组对象类型序列,包含建模特定关系之间的边缘类型。接下来介绍如何应用基于元路径的算法来增强异构网络的嵌入模型。

一种直接的方法是将基于元路径的信息转换为相似性(Huang and Mamoulis 2017)。通过这种方式可以构建基于元路径的图,其中边权重是从基于元路径的相似性导出的。一旦构建了相似性矩阵(图中的邻接矩阵),问题就变成了标准的网络嵌入任务,我们可以应用任何现有的网络嵌入模型。在计算基于元路径的相似度时可考虑截断的 k 长度路径,并采用动态规划算法有效地计算相似度。在计算出相似度之后,采用 Line 的一阶损失函数来学习顶点表征。值得注意的是,Line 可以使用基于采样的方法来生成边缘权重。

Esim(Shang et al. 2016)没有简单地评估基于元路径的相似性,而是通过合并路径特定的嵌入来对基于元路径的相似性进行建模。对于给定的两个顶点,可以将它们的路径特定相似性分为四个部分:路径特定常数、顶点嵌入之间的内积以及顶点嵌入和路径嵌入之间的两个内积。形式上,通过路径类型 t 从顶点 v_1 到 v_2 的特定路径条件概率可以表示为

$$Pr(v_2|v_1,t) = \frac{\exp(f(v_1,v_2,t))}{\sum_{v' \in V} \exp(f(v_1,v',t))} \qquad (9.12)$$

其中,$f(v_1,v_2,t)$ 是一个分值函数,用来度量路径 $v_1 \rightarrow_t v_2$ 的重要性,定义 $f(v_1,v_2,t) = \mu_t + \mathbf{e}_{v_1}^T \cdot \mathbf{e}_t + \mathbf{e}_{v_2}^T \cdot \mathbf{e}_t + \mathbf{e}_{v_1}^T \cdot \mathbf{e}_{v_2}$。为了学习顶点和路径嵌入,ESim 进一步提出了两种优化方法:顺序学习法和成对学习法。

9.3.4 基于深度神经网络的模型

如前所述,我们已经广泛讨论了用于学习潜在顶点表征的基于嵌入的各种模型。所有这些模型分享共同的点,它们主要依靠浅嵌入模型来计算相似性。在某些情况下,网络中的连接信息可能会非常复杂,浅层模型很难对它们进行解释和生成。本节主要介绍建模能力更强大的深度神经网络。

1. 基于深度随机游走的模型

DeepWalk 背后的原理可以概括为以下两点:第一,将图结构转换为节点序列;第二,学习基于序列嵌入模型的节点表示。但是,Word2Vec 模型由于对上下文单词的顺序不明感,因此严格来说并不是真正的序列模型。事实上,任何一种序列神经网络模型(例如,被广泛使用的循环神经网络)都可以用于学习节点和基于节点序列的序列表征。为了表示长序列,GRU 和 LSTM 是两种知名的基于 RNN 的改进变体。Li 等人(2016)已经将双向 GRU 应用于编码节点序列,同时应用了从左到右读取序列的前向 GRU 和从右到左读取序列的后向 GRU。这样的模型被命名为 GruWalk。同样,其他序列神经网络也可以应用于学习节点表征。

2. 基于深度邻近的模型

下面介绍两项研究,分别用于对低阶邻近和高阶邻近进行建模。

Sdne(Wang et al. 2016a)是首个使用深度神经网络刻画低阶邻近性的研究,强调网络重建中的三个重要特性:高非线性、结构保持性和抗稀疏性。从实现方法看,Sdne 可以被简单地理解为 Line 的神经化中立版本。Sdne 采用深度自动编码器模型来捕获非线性连接特征,该模型将顶点的邻近信息(使用独热编码表征)作为输入和输出。自动编码器旨在重构输入,首先将输入投影到具有若干非线性层的低维嵌入,然后从具有若干非线性层的嵌入中恢复输出。自动编码器模型的中间层的嵌入可以被认为是顶点的潜在表征,通常称为编码。结合顶点编码,使用基于图的正则化损失对一阶邻近性进行刻画,这使得连通顶点的编码具有相似性。由于所有顶点共享模型参数,因此自动编码器模型隐含地表征二阶邻近性。通过这种方式,具有相似邻域的顶点将具有相似的编码,因为它们的邻域信息将被输入到同一个自动编码器模型中。

为了捕获高阶邻近性,Dngr 模型(Cao et al. 2016)通过使用深度神经网络模型对 GraRep 模型进行扩展。Dngr 首先执行随机漫游,然后估测使用带重启的随机游走的过渡概率。在原始的 DeepWalk 中,生成随机游走时不考虑起始顶点的影响。而 Dngr 通过重启向量增强起始顶点的影响,并且倾向于为更接近起始顶点的顶点分配更大的概率。上面介绍的随机漫游模型被用于计算网络顶点的 PMI 共生矩阵。不同于能够直接以浅层方式对 PMI 矩阵进行分解并且具备负采样的 skip-gram,Dngr 尝试使用堆叠的降噪自动编码器重建 PMI 矩阵。通过结合上述两个步骤,Dngr 可以产生质量更好的随机游走并增强表征复杂关系的能力,这些都提高了网络嵌入方面的性能。

3. 深度异构信息网络融合

异构信息网络通常包含不同类型的节点和连接,并且从异构信息中获取有效的表征将更加具有挑战性。Chang 等人(2015)提出的 Hne 模型将异构信息与不同的数据类型融合在一起。融合的方法也很明显。对于每一种数据类型,首先利用深度神经网络将数据点投影到潜在空间中,使得每个局部域的数据特征可以保留下来。该模型还进一步进行假设,经过一系列非线性变换后,不同域的局部数据特征可以映射到共享空间中。通过保留域内和跨域相似性,最终损失函数将通过深层体系结构共同优化数据嵌入。

9.3.5　网络嵌入的应用

在社会计算中,分析用户联系是最基本但也是最重要的步骤。基于网络嵌入的方法可以从社交连接结构中生成有效表征,它们能够应用在各种下游任务中。之前介绍的网络嵌入模型为与社交网络分析相关的各种应用(包括网络重建、连接预测、节点分类、节点聚类和可视化)提供了通用的网络表征方法(Perozzi et al. 2014;Tang et al. 2015)。在这些任务中,网络嵌入将充当自动且无监督的特征工程过程。最近的研究也在试图开发任务驱动的网络嵌入模型。例如,通过合并特定任务的标记信息来扩展网络嵌入方法的研究(Huang et al. 2017;Chen and Sun 2016)。

9.4　基于深度学习的推荐系统

9.4.1　社交媒体中的推荐系统

推荐系统在社交媒体中随处可见,目的是将用户的兴趣或需求与合适的信息资源(例如,物品)相匹配(Adomavicius and Tuzhilin 2005; King et al. 2009)。例如,新闻门户网站可以将相关新闻或推文推荐给具有潜在兴趣的用户。信息资源的定义也很广泛,可以是一条新闻、一条推文、一位粉丝等。在推荐系统任务中,用户集合 $\mathcal{U}$ 和项目集 $\mathcal{I}$ 是核心元素。

- 评分预测:目的是基于上下文信息 C 推断用户 u 对物品 i 的偏好度。其中,$r_{u,i}$ 表示用户 u 对物品 i 的评分。评级预测的目的是推断 $r_{u,i}$ 的缺失值。
- *Top-N* 推荐系统:目的是基于上下文信息 C,从项目集 $\mathcal{I}$ 中生成一份从 $\mathcal{I}$ 到目标用户 $u \in \mathcal{U}$ 的包含 N 个条目的推荐排行榜。

这两项任务高度相关。下面主要关注推荐模型本身,因此除非在必要时刻,否则下面将不会特意区分它们。表 9-2 使用两种方法对上述介绍的两种模型进行了总结,也就是基于浅层嵌入的模型和基于深度神经网络的模型。

表 9-2　深度学习推荐系统模型的分类,"整合"表示使用附加信息

分类		模型
浅层	词嵌入	product2vec(Zhao et al. 2016b)
		MC-TEM(Zhou et al. 2016)
		HRM(Wang et al. 2015b)
	网络嵌入	NERM(Zhao et al. 2016a)
	嵌入正则化	CoFactor(Liang et al. 2016)
深层	传统	RBM(Salakhutdinov et al. 2007)
	交互(MLP)	NeuMF((He et al. 2017)
		NMF(He and Chua 2017)
	交互(自动编码器)	CDAE(Wu et al. 2017a)

（续表）

分类		模型
深层	交互（序列）	NADE(Zheng et al. 2016) NASA(Yang et al. 2017)
	整合（概要信息）	DUP(Covington et al. 2016) Wide and Deep(Cheng et al. 2016) RRN(Wu et al. 2017b) DeepCoNN(Zheng et al. 2017)
	整合（文本内容）	SDAE(Wang et al. 2015a) DCMR(van den Oord et al. 2013)
	整合（学科知识）	CKE(Zhang et al. 2016)
	整合（跨域访问）	MV-DSSM(Elkahky et al. 2015)

9.4.2　传统推荐算法

过去已经提出了多种用于推荐系统的推荐方法，包括协同过滤方法（Su and Khoshgoftaar 2009）、基于内容的推荐方法（Lops et al. 2011）和混合推荐方法（De Campos et al. 2010）。协同过滤方法根据用户过去的行为以及其他类似用户的决策构建模型。基于内容的推荐方法会从物品中提取一组重要特征，以便推荐具有类似特征的其他物品。在协同过滤方法中，矩阵分解（MF）在各种推荐任务中被广泛采用（Koren et al. 2009）。与 UserKNN 和 ItemKNN 等传统方法不同，MF 可以为用户或物品生成潜在向量，并且通过计算这些潜在向量之间的相似性来解决推荐任务。MF 的一个主要优点是可以通过灵活地修改以融合各种上下文信息，适应新的任务设置。MF 方法在实践中表现非常好，并且成为当前许多任务中有竞争力的基准方法。

9.4.3　基于浅层嵌入的模型

基于浅层嵌入的模型在很大程度上借鉴了分布式表征学习的思想，尤其是词嵌入（例如，word2vec）方面的研究。背后的基本原理是将用户、物品和相关上下文信息映射到低维空间。在此基础上，将推荐任务转换为潜在嵌入空间中的相似性度量问题。

1．词嵌入式的推荐

词嵌入的核心思想是给定单词的语义取决于上下文单词。同样的思想也被用于构建物品采用序列，其中物品已经显示出序列相关性。

Zhao 等人(2016b)提出了一种直接将词嵌入模型应用于推荐系统的方法。在这项研究中，首先将产品购买记录按所属用户进行分组，然后根据每个用户的时间戳对购买的产品按时间顺序进行排序。打个比方：产品可以视为单词，用户的整个购买序列可以视为文档。通过这种方式，可以使用 doc2vec 模型对产品购买序列进行建模，称为 product2vec。此处假设用户购买的连续产品在产品语义方面高度相关。因此，可以使用购买序列中的上下文来推断产品的语义。在 Zhou 等人(2016)的研究中，doc2vec 模型仅用于学习用户和条目的高质量特征表征。随后，这些特征被进一步应用到基于特征的推荐算法，例如LibFM(Rendle 2012)。

product2vec 模型主要用于捕捉用户和物品之间的交互。推荐系统算法可以在多种应用场景中使用多种文本信息。Zhou 等人(2016)的研究对 doc2vec 模型的 Dbow 架构进行了扩展，以融合更多的上下文信息，成为 MC-TEM 模型。这种扩展相对直接。首先对上下文信息进行离散，得到不同的离散值。在相同的潜在空间里，每个值都会与唯一的嵌入建立联系。为了能够使用不同类型的上下文，使用平均池来将多种类型的嵌入整合到单一上下文嵌入中。这种方法虽然简单，但应用起来非常有效。尤其是所有的上下文信息都在相同的潜在空间中建模，利用嵌入中的简单相似性度量方法(例如，余弦相似性)，可以很方便地分析不同上下文信息之间的关系。潜在的问题是，在潜在表征方面，上下文信息本身可能不是附加的，使用平均池可能会损失这些信息，并在某些情况下损害模型性能。

上述方法将用户的购买记录作为整体序列来处理。Wang 等人(2015b)提出将购买记录分割成交易项的 HRM 模型，称为篮子(basket)。这建立在 doc2vec 模型的 Dbow 架构之上，主要区别在于下一个篮子中物品的生成方法，这种方法是以分层的方式建模的。为了生成物品，上下文信息由用户和上一笔交易中购买的产品信息组成。与 Zhou 等人(2016)提出的模型相比，HRM 模型对连续文本的定义更加清晰直观：只有在上一笔交易中购买的产品才被认为是当前交易相关的上下文。为了集合来自上一笔交易的物品，人们提出了不同的池操作，如最大池和平均池等。

在推荐系统中，MF 模型将观察到的评分或交互矩阵分解为用户和物品潜在因素。此种方法主要是对双向用户-物品交互进行特征化。对于 word2vec 等嵌入模型，它们的优势在于能够捕获物品序列中的局部或顺序关系。基于这些考虑，Liang 等人（2016）提出的 CoFactor 模型可将两种方法的优点结合到统一的模型中。值得一提的是，具有负抽样的 skip-gram 模型在数学形式上可以等价于（移位的）PMI 共生矩阵分解（Levy and Goldberg 2014）。基于这种思想，可通过对用户-物品矩阵分解和物品-物品 PMI 矩阵正则化进行融合，建立最终的模型。通过这种方式，可联合考量全局用户-物品偏好关系和局部物品-物品关系。

2.　网络嵌入式的推荐

推荐问题也可以从不同的角度来解决。推荐任务可以视为对于图的相似度评估，然后采用基于图的推荐算法，例如 SimRank（Jeh and Widom 2002）。9.3 节已经对网络嵌入进行了广泛讨论。如果推荐问题可以在图的设置中表示出来，则有可能从用于推荐的网络嵌入中重复使用现有的方法。具体而言，Zhao 等人（2016a）提出了 NERM 模型，用于将推荐任务转换为嵌入 K 型局部网络的任务。K 型局部网络包括推荐系统中的 K 种实体。大多数推荐设置可以通过 K 型局部网络来刻画。然后，通过等效地处理所有类型的实体，对 K 型局部图进行网络嵌入。最后，通过计算用户、物品和相关上下文对应嵌入之间的内积来解决推荐任务。

9.4.4　基于深度神经网络的模型

1.　用于推荐系统的受限玻尔兹曼机

Salakhutdinov 等人（2007）首次将深度学习应用于推荐系统，他们提出了一类双层无向图形模型，能够将受限玻尔兹曼机（RBM）泛化到建模评级数据。RBM 模型由两大主要部分组成，也就是二进制隐藏特征和可见评分数据（由独热编码矢量表征）。可通过一个权重矩阵将这两部分连接起来。这个权值矩阵中的参数数量较大,学习过程相对困难且速度较慢。为了减少参数的数量,普遍使用的技术是将这个权值矩阵分解成两个较小的矩阵。该方法能有效减少参数数量,几乎不会影响模型性能。然而,在首次尝试时,RBM 模型并没有得到理想的实验结果:比标准矩阵分解相比,性能仅有少量提升。

2. 用于交互特征的深度学习模型

一般来讲,推荐任务主要关注如何对用户和条目之间的交互进行建模。下面将讨论推荐系统中基于非序列和基于序列的交互模型。

大多数现有的传统推荐方法会捕获用户和物品表征之间的线性关系,但是这可能无法有效地刻画复杂的用户-物品交互。He 等人(2017)提出利用深度神经网络从数据中学习任意交互函数的 NeuMF 模型,这一模型基于神经网络为协同过滤呈现了更加通用的总体框架。NeuMF 模型首先使用查找表层将用户和条目的独热编码表征映射到嵌入中。然后使用池化操作(例如,串联和元素产品)聚合用户和物品的嵌入。通过这样的方式,每个用户-物品交互对将被建模为嵌入向量。随后将导出的嵌入向量输入多层感知模型(MLP),该模型由一系列非线性变换层组成。MLP 组件的输出将与损失函数直接相关。NeuMF 模型实质上利用了深度神经网络捕捉复杂数据关系或特征的能力。作为 NeuMF 模型的拓展,He 和 Chua(2017)提出了神经分解机模型(NFM),这是线性分解机的神经化实例(Rendle 2012)。NFM 合并了双交互层,用于为与两个特性对应的两个嵌入提供双交互池操作。导出的双交互池向量将被转换为带有 MLP 组件的预测评分值。

CDAE 模型(Wu et al. 2017a)不是单独预测单个物品的结果,而是将用户 u 对所有物品的反馈视为一种向量。最终目的是构建一个映射函数,该映射函数的输入为 $\tilde{y}$ 并且输出真实反馈向量 y。CDAE 模型通过使用只有一个隐藏层的降噪自动编码机(DAE)实现损失的自映射功能。在隐含层中,需要学习的模型参数包括连接输入层与隐藏层的权值参数 W 以及连接隐藏层与输出层的权值参数 W'。通常可以使用如下公式表示:

$$z = g(W^T \cdot \tilde{y} + b)$$
$$y = h(W'^T \cdot z + b') \tag{9.13}$$

其中，$g(\cdot)$和$h(\cdot)$是由多个非线性层组成的映射函数。潜在向量z通常被称为编码。值得注意的是，DAE模型的参数被所有的推荐用户共享。因此，仅将反馈作为输入可能无法有效地刻画个性化特征。CDAE模型通过将用户特定的嵌入e_u合并到输入层来进行扩展。形式上，隐含层可以从下面的公式中获得：

$$z = g(\boldsymbol{W}^{\mathrm{T}} \cdot \tilde{\boldsymbol{y}} + e_u + \boldsymbol{b}) \tag{9.14}$$

派生的编码（潜在向量z）考虑了用户的偏好以便更好地实现个性化。

用户和条目之间的交互本质上是一种序列过程，而上述模型并不能刻画序列用户行为。因此，使用序列神经网络建模用户行为以便推荐成为必然的发展趋势。在研究中，循环神经网络（RNN）是一类重要的序列神经网络（Mikolov et al. 2010），RNN能够保留网络的内部状态，使得网络能够表现出动态时间行为。基于RNN的模型已经被成功应用于很多领域，包括NLP和语音处理。应用RNN处理长序列时遇到的一个主要障碍是梯度消失问题。为了解决这个问题，出现了LSTM（Hochreiter and Schmidhuber 1997）和GRU（Chung et al. 2014）两种著名的单元模型。这些改进的RNN模型，可以相当直接地应用于推荐系统中，并且有可能建立针对整体的或针对特定用户的RNN模型来刻画用户的行为序列。Yang等人（2016）在研究中使用扩展的RNN模型（称为NASA模型）对POI进行推荐，将长期和短期序列上下文纳入处理范围。同时，用户的偏好也被纳入推荐模型。Zheng等人（2016）也提出了另一种顺序推荐模型——神经自回归模型，用于评分预测。该模型建立在RBM和神经自回归分布估计器（NADE）的基础上。背后的主要思想是将用户的评分记录视为序列，并根据用户之前的评分预测当前项的评分。参数包括条目嵌入和权重参数。与传统的RBM模型一样，特定用户的偏好不是由嵌入向量明确地建模，而是反映在评分记录中。他们还提出两种主要的改进技术：跨评分共享参数和分解大范围权重矩阵。

传统的用户分析方法通常是静态的，不能反映用户兴趣的动态性。Wu等人（2017b）提出的循环推荐网络（Recurrent Recommender Network，简称RRN）模型，可通过创建动态用户和物品简介来预测用户未来的行为轨迹。核心思想是利用RNN对用户和物品状态进行建模，并刻画状态转换。最后的预测结果来自于一个组合模型，该组合模型的结果来自于动态和静态分析模型。

3．用于附加信息整合和利用的深度学习模型

上述介绍的深度神经网络主要用于增强用户-物品交互的建模。这些模型不考虑附加信息（也就是上下文信息）。接下来将讨论如何利用深度学习对附加信息进行建模。

许多推荐场景可以利用物品的内容信息来提高推荐性能。事实上，这是经典的基于内容实现的算法（Lops et al. 2011）的核心思想，该算法根据物品的描述内容执行推荐，并构建用户兴趣的概况信息。为了保持一致性，后面将物品的描述内容称为内容信息。实现该目的的主要挑战在于内容信息的原有形式可能不能直接用于推荐任务，在某些情况下这些信息甚至可能是嘈杂或稀疏的。为了使推荐系统能够有效地利用这些信息，对内容信息进行适当转换或映射是非常有必要的。幸运的是，深度学习具有卓越的刻画或学习复杂数据特征的能力。使用深度学习模型将内容信息集成到推荐系统中就是其中的一种解决方案。Wang 等人（2015a）提出了 CDL 模型，以利用内容信息改进推荐系统的性能。该方法利用堆叠的去噪自编码器（SDAE）来刻画内容信息。最终的物品表征是通过将偏置向量与从 SDAE 模型中学习到的中间层编码连接起来而得到的。CDL 模型是之前的协同主题回归模型（CTR）（Wang and Blei 2011）的深度学习实现形式。Wang 等人（2015a）的实验结果表明，在给定的任务中，CDL 的性能优于 CTR。对 CDL 模型的直接拓展旨在提高文本建模部分。CDL 模型通过使用 SDAE 对文本进行建模，实现了 BOW 模型的假设。Wang 等人（2016b）进一步提出了协同循环自动编码器（CRAE），这是一种去噪循环自编码器（DRAE），可在协同过滤（CF）设置中对内容序列的生成进行建模。实际上，主要的改进在于针对文本信息的序列进行建模。

当交互数据不足时（尤其是在冷启动设置中），基于内容的算法更具吸引力。van den Oord 等人（2013）提出了一种基于内容的深度学习推荐算法来解决冷启动设置中的音乐推荐问题。为了便于理解，此处将对 van den Oord 等人（2013）提出的原始模型做轻微简化。推荐系统的标准矩阵分解方法可以表述为

$$\min_{\pmb{x},\pmb{y}}\sum_{u,i}(r_{u,i}-\pmb{x}_u^{\mathrm{T}}\cdot\pmb{y}_i)+\lambda\Big(\sum_u\parallel\pmb{x}_u\parallel^2+\sum_i\parallel\pmb{y}_i\parallel^2\Big)$$

$$(9.15)$$

其中,(带有 $r_{u,i}$ 评分的)用户条目矩阵被分解为用户潜在向量 $\pmb{x}_u$ 和物品潜在向量 $\pmb{y}_i$。潜在向量实际上是矩阵分解模型的参数。然而,在冷启动设置中,由于目标是向用户推荐新物品,因此很少使用交互信息来训练 MF 模型。van den Oord 等人(2013)的基本想法是首先使用"老"物品已有的交互数据训练潜在向量,然后建立潜在向量与文本信息之间的映射关系。形式上,设 $\pmb{f}_i$ 表示从物品 i 提取的内容信息,通过深度学习模型,这些信息可以转换为潜在向量 $\pmb{y}_i$。

$$\hat{\pmb{y}}_i=g(\pmb{f}_i)\qquad\qquad(9.16)$$

可通过将 $\hat{y}i$ 和 $\pmb{y}_i$ 之间的差异最小化来学习映射函数 $g(\cdot)$。一旦完成对映射模型的有效学习,对新物品的预测就变得简单了,因为可以使用内容信息推断潜在向量。这个模型被命名为深度冷启动音乐推荐模型(Deep Cold-start Music Recommendation,简称 DCMR)。上述两个模型均利用深度学习将辅助信息转换为在推荐系统中准备好的表征形式。

除了内容信息,结构化的知识图谱是另一种提高推荐系统性能的重要信息。来自推荐系统的物品也可以被认为是知识图谱中的实体。知识图谱通过类型化边缘或关系,提供了一种组织和索引实体的有效方法。

为了从这两种不同的角度对这些物品进行建模,Zhang 等人(2016)提出了 CKE 模型,该模型首次使用结构化的知识图谱来嵌入实体,然后利用派生的结构物品嵌入来改进推荐系统。对于知识图谱中的嵌入实体,采用贝叶斯(Bayesian)结构化嵌入模型。为了在推荐系统中嵌入实体,通过集成多种信号(包括视觉、文本和结构嵌入),提出了一种类似于前面提到的 CDL 模型的方法。CKE 模型提出如下重要假设:从知识图谱、图像和文本中提取的嵌入向量可以直接以相加的方式融合。CKE 模型使用堆叠的自动编码器提取视觉和文本特征。

推荐系统的关键任务是用户画像,目的是建立有效的用户模型来进行精准的推荐(Zhao et al. 2014,2016c)。用户画像已经成为各种社交媒体平台人一项基本任务,并不局限于推荐系统,因为这是了解用户的第一步。Covington 等人(2016)提出了一种用于构建有效用户画像模型的深度神经网络架构,称为 DUP 模型。背后的思想是使用深度学习将包括搜索历史、查看历史、人口统计和地理信息在内的各类文本信息组合起来。经过一系列非线性变换(例如,ReLU 激活函数)后,最后的预测由条目集上的 softmax 函数建模。值得注意的是,Covington 等人(2016)采用了结合候选生成和条目排名的两阶段推荐方法。这两个阶段都采用类似的 DUP 模型体系结构来实现。作为画像增强模型的代表,Wild&Deep 模型(Cheng et al. 2016)建立了类似的深度神经网络架构用于推荐。之所以被称为 Wild&Deep 模型-是因为这类模型的原始和深层特征都被用于最终预测。Zheng 等人(2017)提出了深度合作神经网络模型(Deep Cooperative Neural Network,简称 DeepCoNN),该模型使用评论文本构建用户和条目概要,它由两个并行的神经网络组成,其中一个神经网络根据用户的评论学习用户画像,另一个神经网络使用条目的评论学习条目分析文件。共享层对两种描述文件(例如,两种嵌入)进行组合作为分解机器模型的输入。

在现实世界中,用户通常会参与多种推荐服务。例如,同一个用户可以同时拥有用于阅读新闻的 App 和观看电影的 App。直观地讲,来自不同领域的用户信息会相互补充。如果我们可以综合利用不同域的信息,就可以构建更全面、更准确的用户画像。因此,多角度推荐系统成为提高推荐性能的首选方法。Elkahky 等人(2015)提出了 MV-DSSM 模型来处理多角度推荐任务。该模型还采用单角度深度结构化语义模型 DSSM(Huang et al. 2013)作为组件,DSSM 模型最初是在信息检索领域中提出的。DSSM 模型的基本结构由两个独立的深度神经网络组件组成:第一个组件用于构建查询;第二个组件用于构建文档。经过一系列非线性转换后,DSSM 模型将来自两个部分的最终嵌入连接到同一个共享空间中。损失函数将遵循典型的成对排序方式来实现。如果希望直接将单视图 DSSM 应用于多域推荐,最直接的方法是在不同的域中设置多个独立的 DSSM 模型。每个 DSSM 模型将使用来自各个域的信息进行单独学习。但是,这种方法忽略了在多个域中进行用户信息共享和互补的情况。MV-DSSM 背后的思想很直观:只为用户保留一个深度神经网络组件,但可以为每个域中的条目设置多个 DNN 组件。单用户 DNN 组件将与多个特定域的 DNN 组件集成,以构建全局推荐模型。通过这种方式，用户信息可以在多个域中共享，这增强了跨域推荐性能。

9.5　结论

社会计算是一个跨学科研究领域，里面融合了社会科学和计算科学的方法，可通过这些方法来解答在线社交媒体平台中有关用户行为的一系列重大且有挑战性的问题。社会计算与各种有趣的任务有关，这些任务致力于生成智能的、交互式的社交媒体应用程序。如果想全面回顾社会计算，建议阅读相关研究（King et al. 2009；Wang et al. 2007）和经典教材（Easley and Kleinberg 2010）。

本章重点关注社会计算的三个方面：社交内容分析、社交连接建模和推荐系统。这三个方面涵盖了社会计算中的大多数核心要素和应用。本章将深度学习作为社会计算的主要方法，回顾了基于深度学习的社会计算取得的最新进展。到目前为止，已经回顾的深度学习技术包括基于浅层嵌入的方法和基于深度神经网络的方法。本章重点讨论了如何将现有的深度学习技术应用到社会计算任务中。

如今，对于将深度学习技术应用于社会计算的探索仍处于初期阶段，在研究方向上仍然面临许多挑战或困难。与传统的 NLP 任务相比，社会计算面临着重大挑战，因为这项任务的输入和输出更加灵活多样，甚至在某些情况下难以进行标准化定义。研究如何有效地对不同的社会计算任务的不同设置进行建模是非常重要的并且意义深远，未来需要解决的潜在问题可能包括：多模态数据融合、降低噪声数据和复杂输出预测。我们相信这一方向会逐渐吸引学术界和工业界的关注。因此，在不久的将来，随着机器智能的进步和优化，社交媒体平台可以为用户提供更好的服务。

第 10 章

基于深度学习的图像描述

何晓东　邓力

摘要　从图像中生成自然语言,也称图像描述或视觉描述,是一种新兴的深度学习应用,是计算机视觉和自然语言处理的交叉领域。图像描述也是许多实践应用的技术基础。近年来,深度学习技术的发展促进了图像描述领域的重大进展。本章将回顾图像描述的重大进展及其对研究和产业应用领域的影响,详细介绍两种主要的基于深度学习的图像描述方案。通过展示一系列前沿生成的图像自然语言描述案例,体现该系统高质量的输出。最后,本章将回顾从图像生成风格性自然语言的最新研究。

10.1　引言

在本章中,我们将探讨 NLP 领域中一个非常重要但却总被忽视的主题:自然语言生成(NLG)。在深度学习兴起之前,NLG 的进展一直非常缓慢。参见第 3 章就对话系统上下文进行的简要介绍,NLG 指的是从意义表征(meaning representation)中生成文本的过程,并可视为自然语言理解的对立面。

除了作为对话系统的主要组件外,NLG 也在文本摘要、机器翻译、图像和视频描述以及其他 NLP 应用中扮演着关键角色。第 3 章回顾了早期基于通用规则和基于机器学习的 NLG 系统,并且主要针对特定对话系统的应用。此外,前几章还简要介绍了基于深度学习的 NLG 方法的最新发展,主要包括基于循环神经网络和编码器-解码器深度神经架构的方法。这些深度学习模型可以从未对齐的自然语言数据中进行训练,并且与之前的方法相比,可以生成更长、更流畅的话语。

　　本章并没有全面回顾一般性 NLG 技术,而是将 NLG 的范围限定在特定应用中——从图像中生成自然语言语句,也称图像描述。这一极其艰难的任务此前基本无法解决,直到近两年面向编码图像和面向自然语言的后续生成的深度学习方法开始成熟起来,这种情况才有所改观。除了前述章节中详细描述的几种 NLP 应用外,深度学习在图像描述领域的成功应用,进一步提升了其在 NLP 领域的影响力。

　　从图像或图像描述中生成自然语言描述是一个新兴的跨学科问题,涉及 CV 和 NLP 领域,这也形成了许多重要应用的技术基础,如语义视觉搜索、聊天机器人的视觉智能、社交媒体中的图像和视频分享,以及辅助视觉障碍者感知周围的视觉内容。由于深度学习技术近期的进展,这一特定的 NLG 任务近年来取得了迅猛发展。本章的后续内容首先对这一令人兴奋的新兴 NLG 领域进行总结,然后分析其中的关键发展和主要进展,最后将探讨这一进展对科学研究和工业应用的影响,以及未来潜在的突破点。

10.2　背景介绍

　　长期以来,人们一直设想有一天机器能够以人类的智力水平理解视觉世界。得益于深度学习的发展 (Hinton et al. 2012; Dahl et al. 2011; Deng and Yu 2014),研究人员现在可以构建深度卷积神经网络(CNN),并在大规模图像分类等任务中实现极低的错误率 (Krizhevsky et al. 2012; He et al. 2015)。在这些任务中,为了得到可以对特定图像类别进行预测的模型,可以使用预定义类别组中的一个类别标签对训练集中的每一张图像进行标注。通过这种完全有监督训练,计算机学会了如何对图像进行分类。

　　然而,在图像分类这样的任务中,图像的内容通常比较简单,其中包含等待分类的主要对象。在要求计算机理解复杂场景时,这种情况更具有挑战性。图像描述就是这样的任务之一。这种挑战来自两个方面:一方面,为了生成语义上有意义且语法流畅的描述,系统需要检测图像中突出的语义概念,了解它们之间的关系,并对图像的整体内容构成连贯且有逻辑的描述。这涉及物体识别之外的语言和常识性知识建模。另一方面,由于图像中场景的复杂性,使用简单的类别属性表示图像间所有细密、微小的差别是非常困难的。训练图像描述模型的监督模式是使用自然语言对图像内容进行全面描述,有时会因为缺乏图像次级区域与描述中单词间的细粒度对准而显得含糊不清。

图像描述与图像分类任务不同,后者只要将分类结果与原始图像进行比较,就可以轻松判断出分类输出的对错,目前有很多有效的方法可用来描述图像的内容。而要判断生成的描述是否正确以及正确程度有多少并不容易。在实践中,人类的研究成果经常用于判断给定图像描述的质量。然而,由于人工评估昂贵耗时,人们提出了许多自动化度量方法,可将它们用作加速系统发展周期的代理。

早期的图像描述方法大致可分为两大类。第一类基于模板匹配(Farhadi et al. 2010;Kulkarni et al. 2015)。这些方法首先从检测对象、动作、场景和图像属性开始,然后将它们填入人工设计的、固定的句子模板中。这些方法生成的描述并不总是流畅的,而且也会有言不达意的时候。第二类以基于检索的方法为基础,首先从大型数据库中选择一组视觉上相似的图像,然后将所检索图像的描述转换为对应查询图像的描述(Hodosh et al. 2013;Ordonez et al. 2011)。基于查询图像内容的单词的修改弹性很小,这是因为它们直接依赖于训练图像的描述,并且无法生成新的描述。

深度神经网络可以通过生成流畅且具有表达力的描述来潜在地解决以上两个问题,并且能够泛化到生成训练集之外的描述。尤其近几年,神经网络在图像分类(Krizhevsky et al. 2012;He et al. 2015)和对象检测(Girshick 2015)方面取得的成功,激发了人们在视觉描述中使用神经网络的浓厚兴趣。

10.3　图像描述的深度学习框架

10.3.1　端到端框架

受近期 Seq2Seq 学习模型在机器翻译中的成功应用(Sutskever et al. 2014;Bahdanau etal. 2015)的激励,学者们开始研究一种用于图像描述的端到端编码器-解码器框架（Vinyals et al. 2015；Karpathy and Fei-Fei 2015；Fang et al. 2015；Devlin et al. 2015；Chen and Zitnick 2015）。图 10-1 展示了一个典型的基于编码器-解码器的描述框架（Vinyals et al. 2015）。在这个框架中，通过深度 CNN 使用全局视觉特征向量对原始图像进行编码，从而表示图像的整体语义信息。如图 10-2 所示，CNN 由数个卷积层、最大值池化层、响应归一化层和全连接层组成。在这里，训练 CNN 并将其用于大规模 ImageNet 数据集上的图像分类任务（Deng et al. 2009）。AlexNet 的最后一层包含 1000 个节点，每个节点对应一个类别。同时，将位于倒数第二的全连接层提取作为全局视觉特征向量，以表示整体图像的语义内容。对于给定的原始图像，通常对位于第二到最后的全连接层的激活值进行提取并作为全局视觉特征向量。目前这种体系结构已经成功应用在大规模图像分类中，并且已经证明通过学习获得的特征也可以转移到各种各样的视觉任务中。

图 10-1 通过端到端的方式，使用 CNN 和 RNN 共同训练某一图像的 NLG（图片来自 He and Deng 2017）

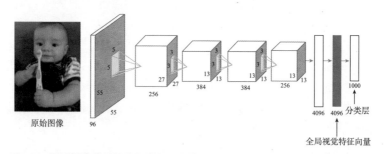

图 10-2 作为图像描述系统的前端编码器的深度 CNN（例如，AlexNet）（图片来自于 He and Deng 2017）

一旦提取了全局视觉向量，就将它们输入另一个基于循环神经网络（RNN）的解码器中进行描述生成，如图 10-3 所示。在初始阶段，将代表图像整体语义含义的全局视觉特征向量输入 RNN 中，并在第一步中对隐藏层进行计算。同时，将在第一步中使用的句始符号 <s> 作为隐藏层的输入。然后从隐藏层生成第一个单词。接下来,上一步生成的单词成为下一步隐藏层的输入,并生成下一个单词。如此往复,直到生成句末符号为止。在实践中,人们经常使用长短期记忆网络(LSTM)(Hochreiter and Schmidhuber 1997)或门控循环单元(GRU)(Chung et al. 2015)这样的 RNN 变形方法。这两种方法在训练和捕捉长跨度语言依赖性方面更加高效(Bahdanau et al. 2015;Chung et al. 2015),并且已经成功应用到动作识别任务中(Varior et al. 2016)。

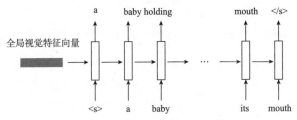

图 10-3　使用 RNN 作为图像描述系统的后端编码器(图片来自 He and Deng 2017)

使用上述端到端框架的代表性研究主要包括图像描述(Chen and Zitnick 2015;Devlin et al. 2015;Donahue et al. 2015;Gan et al. 2017a,b;Karpathy and Fei-Fei 2015;Mao et al. 2015;Vinyals et al. 2015)和视频描述(Venugopalan et al. 2015a,b;Ballas et al. 2016;Pan et al. 2016;Yu et al. 2016)。各个方法的区别主要在于 CNN 框架类型和基于 RNN 的语言模型。例如,Karpathy 和 Fei-Fei(2015)、Mao 等人(2015)使用维尼拉 RNN 模型(vanilla RNN),而 Vinyals 等人(2015)则使用 LSTM 模型。Vinyals 等人(2015)只在第一步将全局视觉特征向量输入 RNN,而 Karpathy 和 Fei-Fei(2015)则在每一步中都进行输入。深度 CNN 对于此处描述的图像-文本的成功应用来说非常重要,因为考虑了图像输入的特殊平移不变性。

最近,Xu 等人(2015)使用一种基于注意力的机制来学习在描述生成过程中应当关注图像中的哪些部分。注意力框架如图 10-4 所示。与简单的编码器-解码器方法不同的是,基于注意力的方法首次使用 CNN,不仅生成了全局视觉特征向量,还为图像的子区域生成了一组视觉向量。这些子区域的视觉向量可从 CNN 的低卷积层中提取出来。然后在语言生成过程中,在新单词生成的每一步里,RNN 将会参照这些视觉向量,并判断每个子区域与当前状态相关的可能性以生成单词。

最终,注意力机制将形成上下文向量——由相关可能性加权的子区域视觉向量之和,以便 RNN 解码下一个新单词。

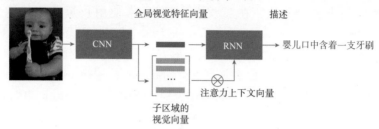

全局视觉特征向量　　　　　　描述

婴儿口中含着一支牙刷

注意力上下文向量

子区域的
视觉向量

图 10-4　图像描述系统的 NLG 过程中的注意力机制(图片来自 He and Deng 2017)

Yang 等人(2016)在上述方式的基础上,引入了一种改进注意力机制的审查模块。Liu 等人(2016)进一步提出了一种方法来改进视觉注意力的准确性。近年来,Anderson 等人(2017)基于目标检测,提出了一种自下而上的注意力模型,该模型在图像描述方面展现出最先进的性能。在该框架中,所有的参数,包括 CNN、RNN 和注意力模型,都可以从整个模型的开始到结束部分共同进行训练;因此也称为"端到端"。

10.3.2　组合框架

与上述介绍的端到端编码器-解码器框架不同,存在单独的一类图像-文本(image-to-text)方法,它们使用明确的语义-概念-检测过程来生成描述。检测模型和其他模块通常是分开训练的。图 10-5 展示了一种由 Fang 等人(2015)提出的基于语义-概念-检测的组合方法。该方法与语音识别中长期存在的体系架构类似并受其启发,该方法由声波模型、语音模型和语言模型的多个模块组成(Baker et al. 2009;Hinton et al. 2012;Deng et al. 2013;Deng and O'Shaughnessy 2003)。

在这一框架结构中,描述生成过程的第一步是检测一组语义概念,俗称标记或属性。它们可能是图像描述的一部分。这些标记可以使用任何词性,包括名词、动词和形容词。与图像分类不同的是,标准的有监督学习技术并不直接适用于学习检测器,因为监督只包含整幅图像和人为注释的整句描述,而与单词对应的图像边界框却是未知的。为了解决这个问题,Fang 等人(2015)提出使用多实例学习(MIL)的弱监督方法对检测器进行学习(Zhang et al. 2005),而 Tran 等人(2016)

将这个问题视为多标签分类任务。

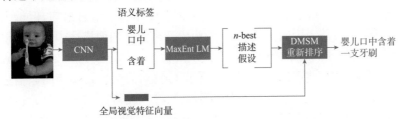

图 10-5　图像描述中基于语义概念检测的组合方式(图片来自 He and Deng 2017)

Fang 等人(2015)将这些被检测的标记输入基于 n-gram 的最大熵语言模型中来生成描述假设列表。每个假设都是一个完整的语句,其中包含特定的标记,且由在单词序列上定义概率分布的语言模型构建语法模型,然后使用语法模型进行规范化。

接着,计算出整个语句和整幅图像上特征的线性组合(其中包括语句长度、语言模型分数以及整幅图像与整体描述假设之间的语义相似度),并根据计算出来的线性组合对所有假设进行重新排序。其中,图像-描述的语义相似度可由深度多模态相似度模型计算得到,该模型早期曾用于因信息检索而开发的深度结构化语义模型的多态延伸(Huang et al. 2013)。这个"语义"模型由一对神经网络组成,其中一个用于将每个输入模态、图像和语言映射为通用语义空间里的向量。随后将图像-描述的语义相似度定义为向量之间的余弦相似度。

与端到端框架相比,组合方法在系统开发和部署方面具备更好的灵活性,并有助于利用各种数据源更有效地优化不同模块的性能,而不是在有限的图像-描述配对数据中学习所有模型。另外,端到端模型通常具有更简单的架构,可以共同优化整个系统中的不同组件,从而发挥更优的性能。

最近的研究提出了一类模型,它们能够将明确的语义-概念-检测整合到编码器-解码器框架里。例如,在生成描述时 Ballas 等人(2016)将检索到的语句作为额外的语义信息用来指导 LSTM,而 Fang 等人(2015)、You 等人(2016)、Tran 等人(2016)则在生成语句前采用了语义-概念-检测过程。Gan 等人(2017b)构建了一个语义组合网络,该网络基于已检测的语义概念的概率创建描述。上述方法都代表了图像描述领域当前最先进的技术。

从架构和任务定义的角度看,这类用于图像描述和语音识别的组合框架有许多共同的主题。这些任务都会输出自然语言语句,但输入则有所不同:前者为图像像素,后者为语音声波。图像描述中的属性检测模块与语音识别中的语音识别模块异曲同工(Deng and Yu 2007)。在图像描述中,使用语言模型将图像里检测到的属性转换为图像描述中的描述假设列表;而这与语音识别后期将声波特性和语音单元转换为一组词法正确的词假设(通过发音模型)是一致的,然后再转换为语言通顺的单词序列(通过语言模型)(Bridle et al. 1998;Deng 1998)。最后,图像描述中的重排序模块是非常独特的,因为早前的属性检测并不具备完整图像的全局信息,然而为整幅图像生成有意义的自然语句则需要这份信息。相比之下,在语音识别中则不需要匹配输入和输出的全局属性。

10.3.3　其他框架

在图像描述中,除了上述两个主要框架以外,其他相关框架还学习了视觉特征和相关描述的联合嵌入。例如,Wei 等人(2015)对在图像中的单个区域生成密集图像描述进行了研究,而 Pu 等人(2016)开发了一种用于图像描述的变分自动编码器。受强化学习领域最近的成功进展而启发,图像描述领域的研究人员还提出了一组基于强化学习的算法以直接优化特定奖励中的描述模型。例如,Rennie 等人(2017)提出了自批判序列训练算法。该算法使用 REINFORCE 算法来优化类似于 CIDEr 的评估指标,这通常不容易辨别,也因此难以通过传统的基于梯度的方法进行优化。Ren 等人(2017)在"演员-评论家"框架中,通过优化视觉语义奖励,学习策略网络和价值网络来生成描述,从而对图像和所生成描述之间的相似度进行测度。针对图像描述生成问题,最近还提出了基于生成对抗网络(GAN)的模型用于文本生成。其中,SeqGAN(Yu et al. 2017)将生成器建模为强化学习里的随机性策略,从而用于处理文本等离散输出。RankGAN(Lin et al. 2017)则提出了基于排序损失的鉴别器,鉴别器可以更好地评价所生成文本的质量,从而产生更好的生成器。

10.4 评估指标和基准

在自动化度量研究和人类研究的文献中,对自动生成的描述质量进行了评估和报告。常用的自动指标包括双语评估替换 BLEU (Papineni et al. 2002)、METEOR(Denkowski and Lavie 2014)、CIDEr (Vedantam et al. 2015) 和 SPICE(Anderson et al. 2016)。BLEU (Papineni et al. 2002)被广泛应用于机器翻译中,并且能够对 n-gram 的一小部分(最多 4-gram)进行测量,这一小部分在假设和参考或参考集之间是共同的。不同的是,METEOR(Denkowski and Lavie 2014)则针对 1-gram 的查准率和查全率进行测量,从而扩展了精准单词匹配,这包括基于 WordNet 同义词和已提取词干标记的类似单词。CIDEr (Vedantam et al. 2015)还对描述假设和参考之间的 n-gram 在 TF-IDF 加权下的匹配情况进行了测量 。SPICE(Anderson et al. 2016)则在给定参考的情况下,对图像描述中包含的语义命题内容的 F1 分数进行测量。因此,后者与人类判断的关联性最好。由于可以对这些自动化指标高效地进行计算,它们大大加快了图像描述算法的发展。然而,所有这些自动化度量指标都只与人类判断大致相关(Elliot and Keller 2014)。

研究人员已创建许多数据集来促进图像描述的研究。Flickr 数据集(Young et al. 2014)和 PASCAL 语句数据集(Rashtchian et al. 2010)都是为了协助图像描述研究而创建的。最近,微软创建了 COCO (Common Objects in Context) 数据集(Lin et al. 2015),这是迄今为止面向公众开放的最大的图像描述数据集。可用的大规模数据集极大地促进了近年来关于图像描述的研究。就在 2015 年,约有 15 个团体参与 COCO 描述挑战(Cui et al. 2015)。挑战的参赛作品均根据人类判断进行评估。比赛中,所有参赛作品都是基于 M1 和 M2 的结果进行评估的。其中,M1 是描述优于或等于人类描述的比例;M2 是通过图灵测试的描述的比例。另外,还有三个度量标准目前已用于诊断并解释结果:M3——在 1~5(不正确~正确)范围内对描述的平均正确率进行评分,M4——在 1~5(缺乏细节~详细细节)范围内对描述的平均细节量进行评分,M5——与人类描述相似的描述百分比。更具体地说,在评估过程中每个任务都会向人类评委展示一幅图像和两个描述:一个为自动生成描述,而另一个则是人类描述。对于 M1 来说,由评委选出哪个能更好地描述图像,或者当两种描述质量相当时选择相同的选项。而对于 M2 来说,评委则需要从两种描述中选出哪种是由人类生成的。如果评委选择自动生成的描述,或者选择"无法判断"选项,则表明描述通过了图灵测试。

可借助上述 M1~M5 指标进行量化评估,使用 2015 年 COCO 描述挑战赛中排名前 15 的图像描述系统,外加其他近期热门的图像描述系统,通过自动化指标进行测量并获得结果,然后对这些结果进行总结和分析,发表在 He 和 Deng(He and Deng 2017)的论文中。这些系统的成功反映了通过深度学习方法,在这一具有挑战性的任务中实现了从感知到认知的巨大进步。

10.5　图像描述的工业部署

在科学研究领域快速发展的推动下,工业界开始部署图像描述服务。2016 年 3 月,微软公司将图像描述服务作为云端 API 向公众开放。为了展示该功能的使用情况,微软公司还部署了名为 CaptionBot (http://CaptionBot.ai) 的线上应用程序,可以描述用户上传的任意图片。近日,微软还在广泛使用的系列产品 Office 中部署了图像描述服务,特别是 Word 和 PowerPoint,用于自动化生成可访问的其他文本。Facebook 发布了一个自动图像描述工具,可以提供从照片中识别出的对象和场景的列表。同时,作为描述服务公共部署的一部分,谷歌向产业界开源了图像描述系统 (https://github.com/tensorflow/models/tree/master/im2txt)。

这些达到工业规模的部署和开源项目通过在真实场景中收集大量的图像和用户反馈,借助持续增长的数据量来不断提高系统性能。反过来,这又会促进用于视觉理解和自然语言生成的深度学习方法的新研究。

10.6　示例：图像中的自然语言描述

本节介绍几个生成自然语言描述的典型案例，它们能够描述数字图片中的内容，并且使用了前面介绍的各类深度学习技术。

给定一幅数字图像，对于图 10-6 的上半部分所展示的图像，在图 10-6的下半部分显示了由机器生成的关于图像内容的文本描述——a woman in a kitchen preparing food（一位女士在厨房做饭），以及由人类注释的描述——woman working on counter near kitchen sink preparing a meal（一位女士在厨房水槽附近的灶台上做饭）。在这种情况下，能进行独立判断的人更喜欢机器生成的文本。在微软 COCO 数据库的众多图像中，约有 30% 的图像属于这一类型，系统倾向于选择它们的描述，并且认为机器生成的描述与人工生成的同样优秀。

图 10-6　图片描述与人类注释的对比案例（一）

图 10-7～图 10-10 展示了其他几个案例，在这些案例中，与人工标注的图像描述相比，Mechanical Turkers 更青睐机器生成的图像描述，

并且认为它们同样好。

| Machine-generated (but turker prefered) | a bicycle is parked next to a river |
| Human-annotated (but turker not prefered) | a bike sits parked next to a body of water |

图 10-7　图片描述与人类注释的对比案例(二)

| Machine-generated (but turker prefered) | a man holding a tennis racquet on a tennis court |
| Human-annotated (but turker not prefered) | the man is on the tennis court playing a game |

图 10-8　图片描述与人类注释的对比案例(三)

| Machine-generated (but turker prefered) | a kitchen with wooden cabinets and a sink |
| Human-annotated (but turker not prefered) | an ornate kitchen is designed with rustic wooden parts |

图 10-9 图片描述与人类注释的对比案例（四）

| Machine-generated (but turker prefered) | a clock tower in the middle of the street |
| Human-annotated (but turker not prefered) | a statue with a clock on it near a parking lot |

图 10-10 图片描述与人类注释的对比案例（五）

通过调用微软认知服务，上述案例中的图像描述系统现已在
CaptionBot中得到执行，该系统允许手机用户通过手机上传任意照片来
获得相应的自然语言描述。图 10-11 和图 10-12 给出了几个案例。在
最后一个案例中，展示了在将名人检测组件添加到描述系统时的结果。

图 10-11　使用微软认知服务自动生成自然语句的图像(一)

图 10-12　使用微软认知服务自动生成自然语句的图像(二)

10.7　从图像生成文体自然语言的研究进展

参见前面列举的大量技术说明和示例，面向图像的深度学习系统
生成的自然语言描述，通常只对图像内容进行事实性描述(Vinyals et
al. 2015；Mao et al. 2015；Karpathy and Fei-Fei 2015；Chen and
Lawrence Zitnick 2015；Fant et al. 2015；Donahue et al. 2015；Xu et

al. 2015；Yang et al. 2016；You et al. 2016；Bengio et al. 2015；Tran et al. 2016）。在描述（配文）生成的过程中，自然语言文风经常被忽略。特别是现有的图像描述系统一直在使用一种语言生成模型，该模型将文风与语言生成的其他语义模式混合在一起，因此明显缺乏显式控制文风的机制。近期的一项研究致力于克服这一不足（Gan et al. 2017a），并在此进行简述。

用浪漫或幽默的自然语言描述图片，可以极大地丰富图片描述的表现张力，使其更具吸引力。具有吸引力的图片描述会给图片增添更多的视觉趣味，甚至可以成为描述系统的独特标志。这对特定应用程序来说特别有价值；例如，增加聊天机器人的用户参与度，或激发社交媒体用户在给图片配文时的灵感。

Gan 等人（2017a）提出了 StyleNet，它使用单语种固定语言语料库（例如，没有匹配图像）的文风以及标准的事实图像/视频描述对来产生具有吸引力且富有文采的视觉描述。StyleNet 建立在结合了卷积神经网络（CNN）和循环神经网络（RNN）的最新图像描述方法的基础上。Luong 等人（2015）的多任务顺序-顺序训练思想也推动了这项研究。该研究特别引入了一个新颖的因子分解的 LSTM 模型，并通过多任务训练将事实因素和风格因素从语句中剥离出来。在运行时，风格因素可以显式地合并，并为图像生成不同风格的描述。

使用新收集的 Flickr 风格化图像描述数据集对 StyleNet 进行评估，方法是使用一系列自动化度量指标和人工评估。结果表明 StyleNet 方法显著优于此前最先进的图像描述方法。一些文体生成描述的典型案例如图 10-13 所示，可以看到，具有标准事实风格的描述只会用枯燥乏味的语言陈述图像中的事实，而浪漫和幽默的文体描述不仅描述了图像的内容，还会生成带有浪漫气息（例如恋爱、真爱、享受、约会、赢得游戏等）或幽默色彩（例如，发现黄金、准备飞翔、抓住骨头等）的短语来表达相应的感觉。研究还发现 StyleNet 生成的短语与图像的视觉内容一致，使得图像描述能够呈现出视觉上的相关性和吸引力。

图 10-13　由 StyleNet 生成的六个自然语言描述实例,其中的每幅图像都有三种不同的风格

10.8　结论

　　从图像生成自然语言描述或图像描述是深度学习的一项新兴应用,是计算机视觉和自然语言处理的交叉领域,也为许多实际应用奠定了技术基础。得益于深度学习技术的不断精进,近年来这一领域取得了显著进展。本章回顾了业界在图像描述应用方面的主要进展及其对科学研究和产业部署的影响,详细介绍了两种基于深度学习的图像描述框架,提供了一些由两种最先进的描述系统所生成的图像描述示例以展示系统输出的质量。

　　展望未来,图像描述不仅仅是 NLG 在 NLP 中的一种特殊应用,同时也是图像-自然语言多模态智能领域的一个分支。最近,这一领域又提出了一系列新问题,包括视觉问答(Fei-Fei and Perona 2016；Young et al. 2014；Agrawal et al. 2015)、可视化叙述(Huang et al. 2016)、基于视觉的语言对话(Das et al. 2017)、文本描述的图像合成(Zhang et al. 2017)。涉及自然语言的多模态智能发展对未来构建通用人工智能能力而言至关重要。希望本章能够鼓励研究人员为这一激动人心的领域做出贡献。

第 11 章

后记:深度学习时代下自然语言处理的前沿研究

邓力　刘洋

摘要　本章前半部分从两个视角总结全书。首先是以任务为中心的视角,书中涉及的众多 NLP 技术将按照通用的机器学习范式进行联系、分类。因此,本书大部分章节自然而然地被分成四类:分类、基于序列的预测、高阶结构化预测以及序列决策。其次是以认知科学的视角,根据符号和分布式这两种基本的自然语言表征类型,全面分析本书内容并提炼观点。本章后半部分对深度学习近期在 NLP 应用中取得的最新进展(主要涉及 2017 年下半年的相关内容且前述章节未曾提及)进行更新和评论。通过深刻观察 NLP 最新前沿技术的发展,我们不断丰富、补充第 1 章中介绍的 NLP 前沿概况,包括探讨基于自然语言组合性的泛化学习的未来发展方向、面向 NLP 的无监督学习和强化学习以及它们之间的复杂联系、面向 NLP 的元学习以及 NLP 系统中基于深度学习的弱意识和强意识的可解释性。

11.1　引言

在信息时代,NLP 是非常重要的一门技术,通过理解复杂的口头和文本形式的自然语言,已成为人工智能领域的重要分支。NLP 的历史可谓引人入胜,其发展历程中的三大浪潮与人工智能的发展阶段相得益彰。过去几年里,在深度学习的推动下,NLP 的发展浪潮不断高涨。截至 2017 年 11 月,在撰写本书后记时,我们可以看到本书介绍的许多深度学习和神经网络方法在多个方向得到扩展,并且毫无放缓迹象。

　　自本书于 2017 年启动以来,由于深度学习技术的发展,NLP 领域在方法和应用方面取得了显著的发展。例如,无监督学习方法已出现在最新的文献中(Lample et al. 2017;Artetxe et al. 2017;Liu et al. 2017;Radford et al. 2017)。近期出版的教程和研究材料质量上乘,为许多深度学习方法和 NLP 领域中出现的综合性最新成果提供了新的见解(Goldberg 2017;Young et al. 2017;Couto 2017;Shoham et al. 2017)。这些新的发展和文献资料促使笔者在本书的最后一章中做出进一步阐述,以对第 1 章介绍的 NLP 领域近期以及未来的发展方向进行更新与补充。首先,我们从崭新的视角总结本书整体技术内容的主要目标,然后从整体视角进行阐述。

11.2　两个新视角

　　本书首先介绍了 NLP 和深度学习的基础知识,并对 NLP 发展的三大浪潮中的代表性研究进行概述:理性主义、经验主义(Brown et al. 1993;Church and Mercer 1993;Och 2003, etc.)以及当前的深度学习(Hinton et al. 2012;Bahdanau et al. 2015;Deng and Yu 2014, etc.)。值得强调的是,应用于 NLP 的深度学习技术是对前两大浪潮的一次范式转变。以往进行的 NLP 研究已经概括出一些与深度学习密切相关的成功案例(语音识别与理解、语言建模、机器翻译等),促使深度学习拓宽了在 NLP 十大核心领域的应用范围。

　　本书第 2~10 章(以及第 1 章中的部分内容)分别介绍了由深度学习主导或者广受深度学习影响的 NLP 应用:
- 语音识别(第 1 章部分内容)
- 语言理解(第 2 章)
- 语言对话(第 3 章)
- 词法分析和语法分析(第 4 章)
- 知识图谱(第 5 章)
- 机器翻译(第 6 章)

- 问答系统(第 7 章)
- 情感分析(第 8 章)
- 社会计算(第 9 章)
- 图像描述(第 10 章)

为了从上述章节中概括出能运用深层语义表示共同线索的见解,接下来将从两大独特的角度进行回顾,并纵贯所有的独立章节。

11.2.1　以任务为中心的视角

我们从机器学习范式的角度(Deng and Li 2013)出发,根据"任务和范式"对全书中涉及的 NLP 方法和应用进行分析,将它们分为四大类。

第一大类是分类,用以监督学习中最为常见的任务。文本分类在 NLP 中历史悠久,在垃圾邮件检测和情感分析中有很多成熟的应用。第 8 章详细论述了情感分析问题,证明了天生具备处理大块文本(例如句子、段落和文档)语义组合能力的深度学习方法能产生非常良好的结果。口语理解(见第 2 章)三大主要问题中的两大问题——领域识别、意图识别(以及槽填)——也属于文本分类的范畴。应用在问答系统和机器理解(见第 7 章)中的深度学习方法也可归为分类。这是一种更加复杂的分类问题,需要在现有方法上提供一些上下文信息来限制回答类别的复杂程度。正如第 7 章中指出的,未来的研究将会放宽这一限制,实现对文本的理解和推理,然后以更本质的方式解决问答问题。

NLP 中的第二大类任务是(基于序列的)结构化预测。不同于第一大类中输出的无序列结构的单独实体,结构化预测也可称为序列模式识别/分类(He et al. 2008)。在机器学习中,结构化预测的突出实例大都来自 NLP 应用。本书已涵盖大部分实例,包括对话语言理解中的填槽(见第 2 章)、语音识别(见第 1 章)、词法和文本分析中的分词及词性标注(见第 4 章)、机器翻译(见第 6 章)、图像描述(见第 10 章)以及问答系统的高阶版本(见第 7 章)等。值得注意的是,无论是与流行的 NLP 应用相关的文章还是文本总结,虽然也适合 Seq2Seq 学习和预测任务,但本书并未涉及此类应用。

从机器学习的角度看,NLP 任务中的第三大类是高阶结构化预测(例如,基于树的预测和基于图的预测)。正如第 1 章所讲,高阶结构是自然语言的显著特征。本书第 4 章用一整章介绍了用于文本分析问题的深度学习模型,并以高阶结构化预测的形式展现出来。结果表明,深度学习模型能有效扩充或替代传统上基于图或基于转移的框架中的统计模型。深度学习模型还展现了神经网络强大的表征能力,这已经不只是简单的建模功能。第 5 章专门讨论了基于图的结构化预测和学习问题,在知识图谱表征中,深度学习常常用于知识图谱实体和关系的嵌入。在知识图谱构造的关系抽取中,深度学习也可用于表示关系实例,并表征实体链接中的异构证据。高阶的图谱结构能够为基于事实的问答、文本理解和常识推理方法提供坚实基础,因此基于深度学习的图谱结构将大有前景。这些有挑战性的 NLP 应用都需要深层语义的处理,这也是目前多数 NLP 系统中没有涉及的。在社会计算(见第 9 章)三大主要元素的两大元素里,对用户社会关系和推荐系统进行建模也将涉及基于图的学习和预测,网络嵌入正是通过深度学习实现的。这种网络嵌入能够在大量社交网络分析任务中实现自动和无监督化特征工程应用,这些分析任务包括网络重构、连接预测、节点分类和节点聚类/可视化。

上述由机器学习驱动的三类 NLP 任务可大致分组为有监督深度学习和模式识别,而第四大类 NLP 任务——序列决策,则超出了监督学习的范畴。第 3 章中介绍的现代对话系统使用了序列决策过程,这是深度学习在对话系统中的关键组件——对话管理器的一部分。对话管理器组件的输出是用户在对话系统中进行多轮对话时接收的自然语言。这类 NLP 任务——序列决策——与上述三种有监督学习任务相比存在诸多不同。区别体现在对话“管理”的决策过程中,无论自然语言是否作为一种“行动”输出,每轮对话中都没有指导信号(teaching signal)。相反,对话的总目标则通过用户是否对对话和对话轮数满意来衡量。这种“示教”信号远比有监督学习中的示教信号先进,同时在技术上也更具挑战性。

11.2.2 以表征为中心的视角

从另一个角度看,在本书涵盖的大量 NLP 方法和应用中,都采用以表征为中心的视角进行总结、分析并提炼观点。

本书使用两种基本类型的自然语言表征方法。第一种是符号化、局部或独热表征。这种方法已被第 1 章介绍的 NLP 发展进程中的理性主义和经验主义学派普遍采用。最常见的符号表征示例是词袋模型(bag-of-word)和用于文本的 n-grams 模型,其中单词和文本被视为任意符号并对(术语)频率进行抽取和利用。为了改进词袋模型和用于文本的 n-grams 模型的效果,可增加逆向文档频率的权重并形成向量空间模型。文本符号的进一步改进还包括主题模型,其中每个主题均可视为单词上的分布,同样,每个文档可视为主题上的分布。在本书大部分章节中,上述不同类型的符号表征被用作基准系统,与采用子符号语义表征、基于深度学习的系统进行比较。例如,在文本情感分析中(见第 8 章),一种流行且用文本符号表示的基准系统就使用了情感字典。这种词典由两组词表组成:积极词组和消极词组。通过对文档中积极词语和消极词语的比例进行符号化计算,可以确定与所有单词相关的情感值。

符号表征通常由人工构建,例如,人工指定词与词之间的关系,并对符号词的含义进行编码。知识图谱(见第 5 章)是一种常见的在实体上编译符号关系的方法。第 5 章详细介绍并使用了这类典型的知识图谱,随后将其作为基础数据源。

FrameNet、ConceptNet 和 YAGO 等语义网络改进了基于实体的知识图谱(例如 WordNet、Freebase 等)。口语理解中的填槽任务(见第 2 章)及其在对话系统中的使用(见第 3 章)都基于 FrameNet,这源于在 NLP 的第二大浪潮中发展起来的经验主义语言理解。

第二种类型的自然语言文本语义表征是子符号表征或分布式表征,其中,每个单词、短语、句子、段落或整个文档都可以表征为稠密的嵌入向量,每个元素都能对应、影响不止一个语义实体。本书各章展示的 NLP 应用已介绍此类分布式表征的使用,从而实施先进的系统,并时常与对应的基于高维稀疏向量实体的符号表征基准系统作对比。需要注意的是,尽管所有的深度学习系统都基于分布式表征,但浅层机器学习方法可依赖符号表征或分布式表征。第 9 章的 9.2 节详细介绍了用于社会计算的用户生成文本内容的符号表征或分布式表征。第 9 章通过使用不同的 NLP 方法介绍了这两种不同类型表征之间的联系,包括传统(符号)表征、浅层学习和深度学习等。

贯穿本书所有章节的最重要的一条主线是广泛使用作为基础的不

同规模文本(例如单词、词组、句子、段落和文档)的分布式表征,以及自动学习中可用于解决 NLP 问题的中间特性。特别是利用自然语言的组成属性,从低级单元(例如单词)至高级单元(例如文档),以层次神经网络的形式构建深度学习架构,并以自然合理的方式进行表征学习。使用深度模型构建的不同级别语言粒度的嵌入向量通常采用无监督方式进行学习,不会提供人为的标注信息。实际上,"标注"信息可从文本语境中隐式获得,使分布式表示具备分布属性。在 NLP 中,这种无监督深度学习方法的开创性成功是使用循环神经网络(RNN)进行语言建模,这在第 6 章和其他章中均有论述。这类无监督学习常被称为(上下文的)预测性学习。近期,该方法已从 NLP 中的单词序列预测扩展至视频序列预测(Villegas et al. 2017;Lotter et al. 2017)。

如果明确了最终的 NLP 任务且拥有足够多的标注数据供训练,那么便可以端对端的方式进行微调和学习,从而获取由无监督上下文预测学习得到的具备全分布式表示的嵌入向量。本书所涉及对话系统中的口语理解(见第 2 和 3 章)、机器翻译(见第 6 章)、问答系统(见第 7 章)、情感分析(见第 8 章)、社会计算中的推荐(见第 9 章)、图像描述(见第 10 章)均包含以无监督表示学习为导向的端到端学习的成功案例。

11.3　基于深度学习的 NLP 的最新研究进展与热点

本书第 1 章分析了一些众所周知的挑战,这些挑战普遍存在于机器学习领域。基于所做的分析,我们紧接着探讨了 NLP 未来的研究方向,包括用于神经-符号整合的框架,内存模型与知识使用的优化,以及探索包括无监督学习和生成学习、多通道和多任务学习、元学习在内的深度学习范式。鉴于深度学习的快速发展及其与 NLP 关联密切,本节将对之前的分析进行更新和完善。

11.3.1　组合性泛化

目前,现有的监督设定下的深度学习模型存在的一个普遍缺点,就是需要大量带标注的训练数据。在 NLP 上下文中,因为自然语言数据普遍遵循幂律分布,这一缺点来源于深度学习方法在处理长尾现象时所处的困境。也就是说,任意规模大小的自然语言训练数据总会出现训练数据无法覆盖的情况。于任何学习系统中的局部或符号表示而言,这都是一个固有问题。但是,这个难题也为深度学习方法提供了一个极好的研究方向。这些方法均基于分布式表征,至少从原则上不存在数据覆盖问题。目前的研究热点主要是设计新的深度学习框架和算法。这些框架或算法可以有效利用分布式表征的组合属性,并发现自然语言数据变化的潜在因素。近期,关于视频和图像数据处理方法的可行性研究(Denton and Birodkar 2017;Gan et al. 2017)表明,没有海量的自然语言数据支持,仍可解决泛化问题。Larsson 和 Nilsson(2017)在新近的研究中迈出了第一步,他们开发出一种解耦表征(disentangled representation),在保留自然语言语义的同时有效控制情感表达。相比第 8 章涵盖的全部情感分析技术,该算法的效果更好。

11.3.2 NLP 中的无监督学习

本书第 1 章介绍了无监督学习中前景极好的研究。在这些研究中,新的无监督学习方法利用序列输出结构、输入与输出之间的关系以及高级优化方法,消除训练预测系统中对高消耗的平行语料库(需要对每个训练标记的数据和标签进行配对)的依存(Russell and Stefano 2017;Liu et al. 2017)。此后,类型相似的无监督学习开始被广泛应用在大规模机器翻译任务中(Artetxe et al. 2017;Lample et al. 2017;Hutson 2017)。机器翻译的最新进展发布于 2017 年 11 月,此时本书第 6 章已经完成写作,因此第 6 章并未涵盖此内容。

Artetxe 等人(2017)和 Lample 等人(2017)发布的两种无监督学习方法在各自的训练系统中使用了反向翻译和去噪声技术。这两种方法在训练时无须进行输入和输出配对,而是充分利用输出结构以及输入(图像)和输出(文本)之间的关系来呈现功能。这一设置与 Chen 等人(2016)和 Liu 等人(2017)早前在非 NLP 领域中进行的研究一致。Lample 等人(2017)和 Artetxe 等人(2017)提出的反向翻译步骤是一种更加简洁的方式,它通过利用输入与输出信息的相似度(两者都是自然语言文本),构建了输入(源文本)与输出(目标文本)之间的关系。具体来讲,在反向翻译中,源语言的输入句子被大致翻译输出为目标语言,然后被翻译回源语言。如果经反向翻译的语句与源语句不一致，那么深度神经网络将进行学习、调整权重，使下次的翻译结果与源语句更为接近。上述两项研究中的去噪声步骤功能相似，但仅限于一种语言。它们仅在语句中添加噪声，然后使用去噪声自动编码器将语句恢复至原始的无噪声版本。核心思想是在源语句和目标语句间建立共同的潜在空间，并通过重构源域和目标域来学习翻译。在机器翻译系统的训练过程中，有效利用源（输入）域和目标（输出）域之间的关系，可在配对源语句和目标语句时节省大量成本。

最近，Radford 等人（2017）提出了一项有趣的研究，它与 NLP 中的无监督学习，尤其是情感分析有关。该研究的初衷是探索字节级 LSTM 语言模型的特性，以便对给定文本（亚马逊评论）的下一字符进行预测。令人感到意外并有些惊讶的是，通过无监督学习训练的多层 LSTM 中的神经元模型，就可以针对这些评论准确地进行消极或积极的分类。当采用另一个数据库——斯坦福情绪树银行（Stanford Sentiment Treebank）测试该模型时，效果同样非常理想。

11.3.3　NLP 中的强化学习

如前所述，Artetxe 等人（2017）和 Lample 等人（2017）近期提出的无监督学习在机器翻译领域的成功应用，让人不禁想起 Silver 等人（2017）提出 AlphaGo Zero 在没有人类数据的支持下，使用强化学习成功设定并执行了自对弈策略。通过自对弈（self-play），AlphaGo Zero 成为自己的老师，在这个过程中训练深度神经网络以预测下一步棋和棋局赢家。这种预测之所以可行，是因为在自对弈中有一名远程老师告知 AlphaGo Zero 棋局胜败双方分别是谁，从而指导强化学习算法。对于无监督机器翻译来说，反向翻译与 AlphaGo Zero 的自对弈过程异曲同工，只是反向翻译没有类似的能够提供输赢信息的虚拟老师。然而，如果能在强化学习中衡量反向翻译语句与源语句的差异程度的过程中，出现可以取代输赢信号的衡量标准，那么衡量结果可作为目标函数，指导深度神经网络中用于权重参数的无监督学习。

以上对比展示了强化学习的巨大潜力，人们已为现有和新开发的 NLP 应用开发了一套强大实用的算法。如果能够恰当地定义 NLP 问题并运用"自对弈"概念或输入-输出关系来定义远程教师信号的话，那么强化学习的前景将一片光明。在该领域，研究前沿的成功可以从强化学习的角度提供新的方法，以解决当前 NLP 和深度学习研究中的瓶颈；现有的研究主要基于模式识别和监督学习范式，因此需要大量的标记数据，但缺少推理能力。

　　NLP 中典型的强化学习应用场景是对话系统。如第 3 章所述，对话管理是强化学习在 NLP 中最主要且成功的早期应用之一。对话管理使用了马尔可夫决策过程的标准工具，同时运用部分观察版本来处理不确定性问题。近年来，通过强化学习控制和训练的深度神经网络已被用于所有三种类型的对话系统或聊天机器人（智能助手）（Deng 2016；Dhingra et al. 2017）。尽管强化学习的"奖励"机制已经根据任务完成（或其他）的启发式组合、对话轮数、人机参与程度等方面进行了较为明确的定义，但是对大量对话数据的需求仍是一个极具挑战性的问题。鉴于开发用于人机对话的上乘 world 模型或模拟器很难，除非建立合适的形式以融合"自对弈"概念，否则很难克服强化学习对大量训练数据的普遍需求。随着人们要求实际应用中聊天机器人的对话越来越逼真，针对这个方向的研究显得越来越迫切。

　　最近，将强化学习应用到 NLP 问题领域的进展包括用于创造性文本生成的SeqGAN方法，该方法通过策略梯度有效训练序列并生成对抗网络（Yu et al. 2017）。Bahdanau 等人（2017）近期发布了一项相关研究，其中使用了强化学习中一种流行的算法——actor-critic 算法。该算法和实验结果表明了强化学习在机器翻译、标题生成和对话模型等自然语言生成任务中的潜能。在处理基于文本的游戏、预测文本论坛（如 Reddit 论坛线程）的流行趋势等 NLP 问题中，强化学习方法也发挥了很大的效用。具体来说，近期发表的文献（He et al. 2016；He 2017）在介绍的实验里指出，将状态空间和动作空间分开建模，并且均采用自然语言的形式，便可从文本中抽取语义信息，而非简单地记忆文本串。近期发布的另一种面向 NLP 的强化学习应用是文本摘要（这是一种非常重要的 NLP 任务，但由于深度学习在这一领域的应用才刚刚起步，因此本书并未涉及此内容）。Paulus 等人（2017）的研究显示，在神经编码器-解码器模型中，将基于监督学习的标准词预测与基于强化学习的全局序列预测结合时，得到的摘要文本将更有可读性。最后，本书高度关注近期在自然语言生成结构化查询的过程中应用强化学习后取得的成功(Zhong et al. 2017)。第 2 章介绍了 NLP 任务中的"填槽",这是有限域内语言理解的核心。在第 2 章中,以往的研究中普遍采用结构化监督学习来解决这一问题。正如第 2 第 3 章所述,如果强化学习能够在诸多实用领域中展现该方法一贯的优越性,那么针对口语理解和对话系统的研究也将会取得进展。

11.3.4　NLP 中的元学习

对于不同的研究人员来说,元学习的定义和范围是不同的(2017 年 12 月举办的 NIPS 元学习研讨会证实了这一点)。本书采用了 Vilalta 和 Drissi(2002)提出的一般性观点——元学习旨在建立动态地改善偏见的自适应且持续的学习器,通过积累学习知识、形成经验来完成。元学习是智能生物的标志,可被恰当地描述为获取经验和知识以具备不断提高自身学习能力的一种手段。

本书第 1 章简要概述了元学习在一些非 NLP 应用中取得的初步进展,例如超参数优化、神经网络架构优化和快速强化学习。本书还指出元学习是一种新兴的、强大的人工智能和深度学习范式,该研究领域是一片沃土,预期会对现实世界中的 NLP 应用产生很大影响。

近年来,元学习在导航和移动(Finn et al. 2017a)、机器人技能(Finn et al. 2017b)、改进的主动学习(Anonymous-Authors 2018b)以及一次性图像识别(Munkhdalai and Yu 2017)等应用领域取得了尤为显著的进步。元学习在 NLP 任务中的应用方兴未艾,下面进行简要回顾。

在某匿名作者(2018a)的研究中,元学习用于持续调整词嵌入,这些词嵌入随后被用于处理下游的 NLP 任务。在之前多个领域以及新的领域中,在从小型语料库学习的知识的基础上,所提方法通过运用有效的算法和元学习器,以增量的方式有效地生成新领域的词嵌入。元学习器可以在域级别提供单词上下文的相似度信息。实验结果表明,在文本分类(用于产品类型)、二元语义分类和观点提取三个 NLP 任务中,所提出的元学习方法在基于小型语料库的新域和基于知识的旧域中形成嵌入时非常有效。

Bollegala 等人(2017)提出通过一种不同的元学习方法,用多域嵌入也能实现提高下游任务性能这一目标。该研究提出了一种无监督局部线性方法来学习新域的嵌入,这也被称为元嵌入,元嵌入来自先前域中给定的预训练源嵌入。实验结果表明,于四种 NLP 任务——语义相似度、词类比、关系分类和短文本分类而言,新的元嵌入方法在数个基准数据集中极大地优于现有的方法。

最近,Anton 和 van den Hengel(2017)发布了一项有趣的研究成果——将元学习应用在 NLP 问答任务中。深度学习模型最初是在一个小型问答集中进行训练,并在测试时提供一组额外的示例支持。在这种设置下,模型必须学会学习,也就是说,在不需要重新训练模型的情况下,模型应当可以动态地、渐进地或连续地利用后续补充的数据。研究表明,在此过程中提出的深度学习模型充分利用了元学习场景,并大幅改善了罕见答案的召回率。另外,它还提供了更好的样本功效和独特的学习能力,以产生新的答案。该研究面临的挑战是,将本研究报告中正在使用的支持问答集的范围扩展到未来更全面的从大型知识库和网络搜索中获得的数据集中。

最后,近期的一项非常有趣的研究关注深度学习系统在快速非稳态和不利环境下的持续适应问题,也就是(基于梯度的)元学习设置(Al-Shedivat et al. 2017)。设计这种新颖的方法是将非稳态任务视为一系列平稳任务,将这一问题转为多任务学习问题,然后训练多层次深度学习系统(也就是多智能体),通过利用连续任务间的依存关系,在一定程度上有效处理测试时出现的快速非稳态问题。采用一般性元学习范式,这种范式能学习高水平的程序并生成好的策略。环境每改变一次,就采用一次这样的元学习范式。也就是说,智能体可以采用元学习来预测环境变化并相应地调整策略。

多智能体环境的一个重要特征是,从任何单个智能体的角度看,它们都是非稳态的,这是因为所有参与者一直在学习、变化(Lowe et al. 2017;Foerster et al. 2017)。结果表明,当一个智能体采用假设其他对手将其视为竞争对手的策略时,该策略将优于其他不做此假设的策略。形成这一优势的主要原因是,在这种有竞争性的多智能设置中,智能体拥有一个现实环境模型,允许它们利用连续似稳态任务间的依存关系(与马尔可夫链一样),从而处理类似的非稳态问题。具体地说,元学习可以根据任务配间的转换来提供单个智能体策略的优化升级,使其能够在较短时间内适应,否则环境与训练时间的背离会导致智能体策略降级。

Al-Shedivat 等人（2017）虽然已设计出快速非稳态且在竞争环境中用于实时调整的元学习方法，并已应用于机器人和游戏中，但是它对 NLP 的未来前景及相关应用的潜在影响依旧很深远。对于某些激烈竞争环境下的 NLP 应用领域（例如，金融领域）更是如此。这种快速竞争必会诱发高非稳态环境，使得从新近目标 NLP 应用中抽取的信号很快失去有效性。作为 NLP 领域中一项激动人心的前沿研究，使用元学习框架对高级 NLP 系统进行环境建模，可以帮助提高 NLP 分析以及在其他方法中进行信号抽取的有效性。

11.3.5　弱可解释性与强可解释性

由于神经网络的连续性表征和层次非线性，深度学习模型的成功，特别是在 NLP 应用中，往往以牺牲可解释性为代价。多数深度神经网络的"黑箱"特性使它们难以控制或调试。这种困难不仅使得 NLP 中神经网络模型的开发成本较高，而且很难在实践中使用这些非可解释模型。第 3 章讨论的对话系统便是一个典型的案例。目前，尽管深度学习具有技术优势，但在工业中部署的大多数对话系统并没有使用这一方法。相反，基于规则的对话系统由于具有良好的解释、调试和控制能力，在实践中获得普遍应用。

问答和阅读理解等其他 NLP 应用也面临类似的挑战。例如，绝大多数现存的为问答和阅读理解研究设计的数据集包含了许多不良的特性，比如要求问题的答案必须在现有阅读文本限定的实体或范围内。这就将通常进行复杂推理的文本理解问题转为具备黑箱特性的监督模式识别问题，无须推理或解释所读文本。要想在这一研究领域取得实质性进展，就必须开发更先进的数据集和深度学习方法来评估并促进研究取得进展，使之朝 Nguyen 等人（2017）提出的具有可解释性且又真实的人类阅读理解的方向发展。

自 2010 年起，深度学习在模式分类和识别任务中大获成功。在过去两年里，在许多当前基于深度学习的问答和阅读理解方法中，大部分复杂推理过程都依赖于具有注意力机制和清晰的监督机制的多级记忆网络进行分类。这些人工记忆元素与人类记忆机制相去甚远，主要是在监督学习范式中指导学习网络权重的标记数据（将单个或多个回答作为标记),从而实现功能。这种模式与人类推理完全不同。如果要求这些经过问答配对训练的神经推理模型完成其他任务,例如推荐、对话或语言翻译等有别于计划分类的任务(前缀词汇中表达的问答),它们将无能为力。

要想这方面的研究取得成功,仍需付出长期努力。2017 年,人们首次通过训练模型使其具有可解释性(而不是在训练过程中注入可解释性),这使该领域向着目标又迈出了一大步。此处的弱可解释性可被宽泛地定义为能够从已完成训练的神经模型中获得见解,这些见解能间接解释如何使模型实现预期的 NLP 任务(如机器翻译)。为了使用可视化方法解释神经机器翻译,Ding 等人(2017)提出了逐层相关传播算法,通过计算相关分数来量化某一隐含层特定神经元对其他隐含层神经元的贡献。相关性评分直接测量一个神经元对下游神经元的影响程度,间接显示训练后神经模型的内部工作。另外,虽然目前人们对端到端神经翻译模型在训练中学习源语言和目标语言的情况知之甚少,但 Belinkov 等人(2017)详尽分析了不同粒度水平下神经翻译模型学习到的表示形式,并通过词性和形态标记任务来评估学习形态表示的质量。基于数据驱动的量化评估很好地展现了神经翻译系统捕捉词结构能力的重要意义。在近期另一项研究中(Trost and Klakow 2017),为了克服连续性和高维性带来的解释词嵌入向量这一困难,对词嵌入进行聚类并构建分层树状架构。通过展示层次结构给出单词间初始关系的几何意义表示,从而提供了一种更易于理解的解释方法来探索其他不可解释嵌入向量中的邻域结构。

以上研究的弱可解释性相对容易实现。具有强可解释性的深度学习模型,例如那些以可解释性作为训练目标的一部分进行构建和训练的模型,更难构建但也更为实用。早在第 1 章中讨论的整合更大程度上属于实现强可解释性的一般性原则。受认知科学启发(Smolen-sky et al. 2016;Palangi et al. 2018;Huang et al. 2018),该原则致力于在强大的连续神经表示与直觉符号表示之间实现天然的融合,这种融合使用了自然语言,因此更符合人类理解和逻辑推理。

深度 NLP 系统中的强可解释性有助于实现复杂应用,如完成前面提到的问答、推荐、对话和翻译等多种 NLP 任务。这些任务要么不需要标记数据,要么最多只需要少量数据。这有可能实现,因为系统将具备真正的理解力和推理能力,这不同于当前的 NLP 系统,后者很大程度上依赖于监督模式识别。

这种具有强可解释性的深度 NLP 系统带来的具体好处是,人类用户会信任这些系统的回答,原因是这些系统提供的反馈信息更有逻辑(以符号或自然语言形式)。例如,用于阅读理解的 NLP 系统在读完一本惊悚小说后可以正确回答谁是杀害主人公的凶手。但是,如果还能伴随着答案一起提供逻辑推理步骤(就像侦探大脑中的思维过程),答案会更加令人信服。一个与之相关并且更简单的例子是在求解代数问题时给出求解步骤。近期的一项研究(Ling et al. 2017)进行了尝试并取得成功。该研究解决了数学中生成基本原理的具体问题。此项研究的任务是:不仅要获得正确答案,而且要能够给出针对求解问题的方法描述。实验结果表明,该模型(具有强可解释性)在生成的基本原理的流畅性和解决问题的能力方面均优于之前的神经网络模型。在近期另一项研究中,Lei(2017)也针对深度 NLP 系统的强可解释性进行研究。该研究提出了一些方法来学习提取输入文本片段的理由,并且能充分进行同样的预测。NLP 任务中的多因素情感分析实验表明,由于神经网络预测的目标是合理的,预测对于人类用户来说是可解释的。

尽管针对具有强可解释性的 NLP 深度学习的研究近一两年内才刚刚起步,但本节讨论的发展方向仍然代表了深度学习时代下,NLP 研究中令人感到激情澎湃的前沿技术。

11.4　结论

NLP 和深度学习都在飞速发展。在过去三年里,特别是在本书前半部分完成的几个月时间里,深度学习逐渐成为一种能够解决各类 NLP 问题的中心范式和方法论。因此,于 2017 年年底完成的本节后记不仅是对全书的标志性总结,而且也起到不同寻常的作用:对深度学习在 NLP 中应用的最新研究进展进行更新,同时也刷新了深度学习时代人们对 NLP 研究前沿的认知。

本章前半部分在整体上从两个角度对本书进行总结:以任务为中心和以表示为中心。这两个角度分别受到机器学习范式和认知科学的影响。本章后半部分主要涵盖 2017 年下半年 NLP 领域中深度学习应用的最新进展,且这些进展在前述章节中并未涉及。在这些最新进展的支持下,随后丰富了第 1 章关于 NLP 研究前沿的内容,并从五个方面探讨未来的发展方向:(1)自然语言泛化的组合性;(2)NLP 中的无监督学习;(3)NLP 中的强化学习;(4)NLP 中的元学习;(5)基于深度学习的 NLP 系统中的神经-符号整合与可解释性。

深度学习是一种强大的工具,可以利用大量的计算和数据进行端到端的学习和信息的提取。随着具备更多的复杂分布表征(例如,McCann et al. 2017),更精致的功能模块设计(例如,多层注意力模型)以及基于梯度的高效学习方法,深度学习已成为解决越来越多 NLP 问题的一种主导范式,并且是最新、最先进的方法论。除了本书第 1～10 章以及本章前半部分所涉及的这些 NLP 问题能够完全或部分通过深度学习独立解决以外,单一深度学习也可通过设计神经网络(Hashimoto et al. 2017)附加解决许多 NLP 任务。另外,极端嘈杂环境下的 NLP 任务(如推特文本中的情感分析)虽然难度极大,但在很大程度上也已通过深度学习方法得到解决(Cliche 2017)。

第 1 章探讨和分析了当前深度学习技术的诸多局限性,特别是与 NLP 方法和应用相关的技术。正如本书前述章节以及本章前半部分所展示的,深度学习正在飞速发展,与此同时,那些明显的局限性正逐个被解决,要么部分解决,要么完全解决。随着深度学习从有监督范式向无监督、强化学习和元学习范式蔓延,深度学习模型越来越复杂,也就需要了解更多新的基础性见解,这些见解包括使用深度学习的原因,如何在众多任务中让深度学习运行良好,以及在其他任务中又让深度学习无法运行。对于深度学习研究,特别是面向 NLP 的深度学习来说,这既是重大的挑战,也是研究的前沿。

鉴于本书囊括了几乎所有 NLP 领域中的深度学习方法及突出的研究成果,我们充分相信当前的发展趋势将持续下去。希望在未来,深度学习模型架构能层出不穷,基于深度增强学习、无监督学习和元学习的 NLP 新应用也能更上一层楼。

作为本章及本书的最后一部分,这里概述了一些最近流行的、特别是与 NLP 相关的讨论,这些讨论将(普通)深度学习(本书的主要主题)的范围从原则上扩展到一种更一般的范围,称为可微分编程。泛化的本质就是将神经网络(作为参数化功能模块的计算图)由静态转变为动态。泛化后，由许多可微分模块构成的网络架构现在可以依靠数据动态进行创建。在这种可微分编程范式下，深度神经网络架构，比如本书各章讲述的记忆、注意力、堆栈、队列和指针模块，都是由逻辑表达、条件语句、赋值和循环编写的。这种灵活性正是当前许多深度学习框架（例如 PyTorch、TensorFlow、Chainer、MXNet、CNTK 等，也可以参见第 14 章中 Yu 和 Deng（2015）发表的论文）所追求的目标。一旦高效的编译器发展成熟，原有以循环和条件语句为编程规范的传统控制架构将被取代，并通过参数化功能模块（每个模块都是一个神经网络）的组装图构建新的软件。更重要的是，通过使用高效的、基于梯度的优化方法，自动根据数据训练组合图中的所有参数（如神经网络权重以及定义网络非线性和记忆模块的参数）。因为无论组合图有多么复杂，可微分性使它们能够通过反向传播进行端对端学习。

可微分编程在现有的软件栈上开启了一扇令人向往的技术大门，这些软件栈已经参数化、可微分化，并且能够高效地学习。它不仅代表了一种范式，弥补了一般算法和深度学习实现方法之间的鸿沟，也铺设了一条通往通用人工智能的道路，其中符号处理和以神经为中心的深度学习得以融洽地整合。这种新型深度学习思维方式与 NLP 有着特殊的联系。首先，作为人类认知发展后半叶的产物，符号处理具有高效的逻辑推理能力且易于解释，这两个特点恰恰是许多 NLP 应用所渴望的。利用以统一神经和语言结构表示为目的的张量乘积编码方案，可微分编程提供的复杂、灵活和动态构造的神经网络在学习上的高效性将完美结合符号和神经网络。其次，正如本书每一章所介绍的，NLP 模型中的动态特性在 NLP 方法中越发普遍，这是由于 NLP 研究对象（语言和文本）的本质存在固有的可变维度，例如（输入）文档、句子或词的长度和结构。另一受欢迎的原因是现有深度学习框架可以支持动态变化的神经网络结构，以适应可变尺寸的文本输入。最后，自然语言在近期已被证实是一种非常有用的语言，可进行优化以解决各类复杂的机器学习问题（Andreas et al. 2017）。语言的离散性不允许端到端的学习方式利用可微性，因为可微性是可微分编程的必要条件。然而，鉴于逼近方法的松弛技术通过建议模型克服了这一困难，该方法为使用自然产生的语言数据来改进机器学习和 NLP 任务带来了更多可能性。

综上所述，我们希望在不久的将来，出现具备一般性深度学习或可微分编程框架的更强大、更灵活、更先进的机器学习架构以解决本章及前述章节中遗留下来的复杂 NLP 任务。那些本书未涉及的新成果也将推动人们向通用人工智能更进一步,NLP 正是其中不可分割的一部分。

附录

参考文献

第 1 章

Abdel-Hamid, O. , Mohamed, A. , Jiang, H. , Deng, L. , Penn, G. , & Yu, D. (2014). *Convolutional neural networks for speech recognition*. IEEE/ACM Trans. on Audio, Speech and Language Processing.

Amodei, D. , Ng, A. , et al. (2016). Deep speech 2: End-to-end speech recognition in English and Mandarin. In *Proceedings of ICML*.

Bahdanau, D. , Cho, K. , & Bengio, Y. (2015). Neural machine translation by jointly learning to align and translate. In *Proceedings of ICLR*.

Baker, J. , et al. (2009a). Research developments and directions in speech recognition and understanding. *IEEE Signal Processing Magazine*, 26(4).

Baker, J. , et al. (2009b). Updated MINDS report on speech recognition and understanding. *IEEE Signal Processing Magazine*, 26(4).

Baum, L. , & Petrie, T. (1966). Statistical inference for probabilistic functions of finite state markov chains. *The Annals of Mathematical Statistics*.

Bengio, Y. (2009). *Learning Deep Architectures for AI*. Delft: NOW Publishers.

Bengio, Y. , Ducharme, R. , Vincent, P. , & d Jauvin, C. (2001). A neural probabilistic language model. *Proceedings of NIPS*.

Bishop, C. (1995). *Neural Networks for Pattern Recognition*. Oxford: Oxford University Press. Bishop, C. (2006). *Pattern Recognition and Machine Learning*. Berlin: Springer.

Bridle, J. , et al. (1998). An investigation of segmental hidden dynamic models of speech coarticulation for automatic speech recognition. *Final Report for 1998 Workshop on Language Engineering*, *Johns Hopkins University CLSP*.

Brown, P. F. , Della Pietra, S. A. , Della Pietra, V. J. , & Mercer, R. L. (1993).

The mathematics of statistical machine translation: Parameter estimation. *Computational Linguistics*, 19.

Charniak, E. (2011). The brain as a statistical inference engine—and you can too. *Computational Linguistics*, 37.

Chiang, D. (2007). Hierarchical phrase-based translation. *Computaitional Linguistics*.

Chomsky, N. (1957). *Syntactic Structures*. The Hague: Mouton.

Chorowski, J., Bahdanau, D., Serdyuk, D., Cho, K., & Bengio, Y. (2015). Attention-based models for speech recognition. In *Proceedings of NIPS*.

Church, K. (2007). A pendulum swung too far. *Linguistic Issues in Language Technology*, 2(4).

Church, K. (2014). The case for empiricism (with and without statistics). In *Proceedings of Frame Semantics in NLP*.

Church, K., & Mercer, R. (1993). Introduction to the special issue on computational linguistics using large corpora. *Computational Linguistics*, 9(1).

Collins, M. (1997). *Head-driven statistical models for natural language parsing*. Ph. D. thesis, University of Pennsylvania, Philadelphia.

Collins, M. (2002). Discriminative training methods for hidden markov models: Theory and experiments with perceptron algorithms. In *Proceedings of EMNLP*.

Collobert, R., Weston, J., Bottou, L., Karlen, M., Kavukcuoglu, K., & Kuksa, P. (2011). Natural language processing (almost) from scratch. *Journal of Machine Learning Reserach*, 12.

Dahl, G., Yu, D., & Deng, L. (2011). Large-vocabulry continuous speech recognition with context- dependent DBN-HMMs. In *Proceedings of ICASSP*.

Dahl, G., Yu, D., Deng, L., & Acero, A. (2012). Context-dependent pretrained deep neural networks for large-vocabulary speech recognition. *IEEE Transaction on Audio, Speech, and Language Processing*, 20.

Deng, L. (1998). A dynamic, feature-based approach to the interface between phonology and phonetics for speech modeling and recognition. *Speech Communication*, 24(4).

Deng, L. (2014). A tutorial survey of architectures, algorithms, and applications for deep learning. *APSIPA Transactions on Signal and Information Processing*, 3.

Deng, L. (2016). Deep learning: From speech recognition to language and multimodal processing. *APSIPA Transactions on Signal and Information Processing*, 5.

Deng, L. (2017). Artificial intelligence in the rising wave of deep learning—The historical path and future outlook. In *IEEE Signal Processing Magazine*, 35.

Deng, L., & O'Shaughnessy, D. (2003). *SPEECH PROCESSING A Dynamic and Optimization-Oriented Approach*. New York: Marcel Dekker.

Deng, L., & Yu, D. (2007). Use of differential cepstra as acoustic features in hidden trajectory modeling for phonetic recognition. In *Proceedings of ICASSP*.

Deng, L., & Yu, D. (2014). *Deep Learning: Methods and Applications*. Delft: NOW Publishers.

Deng, L., Hinton, G., & Kingsbury, B. (2013). New types of deep neural network learning for speech recognition and related applications: An overview. In *Proceedings of ICASSP*.

Deng, L., Seltzer, M., Yu, D., Acero, A., Mohamed, A., & Hinton, G. (2010). Binary coding of speech spectrograms using a deep autoencoder. In *Proceedings of Interspeech*.

Deng, L., Yu, D., & Platt, J. (2012). Scalable stacking and learning for building deep architectures. In *Proceedings of ICASSP*.

Devlin, J., et al. (2015). Language models for image captioning: The quirks and what works. In *Proceedings of CVPR*.

Dhingra, B., Li, L., Li, X., Gao, J., Chen, Y., Ahmed, F., & Deng, L. (2017). Towards end-to-end reinforcement learning of dialogue agents for information access. In *Proceedings of ACL*.

Fang, H., et al. (2015). From captions to visual concepts and back. In *Proceedings of CVPR*.

Fei-Fei, L., & Perona, P. (2005). A Bayesian hierarchical model for learning natural scene categories. In *Proceedings of CVPR*.

Fei-Fei, L., & Perona, P. (2016). Stacked attention networks for image question answering. In *Proceedings of CVPR*.

Finn, C., Abbeel, P., & Levine, S. (2017). Model-agnostic meta-learning for fast adaptation of deep networks. In *Proceedings of ICML*.

Gan, Z., et al. (2017). Semantic compositional networks for visual captioning. In *Proceedings of CVPR*.

Gasic, M., Mrk, N., Rojas-Barahona, L., Su, P., Ultes, S., Vandyke, D., Wen, T., & Young, S. (2017). Dialogue manager domain adaptation using gaussian process reinforcement learning. *Computer Speech and Language*, 45.

Goodfellow, I., Bengio, Y., & Courville, A. (2016). *Deep Learning*. Cambridge: MIT Press. Goodfellow, I., et al. (2014). Generative adversarial networks. In

Proceedings of NIPS.

Graves, A. , et al. (2016). Hybrid computing using a neural network with dynamic external memory. *Nature*, 538.

Hashimoto, K. , Xiong, C. , Tsuruoka, Y. , & Socher, R. (2017). Investigation of recurrent-neural-network architectures and learning methods for spoken language understanding. In *Proceedings of EMNLP.*

He, X. , & Deng, L. (2012). Maximum expected BLEU training of phrase and lexicon translation models. In *Proceedings of ACL.*

He, X. , & Deng, L. (2013). Speech-centric information processing: An optimization-oriented approach. *Proceedings of the IEEE*, 101.

He, X. , Deng, L. , & Chou, W. (2008). Discriminative learning in sequential pattern recognition. *IEEE Signal Processing Magazine*, 25(5).

He, K. , Zhang, X. , Ren, S. , & Sun, J. (2016). Deep residual learning for image recognition. In *Proceedings of CVPR.*

Hinton, G. , & Salakhutdinov, R. (2012). A better way to pre-train deep Boltzmann machines. In *Proceedings of NIPS.*

Hinton, G. , Deng, L. , Yu, D. , Dahl, G. , Mohamed, A. -r. , Jaitly, N. , Senior, A. , Vanhoucke, V. , Nguyen, P. , Kingsbury, B. , & Sainath, T. (2012). Deep neural networks for acoustic modeling in speech recognition. *IEEE Signal Processing Magazine*, 29.

Hinton, G. , Osindero, S. , & Teh, Y. -W. (2006). A fast learning algorithm for deep belief nets. *Neural Computation*, 18.

Hochreiter, S. , et al. (2001). Learning to learn using gradient descent. In *Proceedings of International Conference on Artificial Neural Networks.*

Huang, P. , et al. (2013b). Learning deep structured semantic models for web search using click-through data. *Proceedings of CIKM.*

Huang, J. -T. , Li, J. , Yu, D. , Deng, L. , & Gong, Y. (2013a). Cross-lingual knowledge transfer using multilingual deep neural networks with shared hidden layers. In *Proceedings of ICASSP.*

Jackson, P. (1998). *Introduction to Expert Systems*. Boston: Addison-Wesley.

Jelinek, F. (1998). *Statistical Models for Speech Recognition*. Cambridge: MIT Press.

Juang, F. (2016). Deep neural networks a developmental perspective. *APSIPA Transactions on Signal and Information Processing*, 5.

Kaiser, L. , Nachum, O. , Roy, A. , & Bengio, S. (2017). Learning to remember rare events. In *Proceedings of ICLR*.

Karpathy, A. , & Fei-Fei, L. （2015）. Deep visual-semantic alignments for generating image descriptions. In *Proceedings of CVPR*.

Koh, P. , & Liang, P. (2017). Understanding black-box predictions via influence functions. In *Proceedings of ICML*.

Krizhevsky, A. , Sutskever, I. , & Hinton, G. (2012). Imagenet classification with deep convolutional neural networks. In *Proceedings of NIPS*.

Lafferty, J. , McCallum, A. , & Pereira, F. (2001). Conditional random fields: Probabilistic models for segmenting and labeling sequence data. In *Proceedings of ICML*.

LeCun, Y. , Bengio, Y. , & Hinton, G. (2015). Deep learning. *Nature*, 521.

Lee, L. , Attias, H. , Deng, L. , & Fieguth, P. (2004). A multimodal variational approach to learning and inference in switching state space models. In *Proceedings of ICASSP*.

Lee, M. , et al. （2016）. Reasoning in vector space: An exploratory study of question answering. In *Proceedings of ICLR*.

Lin, H. , Deng, L. , Droppo, J. , Yu, D. , & Acero, A. (2008). Learning methods in multilingual speech recognition. In *NIPS Workshop*.

Liu, Y. , Chen, J. , & Deng, L. （2017）. An unsupervised learning method exploiting sequential output statistics. In arXiv:1702.07817.

Ma, J. , & Deng, L. （2004）. Target-directed mixture dynamic models for spontaneous speech recognition. *IEEE Transaction on Speech and Audio Processing*, 12(4).

Maclaurin, D. , Duvenaud, D. , & Adams, R. （2015）. Gradient-based hyperparameter optimization through reversible learning. In *Proceedings of ICML*.

Manning, C. （2016）. Computational linguistics and deep learning. In *Computational Linguistics*.

Manning, C. , & Schtze, H. (1999). *Foundations of statistical natural language processing*. Cambridge: MIT Press.

Manning, C. , & Socher, R. (2017). Lectures 17 and 18: Issues and Possible Architectures for NLP; Tackling the Limits of Deep Learning for NLP. CS224N Course: NLP with Deep Learning.

Mesnil, G. , He, X. , Deng, L. , & Bengio, Y. (2013). Investigation of recurrent neural-network architectures and learning methods for spoken language understanding. In *Proceedings of Interspeech*.

Mikolov, T. , Sutskever, I. , Chen, K. , Corrado, G. , & Dean, J. (2013). Distributed representations of words and phrases and their compositionality. In *Proceedings of NIPS*.

Mnih, V. , Kavukcuoglu, K. , Silver, D. , Rusu, A. A. , Veness, J. , Bellemare, M. G. , Graves, A. , Riedmiller, M. , Fidjeland, A. K. , Ostrovski, G. , Petersen, S. , Beattie, C. , Sadik, A. , Antonoglou, I. , King, H. , Kumaran, D. , Wierstra, D. , Legg, S. , & Hassabis, D. (2015). Human-level control through deep reinforcement learning. *Nature*, 518.

Mohamed, A. , Dahl, G. , & Hinton, G. (2009). Acoustic modeling using deep belief networks. In *NIPS Workshop on Speech Recognition*.

Murphy, K. (2012). *Machine Learning: A Probabilistic Perspective*. Cambridge: MIT Press. Nguyen, T. , et al. (2017). MS MARCO: A human generated machine reading comprehension dataset. arXiv:1611,09268

Nilsson, N. (1982). *Principles of Artificial Intelligence*. Berlin: Springer.

Och, F. (2003). Maximum error rate training in statistical machine translation. In *Proceedings of ACL*.

Och, F. , & Ney, H. (2002). Discriminative training and maximum entropy models for statistical machine translation. In *Proceedings of ACL*.

Oh, J. , Chockalingam, V. , Singh, S. , & Lee, H. (2016). Control of memory, active perception, and action in minecraft. In *Proceedings of ICML*.

Palangi, H. , Smolensky, P. , He, X. , & Deng, L. (2017). Deep learning of grammatically-interpretable representations through question-answering. arXiv:1705.08432

Parloff, R. (2016). Why deep learning is suddenly changing your life. In *Fortune Magazine*. Pereira, F. (2017). A (computational) linguistic farce in three acts. In http://www. earningmyturns. org.

Picone, J. , et al. (1999). Initial evaluation of hidden dynamic models on conversational speech. In *Poceedings of ICASSP*.

Plamondon, R. , & Srihari, S. (2000). Online and off-line handwriting recognition: A comprehensive survey. *IEEE Transactions on Pattern Analysis and Machine Intelligence*, 22.

Rabiner, L. , & Juang, B.-H. (1993). *Fundamentals of Speech Recognition*. USA: Prentice-Hall.

Ratnaparkhi, A. (1997). A simple introduction to maximum entropy models for natural language processing. Technical report, University of Pennsylvania.

Reddy, R. (1976). Speech recognition by machine: A review. *Proceedings of the IEEE*, 64(4).

Rumelhart, D. , Hinton, G. , & Williams, R. (1986). Learning representations by back-propagating errors. *Nature*, 323.

Russell, S. , & Stefano, E. (2017). Label-free supervision of neural networks with physics and domain knowledge. In *Proceedings of AAAI*.

Saon, G. , et al. (2017). English conversational telephone speech recognition by humans and machines. In *Proceedings of ICASSP*.

Schmidhuber, J. (1987). *Evolutionary principles in self-referential learning*. Diploma Thesis, Institute of Informatik, Technical University Munich.

Seneff, S. , et al. (1991). Development and preliminary evaluation of the MIT ATIS system. In *Proceedings of HLT*.

Smolensky, P. , et al. (2016). Reasoning with tensor product representations. arXiv:1601,02745 Sutskevar, I. , Vinyals, O. , & Le, Q. (2014). Sequence to sequence learning with neural networks. n *Proceedings of NIPS*.

Tur, G. , & Deng, L. (2011). Intent Determination and Spoken Utterance Classification; Chapter 4 in book: Spoken Language Understanding. Hoboken: Wiley.

Turing, A. (1950). Computing machinery and intelligence. *Mind*, 14.

Vapnik, V. (1998). *Statistical Learning Theory*. Hoboken: Wiley.

Vincent, P. , Larochelle, H. , Lajoie, I. , Bengio, Y. , & Manzagol, P. -A. (2010). Stacked denoising autoencoders: Learning useful representations in a deep network with a local denoising criterion. *The Journal of Machine Learning Research*, 11.

Vinyals, O. , et al. (2016). Matching networks for one shot learning. In *Proceedings of NIPS*.

Viola, P. , & Jones, M. (2004). Robust real-time face detection. *International Journal of Computer Vision*, 57.

Wang, Y. -Y. , Deng, L. , & Acero, A. (2011). Semantic Frame Based Spoken Language Understanding; Chapter 3 in book: Spoken Language Understanding. Hoboken: Wiley.

Wichrowska, O. , et al. (2017). Learned optimizers that scale and generalize. In *Proceedings of ICML*.

Winston, P. (1993). *Artificial Intelligence*. Boston: Addison-Wesley.

Xiong, W. , et al. (2016). Achieving human parity in conversational speech recognition. In *Proceedings of Interspeech*.

Young, S. , Gasic, M. , Thomson, B. , & Williams, J. (2013). Pomdp-based statistical spoken dialogue systems: A review. *Proceedings of the IEEE*, 101.

Yu, D. , & Deng, L. (2015). Automatic Speech Recognition: A Deep Learning Approach. Berlin: Springer.

Yu, D. , Deng, L. , & Dahl, G. (2010). Roles of pretraining and fine-tuning in context-dependent dbnhmms for real-world speech recognition. In *NIPS Workshop*.

Yu, D. , Deng, L. , Seide, F. , & Li, G. (2011). Discriminative pre-training of deep nerual networks. In *U. S. Patent No. 9,235,799, granted in 2016, filed in 2011*.

Zue, V. (1985). The use of speech knowledge in automatic speech recognition. *Proceedings of the IEEE*, 73.

第 2 章

Allen, J. (1995). *Natural language understanding*, chapter 8. Benjamin/Cummings.

Allen, J. F. , Miller, B. W. , Ringger, E. K. , & Sikorski, T. (1996). A robust system for natural spoken dialogue. In *Proceedings of the Annual Meeting of the Association for Computational Linguistics*, pp. 62-70.

Andreas, J. , Rohrbach, M. , Darrell, T. , & Klein, D. (2016). Learning to compose neural networks for question answering. In *Proceedings of NAACL*.

Bapna, A. , Tur, G. , Hakkani-Tur, D. , & Heck, L. (2017). Towards zero-shot frame semantic parsing for domain scaling. In *Proceedings of the Interspeech*.

Bellegarda, J. R. (2004). Statistical language model adaptation: Review and perspectives. *Speech Communication Special Issue on Adaptation Methods for Speech Recognition*, 42, 93-108.

Bonneau-Maynard, H. , Rosset, S. , Ayache, C. , Kuhn, A. , & Mostefa, D. (2005). Semantic annotation of the French MEDIA dialog corpus. In *Proceedings of the Interspeech*, Lisbon, Portugal.

Bowman, S. R. , Gauthier, J. , Rastogi, A. , Gupta, R. , & Manning, C. D. (2016). A fast unified model for parsing and sentence understanding. In *Proceedings of ACL*.

Celikyilmaz, A. , Sarikaya, R. , Hakkani, D. , Liu, X. , Ramesh, N. , & Tur, G. (2016). A new pretraining method for training deep learning models with application to spoken language understanding. In *Proceedings of The 17th Annual Meeting of the International Speech Communication Association* (*INTERSPEECH* 2016).

Chen, Y.-N., Hakkani-Tur, D., & He, X. (2015a). Zero-shot learning of intent embeddings for expansion by convolutional deep structured semantic models. In *Proceedings of the IEEE ICASSP*. Chen, Y.-N., Hakkani-Tür, D., Tur, G., Gao, J., & Deng, L. (2016). End-to-end memory networks with knowledge carryover for multi-turn spoken language understanding. In *Proceedings of the Interspeech*, San Francisco, CA.

Chen, Y.-N., Wang, W. Y., Gershman, A., & Rudnicky, A. I. (2015b). Matrix factorization with knowledge graph propagation for unsupervised spoken language understanding. In *Proceedings of the ACLIJCNLP*.

Chen, Y.-N., Wang, W. Y., & Rudnicky, A. I. (2013). Unsupervised induction and filling of semantic slots for spoken dialogue systems using framesemantic parsing. In *Proceedings of the IEEE ASRU*.

Chomsky, N. (1965). *Aspects of the theory of syntax*. Cambridge, MA: MIT Press.

Chu-Carroll, J., & Carpenter, B. (1999). Vector-based natural language call routing. *Computational Linguistics*, 25(3), 361-388.

Collobert, R., & Weston, J. (2008). A unified architecture for natural language processing: Deep neural networks with multitask learning. In *Proceedings of the ICML*, Helsinki, Finland.

Dahl, D. A., Bates, M., Brown, M., Fisher, W., Hunicke-Smith, K., Pallett, D., et al. (1994). Expanding the scope of the ATIS task: the ATIS-3 corpus. In *Proceedings of the Human Language Technology Workshop*. Morgan Kaufmann.

Damnati, G., Bechet, F., & de Mori, R. (2007). Spoken language understanding strategies on the france telecom 3000 voice agency corpus. In *Proceedings of the ICASSP*, Honolulu, HI.

Dauphin, Y., Tur, G., Hakkani-Tür, D., & Heck, L. (2014). Zero-shot learning and clustering for semantic utterance classification. In *Proceedings of the ICLR*.

Deng, L., & Li, X. (2013). Machine learning paradigms for speech recognition: An overview. *IEEE Transactions on Audio, Speech, and Language Processing*, 21(5), 1060-1089.

Deng, L., & O'Shaughnessy, D. (2003). *Speech processing: A dynamic and optimization-oriented approach*. Marcel Dekker, New York: Publisher.

Deng, L., & Yu, D. (2011). Deep convex nets: A scalable architecture for speech pattern classification. In *Proceedings of the Interspeech*, Florence, Italy.

Deoras, A., & Sarikaya, R. (2013). Deep belief network based semantic taggers for spoken language understanding. In *Proceedings of the IEEE Interspeech*, Lyon, France.

Dupont, Y., Dinarelli, M., & Tellier, I. (2017). Label-dependencies aware recurrent neural networks. arXiv preprint arXiv:1706.01740.

Elman, J. L. (1990). Finding structure in time. *Cognitive science*, 14(2), 179-211.

Freund, Y., & Schapire, R. E. (1997). A decision-theoretic generalization of online learning and an application to boosting. *Journal of Computer and System Sciences*, 55(1), 119-139.

Gorin, A. L., Abella, A., Alonso, T., Riccardi, G., & Wright, J. H. (2002). Automated natural spoken dialog. *IEEE Computer Magazine*, 35(4), 51-56.

Gorin, A. L., Riccardi, G., & Wright, J. H. (1997). How may I help you? *Speech Communication*, 23, 113-127.

Guo, D., Tur, G., Yih, W.-t., & Zweig, G. (2014). Joint semantic utterance classification and slot filling with recursive neural networks. In *In Proceedings of the IEEE SLT Workshop*.

Gupta, N., Tur, G., Hakkani-Tür, D., Bangalore, S., Riccardi, G., & Rahim, M. (2006). The AT&T spoken language understanding system. *IEEE Transactions on Audio, Speech, and Language Processing*, 14(1), 213-222.

Hahn, S., Dinarelli, M., Raymond, C., Lefevre, F., Lehnen, P., Mori, R. D., et al. (2011). Comparing stochastic approaches to spoken language understanding in multiple languages. *IEEE Transactions on Audio, Speech, and Language Processing*, 19(6), 1569-1583.

Hakkani-Tür, D., Tur, G., Celikyilmaz, A., Chen, Y.-N., Gao, J., Deng, L., & Wang, Y.-Y. (2016). Multi-domain joint semantic frame parsing using bi-directional RNN-LSTM. In *Proceedings of the Interspeech*, San Francisco, CA.

He, X., & Deng, L. (2011). Speech recognition, machine translation, and speech translation a unified discriminative learning paradigm. In *IEEE Signal Processing Magazine*, 28(5), 126-133.

He, X. & Deng, L. (2013). Speech-centric information processing: An optimization-oriented approach. In *Proceedings of the IEEE*, 101(5), 1116-1135.

Hemphill, C. T., Godfrey, J. J., & Doddington, G. R. (1990). The ATIS spoken language systems pilot corpus. In *Proceedings of the Workshop on Speech and Natural Language*, HLT'90, pp. 96-101, Morristown, NJ, USA. Association for Computational Linguistics.

Hinton, G., Deng, L., Yu, D., Dahl, G., Rahman Mohamed, A., Jaitly, N., et al. (2012). Deep neural networks for acoustic modeling in speech recognition. *IEEE Signal Processing Magazine*, 29(6), 82-97.

Hinton, G. E., Osindero, S., & Teh, Y. W. (2006). A fast learning algorithm for deep belief nets.

Advances in Neural Computation, 18(7), 1527-1554.

Hochreiter, S., & Schmidhuber, J. (1997). Long short-term memory. *Neural computation*, 9(8), 1735-1780.

Hori, C., Hori, T., Watanabe, S., & Hershey, J. R. (2014). Context sensitive spoken language understanding using role dependent lstm layers. In *Proceedings of the Machine Learning for SLU Interaction NIPS 2015 Workshop*.

Huang, X., & Deng, L. (2010). An overview of modern speech recognition. In *Handbook of Natural Language Processing*, *Second Edition*, *Chapter* 15.

Jaech, A., Heck, L., & Ostendorf, M. (2016). Domain adaptation of recurrent neural networks for natural language understanding. In *Proceedings of the Interspeech*, San Francisco, CA.

Jordan, M. (1997). Serial order: A parallel distributed processing approach. Technical Report 8604, University of California San Diego, Institute of Computer Science.

Kalchbrenner, N., Grefenstette, E., & Blunsom, P. (2014). A convolutional neural network for modelling sentences. In *Proceedings of the ACL*, Baltimore, MD.

Kim, Y. (2014). Convolutional neural networks for sentence classification. In *Proceedings of the EMNLP*, Doha, Qatar.

Kim, Y.-B., Stratos, K., Sarikaya, R., & Jeong, M. (2015). New transfer learning techniques for disparate label sets. In *Proceedings of the ACL-IJCNLP*.

Kuhn, R., & Mori, R. D. (1995). The application of semantic classification trees to natural language understanding. *IEEE Transactions on Pattern Analysis and Machine Intelligence*, 17, 449-460.

Kurata, G., Xiang, B., Zhou, B., & Yu, M. (2016a). Leveraging sentence-level information with encoder LSTM for semantic slot filling. In *Proceedings of the EMNLP*, Austin, TX.

Kurata, G., Xiang, B., Zhou, B., & Yu, M. (2016b). Leveraging sentencelevel information with encoder lstm for semantic slot filling. arXiv preprint arXiv:1601.01530.

Lee, J. Y. , & Dernoncourt, F. (2016). Sequential short-text classification with recurrent and convolutional neural networks. In *Proceedings of the NAACL*.

Li, J. , Deng, L. , Gong, Y. , & Haeb-Umbach, R. (2014). An overview of noise-robust automatic speech recognition. *IEEE/ACM Transactions on Audio, Speech, and Language Processing*, 22(4), 745-777.

Liu, B. , & Lane, I. (2015). *Recurrent neural network structured output prediction for spoken language understanding*. In Proc: NIPS Workshop on Machine Learning for Spoken Language Understanding and Interactions.

Liu, B. , & Lane, I. (2016). Attention-based recurrent neural network models for joint intent detection and slot filling. In *Proceedings of the Interspeech*, San Francisco, CA.

Mesnil, G. , Dauphin, Y. , Yao, K. , Bengio, Y. , Deng, L. , Hakkani-Tür, D. , et al. (2015). Using recurrent neural networks for slot filling in spoken language understanding. *IEEE Transactions on Audio, Speech, and Language Processing*, 23(3), 530-539.

Mesnil, G. , He, X. , Deng, L. , & Bengio, Y. (2013). Investigation of recurrent-neural-network architectures and learning methods for spoken language understanding. In *Proceedings of the Interspeech*, Lyon, France.

Natarajan, P. , Prasad, R. , Suhm, B. , & McCarthy, D. (2002). Speech enabled natural language call routing: BBN call director. In *Proceedings of the ICSLP*, Denver, CO.

Pieraccini, R. , Tzoukermann, E. , Gorelov, Z. , Gauvain, J. -L. , Levin, E. , Lee, C. -H. , et al. (1992). A speech understanding system based on statistical representation of semantics. In *Proceedings of the ICASSP*, San Francisco, CA.

Price, P. J. (1990). Evaluation of spoken language systems: The ATIS domain. In *Proceedings of the DARPA Workshop on Speech and Natural Language*, Hidden Valley, PA.

Ravuri, S. , & Stolcke, A. (2015). Recurrent neural network and lstm models for lexical utterance classification. In *Proceedings of the Interspeech*.

Raymond, C. , & Riccardi, G. (2007). Generative and discriminative algorithms for spoken language understanding. In *Proceedings of the Interspeech*, Antwerp, Belgium.

Sarikaya, R. , Hinton, G. E. , & Deoras, A. (2014). Application of deep belief networks for natural language understanding. *IEEE Transactions on Audio,*

Speech, *and Language Processing*, 22(4).

Sarikaya, R. , Hinton, G. E. , & Ramabhadran, B. (2011). Deep belief nets for natural language call-routing. In *Proceedings of the ICASSP*, Prague, Czech Republic.

Seneff, S. (1992). TINA: A natural language system for spoken language applications. *Computational Linguistics*, 18(1), 61-86.

Simonnet, E. , Camelin, N. , Deleglise, P. , & Esteve, Y. (2015). Exploring the use of attentionbased recurrent neural networks for spoken language understanding. In *Proceedings of the NIPS Workshop on Machine Learning for Spoken Language Understanding and Interaction*.

Socher, R. , Lin, C. C. , Ng, A. Y. , & Manning, C. D. (2011). Parsing natural scenes and natural language with recursive neural networks. In *Proceedings of ICML*.

Sordoni, A. , Bengio, Y. , Vahabi, H. , Lioma, C. , Simonsen, J. G. , & Nie, J. -Y. (2015). A hierarchical recurrent encoder-decoder for generative context-aware query suggestion. In *Proceedings of the ACM CIKM*.

Sutskever, I. , Vinyals, O. , & Le, Q. V. (2014). *Advances in neural information processing systems 27*, chapter Sequence to sequence learning with neural networks.

Tafforeau, J. , Bechet, F. , Artierel, T. , & Favre, B. (2016). Joint syntactic and semantic analysis with a multitask deep learning framework for spoken language understanding. In *Proceedings of the Interspeech*, San Francisco, CA.

Tur, G. , & Deng, L. (2011). Intent determination and spoken utterance classification, Chapter 4 in book: Spoken language understanding. New York, NY: Wiley.

Tur, G. , Hakkani-Tür, D. , & Heck, L. (2010). What is left to be understood in ATIS? In *Proceedings of the IEEE SLT Workshop*, Berkeley, CA.

Tur, G. , & Mori, R. D. (Eds.). (2011). Spoken language understanding: Systems for extracting semantic information from speech. New York, NY: Wiley.

Vinyals, O. , Fortunato, M. , & Jaitly, N. (2015). Pointer networks. In *Proceedings of the NIPS*.

Vinyals, O. , & Le, Q. V. (2015). A neural conversational model. In *Proceedings of the ICML*.

Vu, N. T. , Gupta, P. , Adel, H. , & Schütze, H. (2016). Bi-directional recurrent neural network with ranking loss for spoken language understanding. In *Proceedings of the IEEE ICASSP*, Shanghai, China.

Vukotic, V. , Raymond, C. , & Gravier, G. (2016). A step beyond local observations with a dialog aware bidirectional gru network for spoken language understanding. In *Proceedings of the Interspeech*, San Francisco, CA.

Walker, M. , Aberdeen, J. , Boland, J. , Bratt, E. , Garofolo, J. , Hirschman, L. , et al. (2001). DARPA communicator dialog travel planning systems: The June 2000 data collection. In *Proceedings of the Eurospeech Conference*.

Wang, Y. , Deng, L. , & Acero, A. (2011). *Semantic frame based spoken language understanding*, *Chapter* 3. New York, NY: Wiley.

Ward, W. , & Issar, S. (1994). Recent improvements in the CMU spoken language understanding system. In *Proceedings of the ARPA HLT Workshop*, pages 213-216.

Weizenbaum, J. (1966). Eliza—A computer program for the study of natural language communication between man and machine. *Communications of the ACM*, 9(1), 36-45.

Woods, W. A. (1983). *Language processing for speech understanding*. Prentice-Hall International, Englewood Cliffs, NJ: In Computer Speech Processing.

Xu, P. , & Sarikaya, R. (2013). Convolutional neural network based triangular crf for joint intent detection and slot filling. In *Proceedings of the IEEE ASRU*.

Yao, K. , Peng, B. , Zhang, Y. , Yu, D. , Zweig, G. , & Shi, Y. (2014). Spoken language understanding using long short-term memory neural networks. In *Proceedings of the IEEE SLT Workshop*, South Lake Tahoe, CA. IEEE.

Yao, K. , Zweig, G. , Hwang, M. -Y. , Shi, Y. , & Yu, D. (2013). Recurrent neural networks for language understanding. In *Proceedings of the Interspeech*, Lyon, France.

Zhai, F. , Potdar, S. , Xiang, B. , & Zhou, B. (2017). Neural models for sequence chunking. In *Proceedings of the AAAI*.

Zhang, X. , & Wang, H. (2016). A joint model of intent determination and slot filling for spoken language understanding. In *Proceedings of the IJCAI*.

Zhu, S. , & Yu, K. (2016a). Encoder-decoder with focus-mechanism for sequence labelling based spoken language understanding. In *submission*.

Zhu, S. , & Yu, K. (2016b). Encoder-decoder with focus-mechanism for sequence labelling based spoken language understanding. arXiv preprint arXiv: 1608. 02097.

第 3 章

Asri, L. E. , He, J. , & Suleman, K. (2016). A sequence-to-sequence model for user simulation inspoken dialogue systems. *Interspeech*.

Aust, H. , Oerder, M. , Seide, F. , & Steinbiss, V. (1995). The philips automatic train timetable information system. *Speech Communication*, 17, 249-262.

Banchs, R. E. , & Li. , H. (2012). Iris: A chat-oriented dialogue system based onthe vector space model. *ACL*.

Banerjee, S. , & Lavie, A. (2005). Meteor: An automatic metric for mt evaluation with improved correlation with human judgments. In *ACL Workshop on Intrinsic and Extrinsic Evaluation Measures for Machine Translation and / or Summarization*.

Bapna, A. , Tur, G. , Hakkani-Tur, D. , & Heck, L. (2017). Improving frame semantic parsing with hierarchical dialogue encoders.

Bateman, J. , & Henschel, R. (1999). From full generation to near-templates without losing generality. In *KI'99 Workshop*, *"May I Speak Freely?"*.

Blundell, C. , Cornebise, J. , Kavukcuoglu, K. , & Wierstra, D. (2015). Weight uncertainty in neural networks. *ICML*.

Bordes, A. , Boureau, Y. -L. , & Weston, J. (2017). Learning end-to-end goal-oriented dialog. In *ICLR* 2017

Busemann, S. , & Horacek, H. (1998). A flexible shallow approach to text generation. In *International Natural Language Generation Workshop*, *Niagara-on-the-Lake*, *Canada*

Celikyilmaz, A. , Sarikaya, R. , Hakkani-Tur, D. , Liu, X. , Ramesh, N. , & Tur, G. (2016). A new pretraining method for training deep learning models with application to spoken language understanding. In *Proceedings of Interspeech* (pp. 3255-3259).

Chen, Y. -N. , Hakkani-Tür, D. , Tur, G. , Gao, J. , & Deng, L. (2016). End-to-end memory networks with knowledge carryover for multi-turn spoken language understanding. In *Proceedings of The 17th Annual Meeting of the International Speech Communication Association* (*INTERSPEECH*), San Francisco, CA. ISCA.

Crook, P. , & Marin, A. (2017). Sequence to sequence modeling for user simulation in dialog systems. *Interspeech.*

Cuayahuitl, H. (2016). Simpleds: A simple deep reinforcement learning dialogue system. In *International Workshop on Spoken Dialogue Systems* (*IWSDS*).

Cuayahuitl, H., Yu, S., Williamson, A., & Carse, J. (2016). Deep reinforcement learning for multi-domain dialogue systems. arXiv:1611.08675.

Dale, R., & Reiter, E. (2000). *Building natural language generation systems.* Cambridge, UK: Cambridge University Press.

Deng, L. (2016). Deep learning from speech recognition to language and multi-modal processing. In *APSIPA Transactions on Signal and Information Processing.* Cambridge University Press.

Deng, L., & Yu, D. (2015). *Deep learning: Methods and applications.* NOW Publishers.

Deng, L., & Li, X. (2013). Machine learning paradigms for speech recognition: An overview. *IEEE Transactions on Audio, Speech, and Language Processing*, 21(5), 1060-1089.

Dhingra, B., Li, L., Li, X., Gao, J., Chen, Y.-N., Ahmed, F., & Deng, L. (2016a). End-to-end reinforcement learning of dialogue agents for information access. arXiv:1609.00777.

Dhingra, B., Li, L., Li, X., Gao, J., Chen, Y.-N., Ahmed, F., & Deng, L. (2016b). Towards end-to-end reinforcement learning of dialogue agents for information access. *ACL.*

Dodge, J., Gane, A., Zhang, X., Bordes, A., Chopra, S., Miller, A., Szlam, A., & Weston, J. (2015). Evaluating prerequisite qualities for learning end-to-end dialog systems. arXiv:1511.06931.

Elhadad, M., & Robin, J. (1996). An overview of surge: A reusable comprehensive syntactic realization component. *Technical Report 96-03, Department of Mathematics and Computer Science, Ben Gurion University, Beer Sheva, Israel.*

Fatemi, M., Asri, L. E., Schulz, H., He, J., & Suleman, K. (2016a). Policy networks with two-stage training for dialogue systems. arXiv:1606.03152.

Fatemi, M., Asri, L. E., Schulz, H., He, J., & Suleman, K. (2016b). Policy networks with two-stage training for dialogue systems. arXiv:1606.03152.

Forgues, G., Pineau, J., Larcheveque, J.-M., & Tremblay, R. (2014). Bootstrapping dialog systems with word embeddings. *NIPS ML-NLP Workshop.*

Gai, M. , Mrki, N. , Su, P. -H. , Vandyke, D. , Wen, T. -H. , & Young, S. (2015) . Policy committee for adaptation in multi-domain spoken dialogue sytems. *ASRU*.

Gai, M. , Mrki, N. , Rojas-Barahona, L. M. , Su, P. -H. , Ultes, S. , Vandyke, D. , et al. (2016). Dialogue manager domain adaptation using Gaussian process reinforcement learning. *Computer Speech and Language*, 45, 552-569.

Gasic, M. , Jurcicek, F. , Keizer, S. , Mairesse, F. , Thomson, B. , Yu, K. , & Young, S. (2010). Gaussian processes for fast policy optimisation of POMDP-based dialogue managers. In *SIGDIAL*.

Gasic, M. , Mrksic, N. , Su, P. -H. , Vandyke, D. , & Wen, T. -H. (2015). Multi-agent learning in multi- domain spoken dialogue systems. *NIPS workshop on Spoken Language Understanding and Interaction*.

Ge, W. , & Xu, B. (2016). Dialogue management based on multi-domain corpus. In *Special Interest Group on Discourse and Dialog*.

Georgila, K. , Henderson, J. , & Lemon, O. (2005). Learning user simulations for information state update dialogue systems. In *9th European Conference on Speech Communication and Technology (INTERSPEECH-EUROSPEECH)*.

Georgila, K. , Henderson, J. , & Lemon, O. (2006). User simulation for spoken dialogue systems: Learning and evaluation. In *INTERSPEECH-EUROSPEECH*.

Goller, C. , & Kchler, A. (1996). Learning task-dependent distributed representations by backpropagation through structure. *IEEE*.

Goodfellow, I. , Pouget-Abadie, J. , Mirza, M. , Xu, B. , Warde-Farley, D. , Ozair, S. , Courville, A. , & Bengio, Y. (2014). Generative adversarial nets. In *NIPS*.

Gorin, A. L. , Riccardi, G. , & Wright, J. H. (1997). How may i help you? *Speech Communication*, 23, 113-127.

Graves, A. , & Schmidhuber, J. (2005). Framewise phoneme classification with bidirectional lstm and other neural network architectures. *Neural Networks*, 18, 602-610.

Hakkani-Tür, D. , Tur, G. , Celikyilmaz, A. , Chen, Y. -N. , Gao, J. , Deng, L. , & Wang, Y. -Y. (2016). Multi-domain joint semantic frame parsing using bidirectional rnn-lstm. In *Proceedings of Interspeech* (pp. 715-719).

Hastie, T. , Tibshirani, R. , & Friedman, J. (2009). The Elements of Statistical Learning: Data Mining, Inference, and Prediction. Berlin: Springer.

He, X. , & Deng, L. (2011). Speech recognition, machine translation, and speech translation a unified discriminative learning paradigm. In *IEEE Signal Processing Magazine*.

He, X. , & Deng, L. (2013). Speech-centric information processing: An optimization-oriented approach. In *IEEE*.

He, J. , Chen, J. , He, X. , Gao, J. , Li, L. , Deng, L. , & Ostendorf, M. (2016). Deep reinforcement learning with a natural language action space. *ACL*.

Hemphill, C. T. , Godfrey, J. J. , & Doddington, G. R. (1990). The ATIS spoken language systems pilot corpus. In *DARPA Speech and Natural Language Workshop*.

Henderson, M. , Thomson, B. , & Williams, J. D. (2014). The third dialog state tracking challenge. In 2014 IEEE, Spoken Language Technology Workshop (SLT) (pp. 324-329). IEEE.

Henderson, M. , Thomson, B. , & Young, S. (2013). Deep neural network approach for the dialog state tracking challenge. In *Proceedings of the SIGDIAL 2013 Conference* (pp. 467-471).

Higashinaka, R. , Imamura, K. , Meguro, T. , Miyazaki, C. , Kobayashi, N. , Sugiyama, H. , et al. (2014). Towards an open-domain conversational system fully based on natural language processing. *COLING*.

Hinton, G. , Deng, L. , Yu, D. , Dahl, G. , Rahman Mohamed, A. , Jaitly, N. , et al. (2012). Deep neural networks for acoustic modeling in speech recognition. *IEEE Signal Processing Magazine*, 29(6), 82-97.

Huang, X. , & Deng, L. (2010). An overview of modern speech recognition. In *Handbook of Natural Language Processing* (2nd ed. , Chapter 15).

Huang, P. -S. , He, X. , Gao, J. , Deng, L. , Acero, A. , & Heck, L. (2013). Learning deep structured semantic models for web search using click-through data. In *ACM International Conference on Information and Knowledge Management (CIKM)*.

Jaech, A. , Heck, L. , & Ostendorf, M. (2016). Domain adaptation of recurrent neural networks for natural language understanding.

Kannan, A. , & Vinyals, O. (2016). Adversarial evaluation of dialog models. In *Workshop on Adversarial Training*, *NIPS 2016*, *Barcelona*, *Spain*.

Kim, Y. -B. , Stratos, K. , & Kim, D. (2017a). Adversarial adaptation of synthetic or stale data. *ACL*.

Kim, Y. -B. , Stratos, K. , & Kim, D. (2017b). Domain attention with an ensemble of experts. *ACL*.

Kim, Y.-B., Stratos, K., & Sarikaya, R. (2016a). Domainless adaptation by constrained decoding on a schema lattice. *COLING*.

Kim, Y.-B., Stratos, K., & Sarikaya, R. (2016b). Frustratingly easy neural domain adaptation. *COLING*.

Kumar, A., Irsoy, O., Su, J., Bradbury, J., English, R., Pierce, B., et al. (2015). Ask me anything: Dynamic memory networks for natural language processing. In *Neural Information Processing Systems (NIPS)*.

Kurata, G., Xiang, B., Zhou, B., & Yu, M. (2016). Leveraging sentence level information with encoder lstm for natural language understanding. arXiv:1601.01530.

Langkilde, I., & Knight, K. (1998). Generation that exploits corpus-based statistical knowledge. *ACL*.

LeCun, Y., Bottou, L., Bengio, Y., & Haffner, P. (1998). Gradient-based learning applied to document recognition. *IEEE*, 86, 2278-2324.

Lemon, O., & Rieserr, V. (2009). Reinforcement learning for adaptive dialogue systems—tutorial. *EACL*.

Li, L., Balakrishnan, S., & Williams, J. (2009). Reinforcement learning for dialog management using least-squares policy iteration and fast feature selection. *InterSpeech*.

Li, J., Galley, M., Brockett, C., Gao, J., & Dolan, B. (2016a). Adiversity-promoting objective function for neural conversation models. *NAACL*.

Li, J., Galley, M., Brockett, C., Spithourakis, G. P., Gao, J., & Dolan, B. (2016b). A persona based neural conversational model. *ACL*.

Li, J., Monroe, W., Shu, T., Jean, S., Ritter, A., & Jurafsky, D. (2017). Adversarial learning for neural dialogue generation. arXiv:1701.06547.

Li, J., Deng, L., Gong, Y., & Haeb-Umbach, R. (2014). An overview of noise-robust automatic speech recognition. *IEEE/ACM Transactions on Audio, Speech, and Language Processing*, 22(4), 745-777.

Lin, C.-Y. (2004). Rouge: A package for automatic evaluation of summaries. *In Text summarization branches out: ACL-04 Workshop*.

Lipton, Z. C., Li, X., Gao, J., Li, L., Ahmed, F., & Deng, L. (2016). Efficient dialogue policy learning with bbq-networks. arXiv.org.

Lison, P. (2013). *Structured probabilistic modelling for dialogue management*. Department of Informatics Faculty of Mathematics and Natural Sciences University of Osloe.

Liu, B. , & Lane, I. (2016a). Attention-based recurrent neural network models for joint intent detection and slot filling. *Interspeech.*

Liu, B. , & Lane, I. (2016b). Attention-based recurrent neural network models for joint intent detection and slot filling. In *SigDial.*

Liu, C. -W. , Lowe, R. , Serban, I. V. , Noseworthy, M. , Charlin, L. , & Pineau, J. (2016). How not to evaluate your dialogue system: An empirical study of unsupervised evaluation metrics for dialogue response generation. *EMNLP.*

Lowe, R. , Pow, N. , Serban, I. V. , and Pineau, J. (2015b). The ubuntu dialogue corpus: A large dataset for research in unstructure multi-turn dialogue systems. In *SIGDIAL* 2015.

Lowe, R. , Pow, N. , Serban, I. V. , Charlin, L. , and Pineau, J. (2015a). Incorporating unstructured textual knowledge sources into neural dialogue systems. In *Neural Information Processing Systems Workshop on Machine Learning for Spoken Language Understanding.*

Mairesse, F. , & Young, S. (2014). Stochastic language generation in dialogue using factored language models. *Computer Linguistics.*

Mairesse, F. and Walker, M. A. (2011). Controlling user perceptions of linguistic style: Trainable generation of personality traits. *Computer Linguistics.*

Mesnil, G. , Dauphin, Y. , Yao, K. , Bengio, Y. , Deng, L. , Hakkani-Tur, D. , et al. (2015). Using recurrent neural networks for slot filling in spoken language understanding. *IEEE/ACM Transactions on Audio, Speech, and Language Processing*, 23(3), 530-539.

Mikolov, T. , Sutskever, I. , Chen, K. , Corrado, G. S. , & Dean, J. (2013). Distributed representations of words and phrases and their compositionality. In *Advances in neural information processing systems* (pp. 3111-3119).

Mizil, C. D. N. & Lee, L. (2011). Chameleons in imagined conversations: A new approach to understanding coordination of linguistic style in dialogs. In *Proceedings of the Workshop on Cognitive Modeling and Computational Linguistics*, ACL 2011.

Mnih, V. , Kavukcuoglu, K. , Silver, D. , Graves, A. , Antonoglou, I. , Wierstra, D. , & Riedmiller, M. (2013). Playing Atari with deep reinforcement learning. *NIPS Deep Learning Workshop.*

Mrkšić, N. , Séaghdha, D. Ó. , Wen, T. -H. , Thomson, B. , & Young, S. (2016). Neural belief tracker: Data-driven dialogue state tracking. arXiv:1606. 03777.

Oh, A. H. , & Rudnicky, A. I. (2000). Stochastic language generation for spoken dialogue systems. *ANLP/NAACL Workshop on Conversational Systems.*

Papineni, K. , Roukos, S. , Ward, T. , & Zhu, W. (2002). Bleu: A method for automatic evaluation of machine translation. In *40th annual meeting on Association for Computational Linguistics (ACL).* Passonneau, R. J. , Epstein, S. L. , Ligorio, T. , & Gordon, J. (2011). Embedded wizardry. In *SIGDIAL* 2011 *Conference.*

Peng, B. , Li, X. , Li, L. , Gao, J. , Celikyilmaz, A. , Lee, S. , & Wong, K. -F. (2017). *Composite task-completion dialogue system via hierarchical deep reinforcement learning.* arxiv:1704. 03084v2.

Pietquin, O. , Geist, M. , & Chandramohan, S. (2011a). Sample efficient on-line learning of optimal dialogue policies with kalman temporal differences. In *IJCAI* 2011, *Barcelona, Spain.*

Pietquin, O. , Geist, M. , Chandramohan, S. , & FrezzaBuet, H. (2011b). Sample-efficient batch reinforcement learning for dialogue management optimization. *ACM Transactions on Speech and Language Processing.*

Ravuri, S. , & Stolcke, A. (2015). Recurrent neural network and LSTM models for lexical utterance classification. In *Sixteenth Annual Conference of the International Speech Communication Association.*

Ritter, A. , Cherry, C. , & Dolan. , W. B. (2011). Data-driven response generation in social media. *Empirical Methods in Natural Language Processing.*

Sarikaya, R. , Hinton, G. E. , & Ramabhadran, B. (2011). Deep belief nets for natural language call-routing. In 2011 *IEEE International Conference on Acoustics, Speech and Signal Processing (ICASSP)* (pp. 5680-5683). IEEE.

Sarikaya, R. , Hinton, G. E. , & Deoras, A. (2014). Application of deep belief networks for natural language understanding. *IEEE/ACM Transactions on Audio, Speech, and Language Processing,* 22(4), 778-784.

Schatzmann, J. , Weilhammer, K. , & Matt Stutle, S. Y. (2006). A survey of statistical user simulation techniques for reinforcement-learning of dialogue management strategies. *The Knowledge Engineering Review.*

Serban, I. , Klinger, T. , Tesauro, G. , Talamadupula, K. , Zhou, B. , Bengio, Y. , & Courville, A. (2016a). Multiresolution recurrent neural networks: An application to dialogue response generation. arXiv:1606. 00776v2

Serban, I. , Sordoni, A. , & Bengio, Y. (2017). A hierarchical latent variable encoder-decoder model for generating dialogues. *AAAI.*

Serban, I. V., Sordoni, A., Bengio, Y., Courville, A., & Pineau, J. (2015). Building end-to-end dialogue systems using generative hierarchical neural network models. *AAAI*.

Serban, I. V., Sordoni, A., Bengio, Y., Courville, A., & Pineau, J. (2016b). Building end-to-end dialogue systems using generative hierarchical neural networks. *AAAI*.

Shah, P., Hakkani-Tur, D., & Heck, L. (2016). Interactive reinforcement learning for task-oriented dialogue management. *SIGDIAL*.

Shang, L., Lu, Z., & Li, H. (2015). Neural responding machine for short text conversation. *ACLIJCNLP*.

Simonnet, E., Camelin, N., Deléglise, P., & Estève, Y. (2015). Exploring the use of attention-based recurrent neural networks for spoken language understanding. In *Machine Learning for Spoken Language Understanding and Interaction NIPS 2015 Workshop* (*SLUNIPS 2015*).

Simpson, A. & Eraser, N. M. (1993). Black box and glass box evaluation of the sundial system. In *Third European Conference on Speech Communication and Technology*.

Singh, S. P., Kearns, M. J., Litman, D. J., & Walker, M. A. (2016). Reinforcement learning for spoken dialogue systems. *NIPS*.

Sordoni, A., Galley, M., Auli, M., Brockett, C., Ji, Y., Mitchell, M., et al. (2015a). A neural network approach to context-sensitive generation of conversational responses. In *North American Chapter of the Association for Computational Linguistics* (*NAACL-HLT 2015*).

Sordoni, A., Galley, M., Auli, M., Brockett, C., Ji, Y., Mitchell, M., Nie, J.-Y., et al. (2015b). A neural network approach to context-sensitive generation of conversational responses.

In *Proceedings of the 2015 Conference of the North American Chapter of the Association for Computational Linguistics: Human Language Technologies* (pp. 196-205), Denver, Colorado. Association for Computational Linguistics.

Stent, A. (1999). Content planning and generation in continuous-speech spoken dialog systems. In *KI'99 workshop, "May I Speak Freely?"*.

Stent, A., Prasad, R., & Walker, M. (2004). Trainable sentence planning for complex information presentation in spoken dialog systems. *ACL*.

Su, P.-H., Gasic, M., Mrksic, N., Rojas-Barahona, L., Ultes, S., Vandyke, D., et al. (2016). On-line active reward learning for policy optimisation in spoken dialogue systems. arXiv:1605. 07669.

Sukhbaatar, S. , Weston, J. , Fergus, R. , et al. (2015). End-to-end memory networks. In *Advances in neural information processing systems* (pp. 2440-2448).

Sutton, R. S. , & Singh, S. P. (1999). Between mdps and semi-MDPs: A framework for temporal abstraction in reinforcement learning. *Artificial Intelligence*, 112, 181-211.

Tafforeau, J. , Bechet, F. , Artières, T. , & Favre, B. (2016). Joint syntactic and semantic analysis with a multitask deep learning framework for spoken language understanding. In *Interspeech* (pp. 3260-3264).

Tao, C. , Mou, L. , Zhao, D. , & Yan, R. (2017). Ruber: An unsupervised method for automatic evaluation of open-domain dialog systems. ArXiv2017.

Thomson, B. , & Young, S. (2010). Bayesian update of dialogue state: A POMDP framework for spoken dialogue systems. *Computer Speech and Language*, 24(4), 562-588.

Tur, G. , Deng, L. , Hakkani-Tür, D. , & He, X. (2012). Towards deeper understanding: Deep convex networks for semantic utterance classification. In *2012 IEEE International Conference on Acoustics, Speech and Signal Processing* (*ICASSP*) (pp. 5045-5048). IEEE.

Tur, G. , & Deng, L. (2011). Intent determination and spoken utterance classification, Chapter 4 in Book: Spoken language understanding. New York, NY: Wiley.

Tur, G. , & De Mori, R. (2011). Spoken language understanding: Systems for extracting semantic information from speech. New York: Wiley.

Vinyals, O. , & Le, Q. (2015). A neural conversational model. arXiv:1506. 05869.

Walker, M. , Stent, A. , Mairesse, F. , & Prasad, R. (2007). Individual and domain adaptation in sentence planning for dialogue. *Journal of Artificial Intelligence Research*.

Wang, Z. , Stylianou, Y. , Wen, T. -H. , Su, P. -H. , & Young, S. (2015). Learning domain-independent dialogue policies via ontology parameterisation. In *SIGDAIL*.

Wen, T. -H. , Gasic, M. , Mrksic, N. , Rojas-Barahona, L. M. , Pei-Hao, P. , Ultes, S. , et al. (2016a). *A network-based end-to-end trainable task-oriented dialogue system*. arXiv.

Wen, T. -H. , Gasic, M. , Mrksic, N. , Rojas-Barahona, L. M. , Su, P. -H. , Ultes, S. , et al. (2016b). A network-based end-to-end trainable task-oriented dialogue system. arXiv:1604.04562.

Wen, T.-H., Gasic, M., Mrksic, N., Su, P.-H., Vandyke, D., & Young, S. (2015a). Semantically conditioned LSTM-based natural language generation for spoken dialogue systems. *EMNLP*.

Wen, T.-H., Gasic, M., Mrksic, N., Su, P.-H., Vandyke, D., & Young, S. (2015b). Semantically conditioned LSTM-based natural language generation for spoken dialogue systems. arXiv:1508.01745 Weston, J., Chopra, S., & Bordesa, A. (2015). Memory networks. In *International Conference on Learning Representations* (*ICLR*).

Williams, J. D., & Zweig, G. (2016a). End-to-end LSTM-based dialog control optimized with supervised and reinforcement learning. arXiv:1606.01269.

Williams, J. D., & Zweig, G. (2016b). End-to-end LSTM-based dialog control optimized with supervised and reinforcement learning. arXiv.

Williams, J. D., Raux, A., Ramachandran, D., & Black, A. W. (2013). The dialog state tracking challenge. In *SIGDIAL Conference* (pp. 404-413).

Williams, J., Raux, A., & Handerson, M. (2016). The dialog state tracking challenge series: A review. *Dialogue and Discourse*, 7(3), 4-33.

Xu, P., & Sarikaya, R. (2013). Convolutional neural network based triangular CRF for joint intent detection and slot filling. In 2013 *IEEE Workshop on Automatic Speech Recognition and Understanding* (*ASRU*) (pp. 78-83). IEEE.

Yao, K., Zweig, G., Hwang, M.-Y., Shi, Y., & Yu, D. (2013). Recurrent neural networks for language understanding. In *INTERSPEECH* (pp. 2524-2528).

Yu, Z., Black, A., & Rudnicky, A. I. (2017). Learning conversational systems that interleave task and non-task content. arXiv:1703.00099v1.

Yu, Y., Eshghi, A., & Lemon, O. (2016). Training an adaptive dialogue policy for interactive learning of visually grounded word meanings. *SIGDIAL*.

Yu, Z., Papangelis, A., & Rudnicky, A. (2015). Ticktock: A non-goal-oriented multimodal dialog system with engagement awareness. In *AAAI Spring Symposium*.

Yu, D., & Deng, L. (2015). Automatic speech recognition: A deep learning approach. Berlin: Springer.

第 4 章

Andor, D., Alberti, C., Weiss, D., Severyn, A., Presta, A., Ganchev, K., et al. (2016). Globally normalized transition-based neural networks. In *Proceedings of the 54th Annual Meeting of the Association for Computational Linguistics* (Vol. 1: Long Papers, pp. 2442-2452). Berlin, Germany: Association for Computational Linguistics.

Ballesteros, M. , Dyer, C. , & Smith, N. A. (2015). Improved transition-based parsing by modeling characters instead of words with LSTMs. In *Proceedings of the 2015 Conference on Empirical Methods in Natural Language Processing* (pp. 349-359). Lisbon, Portugal: Association for Computational Linguistics.

Ballesteros, M. , Goldberg, Y. , Dyer, C. , & Smith, N. A. (2016). Training with exploration improves a greedy stack LSTM parser. In *Proceedings of the 2016 Conference on Empirical Methods in Natural Language Processing* (pp. 2005-2010). Austin, Texas: Association for Computational Linguistics.

Bengio, S. , Vinyals, O. , Jaitly, N. , & Shazeer, N. (2015). Scheduled sampling for sequence prediction with recurrent neural networks. In *Proceedings of the 28th International Conference on Neural Information Processing Systems*, *NIPS'15* (pp. 1171-1179). Cambridge, MA, USA: MIT Press.

Bohnet, B. & Nivre, J. (2012). A transition-based system for joint part-of-speech tagging and labeled non-projective dependency parsing. In *Proceedings of the 2012 Joint Conference on Empirical Methods in Natural Language Processing and Computational Natural Language Learning* (pp. 1455-1465). Jeju Island, Korea: Association for Computational Linguistics.

Booth, T. L. (1969). Probabilistic representation of formal languages. 2013 *IEEE 54th Annual Symposium on Foundations of Computer Science*, 00, 74-81.

Cai, D. , & Zhao, H. (2016). Neural word segmentation learning for Chinese. In *Proceedings of the 54th Annual Meeting of the Association for Computational Linguistics* (Vol. 1: Long Papers, pp. 409-420). Berlin, Germany: Association for Computational Linguistics.

Carnie, A. (2012). *Syntax: A Generative Introduction* (3rd ed.). New York: Wiley-Blackwell.

Chen, D. , & Manning, C. (2014). A fast and accurate dependency parser using neural networks. In *Proceedings of EMNLP-2014*.

Cho, K. , van Merrienboer, B. , Gulcehre, C. , Bahdanau, D. , Bougares, F. , Schwenk, H. , & Bengio, Y. (2014). Learning phrase representations using RNN encoder-decoder for statistical machine translation. In *Proceedings of the 2014 Conference on Empirical Methods in Natural Language Processing*

(*EMNLP*) (pp. 1724-1734). Doha, Qatar: Association for Computational Linguistics.

Choi, J. D. , & Palmer, M. (2011). Getting the most out of transition-based dependency parsing. In *Proceedings of the 49th Annual Meeting of the Association for Computational Linguistics: Human Language Technologies* (pp. 687-692). Portland, Oregon, USA: Association for Computational Linguistics.

Chu, Y. , & Liu, T. (1965). On the shortest arborescence of a directed graph. *Scientia Sinica*, 14, 1396-1400.

Clark, S. , & Curran, J. R. (2007). Wide-coverage efficient statistical parsing with ccg and log-linear models. *Computational Linguistics*, 33(4), 493-552.

Collins, M. (1997). Three generative, lexicalised models for statistical parsing. In *Proceedings of the 35th Annual Meeting of the Association for Computational Linguistics* (pp. 16-23). Madrid, Spain: Association for Computational Linguistics.

Collins, M. (2002). Discriminative training methods for hidden Markov models: Theory and experiments with perceptron algorithms. In *Proceedings of the 2002 Conference on Empirical Methods in Natural Language Processing* (pp. 1-8). Association for Computational Linguistics.

Collins, M. , & Roark, B. (2004). Incremental parsing with the perceptron algorithm. In *Proceedings of the 42nd Meeting of the Association for Computational Linguistics (ACL'04), Main Volume* (pp. 111-118). Barcelona, Spain.

Collobert, R. , & Weston, J. (2008). A unified architecture for natural language processing: Deep neural networks with multitask learning. In *Proceedings of the 25th International Conference on Machine Learning*, ICML '08 (pp. 160-167). New York, NY, USA: ACM.

Collobert, R. , Weston, J. , Bottou, L. , Karlen, M. , Kavukcuoglu, K. , & Kuksa, P. (2011). Natural language processing (almost) from scratch. *Journal of Machine Learning Research*, 12, 2493-2537.

Crammer, K. , Dekel, O. , Keshet, J. , Shalev-Shwartz, S. , & Singer, Y. (2006). Online passiveaggressive algorithms. *Journal of Machine Learning Research*, 7, 551-585.

Crammer, K. , & Singer, Y. (2003). Ultraconservative online algorithms for multiclass problems. *Journal of Machine Learning Research*, 3, 951-991.

Cross, J. , & Huang, L. (2016). Span-based constituency parsing with a structure-label system and provably optimal dynamic oracles. In *Proceedings of* the 2016 *Conference on Empirical Methods in Natural Language Processing* (pp. 1-11). Austin, Texas: Association for Computational Linguistics.

Dozat, T., & Manning, C. D. (2016). Deep biaffine attention for neural dependency parsing. CoRR, abs/1611.01734.

Duchi, J., Hazan, E., & Singer, Y. (2011). Adaptive subgradient methods for online learning and stochastic optimization. *Journal of Machine Learning Research*, 12, 2121-2159.

Durrett, G., & Klein, D. (2015). Neural CRF parsing. In *Proceedings of the 53rd Annual Meeting of the Association for Computational Linguistics and the 7th International Joint Conference on Natural Language Processing* (Vol. 1: Long Papers, pp. 302-312). Beijing, China: Association for Computational Linguistics.

Dyer, C., Ballesteros, M., Ling, W., Matthews, A., & Smith, N. A. (2015). Transition-based dependency parsing with stack long short-term memory. In *Proceedings of the 53rd Annual Meeting of the Association for Computational Linguistics and the 7th International Joint Conference on Natural Language Processing* (Vol. 1: Long Papers, pp. 334-343). Beijing, China: Association for Computational Linguistics.

Edmonds, J. (1967). Optimum branchings. *Journal of Research of the National Bureau of Standards*, 71B, 233-240.

Eisner, J. (1996). Efficient normal-form parsing for combinatory categorial grammar. In *Proceedings of the 34th Annual Meeting of the Association for Computational Linguistics* (pp. 79-86). Santa Cruz, California, USA: Association for Computational Linguistics.

Elman, J. L. (1990). Finding structure in time. *Cognitive Science*, 14(2), 179-211.

Freund, Y., & Schapire, R. E. (1999). Large margin classification using the perceptron algorithm. *Machine Learning*, 37(3), 277-296.

Graves, A. (2008). *Supervised sequence labelling with recurrent neural networks*. Ph.D. thesis, Technical University Munich.

Hall, D., Durrett, G., & Klein, D. (2014). Less grammar, more features. In *Proceedings of the 52nd Annual Meeting of the Association for Computational Linguistics* (Vol. 1: Long Papers, pp. 228-237). Baltimore, MD: Association for Computational Linguistics.

Hatori, J., Matsuzaki, T., Miyao, Y., & Tsujii, J. (2012). Incremental joint approach to word segmentation, pos tagging, and dependency parsing in Chinese.

In *Proceedings of the 50th Annual Meeting of the Association for Computational Linguistics* (Vol. 1: Long Papers, pp. 1045-1053), Jeju Island, Korea: Association for Computational Linguistics.

Hochreiter, S. , & Schmidhuber, J. (1997). Long short-term memory. *Neural Computation*, 9(8), 1735-1780.

Huang, L. , Fayong, S. , & Guo, Y. (2012). Structured perceptron with inexact search. In *Proceedings of the 2012 Conference of the North American Chapter of the Association for Computational Linguistics: Human Language Technologies* (pp. 142-151). Montréal, Canada: Association for Computational Linguistics.

Jurafsky, D. , & Martin, J. H. (2009). *Speech and language processing* (2nd ed.). Upper Saddle River, NJ, USA: Prentice-Hall Inc.

Kbler, S. , McDonald, R. , & Nivre, J. (2009). Dependency parsing. *Synthesis Lectures on Human Language Technologies*, 2(1), 1-127.

Kiperwasser, E. , & Goldberg, Y. (2016). Simple and accurate dependency parsing using bidirectional lstm feature representations. *Transactions of the Association for Computational Linguistics*, 4, 313-327.

Lafferty, J. D. , McCallum, A. , & Pereira, F. C. N. (2001). Conditional random fields: Probabilistic models for segmenting and labeling sequence data. In *Proceedings of the Eighteenth International Conference on Machine Learning*, ICML'01 (pp. 282-289), San Francisco, CA, USA: Morgan Kaufmann Publishers Inc.

Lewis, M. , & Steedman, M. (2014). A * CCG parsing with a supertag-factored model. In *Proceedings of the 2014 Conference on Empirical Methods in Natural Language Processing (EMNLP)* (pp. 990-1000). Doha, Qatar: Association for Computational Linguistics.

Li, F. , Zhang, Y. , Zhang, M. , & Ji, D. (2016). Joint models for extracting adverse drug events from biomedical text. In *Proceedings of the Twenty-Fifth International Joint Conference on Artificial Intelligence*, IJCAI 2016 (pp. 2838-2844). New York, NY, USA, 9-15 July 2016.

Li, Q. , & Ji, H. (2014). Incremental joint extraction of entity mentions and relations. In *Proceedings of the 52nd Annual Meeting of the Association for Computational Linguistics* (Vol. 1: Long Papers, pp. 402-412). Baltimore, MD: Association for Computational Linguistics.

Liu, J. , & Zhang, Y. (2015). An empirical comparison between *n*-gram and syntactic language models for word ordering. In *Proceedings of the* 2015 *Conference on Empirical Methods in Natural Language Processing* (pp. 369-378). Lisbon, Portugal: Association for Computational Linguistics.

Liu, Y., Che, W., Guo, J., Qin, B., & Liu, T. (2016). Exploring segment representations for neural segmentation models. In *Proceedings of the Twenty-Fifth International Joint Conference on Artificial Intelligence*, IJCAI 2016 (pp. 2880-2886). New York, NY, USA, 9-15 July 2016.

Liu, Y., Zhang, Y., Che, W., & Qin, B. (2015). Transition-based syntactic linearization. In *Proceedings of the* 2015 *Conference of the North American Chapter of the Association for Computational Linguistics*: *Human Language Technologies* (pp. 113-122). Denver, Colorado: Association for Computational Linguistics.

Luong, T., Pham, H., & Manning, C. D. (2015). Effective approaches to attention-based neural machine translation. In *Proceedings of the* 2015 *Conference on Empirical Methods in Natural Language Processing* (pp. 1412-1421). Lisbon, Portugal: Association for Computational Linguistics.

Lyu, C., Zhang, Y., & Ji, D. (2016). Joint word segmentation, pos-tagging and syntactic chunking. In *Proceedings of the Thirtieth AAAI Conference on Artificial Intelligence*, AAAI'16 (pp. 3007- 3014). AAAI Press.

Manning, C. D., & Schütze, H. (1999). *Foundations of Statistical Natural Language Processing*. Cambridge, MA, USA: MIT Press.

McDonald, R. (2006). Discriminative learning spanning tree algorithm for dependency parsing. PhD thesis, University of Pennsylvania.

Nivre, J. (2003). An efficient algorithm for projective dependency parsing. In *Proceedings of the* 8th *International Workshop on Parsing Technologies* (*IWPT*) (pp. 149-160).

Nivre, J. (2008). Algorithms for deterministic incremental dependency parsing. *Computational Linguistics*, 34(4), 513-554.

Pei, W., Ge, T., & Chang, B. (2015). An effective neural network model for graph-based dependency parsing. In Proceedings of the 53rd Annual Meeting of the Association for Computational Linguistics and the 7th International Joint Conference on Natural Language Processing (Vol. 1: Long Papers, pp. 313-322), Beijing, China: Association for Computational Linguistics.

Petrov, S., Barrett, L., Thibaux, R., & Klein, D. (2006). Learning accurate, compact, and interpretable tree annotation. In Proceedings of the 21st

International Conference on Computational Linguistics and 44th Annual Meeting of the Association for Computational Linguistics (pp. 433-440), Sydney, Australia: Association for Computational Linguistics.

Puduppully, R., Zhang, Y., & Shrivastava, M. (2016). Transition-based syntactic linearization with lookahead features. In Proceedings of the 2016 Conference of the North American Chapter of the Association for Computational Linguistics: Human Language Technologies (pp. 488-493). San Diego, CA: Association for Computational Linguistics.

Qian, T., Zhang, Y., Zhang, M., Ren, Y., & Ji, D. (2015). A transition-based model for joint segmentation, pos-tagging and normalization. In *Proceedings of the 2015 Conference on Empirical Methods in Natural Language Processing* (pp. 1837-1846), Lisbon, Portugal: Association for Computational Linguistics.

Sagae, K., & Lavie, A. (2005). A classifier-based parser with linear run-time complexity. In *Proceedings of the Ninth International Workshop on Parsing Technology*, *Parsing '05* (pp. 125-132). Stroudsburg, PA, USA: Association for Computational Linguistics.

Sagae, K., Lavie, A., & MacWhinney, B. (2005). Automatic measurement of syntactic development in child language. In *Proceedings of the 43rd Annual Meeting of the Association for Computational Linguistics (ACL'05)* (pp. 197-204). Ann Arbor, MI: Association for Computational Linguistics.

Sarawagi, S., & Cohen, W. W. (2004). Semi-Markov conditional random fields for information extraction. In L. K. Saul, Y. Weiss, & L. Bottou (Eds.), *Advances in neural information processing systems* 17 (pp. 1185-1192). Cambridge: MIT Press.

Shaalan, K. (2014). A survey of arabic named entity recognition and classification. *Computational Linguistics*, 40(2), 469-510.

Smith, N. A. (2011). *Linguistic structure prediction*. Morgan and Claypool: Synthesis Lectures on Human Language Technologies.

Song, L., Zhang, Y., Song, K., & Liu, Q. (2014). Joint morphological generation and syntactic linearization. In *Proceedings of the Twenty-Eighth AAAI Conference on Artificial Intelligence*, *AAAI'14* (pp. 1522-1528). AAAI Press.

Vaswani, A., Bisk, Y., Sagae, K., & Musa, R. (2016). Supertagging with LSTMs. In Proceedings of the 2016 Conference of the North American Chapter of the Association for Computational Linguistics: Human Language Technologies (pp. 232-237). San Diego, CA: Association for Computational Linguistics.

Wang, W. , & Chang, B. (2016). Graph-based dependency parsing with bidirectional LSTM. In *Proceedings of the 54th Annual Meeting of the Association for Computational Linguistics* (Vol. 1: Long Papers, pp. 2306-2315). Berlin, Germany: Association for Computational Linguistics.

Wang, Z. , & Xue, N. (2014). Joint pos tagging and transition-based constituent parsing in Chinese with non-local features. In *Proceedings of the 52nd Annual Meeting of the Association for Computational Linguistics* (Vol. 1: Long Papers, pp. 733-742). Baltimore, MD: Association for Computational Linguistics.

Watanabe, T. , & Sumita, E. (2015). Transition-based neural constituent parsing. In Proceedings of the 53rd Annual Meeting of the Association for Computational Linguistics and the 7th International Joint Conference on Natural Language Processing (Vol. 1: Long Papers, pp. 1169-1179). Beijing, China: Association for Computational Linguistics.

Wong, K. -F. , Li, W. , Xu, R. , & Zhang, Z. -s. , (2009). Introduction to Chinese natural language processing. *Synthesis Lectures on Human Language Technologies*, 2(1), 1-148.

Xu, W. , Auli, M. , & Clark, S. (2015). CCG supertagging with a recurrent neural network. In Proceedings of the 53rd Annual Meeting of the Association for Computational Linguistics and the 7th International Joint Conference on Natural Language Processing (Vol. 2: Short Papers, pp. 250-255). Beijing, China: Association for Computational Linguistics.

Xu, W. , Auli, M. , & Clark, S. (2016). Expected f-measure training for shift-reduce parsing with recurrent neural networks. In Proceedings of the 2016 Conference of the North American Chapter of the Association for Computational Linguistics: Human Language Technologies (pp. 210-220). San Diego, CA: Association for Computational Linguistics.

Xu, W. , Clark, S. , & Zhang, Y. (2014). Shift-reduce CCG parsing with a dependency model. In *Proceedings of the 52nd Annual Meeting of the Association for Computational Linguistics* (Vol. 1: Long Papers).

Xue, N. (2003). Chinese word segmentation as character tagging. International Journal of Computational Linguistics and Chinese Language Processing, 8, 29-48.

Yamada, H. , & Matsumoto, Y. (2003). Statistical dependency analysis with support vector machines. In *In Proceedings of IWPT* (pp. 195-206).

Zhang, M. , & Zhang, Y. (2015). Combining discrete and continuous features for deterministic transition-based dependency parsing. In *Proceedings of the* 2015 *Conference on Empirical Methods in Natural Language Processing* (pp. 1316-1321). Lisbon, Portugal: Association for Computational Linguistics.

Zhang, M. , Zhang, Y. , Che, W. , & Liu, T. (2013). Chinese parsing exploiting characters. In *Proceedings of the* 51*st Annual Meeting of the Association for Computational Linguistics* (Vol. 1: Long Papers, pp. 125-134). Sofia, Bulgaria: Association for Computational Linguistics.

Zhang, M. , Zhang, Y. , Che, W. , & Liu, T. (2014). Character-level Chinese dependency parsing. In *Proceedings of the* 52*nd Annual Meeting of the Association for Computational Linguistics* (Vol. 1: Long Papers, pp. 1326-1336). Baltimore, MD: Association for Computational Linguistics.

Zhang, M. , Zhang, Y. , & Fu, G. (2016a). Transition-based neural word segmentation. In *Proceedings of the* 54*th Annual Meeting of the Association for Computational Linguistics* (Vol. 1: Long Papers, pp. 421-431), Berlin, Germany: Association for Computational Linguistics.

Zhang, Y. , & Clark, S. (2007). Chinese segmentation with a word-based perceptron algorithm. In *Proceedings of the* 45*th Annual Meeting of the Association of Computational Linguistics* (pp. 840-847), Prague, Czech Republic: Association for Computational Linguistics.

Zhang, Y. , & Clark, S. (2008a). Joint word segmentation and POS tagging using a single perceptron. In *Proceedings of ACL-*08: *HLT* (pp. 888-896). Columbus, OH: Association for Computational Linguistics.

Zhang, Y. , & Clark, S. (2008b). A tale of two parsers: Investigating and combining graph-based and transition-based dependency parsing. In *Proceedings of the* 2008 *Conference on Empirical Methods in Natural Language Processing* (pp. 562-571), Honolulu, HI: Association for Computational Linguistics.

Zhang, Y. , & Clark, S. (2009). Transition-based parsing of the Chinese Treebank using a global discriminative model. In *Proceedings of the* 11*th International Conference on Parsing Technologies*, *IWPT* '09 (pp. 162-171). Stroudsburg, PA, USA: Association for Computational Linguistics.

Zhang, Y. , & Clark, S. (2010). A fast decoder for joint word segmentation and POS-tagging using a single discriminative model. In *Proceedings of the* 2010 *Conference on Empirical Methods in Natural Language Processing* (pp. 843-852). Cambridge, MA: Association for Computational Linguistics.

Zhang, Y. , & Clark, S. (2011a). Shift-reduce CCG parsing. In *Proceedings of the 49th Annual Meeting of the Association for Computational Linguistics: Human Language Technologies* (pp. 683-692). Portland, OR, USA: Association for Computational Linguistics.

Zhang, Y. , & Clark, S. (2011b). Syntactic processing using the generalized perceptron and beam search. *Computational Linguistics*, 37(1).

Zhang, Y. , & Nivre, J. (2011). Transition-based dependency parsing with rich non-local features. In *Proceedings of the 49th Annual Meeting of the Association for Computational Linguistics: Human Language Technologies* (pp. 188-193). Portland, OR, USA: Association for Computational Linguistics.

Zhang, Z. , Zhao, H. , & Qin, L. (2016b). Probabilistic graph-based dependency parsing with convolutional neural network. In *Proceedings of the 54th Annual Meeting of the Association for Computational Linguistics* (Vol. 1: Long Papers, pp. 1382-1392), Berlin, Germany: Association for Computational Linguistics.

Zhou, H. , Zhang, Y. , Huang, S. , & Chen, J. (2015). A neural probabilistic structured-prediction model for transition-based dependency parsing. In *Proceedings of the 53rd Annual Meeting of the Association for Computational Linguistics and the 7th International Joint Conference on Natural Language Processing* (Vol. 1: Long Papers, pp. 1213-1222), Beijing, China: Association for Computational Linguistics.

Zhou, J. , & Xu, W. (2015). End-to-end learning of semantic role labeling using recurrent neural networks. In Proceedings of the 53rd Annual Meeting of the Association for Computational Linguistics and the 7th International Joint Conference on Natural Language Processing (Vol. 1: Long Papers, pp. 1127-1137), Beijing, China: Association for Computational Linguistics.

Zhu, M. , Zhang, Y. , Chen, W. , Zhang, M. , & Zhu, J. (2013). Fast and accurate shift-reduce constituent parsing. In *Proceedings of the 51st Annual Meeting of the Association for Computational Linguistics* (Vol. 1: Long Papers, pp. 434-443), Sofia, Bulgaria: Association for Computational Linguistics.

第 5 章

Bahdanau, D. , Cho, K. , & Bengio, Y. (2014). Neural machine translation by jointly learning to align and translate. arXiv:1409.0473.

Bengio, Y. (2009). Learning deep architectures for AI. Foundations and trends®. *Machine Learning*, 2(1), 1-127.

Bollegala, D., Honma, T., Matsuo, Y., & Ishizuka, M. (2008). Mining for personal name aliases on the web. In *Proceedings of the 17th International Conference on World Wide Web* (pp. 1107-1108). New York: ACM.

Bordes, A., Usunier, N., Garcia-Duran, A., Weston, J., & Yakhnenko, O. (2013). Translating embeddings for modeling multi-relational data. In *Proceedings of NIPS* (pp. 2787-2795).

Chen, Z., & Ji, H. (2011). Collaborative ranking: A case study on entity linking. In *Proceedings of the Conference on Empirical Methods in Natural Language Processing* (pp. 771-781). Association for Computational Linguistics.

Cho, K., Van Merriënboer, B., Gulcehre, C., Bahdanau, D., Bougares, F., Schwenk, H., & Bengio, Y. (2014). Learning phrase representations using RNN encoder-decoder for statistical machine translation. arXiv:1406.1078.

Dong, Z. & Dong, Q. (2003). Hownet-a hybrid language and knowledge resource. In 2003 *International Conference on Natural Language Processing and Knowledge Engineering*, 2003. *Proceedings* (pp. 820-824). IEEE.

Francis-Landau, M., Durrett, G., & Klein, D. (2016). Capturing semantic similarity for entity linking with convolutional neural networks. In *Proceedings of NAACL-HLT* (pp. 1256-1261).

Ganea, O.-E., Ganea, M., Lucchi, A., Eickhoff, C., & Hofmann, T. (2016). Probabilistic bag-of hyperlinks model for entity linking. In *Proceedings of the 25th International Conference on World Wide Web* (pp. 927-938). International World Wide Web Conferences Steering Committee.

Garcia-Durán, A., Bordes, A., & Usunier, N. (2015). Composing relationships with translations. *Proceedings of EMNLP*.

Gu, K., Miller, J., & Liang, P. (2015). Traversing knowledge graphs in vector space. *Proceedings of EMNLP*.

Han, X., & Sun, L. (2011). A generative entity-mention model for linking entities with knowledge base. In *Proceedings of the 49thAnnual Meeting of the Association for Computational Linguistics: Human Language Technologies* (Vol. 1, pp. 945-954). Association for Computational Linguistics.

Han, X., & Sun, L. (2012). An entity-topic model for entity linking. In *Proceedings of the 2012 Joint Conference on Empirical Methods in Natural Language Processing and Computational Natural Language Learning* (pp.

105-115). Association for Computational Linguistics.

Han, X. , Sun, L. , & Zhao, J. (2011). Collective entity linking in web text: A graph-based method. In *Proceedings of the 34th international ACM SIGIR conference on Research and development in Information Retrieval* (pp. 765-774). New York: ACM.

He, S. , Liu, K. , Ji, G. , & Zhao, J. (2015). Learning to represent knowledge graphs with Gaussian embedding. In *Proceedings of the 24th ACM International on Conference on Information and Knowledge Management* (pp. 623-632). New York: ACM.

He, Z. , Liu, S. , Li, M. , Zhou, M. , Zhang, L. , &Wang, H. (2013). Learning entity representation for entity disambiguation. *ACL*, 2, 30-34.

Hochreiter, S. , & Schmidhuber, J. (1997). Long short-term memory. *Neural Computation*, 9(8), 1735-1780.

Ji, H. , Grishman, R. , Dang, H. T. , Griffitt, K. , & Ellis, J. (2010). Overview of the TAC 2010 knowledge base population track. In *Third Text Analysis Conference* (*TAC* 2010) (p. 3).

Ji,G. , He, S. , Xu, L. , Liu, K. ,&Zhao, J. (2015). Knowledge graph embedding via dynamic mapping matrix. In *Proceedings of ACL* (pp. 687-696).

Ji, G. , Liu, K. , He, S. ,&Zhao, J. (2016). Knowledge graph completion with adaptive sparse transfer matrix.

Krompaß, D. , Baier, S. , & Tresp, V. (2015). Type-constrained representation learning in knowledge graphs. In *Proceedings of the 13th International Semantic Web Conference* (*ISWC*).

Kulkarni, S. , Singh, A. , Ramakrishnan, G. , & Chakrabarti, S. (2009). Collective annotation of Wikipedia entities inweb text. In *Proceedings of the 15th ACMSIGKDD international conference on Knowledge discovery and data mining* (pp. 457-466). New York: ACM.

Lin,Y. , Liu,Z. ,& Sun, M. (2015a). Modeling relation paths for representation learning of knowledge bases. *Proceedings of EMNLP*.

Lin, Y. , Liu, Z. , Sun, M. , Liu, Y. , & Zhu, X. (2015b). Learning entity and relation embeddings for knowledge graph completion. In *Proceedings of AAAI* (pp. 2181-2187).

Lin, Y. , Shen, S. , Liu, Z. , Luan, H. , & Sun, M. (2016). Neural relation extraction with selective attention over instances. *Proceedings of ACL*, 1, 2124-2133.

Mihalcea, R. , & Csomai, A. (2007). Wikify!: linking documents to encyclopedic knowledge. In *Proceedings of the sixteenth ACM conference on Conference on information and knowledge management* (pp. 233-242). New York: ACM.

Mikolov, T. , Chen, K. , Corrado, G. , & Dean, J. (2013). Efficient estimation of word representations in vector space. arXiv:1301.3781.

Milne, D. , & Witten, I. H. (2008). Learning to link with Wikipedia. In *Proceedings of the 17th ACM Conference on Information and Knowledge Management* (pp. 509-518). New York: ACM.

Miwa, M. , & Bansal, M. (2016). End-to-end relation extraction using LSTMs on sequences and tree structures. arXiv:1601.00770.

Nadeau, D. , & Sekine, S. (2007). A survey of named entity recognition and classification. *Lingvisticae Investigations*, 30(1), 3-26.

Ratinov, L. , Roth, D. , Downey, D. , & Anderson, M. (2011). Local and global algorithms for disambiguation to Wikipedia. In *Proceedings of the 49th Annual Meeting of the Association for Computational Linguistics: Human Language Technologies* (Vol. 1, pp. 1375-1384). Association for Computational Linguistics.

Silvestri, F. , et al. (2009). Mining query logs: Turning search usage data into knowledge. *Foundations and Trends in Information Retrieval*, 4(1-2), 1-174.

Socher, R. , Huval, B. , Manning, C. D. , & Ng, A. Y. (2012). Semantic compositionality through recursive matrix-vector spaces. In *Proceedings of EMNLP* (pp. 1201-1211).

Sun, Y. , Lin, L. , Tang, D. , Yang, N. , Ji, Z. , & Wang, X. (2015). Modeling mention, context and entity with neural networks for entity disambiguation. In *IJCAI* (pp. 1333-1339).

Tai, K. S. , Socher, R. , & Manning, C. D. (2015). Improved semantic representations from tree structured long short-term memory networks. In *Proceedings of ACL* (pp. 1556-1566).

Tsai, C.-T. , & Roth, D. (2016). Cross-lingual wikification using multilingual embeddings. In *Proceedings of NAACL-HLT* (pp. 589-598).

Vincent, P. , Larochelle, H. , Bengio, Y. , & Manzagol, P.-A. (2008). Extracting and composing robust features with denoising autoencoders. In *Proceedings of the 25th International Conference on Machine Learning* (pp. 1096-1103). New York: ACM.

Wang, Z. , Zhang, J. , Feng, J. , & Chen, Z. (2014a). Knowledge graph and text jointly embedding. In *Proceedings of EMNLP* (pp. 1591-1601).

Wang, Z. , Zhang, J. , Feng, J. , & Chen, Z. (2014b). Knowledge graph embedding by translating on hyperplanes. In *Proceedings of AAAI* (pp. 1112-1119).

Xiao, H. , Huang, M. , & Zhu, X. (2016). From one point to a manifold: Orbit models for knowledge graph embedding. In *Proceedings of IJCAI* (pp. 1315-1321).

Xiao, H. , Huang, M. , Hao, Y. , & Zhu, X. (2015). Transg: A generative mixture model for knowledge graph embedding. arXiv:1509.05488.

Xie, R. , Liu, Z. , & Sun, M. (2016c). Representation learning of knowledge graphs with hierarchical. In *Proceedings of IJCAI*.

Xie, R. , Liu, Z. , Chua, T.-s. , Luan, H. , & Sun, M. (2016a). Image-embodied knowledge representation learning. arXiv:1609.07028.

Xie, R. , Liu, Z. , Jia, J. , Luan, H. , & Sun, M. (2016b). Representation learning of knowledge graphs with entity descriptions. In *Proceedings of AAAI*.

Xu, K. , Feng, Y. , Huang, S. , & Zhao, D. (2015). Semantic relation classification via convolutional neural networks with simple negative sampling. arXiv:1506.07650.

Zeng, D. , Liu, K. , Chen, Y. , & Zhao, J. (2015). Distant supervision for relation extraction via piecewise convolutional neural networks. In *Proceedings of EMNLP*.

Zeng, D. , Liu, K. , Lai, S. , Zhou, G. , & Zhao, J. (2014). Relation classification via convolutional deep neural network. In *Proceedings of COLING* (pp. 2335-2344).

Zhang, D. , & Wang, D. (2015). Relation classification via recurrent neural network. arXiv:1508.01006.

Zhong, H. , Zhang, J. , Wang, Z. , Wan, H. , & Chen, Z. (2015). Aligning knowledge and text embeddings by entity descriptions. In *Proceedings of EMNLP* (pp. 267-272).

第 6 章

Arthur, P. , Neubug, G. , & Nakamura, S. (2016). Incorporating discrete translation lexicons into neural machine translation. *In Proceedings of EMNLP*. arXiv:1606.02006v2.

Auli, M. , & Gao, J. (2014). Decoder integration and expected bleu training for recurrent neural network language models. In *Proceedings of ACL* (pp. 136-142).

Bahdanau, D. , Cho, K. , & Bengio, Y. (2015). Neural machine translation by jointly learning to align and translate. In *Proceedings of ICLR*.

Bengio, Y. , Ducharme, R. , Vincent, P. , & Jauvin, C. (2003). A neural probabilistic language model. *Journal of Machine Learning Research*, 3, 1137-1155.

Brown, P. F. , Della Pietra, S. A. , Della Pietra, V. J. , & Mercer, R. L. (1993). The mathematics of statistical machine translation: Parameter estimation. *Computational Linguistics*.

Calixto, I. , Liu, Q. , & Campbell, N. (2017). Doubly-attentive decoder for multi-modal neural machine translation. In *Proceedings of ACL*.

Chen, H. , Huang, S. , Chiang, D. , & Chen, J. (2017a). Improved neural machine translation with a syntax-aware encoder and decoder. In *Proceedings of ACL* 2017.

Chen, S. , & Goodman, J. (1999). An empirical study of smoothing techniques for language modeling. *Computer Speech and Language*.

Chen, Y. , Liu, Y. , Cheng, Y. , & Li, V. O. (2017b). A teacher-student framework for zero-resource neural machine translation. In *Proceedings of the 55thAnnual Meeting of the Association for Computational Linguistics* (Vol. 1: Long Papers, pp. 1925-1935) . Vancouver, Canada: Association for Computational Linguistics.

Cheng, Y. , Shen, S. , He, Z. , He, W. , Wu, H. , Sun, M. , & Liu, Y. (2016a). Agreement-based learning of parallel lexicons and phrases from non-parallel corpora. In *Proceedings of IJCAI*.

Cheng, Y. , Xu, W. , He, Z. , He, W. , Wu, H. , Sun, M. , & Liu, Y. (2016b). Semi-supervised learning for neural machine translation. In *Proceedings of the 54th Annual Meeting of the Association for Computational Linguistics* (Vol. 1: Long Papers, pp. 1965-1974). Berlin, Germany: Association for Computational Linguistics.

Cheng, Y. , Yang, Q. , Liu, Y. , Sun, M. , & Xu, W. (2017). Joint training for pivot-based neural machine translation. In *Proceedings of IJCAI*.

Chiang, D. (2007). Hierarchical phrase-based translation. *Computational Linguistics*.

Chiang, D. , Knight, K. , & Wang, W. (2009). 11,001 new features for statistical machine translation. In *Proceedings of NAACL*.

Cho, K. , van Merrienboer, B. , Gulcehre, C. , Bahdanau, D. , Bougares, F. , Schwenk, H. , & Bengio, Y. (2014). Learning phrase representations using RNN encoder-decoder for statistical machine translation. In *Proceedings of EMNLP*.

Chung, J. , Cho, K. , & Bengio, Y. (2016). A character-level decoder without explicit segmentation for neural machine translation. In *Proceedings of the 54th Annual Meeting of the Association for Computational Linguistics* (Vol. 1: Long Papers, pp. 1693-1703) . Berlin, Germany: Association for Computational Linguistics.

Cohn, T. , Hoang, C. D. V. , Vymolova, E. , Yao, K. , Dyer, C. , & Haffari, G. (2016). Incorporating structural alignment biases into an attentional neural translation model. In *Proceedings of NAACL*.

Costa-jussà, M. R. , & Fonollosa, J. A. R. (2016). Character-based neural machine translation. In *Proceedings of the 54th Annual Meeting of the Association for Computational Linguistics* (Vol. 2: Short Papers, pp. 357-361). Berlin, Germany: Association for Computational Linguistics.

Devlin, J. , Zbib, R. , Huang, Z. , Lamar, T. , Schwartz, R. M. , & Makhoul, J. (2014). Fast and robust neural network joint models for statistical machine translation. In *Proceedings of ACL* (pp. 1370-1380).

Ding, Y. , Liu, Y. , Luan, H. , & Sun, M. (2017) . Visualizing and understanding neural machine translation. In *Proceedings of ACL*.

Duong, L. , Anastasopoulos, A. , Chiang, D. , Bird, S. , & Cohn, T. (2016). An attentional model for speech translation without transcription. In *Proceedings of NAACL*.

Eriguchi, A. , Hashimoto, K. , & Tsuruoka, Y. (2016). Tree-to-sequence attentional neural machine translation. In *Proceedings of the 54th Annual Meeting of the Association for Computational Linguistics* (Vol. 1: Long Papers, pp. 823-833). Berlin, Germany: Association for Computational Linguistics.

Firat, O. , Cho, K. , & Bengio, Y. (2016). Multi-way, multilingual neural machine translation with a shared attention mechanism. In *HLT-NAACL*.

Galley, M. , & Manning, C. (2008). A simple and effective hierarchical phrase reordering model. In *Proceedings of EMNLP*.

Ganchev, K. , Graça, J. , Gillenwater, J. , & Taskar, B. (2010). Posterior regularization for structured latent variable models. *Journal of Machine*

Learning Research.

Gao, J. , He, X. , Yih, W. -t. , & Deng, L. (2014). Learning continuous phrase representations for translation modeling. In *Proceedings of ACL* (pp. 699-709).

Gehring, J. , Auli, M. , Grangier, D. , Yarats, D. , & Dauphin, Y. N. (2017). Convolutional sequence to sequence learning. In *Proceedings of ICML* 2017.

Gulcehre, C. , Firat, O. , Xu, K. , Cho, K. , Barrault, L. , Lin, H. C. et al. (2015). On using monolingual corpora in neural machine translation. *Computer Science.*

He, W. , He, Z. , Wu, H. , & Wang, H. (2016). Improved neural machine translation with SMT features. In *Proceedings of AAAI* 2016 (pp. 151-157).

He, X. , & Deng, L. (2012). Maximum expected bleu training of phrase and lexicon translation models. In *Proceedings of ACL.*

Hochreiter, S. , & Schmidhuber, J. (1997). Long short-term memory. *Neural Computation.*

Huang, S. , Chen, H. , Dai, X. , & Chen, J. (2015). Non-linear learning for statistical machine translation. In *Proceedings of ACL.*

Jean, S. , Cho, K. , Memisevic, R. , & Bengio, Y. (2015). On using very large target vocabulary for neural machine translation. In *ACL.*

Johnson, M. , Schuster, M. , Le, Q. V. , Krikun, M. , Wu, Y. , Chen, Z. et al. (2016). Google's multilingual neural machine translation system: Enabling zero-shot translation. *CoRR*, abs/1611. 04558.

Koehn, P. , Och, F. J. , & Marcu, D. (2003). Statistical phrase-based translation. In *Proceedings of NAACL.*

Li, J. , Xiong, D. , Tu, Z. , Zhu, M. , Zhang, M. , & Zhou, G. (2017). Modeling source syntax for neural machine translation. In *Proceedings of ACL* 2017.

Li, P. , Liu, Y. , & Sun, M. (2013). Recursive autoencoders for ITG-based translation. In *Proceedings of EMNLP.*

Li, P. , Liu, Y. , Sun, M. , Izuha, T. , & Zhang, D. (2014). A neural reordering model for phrase-based translation. In *Proceedings of COLING* (pp. 1897-1907).

Luong, M. -T. , & Manning, C. D. (2016). Achieving open vocabulary neural machine translation with hybrid word-character models. In *Proceedings of ACL.*

Luong, T. , Sutskever, I. , Le, Q. V. , Vinyals, O. , & Zaremba, W. (2015). Addressing the rare word problem in neural machine translation. In *ACL.*

Meng, F. , Lu, Z. , Wang, M. , Li, H. , Jiang, W. , & Liu, Q. (2015). Encoding source language with convolutional neural network for machine translation. In *Proceedings of ACL.*

Mi, H. , Sankaran, B. , Wang, Z. , & Ittycheriah, A. (2016). Coverage embedding models for neural machine translation. In *Proceedings of EMNLP*.

Nakayama, H. , & Nishida, N. (2016). Zero-resource machine translation by multimodal encoder decoder network with multimedia pivot. Machine Translation 2017. *CoRR*, abs/1611. 04503.

Niehues, J. , Cho, E. , Ha, T. -L. , & Waibel, A. (2016). Pre-translation for neural machine translation. In *Proceedings of COLING* 2016.

Nirenburg, S. (1989). Knowledge-based machine translation. *Machine Translation*.

Och, F. J. (2003). Minimum error rate training in statistical machine translation. In *Proceedings of the* 41st *Annual Meeting on Association for Computational Linguistics* (Vol. 1, pp. 160-167).

Och, F. J. , & Ney, H. (2002). Discriminative training and maximum entropy models for statistical machine translation. In *Proceedings of ACL*.

Papineni, K. , Roukos, S. , Ward, T. , & Zhu, W. -J. (2002). BLEU: A method for automatic evaluation of machine translation. In *ACL*.

Ranzato, M. , Chopra, S. , Auli, M. , & Zaremba, W. (2016). Sequence level training with recurrent neural networks. In *CoRR*.

Sennrich, R. , Haddow, B. , & Birch, A. (2016a). Improving neural machine translation models with monolingual data. In *Proceedings of the 54thAnnual Meeting of the Association for Computational Linguistics* (Vol. 1: Long Papers, pp. 86-96). Berlin, Germany: Association for Computational Linguistics.

Sennrich, R. , Haddow, B. , & Birch, A. (2016b). Neural machine translation of rare words with subword units. In *Proceedings of the 54th Annual Meeting of the Association for Computational Linguistics* (Vol. 1: Long Papers, pp. 1715-1725). Berlin, Germany: Association for Computational Linguistics.

Shen, S. , Cheng, Y. , He, Z. , He, W. , Wu, H. , Sun, M. , & Liu, Y. (2016). Minimum risk training for neural machine translation. In *Proceedings of ACL*.

Smith, D. A. , & Eisner, J. (2006). Minimum risk annealing for training log-linear models. In *Proceedings of ACL*.

Snover, M. , Dorr, B. , Schwartz, R. , Micciulla, L. , & Makhoul, J. (2006). A study of translation edit rate with targeted human annotation. In *Proceedings of AMTA*.

Su, J. , Xiong, D. , Zhang, B. , Liu, Y. , Yao, J. , & Zhang, M. (2015). Bilingual correspondence recursive autoencoder for statistical machine translation. In *Proceedings of EMNLP* (pp. 1248-1258).

Sutskever, I. , Vinyals, O. , & Le, Q. V. (2014). Sequence to sequence learning with neural networks. In *Proceedings of NIPS*.

Sutton, R. S. , & Barto, A. G. (1988). *Reinforcement Learning: An Introduction*. Cambridge, MA: MIT Press.

Tamura, A. , Watanabe,T. , & Sumita,E. (2014). Recurrent neural networks for word alignment model. In *Proceedings of ACL*.

Tang, Y. , Meng, F. , Lu, Z. , Li, H. , & Yu, P. L. H. (2016). Neural machine translation with external phrase memory. arXiv:1606. 01792v1.

Tu, Z. , Lu, Z. , Liu, Y. , Liu, X. , & Li, H. (2016). Modeling coverage for neural machine translation. In *Proceedings of ACL*.

Vaswani, A. , Shazeer, N. , Parmar, N. , Uszkoreit, J. , Jones, L. , Gomez, A. N. et al. (2017). Attention is all you need. arXiv preprint arXiv:1706. 03762.

Vaswani, A. , Zhao, Y. , Fossum, V. , & Chiang, D. (2013). Decoding with large-scale neural language models improves translation. In *Proceedings of EMNLP* (pp. 1387-1392).

Vogel, S. , Ney, H. , & Tillmann, C. (1996). HMM-based word alignment in statistical translation. In *Proceedings of COLING*.

Wang, X. , Lu, Z. , Tu, Z. , Li, H. , Xiong, D. , & Zhang, M. (2017). Neural machine translation advised by statistical machine translation. In *Proceedings of AAAI* 2017 (pp. 3330-3336).

Wiseman, S. , & Rush, A. M. (2016). Sequence-to-sequence learning as beam-search optimization. In *Proceedings of the* 2016 *Conference on Empirical Methods in Natural Language Processing* (pp. 1296-1306). Austin, TX: Association for Computational Linguistics.

Wu, S. , Zhang, D. , Yang, N. , Li, M. , & Zhou, M. (2017). Sequence-to-dependency neural machine translation. In *Proceedings of ACL* 2017 (Vol. e1, pp. 698-707).

Wu, Y. , Schuster, M. , Chen, Z. , Le, Q. V. , Norouzi, M. , Macherey, W. et al. (2016). Google's neural machine translation system: Bridging the gap between human and machine translation. arXiv:1609. 08144v2.

Xiong, D. , Liu, Q. , & Lin, S. (2006). Maximum entropy based phrase reordering model for statistical machine translation. In *Proceedings of ACL-COLING* (pp. 505-512).

Yang, N. , Liu, S. , Li, M. , Zhou, M. , & Yu, N. (2013). Word alignment modelling with context dependent deep neural network. In *Proceedings of ACL*.

Zhang, B. , Xiong, D. , & Su, J. (2017a). BattRAE: Bidimensional attention-based recursive autoencoders for learning bilingual phrase embeddings. In *Proceedings of AAAI*.

Zhang, J. , Liu, S. , Li, M. , Zhou, M. , & Zong, C. (2014a). Bilingually-constrained phrase embeddings for machine translation. In *Proceedings of ACL* (pp. 111-121).

Zhang, J. , Liu, S. , Li, M. , Zhou, M. , & Zong, C. (2014b). Mind the gap: Machine translation by minimizing the semantic gap in embedding space. In *AAAI* (pp. 1657-1664).

Zhang, J. , Liu, Y. , Luan, H. , Xu, J. , & Sun, M. (2017b). Prior knowledge integration for neural machine translation using posterior regularization. In *Proceedings of the 55th Annual Meeting of the Association for Computational Linguistics* (Vol. 1: Long Papers, pp. 1514-1523). Vancouver, Canada: Association for Computational Linguistics.

Zhang, J. , Zhang, D. , & Hao, J. (2015). Local translation prediction with global sentence representation. In *Proceedings of IJCAI*.

Zhang, J. , & Zong, C. (2016). Exploiting source-side monolingual data in neural machine translation. In *Proceedings of EMNLP* 2016 (pp. 1535-1545).

Zheng, H. , Cheng, Y. , & Liu, Y. (2017). Maximum expected likelihood estimation for zero-resource neural machine translation. In *Proceedings of IJCAI*.

Zhou, L. , Hu, W. , Zhang, J. , & Zong, C. (2017). Neural system combination for machine translation. In *Proceedings of ACL* 2017.

Zoph, B. , Yuret, D. , May, J. , & Knight, K. (2016). Transfer learning for low-resource neural machine translation. In *EMNLP*.

第 7 章

Berant, J. , Chou, A. , Frostig, R. , & Liang, P. (2013). Semantic parsing on freebase from question-answer pairs. In *EMNLP*.

Berant, J. , & Liang, P. (2014). Semantic parsing via paraphrasing. In *ACL*.

Bordes, A. , Chopra, S. , & Weston, J. (2014a). Question answering with subgraph embeddings. In *EMNLP*.

Bordes, A. , Usunier, N. , Chopra, S. , & Weston, J. (2015). Large-scale simple question answering with memory networks. In *arXiv*.

Bordes, A. , Weston, J. , & Usunier, N. (2014b). Open question answering with weakly supervised embedding models. In *ECML*.

Cai, Q. , & Yates, A. (2013). Large-scale semantic parsing via schema matching and lexicon extension. In *ACL*.

Chen, D. , Bolton, J. , & Manning, C. D. (2016). A thorough examination of the CNN/Daily Mail reading comprehension task. In *Association for Computational Linguistics (ACL)*.

Cui, Y. , Chen, Z. , Wei, S. , Wang, S. , Liu, T. , & Hu, G. (2017). Attention-over-attention neural networks for reading comprehension. In *ACL*.

Dhingra, B. , Liu, H. , Yang, Z. , Cohen, W. W. , & Salakhutdinov, R. (2016). Gated-attention readers for text comprehension. arXiv preprint arXiv:1606.01549.

Dong, L. , Wei, F. , Zhou, M. , & Xu, K. (2015). Question answering over freebase with multi-column convolutional neural networks. In *ACL-IJCNLP*.

Etzioni, O. (2011). Search needs a shake-up. *Nature*, 476(7358), 25-26.

Hao, Y. , Zhang, Y. , Liu, K. , He, S. , Liu, Z. , Wu, H. , & Zhao, J. (2017). An end-to-end model for question answering over knowledge base with cross-attention combining global knowledge. In *Association for Computational Linguistics (ACL)*.

Hermann, K. M. , Kocisky, T. , Grefenstette, E. , Espeholt, L. , Kay, W. , Suleyman, M. , & Blunsom, P. (2015). Teaching machines to read and comprehend. In *Advances in Neural Information Processing Systems* (pp. 1693-1701).

Hill, F. , Bordes, A. , Chopra, S. , & Weston, J. (2015). The goldilocks principle: Reading children's books with explicit memory representations. arXiv preprint arXiv:1511.02301.

Jansen, P. , Surdeanu, M. , & Clark, P. (2014). Discourse complements lexical semantics for non-factoid answer reranking. In *Proceedings of the 52nd Annual Meeting of the Association for Computational Linguistics* (Vol. 1: Long Papers, pp. 977-986). Association for Computational Linguistics.

Kobayashi, S. , Tian, R. , Okazaki, N. , & Inui, K. (2016). Dynamic entity representation with max-pooling improves machine reading. In *Proceedings of the 2016 Conference of the NAACL*.

Kun, X. , Sheng, Z. , Yansong, F. , & Dongyan, Z. (2014). Answering natural language questions via phrasal semantic parsing. In *Proceedings of the 2014*

Conference on Natural Language Processing and Chinese Computing (NLPCC).

Kwiatkowski, T. , Choi, E. , Artzi, Y. , & Zettlemoyer, L. S. (2013). Scaling semantic parsers with on-the-fly ontology matching. In *EMNLP.*

Liang, C. , Berant, J. , Le, Q. , Forbus, K. D. , & Lao, N. (2017). Neural Symbolic Machines: Learning Semantic Parsers on Freebase with Weak Supervision. In *Proceedings of the Association for Computational Linguistics* (*ACL* 2017). Canada: Association for Computational Linguistics.

Liu, Y. , Wei, F. , Li, S. , Ji, H. , Zhou, M. , & Wang, H. (2015). A dependency-based neural network for relation classification. In *ACL.*

Miller, A. , Fisch, A. , Dodge, J. , Karimi, A.-H. , Bordes, A. , & Weston, J. (2016). Key-value memory networks for directly reading documents. In *Proceedings of the 2016 Conference on Empirical Methods in Natural Language Processing* (pp. 1400-1409). Austin, TX: Association for Computational Linguistics.

Narasimhan, K. , & Barzilay, R. (2015). Machine comprehension with discourse relations. In *Proceedings of the 53rd Annual Meeting of the Association for Computational Linguistics and the 7th International Joint Conference on Natural Language Processing* (Vol. 1: Long Papers, pp. 1253-1262). Association for Computational Linguistics.

Rajpurkar, P. , Zhang, J. , Lopyrev, K. , & Liang, P. (2016). Squad: 100, 000 +questions for machine comprehension of text. *CoRR*, abs/1606.05250.

Reddy, S. , Lapata, M. , & Steedman, M. (2014). Large-scale semantic parsing without question-answer pairs. *Transactions of the Association of Computational Linguistics* (pp. 377-392).

Richardson, M. , Burges, J. C. , & Renshaw, E. (2013). Mctest: A challenge dataset for the open-domain machine comprehension of text. In *Proceedings of the 2013 Conference on Empirical Methods in Natural Language Processing* (pp. 193-203). Association for Computational Linguistics.

Sachan, M. , Dubey, K. , Xing, E. , & Richardson, M. (2015). Learning answer-entailing structures for machine comprehension. In *Proceedings of the 53rd Annual Meeting of the Association for Computational Linguistics and the 7th International Joint Conference on Natural Language Processing* (Vol. 1: Long Papers, pp. 239-249). Association for Computational Linguistics.

Seo, M. J. , Kembhavi, A. , Farhadi, A. , & Hajishirzi, H. (2016). Bidirectional attention flow for machine comprehension. *CoRR*, abs/1611.01603.

Shen, Y. , Huang, P. -S. , Gao, J. , & Chen, W. (2017). Reasonet: Learning to stop reading in machine comprehension. In *Proceedings of the 23rd ACM SIGKDD International Conference on Knowledge Discovery and Data Mining*, KDD '17 (pp. 1047-1055). New York, USA: ACM.

Smith, E. , Greco, N. , Bosnjak, M. , & Vlachos, A. (2015). A strong lexical matching method for the machine comprehension test. In *Proceedings of the 2015 Conference on Empirical Methods in Natural Language Processing* (pp. 1693-1698). Association for Computational Linguistics.

Sordoni, A. , Bachman, P. , Trischler, A. , & Bengio, Y. (2016). Iterative alternating neural attention for machine reading. arXiv preprint arXiv:1606.02245.

Steedman, M. (2000). *The Syntactic Process*. Cambridge, MA: The MIT Press.

Sugawara, S. , Yokono, H. , & Aizawa, A. (2017). Prerequisite skills for reading comprehension: Multi-perspective analysis of mctest datasets and systems.

Sukhbaatar, S. , Weston, J. , Fergus, R. , et al. (2015). End-to-end memory networks. In *Advances in Neural Information Processing Systems* (pp. 2440-2448).

Taylor, W. L. (1953). cloze procedure: a new tool for measuring readability. *Journalism Bulletin*, 30(4), 415-433.

Trischler, A. , Ye, Z. , Yuan, X. , & Suleman, K. (2016). Natural language comprehension with the epireader. arXiv preprint arXiv:1606.02270.

Wang, S. , & Jiang, J. (2016). Machine comprehension using match-lstm and answer pointer. *CoRR*, abs/1608.07905.

Wang, W. , Yang, N. , Wei, F. , Chang, B. , & Zhou, M. (2017). Gated self-matching networks for reading comprehension and question answering. In *Proceedings of the 55th Annual Meeting of the Association for Computational Linguistics* (Vol. 1: Long Papers, pp. 189-198). Association for Computational Linguistics.

Wang, Z. , Mi, H. , Hamza, W. , & Florian, R. (2016). Multi-perspective context matching for machine comprehension. *CoRR*, abs/1612.04211.

Weston, J. , Bordes, A. , Chopra, S. , Rush, A. M. , van Merriënboer, B. , Joulin, A. , & Mikolov, T. (2015a). Towards ai-complete question answering: A set of prerequisite toy tasks. arXiv preprint arXiv:1502.05698.

Weston, J. , Chopra, S. , & Bordes, A. (2015b). Memory networks. In *ICLR*.

Xiong, C. , Zhong, V. , & Socher, R. (2016). Dynamic coattention networks for question answering. *CoRR*, abs/1611.01604.

Xu, K. , Feng, Y. , Huang, S. , & Zhao, D. (2015). Semantic relation classification via convolutional neural networks with simple negative sampling. In *EMNLP*.

Xu, K. , Reddy, S. , Feng, Y. , Huang, S. , & Zhao, D. (2016). Question Answering on Freebase via Relation Extraction and Textual Evidence. In *Proceedings of the Association for Computational Linguistics* (*ACL* 2016). Berlin, Germany: Association for Computational Linguistics.

Yang, Y. , & Chang, M. -W. (2015). S-mart: Novel tree-based structured learning algorithms applied to tweet entity linking. In *Proceedings of the 53rd Annual Meeting of the Association for Computational Linguistics and the 7th International Joint Conference on Natural Language Processing* (Vol. 1: Long Papers, pp. 504-513). Beijing, China: Association for Computational Linguistics.

Yang, Z. , Dhingra, B. , Yuan, Y. , Hu, J. , Cohen, W. W. , & Salakhutdinov, R. (2016). Words or characters? Fine-grained gating for reading comprehension. *CoRR*, abs/1611. 01724.

Yih, W. -t. , Chang, M. -W. , He, X. , & Gao, J. (2015). Semantic parsing via staged query graph generation: Question answering with knowledge base. In *ACL-IJCNLP*. Yih, W. -t. , He, X. , & Meek, C. (2014). Semantic parsing for single-relation question answering. In *Proceedings of the 52nd Annual Meeting of the Association for Computational Linguistics* (Vol. 2: Short Papers, pp. 643-648). Baltimore, MD: Association for Computational Linguistics.

Yih, W. -t. , Richardson, M. , Meek, C. , Chang, M. -W. , & Suh, J. (2016). The value of semantic parse labeling for knowledge base question answering. In *Proceedings of the 54th Annual Meeting of the Association for Computational Linguistics* (Vol. 2: Short Papers, pp. 201-206). Berlin, Germany: Association for Computational Linguistics.

Yu, Y. , Zhang, W. , Hasan, K. S. , Yu, M. , Xiang, B. , & Zhou, B. (2016). End-to-end reading comprehension with dynamic answer chunk ranking. *CoRR*, abs/1610. 09996.

Zeng, D. , Liu, K. , Lai, S. , Zhou, G. , & Zhao, J. (2014). Relation classification via convolutional deep neural network. In *Proceedings of COLING 2014, the 25th International Conference on Computational Linguistics: Technical Papers* (pp. 2335-2344). Dublin, Ireland: Dublin City University and Association for Computational Linguistics.

Zhang, S. , Feng, Y. , Huang, S. , Xu, K. , Han, Z. , & Zhao, D. (2015). Semantic interpretation of superlative expressions via structured knowledge bases. In *Proceedings of the 53rd Annual Meeting of the Association for*

Computational Linguistics and the 7th International Joint Conference on Natural Language Processing (Vol. 2: Short Papers, pp. 225-230). Beijing, China: Association for Computational Linguistics.

第 8 章

Augenstein, I. , Rocktäschel, T. , Vlachos, A. , & Bontcheva, K. (2016). Stance detection with bidirectional conditional encoding. In *EMNLP*2016 (pp. 876-885).

Bai, B. , Weston, J. , Grangier, D. , Collobert, R. , Sadamasa, K. , Qi, Y. , et al. (2010). Learning to rank with (a lot of) word features. *Information Retrieval*, 13(3), 291-314.

Baker, L. D. & McCallum, A. K. (1998). Distributional clustering of words for text classification. In *Proceedings of the 21st Annual International ACM SIGIR Conference on Research and Development in Information Retrieval* (pp. 96-103). ACM.

Bengio, Y. , Ducharme, R. , Vincent, P. , & Jauvin, C. (2003). A neural probabilistic language model. *Journal of Machine Learning Research*, 3(Feb), 1137-1155.

Bespalov, D. , Bai, B. , Qi, Y. , & Shokoufandeh, A. (2011). Sentiment classification based on supervised latent n-gram analysis. In *Proceedings of the 20th ACM International Conference on Information and Knowledge Management* (pp. 375-382). ACM.

Bhatia, P. , Ji, Y. , & Eisenstein, J. (2015). Better document-level sentiment analysis from rst discourse parsing.   arXiv:1509.01599.

Brown, P. F. , Desouza, P. V. , Mercer, R. L. , Pietra, V. J. D. , & Lai, J. C. (1992). Class-based n-gram models of natural language. *Computational Linguistics*, 18 (4), 467-479.

Chen, X. , Qiu, X. , Zhu, C. , Wu, S. , & Huang, X. (2015). Sentence modeling with gated recursive neural network. In *Proceedings of the 2015 Conference on Empirical Methods in Natural Language Processing* (pp. 793-798) . Lisbon, Portugal: Association for Computational Linguistics.

Chen, H. , Sun, M. , Tu, C. , Lin, Y. , & Liu, Z. (2016). Neural sentiment classification with user and product attention. In *Proceedings of EMNLP*.

Collobert, R. & Weston, J. (2008). A unified architecture for natural language processing: Deep neural networks with multitask learning. In *Proceedings of the 25th*

International Conference on Machine Learning (pp. 160-167). ACM.

Collobert, R., Weston, J., Bottou, L., Karlen, M., Kavukcuoglu, K., & Kuksa, P. (2011). Natural language processing (almost) from scratch. *Journal of Machine Learning Research*, 12(Aug), 2493-2537.

Conneau, A., Schwenk, H., Barrault, L., & Lecun, Y. (2016). Very deep convolutional networks for natural language processing. arXiv:1606.01781.

Deerwester, S., Dumais, S. T., Furnas, G. W., Landauer, T. K., & Harshman, R. (1990). Indexing by latent semantic analysis. *Journal of the American Society for Information Science*, 41(6), 391.

Deng, L. & Wiebe, J. (2015). MPQA 3.0: An entity/event-level sentiment corpus. In *HLT-NAACL* (pp. 1323-1328).

Denil, M., Demiraj, A., Kalchbrenner, N., Blunsom, P., & de Freitas, N. (2014). Modelling, visualising and summarising documents with a single convolutional neural network. arXiv:1406.3830.

Ding, X., Liu, B., & Yu, P. S. (2008). A holistic lexicon-based approach to opinion mining. In *Proceedings of the 2008 International Conference on Web Search and Data Mining* (pp. 231-240). ACM.

Dong, L., Wei, F., Tan, C., Tang, D., Zhou, M., & Xu, K. (2014a). Adaptive recursive neural network for target-dependent twitter sentiment classification. In *ACL* (pp. 49-54).

Dong, L., Wei, F., Zhou, M., & Xu, K. (2014b). Adaptive multi-compositionality for recursive neural models with applications to sentiment analysis. In *AAAI* (pp. 1537-1543).

dos Santos, C. & Gatti, M. (2014). Deep convolutional neural networks for sentiment analysis of short texts. In *Proceedings of COLING 2014, The 25th International Conference on Computational Linguistics: Technical Papers* (pp. 69-78). Dublin, Ireland: Dublin City University and Association for Computational Linguistics.

Faruqui, M., Dodge, J., Jauhar, S. K., Dyer, C., Hovy, E., & Smith, N. A. (2014). Retrofitting word vectors to semantic lexicons. arXiv:1411.4166.

Gan, Z., Pu, Y., Henao, R., Li, C., He, X., & Carin, L. (2016). Unsupervised learning of sentence representations using convolutional neural networks. arXiv:1611.07897.

Ghosh, A., & Veale, D. T. (2016). Fracking sarcasm using neural network. In *Proceedings of the 7th Workshop on Computational Approaches to Subjectivity*,

Sentiment and Social Media Analysis (pp. 161-169).

Goodfellow, I. , Bengio, Y. , & Courville, A. (2016). *Deep learning*. Cambridge: MIT Press.

Gutmann, M. U. , & Hyvärinen, A. (2012). Noise-contrastive estimation of unnormalized statistical models, with applications to natural image statistics. *Journal of Machine Learning Research*, 13(Feb), 307-361.

Harris, Z. S. (1954). *Distributional structure. Word*, 10(2-3), 146-162.

He, R. , Lee, W. S. , Ng, H. T. , & Dahlmeier, D. (2017). An unsupervised neural attention model for aspect extraction. In *Proceedings of the 55th ACL* (pp. 388-397). Vancouver, Canada: Association for Computational Linguistics.

Hill, F. , Cho, K. , & Korhonen, A. (2016). Learning distributed representations of sentences from unlabelled data. In *NAACL* (pp. 1367-1377).

Hu, M. & Liu, B. (2004). Mining and summarizing customer reviews. In *Proceedings of the Tenth ACM SIGKDD International Conference on Knowledge Discovery and Data Mining* (pp. 168- 177). ACM.

Huang, P. -S. , He, X. , Gao, J. , Deng, L. , Acero, A. , & Heck, L. (2013). Learning deep structured semantic models for web search using clickthrough data. In *Proceedings of the 22nd ACM International Conference on Information and Knowledge Management* (pp. 2333-2338). ACM.

Huang, E. H. , Socher, R. , Manning, C. D. , & Ng, A. Y. (2012). Improving word representations via global context and multiple word prototypes. In *Proceedings of the 50th Annual Meeting of the Association for Computational Linguistics: Long Papers-Volume* 1 (pp. 873-882). Association for Computational Linguistics.

Irsoy, O. & Cardie, C. (2014a). Deep recursive neural networks for compositionality in language. In *Advances in neural information processing systems* (pp. 2096-2104).

Irsoy, O. & Cardie, C. (2014b). Opinion mining with deep recurrent neural networks. In *Proceedings of the 2014 EMNLP* (pp. 720-728).

Johnson, R. & Zhang, T. (2014). Effective use of word order for text categorization with convolutional neural networks. arXiv: 1412. 1058.

Johnson, R. & Zhang, T. (2015). Semi-supervised convolutional neural networks for text categorization via region embedding. In *Advances in neural information processing systems* (pp. 919-927).

Johnson, R. & Zhang, T. (2016). Supervised and semi-supervised text categorization using LSTM for region embeddings. arXiv:1602. 02373.

Joulin, A. , Grave, E. , Bojanowski, P. , & Mikolov, T. (2016). Bag of tricks for efficient text classification. arXiv:1607. 01759.

Jurafsky, D. (2000). *Speech and language processing*. New Delhi: Pearson Education India.

Kalchbrenner, N. , Grefenstette, E. , & Blunsom, P. (2014). A convolutional neural network for modelling sentences. In *Proceedings of the 52nd Annual Meeting of the Association for Computational Linguistics (Volume 1: Long Papers)* (pp. 655-665), Baltimore, Maryland: Association for Computational Linguistics.

Katiyar, A. & Cardie, C. (2016). Investigating LSTMs for joint extraction of opinion entities and relations. In *Proceedings of the 54th ACL* (pp. 919-929).

Kim, Y. (2014). Convolutional neural networks for sentence classification. In *Proceedings of the 2014 Conference on Empirical Methods in Natural Language Processing (EMNLP)* (pp. 1746- 1751). Doha, Qatar: Association for Computational Linguistics.

Labutov, I. , & Lipson, H. (2013). Re-embedding words. In *ACL* (Vol. 2, pp. 489-493).

Lakkaraju, H. , Socher, R. , & Manning, C. (2014). Aspect specific sentiment analysis using hierarchical deep learning. In *NIPS Workshop on Deep Learning and Representation Learning*.

Le, Q. V. & Mikolov, T. (2014). Distributed representations of sentences and documents. In *ICML*(Vol. 14, pp. 1188-1196).

Lebret, R. , Legrand, J. , & Collobert, R. (2013). *Is deep learning really necessary for word embeddings?* . Idiap: Technical Report.

LeCun, Y. , Bengio, Y. , & Hinton, G. (2015). Deep learning. *Nature*, 521 (7553), 436-444.

Lei, T. , Barzilay, R. , & Jaakkola, T. (2015). Molding CNNs for text: Non-linear, non-consecutive convolutions. In *Proceedings of the 2015 Conference on Empirical Methods in Natural Language Processing* (pp. 1565-1575). Lisbon, Portugal: Association for Computational Linguistics.

Levy, O. & Goldberg, Y. (2014). Dependency-based word embeddings. In *ACL*, (Vol. 2, pp. 302-308). Citeseer.

Li, J. & Jurafsky, D. (2015). Do multi-sense embeddings improve natural language understanding? arXiv:1506. 01070.

Li, J. , Luong, M. -T. , Jurafsky, D. , & Hovy, E. (2015). When are tree structures necessary for deep learning of representations? arXiv: 1503. 00185.

Liu, J. & Zhang, Y. (2017). Attention modeling for targeted sentiment. In *Proceedings of EACL* (pp. 572-577).

Liu, P. , Joty, S. , & Meng, H. (2015). Fine-grained opinion mining with recurrent neural networks and word embeddings. In *Proceedings of the 2015 EMNLP* (pp. 1433-1443).

Liu, B. (2012). Sentiment analysis and opinion mining. *Synthesis Lectures on Human Language Technologies*, 5(1), 1-167.

Lund, K. , & Burgess, C. (1996). Producing high-dimensional semantic spaces from lexical cooccurrence. *Behavior Research Methods, Instruments, and Computers*, 28(2), 203-208.

Ma, M. , Huang, L. , Zhou, B. , & Xiang, B. (2015). Dependency-based convolutional neural networks for sentence embedding. In *Proceedings of the 53rd Annual Meeting of the Association for Computational Linguistics and the 7th International Joint Conference on Natural Language Processing (Volume 2: Short Papers)* (pp. 174-179), Beijing, China: Association for Computational Linguistics.

Maas, A. L. , Daly, R. E. , Pham, P. T. , Huang, D. , Ng, A. Y. , & Potts, C. (2011). Learning word vectors for sentiment analysis. In *Proceedings of the 49th Annual Meeting of the Association for Computational Linguistics: Human Language Technologies-Volume 1* (pp. 142-150). Association for Computational Linguistics.

Manning, C. D. , Schütze, H. , et al. (1999). *Foundations of Statistical Natural Language Processing* (Vol. 999). Cambridge: MIT Press.

Mikolov, T. , Chen, K. , Corrado, G. , & Dean, J. (2013a). Efficient estimation of word representations in vector space. arXiv: 1301. 3781.

Mikolov, T. , Sutskever, I. , Chen, K. , Corrado, G. S. , & Dean, J. (2013b). Distributed representations of words and phrases and their compositionality. In *Advances in Neural Information Processing Systems* (pp. 3111-3119).

Mishra, A. , Dey, K. , & Bhattacharyya, P. (2017). Learning cognitive features from gaze data for sentiment and sarcasm classification using convolutional neural network. In *Proceedings of the 55th ACL* (pp. 377-387). Vancouver, Canada: Association for Computational Linguistics.

Mnih, A. & Hinton, G. (2007). Three new graphical models for statistical language modelling. In *Proceedings of the 24th International Conference on Machine Learning* (pp. 641-648). ACM.

Mnih, A. & Kavukcuoglu, K. (2013). Learning word embeddings efficiently with noise-contrastive estimation. In *Advances in neural information processing systems* (pp. 2265-2273).

Morin, F. & Bengio, Y. (2005). Hierarchical probabilistic neural network language model. In *Aistats* (Vol. 5, pp. 246-252). Citeseer.

Mou, L. , Peng, H. , Li, G. , Xu, Y. , Zhang, L. , & Jin, Z. (2015). Discriminative neural sentence modeling by tree-based convolution. In *Proceedings of the 2015 Conference on Empirical Methods in Natural Language Processing* (pp. 2315-2325). Lisbon, Portugal: Association for Computational Linguistics.

Nakagawa, T. , Inui, K. , & Kurohashi, S. (2010). Dependency tree-based sentiment classification using CRFs with hidden variables. In *Human Language Technologies: The 2010 Annual Conference of the North American Chapter of the Association for Computational Linguistics* (pp. 786-794). Association for Computational Linguistics.

Nguyen, T. H. & Shirai, K. (2015). PhraseRNN: Phrase recursive neural network for aspect-based sentiment analysis. In *EMNLP* (pp. 2509-2514).

Paltoglou, G. & Thelwall, M. (2010). A study of information retrieval weighting schemes for sentiment analysis. In *Proceedings of the 48th Annual Meeting of the Association for Computational Linguistics* (pp. 1386-1395). Association for Computational Linguistics.

Pang, B. , & Lee, L. (2005). Seeing stars: Exploiting class relationships for sentiment categorization with respect to rating scales. In *Proceedings of the 43rd Annual Meeting on Association for Computational Linguistics* (pp. 115-124). Association for Computational Linguistics.

Pang, B. , Lee, L. , & Vaithyanathan, S. (2002). Thumbs up?: Sentiment classification using machine learning techniques. In *Proceedings of the ACL-02 Conference on Empirical Methods in Natural Language Processing-Volume 10* (pp. 79-86). Association for Computational Linguistics.

Pang, B. , Lee, L. , et al. (2008). Opinion mining and sentiment analysis. Foundations and trends © . *Information Retrieval*, 2(1-2), 1-135.

Qian, Q. , Huang, M. , Lei, J. , & Zhu, X. (2017). Linguistically regularized LSTM for sentiment classification. In *Proceedings of the 55th ACL* (pp. 1679-1689). Vancouver, Canada: Association for Computational Linguistics.

Qiu, S. , Cui, Q. , Bian, J. , Gao, B. , & Liu, T.-Y. (2014). Co-learning of word representations and morpheme representations. In *COLING* (pp. 141-150).

Ren, Y. , Zhang, Y. , Zhang, M. , & Ji, D. (2016a). Context-sensitive twitter sentiment classification using neural network. In *AAAI* (pp. 215-221).

Ren, Y. , Zhang, Y. , Zhang, M. , & Ji, D. (2016b). Improving twitter sentiment classification using topic-enriched multi-prototype word embeddings. In *AAAI* (pp. 3038-3044).

Shen, Y. , He, X. , Gao, J. , Deng, L. , & Mesnil, G. (2014). Learning semantic representations using convolutional neural networks for web search. In *Proceedings of the 23rd International Conference on World Wide Web* (pp. 373-374). ACM.

Socher, R. , Huval, B. , Manning, C. D. , & Ng, A. Y. (2012). Semantic compositionality through recursive matrix-vector spaces. In *Proceedings of the 2012 Joint Conference on Empirical Methods in Natural Language Processing and Computational Natural Language Learning* (pp. 1201-1211). Jeju Island, Korea: Association for Computational Linguistics.

Socher, R. , Perelygin, A. , Wu, J. , Chuang, J. , Manning, C. D. , Ng, A. , & Potts, C. (2013). Recursive deep models for semantic compositionality over a sentiment treebank. In *Proceedings of the 2013 Conference on Empirical Methods in Natural Language Processing* (pp. 1631-1642). Seattle, Washington, USA: Association for Computational Linguistics.

Taboada, M. , Brooke, J. , Tofiloski, M. , Voll, K. , & Stede, M. (2011). Lexicon-based methods for sentiment analysis. *Computational Linguistics*, 37(2), 267-307.

Tai, K. S. , Socher, R. , & Manning, C. D. (2015). Improved semantic representations from treestructured long short-term memory networks. In *Proceedings of the 53rd Annual Meeting of the Association for Computational Linguistics and the 7th International Joint Conference on Natural Language Processing (Volume 1: Long Papers)* (pp. 1556-1566). Beijing, China: Association for Computational Linguistics.

Tang, D. , Qin, B. , & Liu, T. (2015a). Document modeling with gated recurrent neural network for sentiment classification. In *EMNLP* (pp. 1422-1432).

Tang, D. , Qin, B. , & Liu, T. (2015b). Learning semantic representations of users and products for document level sentiment classification. In *ACL* (Vol. 1, pp. 1014-1023).

Tang, D. , Qin, B. , & Liu, T. (2016a). Aspect level sentiment classification with deep memory network. In *Proceedings of the* 2016 *EMNLP* (pp. 214-224).

Tang, D. , Qin, B. , Feng, X. , & Liu, T. (2016b). Effective LSTMs for target-dependent sentiment classification. In *Proceedings of COLING*, 2016 (pp. 3298-3307).

Tang, D. , Wei, F. , Yang, N. , Zhou, M. , Liu, T. , & Qin, B. (2014). Learning sentiment-specific word embedding for twitter sentiment classification. In *Proceedings of the 52nd Annual Meeting of the Association for Computational Linguistics (Volume 1: Long Papers)* (pp. 1555-1565). Baltimore, Maryland: Association for Computational Linguistics.

Tang, D. , Wei, F. , Qin, B. , Yang, N. , Liu, T. , & Zhou, M. (2016c). Sentiment embeddings with applications to sentiment analysis. *IEEE Transactions on Knowledge and Data Engineering*, 28(2), 496-509.

Teng, Z. , & Zhang, Y. (2016). Bidirectional tree-structured lstm with head lexicalization. arXiv:1611. 06788.

Teng, Z. , Vo, D. T. , & Zhang, Y. (2016). Context-sensitive lexicon features for neural sentiment analysis. In *Proceedings of the* 2016 *Conference on Empirical Methods in Natural Language Processing* (pp. 1629-1638). Austin, Texas: Association for Computational Linguistics.

Turney, P. D. (2002). Thumbs up or thumbs down?: Semantic orientation applied to unsupervised classification of reviews. In *Proceedings of the* 40th *Annual Meeting on Association for Computational Linguistics* (pp. 417-424). Association for Computational Linguistics.

Vijayaraghavan, P. , Sysoev, I. , Vosoughi, S. , & Roy, D. (2016). Deepstance at semeval-2016 task 6: Detecting stance in tweets using character and word-level CNNs. In *SemEval-*2016 (pp. 413-419).

Vo, D. -T. & Zhang, Y. (2015). Target-dependent twitter sentiment classification with rich automatic features. In *Proceedings of the IJCAI* (pp. 1347-1353).

Wang, S. & Manning, C. D. (2012). Baselines and bigrams: Simple, good sentiment and topic classification. In *Proceedings of the* 50th *Annual Meeting of the Association for Computational Linguistics: Short Papers-Volume* 2 (pp. 90-94). Association for Computational Linguistics.

Wang, X. , Liu, Y. , Sun, C. , Wang, B. , & Wang, X. (2015). Predicting polarities of tweets by composing word embeddings with long short-term memory. In *Proceedings of the* 53rd *Annual Meeting of the Association for Computational Linguistics and the* 7th *International Joint Conference on Natural*

Language Processing (*Volume* 1: *Long Papers*) (pp. 1343-1353), Beijing, China: Association for Computational Linguistics.

Xiong, S. , Zhang, Y. , Ji, D. , & Lou, Y. (2016). Distance metric learning for aspect phrase grouping. In *Proceedings of COLING*, 2016 (pp. 2492-2502).

Yang, Z. , Yang, D. , Dyer, C. , He, X. , Smola, A. , & Hovy, E. (2016). Hierarchical attention networks for document classification. In *Proceedings of NAACL-HLT* (pp. 1480-1489).

Yin, W. & Schütze, H. (2015). Multichannel variable-size convolution for sentence classification. In *Proceedings of the Nineteenth Conference on Computational Natural Language Learning* (pp. 204-214). Beijing, China: Association for Computational Linguistics.

Yogatama, D. , Faruqui, M. , Dyer, C. , & Smith, N. A. (2015). Learning word representations with hierarchical sparse coding. In *ICML* (pp. 87-96).

Zarrella, G. & Marsh, A. (2016). Mitre at semeval-2016 task 6: Transfer learning for stance detection. In *SemEval-2016* (pp. 458-463).

Zhang, R. , Lee, H. , & Radev, D. R. (2016c). Dependency sensitive convolutional neural networks for modeling sentences and documents. In *Proceedings of the* 2016 *NAACL* (pp. 1512-1521). San Diego, California: Association for Computational Linguistics.

Zhang, Y. , Roller, S. , & Wallace, B. C. (2016d). MGNC-CNN: A simple approach to exploiting multiple word embeddings for sentence classification. In *Proceedings of the* 2016 *NAACL* (pp. 1522-1527). San Diego, California: Association for Computational Linguistics.

Zhang, M. , Zhang, Y. , & Fu, G. (2016a). Tweet sarcasm detection using deep neural network. In *Proceedings of COLING* 2016, *The* 26*th International Conference on Computational Linguistics: Technical Papers* (pp. 2449-2460). Osaka, Japan: The COLING 2016 Organizing Committee.

Zhang, M. , Zhang, Y. , & Vo, D. -T. (2015a). Neural networks for open domain targeted sentiment. In *Proceedings of the* 2015 *Conference on EMNLP*.

Zhang, M. , Zhang, Y. , & Vo, D. -T. (2016b). Gated neural networks for targeted sentiment analysis. In *AAAI* (pp. 3087-3093).

Zhang, X. , Zhao, J. , & LeCun, Y. (2015b). Character-level convolutional networks for text classification. In *Advances in neural information processing systems* (pp. 649-657).

Zhao, H. , Lu, Z. , & Poupart, P. (2015). Self-adaptive hierarchical sentence model. arXiv:1504. 05070.

Zhu, X. -D. , Sobhani, P. , & Guo, H. （2015）. Long short-term memory over recursive structures. In *ICML* (pp. 1604-1612).

第 9 章

Adomavicius, G. , & Tuzhilin, A. （2005）. Toward the next generation of recommender systems: A survey of the state-of-the-art and possible extensions. *IEEE Transactions on Knowledge and Data Engineering*, 17(6), 734-749.

Alpaydin, E. (2014). *Introduction to machine learning*. Cambridge: MIT press.

Bahdanau, D. , Cho, K. , & Bengio, Y. （2014）. Neural machine translation by jointly learning to align and translate. *CoRR*. arXiv:1409. 0473.

Balasubramanian, M. , & Schwartz, E. L. （2002）. The isomap lgorithm and topological stability. *Science*, 295(5552), 7-7.

Belkin, M. & Niyogi, P. (2001). Laplacian eigenmaps and spectral techniques for embedding and clustering. In *NIPS* (pp. 585-591).

Cao, S. , Lu, W. , & Xu, Q. (2015). GraRep: Learning graph representations with global structural information (pp. 891-900).

Cao, S. , Lu, W. , & Xu, Q. (2016). Deep neural networks for learning graph representations (pp. 1145-1152).

Chang, S. , Han, W. , Tang, J. , Qi, G. , Aggarwal, C. C. , & Huang, T. S. (2015). Heterogeneous network embedding via deep architectures (pp. 119-128).

Chen, T. & Sun, Y. (2016). Task-guided and path-augmented heterogeneous network embedding for author identification. arXiv:1612. 02814.

Chen, J. , Zhang, Q. , & Huang, X. (2016). Incorporate group information to enhance network embedding (pp. 1901-1904).

Cheng, H. -T. , Koc, L. , Harmsen, J. , Shaked, T. , Chandra, T. , Aradhye, H. , et al. (2016). Wide and deep learning for recommender systems. In *Proceedings of the 1st Workshop on Deep Learning for Recommender Systems*, DLRS 2016 (pp. 7-10).

Chung, J. , Gulcehre, C. , Cho, K. , & Bengio, Y. (2014). Empirical evaluation of gated recurrent neural networks on sequence modeling. arXiv:1412. 3555.

Cortizo, J. C. , Carrero, F. M. , Cantador, I. , Troyano, J. A. , & Rosso, P. (2012). Introduction to the special section on search and mining user-generated content. *ACM TIST*, 3(4), 65:1-65:3.

Covington, P. , Adams, J. , & Sargin, E. (2016). Deep neural networks for youtube recommendations. In *Proceedings of the* 10*th ACM Conference on Recommender Systems*, *Boston*, *MA*, *USA*, *September* 15-19, 2016 (pp. 191-198).

De Campos, L. M. , Fernández-Luna, J. M. , Huete, J. F. , & Rueda-Morales, M. A. (2010). Combining content-based and collaborative recommendations: A hybrid approach based on bayesian networks. *International Journal of Approximate Reasoning*, 51(7), 785-799.

Easley, D. , & Kleinberg, J. (2010). *Networks*, *crowds*, *and markets*: *Reasoning about a highly connected world*. Cambridge: Cambridge University Press.

Elkahky, A. M. , Song, Y. , & He, X. (2015). A multi-view deep learning approach for cross domain user modeling in recommendation systems. In *Proceedings of the* 24*th International Conference on World Wide Web*, *WWW* 2015, *Florence*, *Italy*, *May* 18-22, 2015 (pp. 278-288).

Gong, Y. & Zhang, Q. (2016). Hashtag recommendation using attention-based convolutional neural network. In *Proceedings of the Twenty-Fifth International Joint Conference on Artificial Intelligence*, *IJCAI* 2016, *New York*, *NY*, *USA*, 9-15 *July* 2016 (pp. 2782-2788).

Grover, A. & Leskovec, J. (2016). node2vec: Scalable feature learning for networks (pp. 855-864). Guo, S. , Wang, Q. , Wang, L. , Wang, B. , & Guo, L. (2016). Jointly embedding knowledge graphs and logical rules. In *Proceedings of the* 2016 *Conference on Empirical Methods in Natural Language rocessing* (pp. 1488-1498).

He, X. & Chua, T. -S. (2017). Neural factorization machines for sparse predictive analytics. In *Proceedings of The* 40*th International ACM SIGIR Conference on Research and Development in Information Retrieval*.

He, X. , Liao, L. , Zhang, H. , Nie, L. , Hu, X. , & Chua, T. -S. (2017). Neural collaborative filtering. In *Proceedings of the* 26*th International World Wide Web Conference*.

Hochreiter, S. , & Schmidhuber, J. (1997). Long short-term memory. *Neural Computation*, 9(8), 1735-1780.

Homans, G. C. (1974). *Social behavior*: *Its elementary forms*.

Hornik, K. (1991). Approximation capabilities of multilayer feedforward networks. *Neural Net- works*, 4(2), 251-257.

Huang, Z. & Mamoulis, N. (2017). Heterogeneous information network embedding for meta path based proximity. *CoRR*. arXiv:1701.05291.

Huang, P.-S., He, X., Gao, J., Deng, L., Acero, A., & Heck, L. (2013). Learning deep structured semantic models for web search using clickthrough data. In *Proceedings of the 22nd ACM International Conference on Information and Knowledge Management* (pp. 2333-2338). ACM.

Huang, X., Li, J., & Hu, X. (2017). Label informed attributed network embedding (pp. 731-739).

Jeh, G. & Widom, J. (2002). SimRank: A measure of structural-context similarity. In *Proceedings of the Eighth ACM SIGKDD International Conference on Knowledge Discovery and Data Mining* (pp. 538-543). ACM.

Kaplan, A. M., & Haenlein, M. (2010). Users of the world, unite! the challenges and opportunities of social media. *Business Horizons*, 53(1), 59-68.

King, I., Li, J., & Chan, K. T. (2009). A brief survey of computational approaches in social computing. In *International Joint Conference on Neural Networks*, 2009. *IJCNN* 2009 (pp. 1625-1632). IEEE.

Koren, Y., Bell, R., & Volinsky, C. (2009). Matrix factorization techniques for recommender systems. *Computer*, 42(8), 4179.

Kwak, H., Lee, C., Park, H., & Moon, S. (2010). What is twitter, a social network or a news media? In *Proceedings of the 19th International Conference on World Wide Web*, *WWW* '10 (pp. 591-600). New York, NY, USA: ACM.

Le, Q. V. & Mikolov, T. (2014). Distributed representations of sentences and documents. In *Proceedings of the 31th International Conference on Machine Learning*, *ICML* 2014, *Beijing*, *China*, 21-26 *June* 2014 (pp. 1188-1196).

Levy, O. & Goldberg, Y. (2014). Neural word embedding as implicit matrix factorization. In *Advances in neural information processing systems* (pp. 2177-2185).

Li, C., Ma, J., Guo, X., & Mei, Q. (2016). DeepCas: An end-to-end predictor of information cascades. arXiv:1611.05373.

Liang, D., Altosaar, J., Charlin, L., & Blei, D. M. (2016). Factorization meets the item embedding: Regularizing matrix factorization with item co-occurrence. In *Proceedings of the 10th ACM Conference on Recommender Systems*, *Boston*, *MA*, *USA*, *September* 15-19, 2016 (pp. 59-66).

Ling, W., Tsvetkov, Y., Amir, S., Fermandez, R., Dyer, C., Black, A. W., et al. (2015). Not all contexts are created equal: Better word representations with variable attention. In *Proceedings of the* 2015 *Conference on Empirical Methods in Natural*

Language Processing (pp. 1367-1372).

Lops, P. , De Gemmis, M. , & Semeraro, G. (2011). Content-based recommender systems: State of the art and trends. *Recommender systems handbook* (pp. 73-105). Boston: Springer.

Luong, T. , Pham, H. , & Manning, C. D. (2015). Effective approaches to attention-based neural machine translation. In *Proceedings of the* 2015 *Conference on Empirical Methods in Natural Language Processing*, *EMNLP* 2015, *Lisbon*, *Portugal*, *September* 17-21, 2015 (pp. 1412-1421).

Ma, J. , Gao, W. , Mitra, P. , Kwon, S. , Jansen, B. J. , Wong, K. , et al. (2016). Detecting rumors from microblogs with recurrent neural networks. In *Proceedings of the Twenty-Fifth International Joint Conference on Artificial Intelligence*, *IJCAI* 2016, *New York*, *NY*, *USA*, 9-15 *July* 2016 (pp. 3818-3824).

Manning, C. D. , Raghavan, P. , & Schütze, H. (2008). *Introduction to information retrieval*. Cambridge: Cambridge University Press.

Mikolov, T. , Karafiát, M. , Burget, L. , Cernocky, J. , & Khudanpur, S. (2010). Recurrent neural network based language model. In *Interspeech* (Vol. 2, p. 3).

Mikolov, T. , Sutskever, I. , Chen, K. , Corrado, G. S. , & Dean, J. (2013). Distributed representations of words and phrases and their compositionality. In *Advances in neural information processing systems* (pp. 3111-3119).

Mnih, V. , Heess, N. , Graves, A. , & Kavukcuoglu, K. (2014). Recurrent models of visual attention. In *Advances in Neural Information Processing Systems* 27: *Annual Conference on Neural Information Processing Systems December* 8-13, 2014, *Montreal*, *Quebec*, *Canada* (pp. 2204-2212).

Parameswaran, M. , & Whinston, A. B. (2007). Social computing: An overview. *Communications of the Association for Information Systems*, 19(1), 37.

Perozzi, B. , Al-Rfou, R. , & Skiena, S. (2014). Deepwalk: Online learning of social representations (pp. 701-710).

Rendle, S. (2012). Factorization machines with libFM. *ACM Transactions on Intelligent Systems and Technology* (*TIST*), 3(3), 57.

Roweis, S. T. , & Saul, L. K. (2000). Nonlinear dimensionality reduction by locally linear embedding. *Science*, 290(5500), 2323-2326.

Sahlins, M. (2017). *Stone age economics*. Routledge: Taylor & Francis.

Salakhutdinov, R. , Mnih, A. , & Hinton, G. (2007). Restricted Boltzmann machines for collaborative filtering. In *International Conference on Machine*

Learning (pp. 791-798).

Schuler, D. (1994). Social computing. *Communications of the ACM*, 37(1), 28-108.

Shang, J. , Qu, M. , Liu, J. , Kaplan, L. M. , Han, J. , & Peng, J. (2016). Meta-path guided embedding for similarity search in large-scale heterogeneous information networks. *CoRR*. arXiv:1610.09769.

Su, X. , & Khoshgoftaar, T. M. (2009). A survey of collaborative filtering techniques. *Advances in Artificial Intelligence*, 2009, 4.

Sun, Y. , Han, J. , Yan, X. , Yu, P. S. , & Wu, T. (2011). PathSim: Meta path-based top-k similarity search in heterogeneous information networks. *Proceedings of the VLDB Endowment*, 4(11), 992-1003.

Tang, J. , Qu, M. , Wang, M. , Zhang, M. , Yan, J. , & Mei, Q. (2015). LINE: Large-scale information network embedding (pp. 1067-1077).

van den Oord, A. , Dieleman, S. , & Schrauwen, B. (2013). Deep content-based music recommendation. In *Advances in Neural Information Processing Systems 26: 27th Annual Conference on Neural Information Processing Systems 2013. Proceedings of a Meeting Held*, *December* 5-8, 2013, *Lake Tahoe*, *Nevada*, *United States* (pp. 2643-2651).

Vinyals, O. & Le, Q. V. (2015). A neural conversational model. *CoRR*. arXiv: 1506.05869.

Wang, C. & Blei, D. M. (2011). Collaborative topic modeling for recommending scientific articles. In *Proceedings of the* 17th *ACM SIGKDD International Conference on Knowledge Discovery and Data Mining* (pp. 448-456). ACM.

Wang, D. , Cui, P. , & Zhu, W. (2016a). Structural deep network embedding (pp. 1225-1234).

Wang, X. , Cui, P. , Wang, J. , Pei, J. , Zhu, W. , & Yang, S. (2017). Community preserving network embedding (pp. 203-209).

Wang, P. , Guo, J. , Lan, Y. , Xu, J. , Wan, S. , & Cheng, X. (2015b). Learning hierarchical representation model for nextbasket recommendation. In *International ACM SIGIR Conference on Research and Development in Information Retrieval* (pp. 403-412).

Wang, H. , Shi, X. , & Yeung, D. (2016b). Collaborative recurrent autoencoder: Recommend while learning to fill in the blanks. In *Advances in Neural Information Processing Systems* 29: *Annual Conference on Neural Information Processing Systems* 2016, *December* 5-10, 2016, *Barcelona*, *Spain* (pp. 415-423). ·

Wang, H. , Wang, N. , & Yeung, D. (2015a). Collaborative deep learning for recommender systems. In *Proceedings of the 21th ACM SIGKDD International Conference on Knowledge Discovery and Data Mining*, *Sydney*, *NSW*, *Australia*, *August* 10-13, 2015 (pp. 1235-1244).

Wang, J. , Zhao, W. X. , He, Y. , & Li, X. (2014). Infer user interests via link structure regularization. *ACM TIST*, 5(2), 23:1-23:22.

Wang, F.-Y. , Carley, K. M. , Zeng, D. , & Mao, W. (2007). Social computing: From social informatics to social intelligence. *IEEE Intelligent Systems*, 22 (2), 79-83.

Wang, F. , Li, T. , Wang, X. , Zhu, S. , & Ding, C. (2011). Community discovery using nonnegative matrix factorization. *Data Mining and Knowledge Discovery*, 22(3), 493-521.

Welch, M. J. , Schonfeld, U. , He, D. , & Cho, J. (2011). Topical semantics of twitter links. In *Proceedings of the Fourth ACM International Conference on Web Search and Data Mining* (pp. 327-336). ACM.

Weng, J. , Lim, E. , Jiang, J. , & He, Q. (2010). Twitterrank: Finding topic-sensitive influential twitterers. In *Proceedings of the Third International Conference on Web Search and Web Data Mining*, *WSDM* 2010, *New York*, *NY*, *USA*, *February* 4-6, 2010 (pp. 261-270).

Weston, J. , Chopra, S. , & Adams, K. (2014). #tagspace: Semantic embeddingsfrom hashtags. In *Proceedings of the* 2014 *Conference on Empirical Methods in Natural Language Processing*, *EMNLP* 2014, *October* 25-29, 2014, *Doha*, *Qatar*, *A meeting of SIGDAT*, *A Special Interest Group of the ACL* (pp. 1822-1827).

Wu, C. , Ahmed, A. , Beutel, A. , Smola, A. J. , & Jing, H. (2017a). Recurrent recommender networks. In *Proceedings of the Tenth ACM International Conference on Web Search and Data Mining*, *WSDM* 2017, *Cambridge*, *United Kingdom*, *February* 6-10, 2017 (pp. 495-503).

Wu, C. , Ahmed, A. , Beutel, A. , Smola, A. J. , & Jing, H. (2017b). Recurrent recommender networks. In *Proceedings of the Tenth ACM International Conference on Web Search and Data Mining*, *WSDM* 2017, *Cambridge*, *United Kingdom*, *February* 6-10, 2017 (pp. 495-503).

Xie, R. , Liu, Z. , Jia, J. , Luan, H. , & Sun, M. (2016). Representation learning of knowledge graphs with entity descriptions. In *AAAI* (pp. 2659-2665).

Xu, K. , Ba, J. , Kiros, R. , Cho, K. , Courville, A. C. , Salakhutdinov, R. , et al. (2015). Show, attend and tell: Neural image caption generation with visual attention. In *Proceedings of the 32nd International Conference on Machine Learning*, ICML 2015, *Lille*, *France*, 6-11 *July* 2015 (pp. 2048-2057).

Yang, C. , Liu, Z. , Zhao, D. , Sun, M. , & Chang, E. Y. (2015). Network representation learning with rich text information. In *IJCAI* (pp. 2111-2117).

Yang, C. , Sun, M. , Zhao, W. X. , Liu, Z. , & Chang, E. Y. (2017). A neural network approach to jointly modeling social networks and mobile trajectories. *ACM Transactions on Information Systems*, 35(4), 36:1-36:28.

Yu, Y. , Wan, X. , & Zhou, X. (2016). User embedding for scholarly microblog recommendation. In *Proceedings of the 54th Annual Meeting of the Association for Computational Linguistics*, ACL 2016, *August* 7-12, 2016, *Berlin*, *Germany*, *Volume* 2: *Short Papers*.

Zhang, Q. , Wang, J. , Huang, H. , Huang, X. , & Gong, Y. (2017). Hashtag recommendation for multimodal microblog using co-attention network. In *Proceedings of the Twenty-Sixth International Joint Conference on Artificial Intelligence*, *IJCAI* 2017, *Melbourne*, *Australia*, *August* 19-25, 2017 (pp. 3420-3426).

Zhang, F. , Yuan, N. J. , Lian, D. , Xie, X. , & Ma, W. (2016). Collaborative knowledge base embedding for recommender systems. In *Proceedings of the 22nd ACM SIGKDD International Conference on Knowledge Discovery and Data Mining*, *San Francisco*, *CA*, *USA*, *August* 13-17, 2016, pages 353-362.

Zhao, W. X. , Guo, Y. , He, Y. , Jiang, H. , Wu, Y. , & Li, X. (2014). We know what you want to buy: A demographic-based system for product recommendation on microblogs. In *The 20th ACM SIGKDD International Conference on Knowledge Discovery and Data Mining*, *KDD'14*, *New York*, *NY*, *USA*, *August* 24-27, 2014 (pp. 1935-1944).

Zhao, W. X. , Wang, J. , He, Y. , Nie, J. , & Li, X. (2013). Originator or propagator?: Incorporating social role theory into topic models for twitter content analysis. In *22nd ACM International Conference on Information and Knowledge Management*, *CIKM'13*, *San Francisco*, *CA*, *USA*, *October 27-November* 1, 2013 (pp. 1649-1654).

Zhao, W. X. , Huang, J. , & Wen, J.-R. (2016a). Learning distributed representations for recommender systems with a network embedding approach. *Information retrieval technology* (pp. 224-236). Cham: Springer.

Zhao, W. X. , Li, S. , He, Y. , Chang, E. Y. , Wen, J.-R. , & Li, X. (2016b).

Connecting social media to e-commerce: Cold-start product recommendation using microblogging information. *IEEE Transactions on Knowledge and Data Engineering*, 28(5), 1147-1159.

Zhao, W. X., Li, S., He, Y., Wang, L., Wen, J., & Li, X. (2016c). Exploring demographic information in social media for product recommendation. *Knowledge and Information Systems*, 49(1), 61-89.

Zhao, W. X., Wang, J., He, Y., Nie, J., Wen, J., & Li, X. (2015). Incorporating social role theory into topic models for social media content analysis. *IEEE Transactions on Knowledge and Data Engineering*, 27(4), 1032-1044.

Zheng, L., Noroozi, V., & Yu, P. S. (2017). Joint deep modeling of users and items using reviews for recommendation. In *Proceedings of the Tenth ACM International Conference on Web Search and Data Mining* (pp. 425-434). ACM.

Zheng, Y., Tang, B., Ding, W., & Zhou, H. (2016). A neural autoregressive approach to collaborative filtering. In *Proceedings of the 33nd International Conference on Machine Learning*, ICML 2016, *New York City*, NY, USA, *June* 19-24, 2016 (pp. 764-773).

Zhou, N., Zhao, W. X., Zhang, X., Wen, J.-R., & Wang, S. (2016). A general multi-context embedding model for mining human trajectory data. *IEEE Transactions on Knowledge and Data Engineering*, 28(8), 1945-1958.

第 10 章

Agrawal, A., Lu, J., Antol, S., Mitchell, M., Zitnick, L., Batra, D., & Parikh, D. (2015). Vqa: Visual question answering. In *ICCV*.

Anderson, P., Fernando, B., Johnson, M., & Gould, S. (2016). Spice: Semantic propositional image caption evaluation. In *ECCV*.

Anderson, P., He, X., Buehler, C., Teney, D., Johnson, M., Gould, S., & Zhang, L. (2017). Bottom-up and top-down attention for image captioning and VQA. arXiv:1707.07998.

Bahdanau, D., Cho, K., & Bengio, Y. (2015). Neural machine translation by jointly learning to align and translate. In *Proceedings of ICLR*.

Baker, J., et al. (2009). Research developments and directions in speech recognition and understanding. *IEEE Signal Processing Magazine*, 26(4),

Ballas, N., Yao, L., Pal, C., & Courville, A. (2016). Delving deeper into convolutional networks for learning video representations. In *ICLR*.

Bengio, S., Vinyals, O., Jaitly, N., & Shazeer, N. (2015). Scheduled sampling for sequence prediction with recurrent neural networks. In *NIPS* (pp. 1171-1179).

Bridle, J., et al. (1998). An investigation of segmental hidden dynamic models of speech coarticulation for automatic speech recognition. *Final Report for* 1998 *Workshop on Language Engineering*, *Johns Hopkins University CLSP*.

Chen, X., & Lawrence Zitnick, C. (2015). Mind's eye: A recurrent visual representation for image caption generation. In *CVPR* (pp. 2422-2431).

Chen, X., & Zitnick, C. L. (2015). Mind's eye: A recurrent visual representation for image caption generation. In *CVPR*.

Chung, J., Gulcehre, C., Cho, K., & Bengio, Y. (2015). Gated feedback recurrent neural networks. In *ICML*.

Cui, Y., Ronchi, M. R., Lin, T. -Y., Dollar, P., & Zitnick, L. (2015). Coco captioning challenge. In http://mscoco. org/dataset/captions-challenge2015.

Dahl, G., Yu, D., & Deng, L. (2011). Large-vocabulry continuous speech recognition with contextdependent DBN-HMMs. In *Proceedings of ICASSP*.

Das, A., et al. (2017). Visual dialog. In *CVPR*.

Deng, L. (1998). A dynamic, feature-based approach to the interface between phonology and phonetics for speech modeling and recognition. *Speech Communication*, 24(4).

Deng, L., & O'Shaughnessy, D. (2003). *SPEECH PROCESSING A Dynamic and Optimization-Oriented Approach*. New York: Marcel Dekker.

Deng, L., & Yu, D. (2007). Use of differential cepstra as acoustic features in hidden trajectory modeling for phonetic recognition. In *Proceedings of ICASSP*.

Deng, L., & Yu, D. (2014). *Deep Learning: Methods and Applications*. Breda: NOW Publishers.

Deng, J., Dong, W., Socher, R., Li, L. -J., Li, K., & Fei-Fei, L. (2009). Imagenet: A large-scale hierarchical image database. In *CVPR* (pp. 248-255).

Deng, L., Hinton, G., & Kingsbury, B. (2013). New types of deep neural network learning for speech recognition and related applications: An overview. In *Proceedings of ICASSP*.

Denkowski, M., & Lavie, A. (2014). Meteor universal: Language specific translation evaluation for any target language. In *ACL*.

Devlin, J. , et al. (2015). Language models for image captioning: The quirks and what works. In *Proceedings of CVPR*.

Donahue, J. , Anne Hendricks, L. , Guadarrama, S. , Rohrbach, M. , Venugopalan, S. , Saenko, K. , & Darrell, T. (2015). Long-term recurrent convolutional networks for visual recognition and description. In *CVPR* (pp, 2625-2634).

Elliott, D. , & Keller, F. (2014). Comparing automatic evaluation measures for image description. In *ACL*.

Fang, H. , Gupta, S. , Iandola, F. , Srivastava, R. K. , Deng, L. , Dollár, P. , Gao, J. , He, X. , Mitchell, M. , Platt, J. C. , et al. (2015). From captions to visual concepts and back. In *CVPR* (pp. 1473-1482).

Farhadi, A. , Hejrati, M. , Sadeghi, M. A. , Young, P. , Rashtchian, C. , Hockenmaier, J. , & Forsyth, D. (2010) . Every picture tells a story: Generating sentences from images. In *ECCV*.

Fei-Fei, L. , & Perona, P. (2016). Stacked attention networks for image question answering. In *Proceedings of CVPR*.

Gan, C. , et al. (2017a) . Stylenet: Generating attractive visual captions with styles. In *CVPR*.

Gan, Z. , et al. (2017b). Semantic compositional networks for visual captioning. In *CVPR*.

Girshick, R. (2015). Fast r-cnn. In *ICCV*.

He, X. , & Deng, L. (2017) . Deep learning for image-to-text generation. In *IEEE Signal Processing Magazine*.

He, K. , Zhang, X. , Ren, S. , & Sun, J. (2015). Deep residual learning for image recognition. In *CVPR*.

Hinton, G. , Deng, L. , Yu, D. , Dahl, G. , Mohamed, A. -r. , Jaitly, N. , Senior, A. , Vanhoucke, V. , Nguyen, P. , Kingsbury, B. , & Sainath, T. (2012). Deep neural networks for acoustic modeling in speech recognition. *IEEE Signal Processing Magazine*, 29.

Hochreiter, S. , & Schmidhuber, J. (1997). Long short-term memory. *Neural Computation*, 9(8), 1735-1780.

Hodosh, M. , Young, P. , & Hockenmaier, J. (2013). Framing image description as a ranking task: Data, models and evaluation metrics. *Journal of Artificial Intelligence Research*, 47.

Huang, P. , et al. (2013) . Learning deep structured semantic models for web search using clickthrough data. *Proceedings of CIKM*.

Huang, T. -H. , et al. (2016). Visual storytelling. In *NAACL*.

Karpathy, A. , & Fei-Fei, L. (2015). Deep visual-semantic alignments for generating image descriptions. In *CVPR* (pp. 3128-3137).

Krizhevsky, A. , Sutskever, I. , & Hinton, G. (2012). Imagenet classification with deep convolutional neural networks. In *Proceedings of NIPS*.

Kulkarni, G. , Premraj, V. , Ordonez, V. , Dhar, S. , Li, S. , Choi, Y. , Berg, A. C. , & Berg, T. L. (2015). Babytalk: Understanding and generating simple image descriptions. In *CVPR*.

Lin, K. , Li, D. , He, X. , Zhang, Z. , & Sun, M. - T. (2017). Adversarial ranking for language generation. In *NIPS*.

Lin, T. -Y. , Maire, M. , Belongie, S. , Bourdev, L. , Girshick, R. , Hays, J. , Perona, P. , Ramanan, D. , Zitnick, C. L. , & Dollar, P. (2015). Microsoft coco: Common objects in context. In *ECCV*.

Liu, C. , Mao, J. , Sha, M. , & Yuille, A. (2016). Attention correctness in neural image captioning. preprint arXiv:1605.09553.

Luong, M. -T. , Le, Q. V. , Sutskever, I. , Vinyals, O. , & Kaiser, L. (2015). Multi-task sequence to sequence learning. In *ICLR*.

Mao, J. , Xu, W. , Yang, Y. , Wang, J. , Huang, Z. , & Yuille, A. (2015). Deep captioning with multimodal recurrent neural networks (m-RNN). In *ICLR*.

Ordonez, V. , Kulkarni, G. , Ordonez, V. , Kulkarni, G. , & Berg, T. L. (2011). Im2text: Describing images using 1 million captioned photographs. In *NIPS*.

Pan, Y. , Mei, T. , Yao, T. , Li, H. , & Rui, Y. (2016). Jointly modeling embedding and translation to bridge video and language. In *CVPR*.

Papineni, K. , Roukos, S. , Ward, T. , & Zhu, W. -J. (2002). BLEU: A method for automatic evaluation of machine translation. In *ACL* (pp. 311-318).

Pu, Y. , Gan, Z. , Henao, R. , Yuan, X. , Li, C. , Stevens, A. , & Carin, L. (2016). Variational autoencoder for deep learning of images, labels and captions. In *NIPS*.

Rashtchian, C. , Young, P. , Hodosh, M. , & Hockenmaier, J. (2010). Collecting image annotations using amazons mechanical turk. In *NAACL HLT Workshop Creating Speech and Language Data with Amazons Mechanical Turk*.

Ren, Z. , Wang, X. , Zhang, N. , Lv, X. , & Li, L. -J. (2017). Deep reinforcement learning-based image captioning with embedding reward. In *CVPR*.

Rennie, S. J. , Marcheret, E. , Mroueh, Y. , Ross, J. , & Goel, V. (2017). Self-critical sequence training for image captioning. In *CVPR*.

Sutskever, I. , Vinyals, O. , & Le, Q. V. (2014). Sequence to sequence learning with neural networks. In *NIPS* (pp. 3104-3112).

Tran, K. , He, X. , Zhang, L. , Sun, J. , Carapcea, C. , Thrasher, C. , Buehler, C. , & Sienkiewicz, C. (2016). Rich image captioning in the wild. arXiv preprint arXiv: 1603. 09016.

Varior, R. R. , Shuai, B. , Lu, J. , Xu, D. , & Wang, G. (2016). A siamese long short-term memory architecture for human re-identification. In *ECCV*.

Vedantam, R. , Lawrence Zitnick, C. , & Parikh, D. (2015). Cider: Consensus-based image description evaluation. In *CVPR* (pp. 4566-4575).

Venugopalan, S. , Rohrbach, M. , Donahue, J. , Mooney, R. , Darrell, T. , & Saenko, K. (2015a). Sequence to sequence-video to text. In *ICCV*.

Venugopalan, S. , Xu, H. , Donahue, J. , Rohrbach, M. , Mooney, R. , & Saenko, K. (2015b). Translating videos to natural language using deep recurrent neural networks. In *NAACL*.

Vinyals, O. , Toshev, A. , Bengio, S. , & Erhan, D. (2015). Show and tell: A neural image caption generator. In *CVPR* (pp. 3156-3164).

Wei, L. , Huang, Q. , Ceylan, D. , Vouga, E. , & Li, H. (2015). Densecap: Fully convolutional localization networks for dense captioning. *Computer Science*.

Xu, K. , Ba, J. , Kiros, R. , Cho, K. , Courville, A. , Salakhudinov, R. , Zemel, R. , & Bengio, Y. (2015). Show, attend and tell: Neural image caption generation with visual attention. In *ICML* (pp. 2048- 2057).

Yang, Z. , Yuan, Y. , Wu, Y. , Salakhutdinov, R. , & Cohen, W. W. (2016). Encode, review, and decode: Reviewer module for caption generation. In *NIPS*.

You, Q. , Jin, H. , Wang, Z. , Fang, C. , & Luo, J. (2016). Image captioning with semantic attention. In *CVPR*.

Young, P. , Lai, A. , Hodosh, M. , & Hockenmaier, J. (2014). From image descriptions to visual denotations: New similarity metrics for semantic inference over event descriptions. In *Transactions of ACL*.

Yu, H. , Wang, J. , Huang, Z. , Yang, Y. , & Xu, W. (2016). Video paragraph captioning using hierarchical recurrent neural networks. In *CVPR*.

Yu, L. , Zhang, W. , Wang, J. , & Yu, Y. (2017). Seqgan: Sequence generative adversarial nets with policy gradient. In *AAAI*.

Zhang, H. , et al. (2017). Stackgan: Text to photo-realistic image synthesis with stacked generative adversarial networks. In *ICCV*.

Zhang, C. , Platt, J. C. , & Viola, P. A. (2005). Multiple instance boosting for object detection. In *NIPS*.

第 11 章

Al-Shedivat, M. , Bansal, T. , Burda, Y. , Sutskever, I. , Mordatch, I. , & Abbeel, P. (2017). Continuous adaptation via meta-learning in nonstationary and competitive environments. In arX- iv:1710.03641v1.

Andreas, J. , Klein, D. & Levine, S. (2017). Learning with latent language. arXiv:1711.00482.

Anonymous-Authors (2018a). Lifelong word embedding via meta-learning. *submitted to ICLR*.

Anonymous-Authors (2018b). Meta-learning transferable active learning policies by deep reinforcement learning. *submitted to ICLR*.

Anton, D. T. & van den Hengel (2017). Visual question answering as a meta learning task. In arXiv:1711.08105v1.

Artetxe, M. , Labaka, G. , Agirre, E. , & Cho, K. (2017). Unsupervised neural machine translation. In   arXiv:1710.11041v1.

Bahdanau, D. , Cho, K. , & Bengio, Y. (2015). Neural machine translation by jointly learning to align and translate. In *Proceedings of ICLR*.

Bahdanau, D. , et al. (2017). *An actor-critic algorithm for sequence prediction*. ICLR:Proc.

Belinkov, Y. , Durrani, N. , Dalvi, F. , Sajjad, H. , & Glass, J. (2017). *What do neural machine translation models learn about morphology?* . ACL:Proc.

Bollegala, D. , Hayashi, K. , & ichi Kawarabayashi, K. (2017). Think globally, embed locally locally linear meta-embedding of words. arXiv:1709.06671v1.

Brown, P. F. , Della Pietra, S. A. , Della Pietra, V. J. , & Mercer, R. L. (1993). The mathematics of statistical machine translation: Parameter estimation. Computational Linguistics.

Chen, J. , Huang, P. , He, X. , Gao, J. , & Deng, L. (2016). Unsupervised learning of predictors from unpaired input-output samples. In arXiv:1606.04646.

Church, K. & Mercer, R. (1993). Introduction to the special issue on computational linguistics using large corpora. Computational Linguistics, 9(1),

Cliche, M. (2017). Bb twtr at semeval-2017 task 4: Twitter sentiment analysis with cnns and lstms. Proc. the 11th International Workshop on Semantic Evaluations.

Couto, J. (2017). Deep learning for NLP, advancements and trends in 2017 blog post at https://tryolabs.com/blog/2017/12/12/deep-learning-for-nlp-advancements-and-trends-in-2017/.

Deng, L. (2016). How deep reinforcement learning can help chatbots. Venturebeat.

Deng, L., & Li, X. (2013). Machine learning paradigms for speech recognition: An overview. IEEE Transactions on Audio, Speech, and Language Processing, 21(5), 1060-1089.

Deng, L. & Yu, D. (2014). Deep Learning: Methods and Applications. NOW Publishers.

Denton, E. & Birodkar, V. (2017). Unsupervised learning of disentangled representations from video. In *NIPS*.

Dhingra, B., Li, L., Li, X., Gao, J., Chen, Y.-N., Ahmed, F., et al. (2017). Towards end-to-end reinforcement learning of dialogue agents for information access. ACL: Proc.

Ding, Y., Liu, Y., Luan, H., & Sun, M. (2017). Visualizing and understanding neural machine translation. ACL: Proc.

Finn, C., Abbeel, P., & Levine, S. (2017a). Model-agnostic meta-learning for fast adaptation of deep networks.

Finn, C., Yu, T., Zhang, T., Abbeel, P., & Levine, S. (2017b). One-shot visual imitation learning via meta-learning.   arXiv:1709.04905v1.

Foerster, J. N., Chen, R., Al-Shedivat, M., Whiteson, S., Abbeel, P., & Mordatch, I. (2017). Learning with opponent-learning awareness.

Gan, Z. et al. (2017). Semantic compositional networks for visual captioning. In *CVPR*.

Goldberg, Y. (2017). Neural Network Methods for Natural Language Processing. Morgan & Clay-pool Publishers.

Hashimoto, K., Xiong, C., Tsuruoka, Y., & Socher, R. (2017). A joint many-task model: Growing a neural network for multiple NLP tasks. In Proceedings of EMNLP.

He, J. (2017). Deep reinforcement learning in natural language scenarios, Ph.D. Thesis, University of Washington, Seattle.

He, J., Chen, J., He, X., Gao, J., Li, L., Deng, L., & Ostendorf, M. (2016).

Deep reinforcement learning with a natural language action space. In ACL.

He, X. , Deng, L. , & Chou, W. (2008). Discriminative learning in sequential pattern recognition. 25(5).

Hinton, G. , Deng, L. , Yu, D. , Dahl, G. , Mohamed, A. -r. , Jaitly, N. , Senior, A. , Vanhoucke, V. , Nguyen, P. , Kingsbury, B. , & Sainath, T. (2012). Deep neural networks for acoustic modeling in speech recognition. IEEE Signal Processing Magazine.

Huang, Q. , Smolensky, P. , He, X. , Deng, L. , & Wu, D. (2018). Tensor product generation networks for deep NLP modeling. NAACL: Proc.

Hutson, M. (2017). Artificial intelligence goes bilingual — without a dictionary. In *Science*.

Lample, G. , Denoyer, L. , & Ranzato, M. A. (2017). Unsupervised machine translation using mono-lingual corpora only. In arXiv:1711. 00043v1.

Larsson, M. & Nilsson, A. (2017). Disentangled representations for manipulation of sentiment in text. Proc. NIPS Workshop on Learning Disentangled Representations: from Perception to Control.

Lei, T. (2017). Interpretable neural models for natural language processing. Ph. D. Thesis, Massachusetts Institute of Technology.

Ling, W. , Yogatama, D. , Dyer, C. , & Blunsom, P. (2017). Program induction by rationale generation: Learning to solve and explain algebraic word problems. EMNLP: Proc.

Liu, Y. , Chen, J. , & Deng, L. (2017). Unsupervised sequence classification using sequential output statistics. In NIPS.

Lotter, W. , Kreiman, G. , & Cox, D. (2017). Deep predictive coding networks for video prediction and unsupervised learning. ICLR: Proc.

Lowe, R. , Wu, Y. , Tamar, A. , Harb, J. , Abbeel, P. , & Mordatch, I. (2017). Multi-agent actor-critic for mixed cooperative-competitive environments.

McCann, B. , Bradbury, J. , Xiong, C. , & Socher, R. (2017). Learned in translation: Contextualized word vectors. NIPS: Proc.

Munkhdalai, T. , & Yu, H. (2017). Meta networks. ICML: Proc.

Nguyen, T. et al. (2017). MS MARCO: A human generated MAchine Reading COmprehension dataset. arXiv:1611,09268.

Och, F. (2003). Maximum error rate training in statistical machine translation. Proceedings of ACL.

Palangi, H. , Smolensky, P. , He, X. , & Deng, L. (2018). Deep learning of grammatically-interpretable representations through question-answering. AAAI: Proc.

Paulus, R. , Xiong, C. , & Socher, R. (2017). A deep reinforced model for abstractive summarization. arXiv:1705.04304.

Radford, A. , Józefowicz, R. , & Sutskever, I. (2017). Learning to generate reviews and discovering sentiment. arXiv:1704.01444.

Russell, S. & Stefano, E. (2017). Label-free supervision of neural networks with physics and domain knowledge. In Proceedings of AAAI.

Shoham, Y. , Perrault, R. , Brynjolfsson, E. , & Clark, J. (2017). Artificial Intelligence Index — 2017 Annual Report. Stanford University.

Silver, D. et al. (2017). Mastering the game of go without human knowledge. In Nature.

Smolensky, P. et al. (2016). Reasoning with tensor product representations. arXiv: 1601,02745.

Trost, T. , & Klakow, D. (2017). Parameter free hierarchical graph-based clustering for analyzing continuous word embeddings. ACL: Proc.

Vilalta, R. & Drissi, Y. (2002). A perspective view and survey of meta-learning. Artificial Intelligence Review, 25(2), 77-95.

Villegas, R. , Yang, J. , Hong, S. , Lin, X. , & Lee, H. (2017). Decomposing motion and content for natural video sequence prediction. ICLR: Proc.

Young, T. , Hazarika, D. , Poria, S. , & Cambria, E. (2017). Recent trends in deep learning based natural language processing. arXiv:1708.02709.

Yu, D. & Deng, L. (2015). Automatic Speech Recognition: A Deep Learning Approach. Springer.

Yu, L. , Zhang, W. , Wang, J. , & Yu, Y. (2017). SeqGAN: Sequence generative adversarial nets with policy gradient. In AAAI.

Zhong, V. , Xiong, C. , & Socher, R. (2017). Seq2SQL: Generating structured queries from natural language using reinforcement learning. In arXiv:1709.00103.

术语表

注意力机制　受人类视觉注意力的启发，注意力机制能够帮助神经网络学会在做出预测时应当"注意"什么。

平均感知机算法　平均感知机算法（averaged perceptron，简称AP）是标准感知机算法的扩展，它使用每个训练实例估计的平均权重和偏差。

反向传播算法　反向传播算法利用从网络输出开始的微分链式法则，将梯度反向传播，从而有效地计算出神经网络中的梯度。

信念跟踪　信念跟踪是一种用于在每一步对话中预估用户目标的统计模型。

双向循环神经网络　通过连接两个循环神经网络的输出（一个处理从左到右的序列，另一个处理从右到左的序列），双向循环神经网络（Bidirectional Recurrent Neural Network，BiRNN）参照元素前后的上下文及状态，使用有限序列预测或标记序列中的每个元素。

复合值类型　复合值类型（Compound Value Typed，CVT）是Freebase中用于表示复杂结构化数据的特殊数据类型。

组合范畴语法　组合范畴语法（Combinatory Categorial Grammar，CCG）是一种将词汇范畴分配给短语，并通过应用、组合和类型提升来派生新范畴的语法形式。

Cocke-Younger-Kasami 算法　Cocke-Younger-Kasami 算法（简称CKY 算法）是以发明者 John Cocke、Daniel Younger 和 Tadao Kasami 的名字联合命名的，是一种自底向上进行句型分析和动态程序设计的、用于无上下文语法的解析算法。

对话管理器　对话管理器是对话系统中负责对话的状态和流程的一个组件。

对话状态跟踪器 对话状态跟踪器是口语对话系统中的一个组件，它能创建一个可以预测对话状态的"跟踪器"，以便在有限数量的对话轮次中理解用户请求并完成具有明确目标的相关任务。

Dropout Dropout 是通过在每次训练迭代中随机将一部分神经元设置为 0 来防止过度拟合的神经网络正则化技术。

端到端对话系统 端到端对话系统不需要语言特征工程（只需要处理架构工程），它可以被转移到不同的域，并且不需要每个模块的有监督数据的对话系统训练方法。

目标导向型对话系统 目标导向型对话系统需要理解用户请求，并在有限的对话次数内完成具有明确目标的相关任务。

信息提取 信息提取（Information Extraction，IE）是一项从非结构化（或半结构化）机器可读文档中自动提取结构化信息的任务。

潜在语义分析 潜在语义分析（Latent Semantic Indexing，LSI）是一种将问题和文档投射到具有潜在语义维度的空间中的降维技术。

有限记忆 BFGS 算法 有限记忆 BFGS 算法是一种类似于 Broyden-Fletcher-Goldfarb-Shanno（BFGS）算法的有限记忆准牛顿优化算法。

长短记忆 长短期记忆网络利用记忆门控机制来避免循环神经网络中的梯度消失问题。

机器阅读理解 机器阅读理解（Machine Comprehension，MC）参照给定的文档来回答用户的问题，是传统问答的一种扩展。

最大边际松弛训练算法 最大边际松弛训练算法（Margin-Infused Relaxed Algorithm，MIRA）是一种多类分类问题的在线算法，在该算法中，当前的训练示例被正确分类，同时正确分类与不正确分类的差额至少与它们的损失一样大。

最大似然估计 最大似然估计（Maximum Likelihood Estimation，MLE）是对统计模型进行参数估计的一种方法，旨在寻找能够使观测数据的似然最大的参数。

最大生成树 最大生成树（Maximum Spanning Tree，MST）是具有最大权重的加权图的生成树，可以通过减掉每条边的相应权值并应用 Kruskal 算法来计算生成。

最小错误率训练 最小错误率训练（Minimum Error Rate Training，MERT）是一种寻找 SMT 子模型特征中能够最小化给定的错误度量、最大化给定的转换度量(例如 BLEU 和 TER)的最佳权重的训练算法。

最小风险训练　最小风险训练(Minimum Risk Training,MRT)是一种寻找能够最小化训练数据的经验风险的模型参数的训练算法。

多层感知机　多层感知机(Multiple Layer Perceptron,MLP)是一种能够区分非线性可分数据的通常由至少两个非线性层组成的前馈人工神经网络。

命名实体识别　命名实体识别(Named Entity Recognition,NER)是将自然语言文档中的命名实体定位和分类为人名、组织命名、位置命名等预定义类别的任务。

自然语言生成　自然语言生成(Natural Language Generation,NLG)是从机器表征系统(如知识库或逻辑形式)生成自然语言的自然语言处理任务。

神经机器翻译　神经机器翻译(Neural Machine Translation,NMT)是一种利用神经网络对翻译过程进行端到端建模的机器翻译范式。

未登录词　未登录词(Out-Of-Vocabulary,OOV)是指在现有预定义词汇表中没有出现的一组单词。

词性　词性(Part Of Speech,POS)是一类具有相似行为的词。在句法层面上,它们在句子的语法结构中起到相似的作用。在形态学层面上,它们经历了相似性质的变形。

点互信息　点互信息(Point-wise Mutual Information,PMI)是信息论和统计学中常用的关联度量方法。

主成分分析　主成分分析(Principal Component Analysis,PCA)是一个将一些(可能的)相关变量转换成一个(较小的)称为主成分的不相关变量的数学过程。

语义分析　语义分析(Semantic Parsing,SP)是将自然语言转换为形式意义表征的任务。

softmax 函数　softmax 函数可以将原始分数向量转换为神经网络输出层的类概率。

口语对话系统　口语对话系统(Spoken Dialog System,SDS)是一种能够通过语音与人交谈的计算机系统,其中含有两个在书面文本对话系统中不存在的基本组件：语音识别器和文本-语音模块（书面文本对话系统通常使用由操作系统提供的其他输入系统）。

口语理解　口语理解（Spoken Language Understanding，简称 SLU）是人工智能的自然语言处理研究领域的其中一个分支，旨在有针对性地理解与机器交流的人类语言。

统计机器翻译　统计机器翻译（Statistical Machine Translation，SMT）是一种利用统计模型生成翻译的机器翻译范式，该模型的参数是从并行语料库中学习得到的。

语义角色标注　语义角色标注（Semantic Role Labeling，SRL）也称为浅层语义分析（Shallow Semantic Parsing），它首先对句子谓词相关的语义参数进行检测，然后将它们分类为特定的语义角色的任务。

用户生成内容　用户生成内容（User-Generated Content，UGC）是由系统（服务）用户创作并在系统中向公众提供的任何类型的内容。

用户目标　用户目标是识别和解释用户的信息检索行为的任务。

用户模拟器　用户模拟器是在对话系统中充当用户的统计模型，是训练和评估（口语）对话系统性能的一种有效且高效的方式。